高等学校教材

航天器控制原理

周 军 编

荣获第二届国防科技工业优秀图书奖

西北工业大学出版社

【内容简介】 航天器控制是自动控制原理在航天领域的应用和发展所形成的一个新的学科分支。本书在介绍航天器运动学和动力学的基础上，系统地讲述了各类航天器的导航、制导与控制的基本原理和方法，以及常用控制设备的硬件原理和技术，使读者对航天器控制有一个较全面的了解。全书共分为十一章。第一～八章讲述的是概论、航天器的轨道力学和轨道描述、航天器的姿态运动学和动力学、航天器控制系统的组成与分类、航天器被动姿态稳定原理、航天器主动姿态稳定系统、航天器的姿态机动控制及航天器的导航与制导；最后三章介绍了包括载人飞船、航天飞机和永久性空间站等载人航天器的组成和导航、制导与控制技术。每章后均有思考题。

本书可作为高等院校自动控制、航天及相关专业高年级本科生和研究生课程教材，同时也可供从事自动控制、航天技术及相关工作的科研人员阅读参考。

图书在版编目(CIP)数据

航天器控制原理/周军编．——西安：西北工业大学出版社，2001.9(2018.2 重印)
ISBN 978-7-5612-1375-9

Ⅰ．航... Ⅱ．周... Ⅲ．航天器-飞行控制-基础理论 Ⅳ．V448.2

中国版本图书馆 CIP 数据核字(2001)第 049102 号

出版发行：西北工业大学出版社
通信地址：西安市友谊西路 127 号 **邮编**：710072 **电话**：(029)88493844
网　　址：http://www.nwpup.com
印 刷 者：陕西向阳印务有限公司
开　　本：787 mm×1 092 mm 1/16
印　　张：15.125
字　　数：365 千字
版　　次：2001 年 10 月第 1 版 2018 年 2 月第 4 次印刷
定　　价：45.00 元

前　言

航天技术是现代科学技术中最有影响的高技术之一，经过50年的发展，对世界各国的政治、经济、军事以及人类生活的各个方面都产生了广泛而深远的影响。航天器控制技术是其中的关键组成部分，它包括导航、制导与控制三方面。对于航天器而言，控制水平的高低直接关系到航天器的功能发挥和水平，因而受到了人们普遍的重视并进行了深入的研究。

从1995年开始笔者为西北工业大学航天工程学院导航、制导与控制专业开设航天器控制原理课程，并于1996年编写了讲义。该讲义经过了六年的本科生和研究生教学使用。本书是在该讲义的基础上，结合教学实践和从事航天器控制的科研经验编写成的。书中较系统全面地阐述了航天器导航、制导与控制的各种主要模式、基本原理和方法，以及相关的运动学和动力学；最后结合航天技术的发展，介绍了载人航天技术，目的是使读者对航天器控制的建模、控制系统总体、原理方法和发展方向有较为全面的认识，为今后从事这一领域的研究和工作打下一个良好的基础。在编写过程中，作者注重由浅入深、循序渐进、理论推导论证与工程实例相结合、基本原理和拓展前沿内容相结合的方法。希望这本书的出版对培养航天器控制方面的人才起到积极的作用。

全书共分十一章。第一章简要地介绍了航天技术发展的历史，航天器的分类和航天器控制的基本概念；第二、三章介绍了航天器的轨道和姿态运动学与动力学，为后续各章的内容打下基础；第四章介绍了航天器的控制系统总体结构，包括敏感器、执行机构和星载计算机的基本原理和结构；第五、六章介绍了航天器主要的姿态被动稳定和主动稳定系统的模式和基本原理，以及常见的半被动、半主动稳定系统的模式；第七章介绍了航天器姿态机动控制的主要模式和原理；第八章介绍了航天器的导航原理、轨道控制的各种概念和方法；第九、十、十一章分别介绍了三类载人航天器——飞船、航天飞机、空间站的基本结构、功能及导航、制导与控制的方法和系统结构。各章均设置了思考题，以帮助读者掌握内容的重点。

本书可作为高等学校航天类专业高年级本科生和研究生课程的教材，以及教师与工程技术人员的参考书，也可供从事航天技术及其相关工作的科技人员参考，同时适用于自动化工作者和对航天器控制技术感兴趣的读者。

在本书编写的过程中，参考了书末列出的书目，第三炮兵工程学院的王仕成教授审阅了全稿，提出了许多宝贵的修改意见。在此向审稿人和参考书目的作者表示衷心的感谢，同时也感谢西北工业大学出版社的同志们为本书的出版付出的辛勤劳动。

由于水平有限，书中不当之处，敬请读者不吝赐正，提出宝贵意见。

编　者

2001年9月

目　录

第一章

绪论

“我知道地球是圆的，因为我看见了圆形；然后，又看到它还是立体的。当我往下看时，……看到印度洋上船舶拖着尾波前进，非洲一些地方出现灌木林火，一场雷电交加的暴风雨席卷了澳大利亚 1 000 英里的地区，呈现出大自然的一幅立体风景画。”

这是航天员在谈到从航天飞机上看地球的情景时的一段描述。

1.1 世界航天技术发展的概况

航天技术发展是当今世界上最引人注目的事业之一，它推动着人类科学技术的进步，使人类活动的领域由大气层内扩展到宇宙空间。航天技术是现代科学技术的结晶，是基础科学和技术科学的集成，力学、热力学、材料学、医学、电子技术、光电子技术、自动控制、计算机、真空技术、低温技术、半导体技术、喷气推进、制造工艺学等学科，以及这些科学技术在航天应用中相互交叉、渗透而产生的大量新学科，都对航天技术的发展起了重要作用。所以，航天技术是一个国家科学技术水平的重要标志。

航天技术是一门综合性的工程技术，主要包括：制导与控制技术，热控制技术，喷气推进技术，能源技术，空间通信技术，遥测遥控技术，生命保障技术，航天环境工程技术，火箭及航天器的设计、制造和试验技术，航天器的发射、返回和在轨技术等。由多种技术融于一体的航天系统是现代高技术的复杂大系统，不仅规模庞大，技术高新、尖端，而且人力、物力耗费巨大，工程周期长。时至今日，航天技术已被广泛应用到政治、军事、经济和科学探测等领域，已成为一个国家综合国力的象征。

1.1.1 人类的早期航天探索

人类很早就有遨游太空、征服宇宙的理想。宇宙的星球对人类一直充满着吸引力和神秘感，许多美丽的神话和传说，反映了人类对宇宙的向往和探索空间奥秘的心情。《嫦娥奔月》、《牛郎织女》，以及孙悟空腾云驾雾、一个筋斗十万八千里等，这些古老的神话与传说，是在生产力与科学技术水平极度低下的古代，人类幻想利用与征服天空的愿望。人类为了实现腾空飞行的理想，经历了一段相当艰难曲折的过程。很早以前，人类就做过种种飞行的尝试与探索。

在中国的西汉时期、欧洲的中世纪都有人模拟鸟类进行过飞行活动的尝试。

然而，真正航天飞行的历史是从火箭技术的历史开始的，没有火箭也就没有航天飞行。追溯源头，中国是最早发明火箭的国家。“火箭”这个词在三国时代（公元 220～280 年）就出现了。不过那时的火箭只是在箭杆前端绑有易燃物，点燃后由弩弓射出，故亦称为“燃烧箭”。随着中国古代四大发明之一的火药出现，火药便取代了易燃物，使火箭迅速应用到军事中。公元 10 世纪唐末宋初就已经有了火药用于火箭的文字记载，这时的火箭虽然使用了火药，但仍须由弩弓射出。真正靠火药喷气推进而非弩弓射出的火箭的外形被记载于明代茅元仪编著的《武备志》中，见图 1.1。这种原始火箭虽然没有现代火箭那样复杂，但已经具有了战斗部（箭头）、推进系统（火药筒）、稳定系统（尾部羽毛）和箭体结构（箭杆），完全可以认为是现代火箭的雏形。

中华民族不但发明了火箭，而且还最早应用了串联（多级）和并联（捆绑）技术以提高火箭的运载能力。明代史记中记载的“神火飞鸦”就是并联技术的体现；“火龙出水”就是串、并联综合技术的具体运用，如图 1.2 所示。

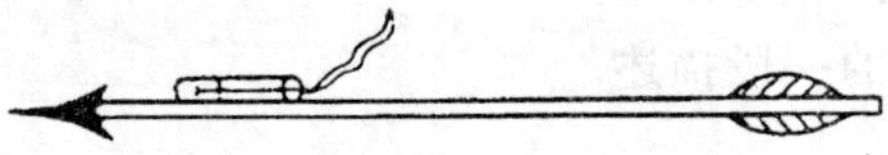

图 1.1　中国古代火箭

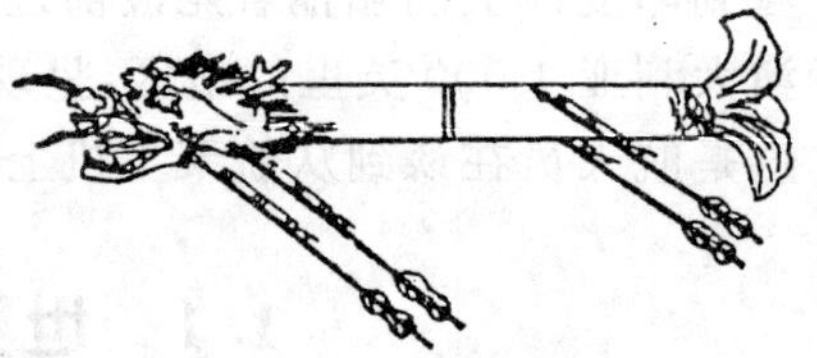

图 1.2　火龙出水

世界上第一个试图乘坐火箭上天的“航天员”也出现在中国。相传在 14 世纪末期，中国有位称为“万户”的人，两手各持一大风筝，请他人把自己绑在一把特制的座椅上，座椅背后装有 47 支当时最大的火箭（又称“起火”）。他试图借助火箭的推力和风筝的气动升力来实现“升空”的理想。“万户”的勇敢尝试虽遭失败并献出了生命，但他仍是世界上第一个想利用火箭的力量进行飞行的人。今天，为了纪念这位传奇式的人物，国际上将月球表面东方海附近的一个环形山以“万户”命名。

虽然我们的祖先发明了火药、火箭，但由于长期的封建统治，致使中华民族的聪明才智得不到充分发挥，科学技术因而停滞不前。尽管欧洲人在中国发明火箭的几百年后才学会使用火箭，然而现代火箭技术还是首先在欧洲得到迅速发展。

13～14 世纪，中国的火箭技术与其他火药兵器一同传到阿拉伯国家和印度，后又传入欧洲。至 18 世纪后期，印度军队在抗击英国和法国军队的多次战争中就曾大量使用火药火箭并取得了成功结果，由此推动了欧洲火箭技术的发展。曾在印度作战的英国人康格里夫（William Congreve）在 19 世纪初对印度火箭作了改进，他确定了黑火药的多种配方，改善了制造方法并使火箭系列化，最大射程可达 3 km。19 世纪 70 年代以后，火炮技术在使用性能方面有了新的突破，火箭终于被准确度很高的火炮所代替。虽然如此，这些初期火箭的原理都成为了近代火箭技术的最初基础。

1.1.2 近代航天技术的发展

19 世纪末 20 世纪初，火箭才又重新蓬勃地发展起来。近代的火箭技术和航天飞行的发展，涌现出许多勇于探索的航天先驱者，其中代表人物有 K. Э. 齐奥尔科夫斯基（Константин Эуардович Циолковский），R. 戈达德（Robert Goddard），H. 奥伯特（Hermann Oberth）。

前苏联科学家齐奥尔科夫斯基一生从事利用火箭技术进行航天飞行的研究。在他的经典著作中，对火箭飞行的思想进行了深刻的论证，最早从理论上证明了用多级火箭可以克服地心引力进入太空的论点。他建立了火箭运动的基本数学方程，奠定航天学的基础。他首先肯定了液体火箭发动机是航天器最适宜的动力装置，论述了关于液氢-液氧作为推进剂用于火箭的可能性，为运载器的发展指出了方向，这些观点仅仅几十年就成为了现实。他还指出过用新的燃料（原子核分解的能量）来作火箭的动力；并具体地阐明了用火箭进行航天飞行的条件，火箭由地面起飞的条件，以及实现飞向其他行星所必须设置中间站的设想。他还提出过许多的技术建议，如他建议使用燃气舵来控制火箭，用泵来强制输送推进剂到燃烧室中，以及用仪器来自动控制火箭等，都对现代火箭和航天飞行的发展起了巨大的作用。

美国的火箭专家、物理学家和现代航天学奠基人之一戈达德博士在 1910 年开始进行近代火箭的研究工作，他在 1919 年发表的《达到极大高度的方法》的论文中，阐述了火箭飞行的数学原理，指出火箭必须具有 7.9 km/s 的速度才能克服地球的引力，并研究了利用火箭把有效载荷送至月球的几种可能方案。戈达德博士认识到液体推进剂火箭具有极大的潜力，他从 1921 年开始研制液体火箭。1926 年 3 月 16 日，他进行了人类首次液体火箭飞行试验并获得成功。火箭长 3.04 m，飞行 2.5 s，达到 12 m 高，56 m 远，速度 103 km/h，这使得他成为液体火箭的实际创始人。1932 年他首次用陀螺控制的燃气舵操纵火箭飞行，1935 年他试验的火箭实现了超音速飞行，最大射程达 20 km。

德国的奥伯特教授在他 1923 年出版的《飞向星际空间的火箭》一书中不仅确立了火箭在宇宙空间真空中工作的基本原理，而且还说明火箭只要能产生足够的推力，便能绕地球轨道飞行。同齐奥尔科夫斯基和戈达德一样，他也对许多推进剂的组合进行了广泛的研究。

真正的近代火箭的出现是在第二次世界大战时的法西斯德国。早在 1932 年德国就发射 A2 火箭，飞行高度达到 3 km。1942 年 10 月 3 日，德国首次成功地发射了人类历史上第一枚弹道导弹——V－2（A4 型），并于 1944 年 9 月 6 日首次投入作战使用。第二次世界大战期间，先后大约有 4 300 多枚 V－2 导弹袭击了英国、荷兰安特卫普港和其他目标，破坏严重。V－2 是单级液体火箭，全长 14 m，质量为 13 t，箭体直径 1.65 m，最大射程 320 km，发动机熄火高度 96 km，飞行时间约 320 s，命中精度圆公算偏差 5 km，有效载荷约 1 t。

V－2 的成功在工程上实现了 19 世纪末、20 世纪初航天技术先驱者的技术设想，并培养和造就了一大批有实践经验的火箭专家，对现代大型火箭的发展起到了继往开来的作用。V－2 的设计虽不尽完善，但它却是人类拥有的第一件向地球引力挑战的工具，成为航天技术发展史上的一个重要里程碑。

第二次世界大战后，美、苏两国分别接收了参与 V－2 研制的部分专家、设备及资料，为这两个国家在第二次世界大战后迅速发展火箭和导弹技术创造了有利的条件。40 年代末至 50 代年末，在 V－2 的基础上，以美国和前苏联为主研制的火箭武器得到了迅速发展，各种类型的导弹武器相继问世，并形成了一个完整的导弹武器系统。

通过各种型号导弹的研制，人们积累了研制现代火箭系统的经验并建立了初具规模的配套工业设施。至此，不少科学家意识到，人类已经初步掌握了进入空间的基本技能，冲出大气层向宇宙空间进军指日可待。

1.1.3 现代航天的里程碑

1957年10月4日，前苏联用“卫星”号运载火箭把世界上第一颗人造地球卫星送入太空，卫星呈球形，外径0.58 m，外伸4根条形天线，质量83.6 kg，卫星在天上正常工作了3个月。按照今天的标准衡量，前苏联的第一颗卫星只不过是一个伸展开发射机天线的圆球，但它却是世界上第一个人造天体，把人类几千年的梦想变成了现实，为人类开创了航天新纪元，标志着人类活动范围的又一飞跃。

1959的9月12日，前苏联发射了月球探测器“月球2号”，第一次击中月球。同年10月4日发射的“月球3号”第一次成功地拍下了月球背面的照片。

1960年3月11日，美国发射了“先驱者5号”探测器，它成为人类第一个深空探测器，从3.65×10^7 km远处发回了探测数据。

1961年2月21日，前苏联发射了“金星1号”探测器，开始了人类对太阳系行星的探测。

1961年4月12日，前苏联成功地发射了第一艘“东方号”载人飞船，尤里·加加林成为人类第一位航天员，揭开了人类进入太空的序幕，开始了世界载人航天的新时代。

1962年8月27日，美国发射的“水手2号”探测器第一次成功飞越金星。

1964年11月28日，美国发射的“水手4号”探测器第一次成功飞越火星。

1965年3月，前苏联航天员从“上升号”载人飞船上走出舱外，实现了人类第一次太空行走。

1966年1月，前苏联两艘“联盟号”飞船第一次在轨道上成功交会对接，并实现了两位航天员从一艘飞船向另一艘飞船的转移。

1969年7月20日，美国N.A.阿姆斯特朗和E.E.奥尔德林乘坐“阿波罗11号”飞船登月成功，在月球静海西南角着陆，成为涉足地球之外另一天体的首批人员。他们在月球上安放了科学实验装置，拍摄了月面照片，搜集了22 kg月球岩石与土壤样品，然后自月面起飞，与指挥舱会合，返回地球。首次实现了人类登上月球的理想。

1971年4月19日，前苏联“礼炮1号”空间站入轨成功，其质量约18 t，总长14 m，轨道高度200～250 km，轨道倾角51.6°，成为人类第一个空间站，完成了有关天体物理学、航天、医学、生物学等方面的科研计划，考察地球资源和进行长期失重条件下的技术实验。

1972年3月2日，美国发射了木星和深远空间探测器“先驱者10号”。它携有表明人类信息的镀金铝板，经过11年飞行，于1983年6月越过海王星轨道，而后成为飞离太阳系的第一个人造天体。

1975年6月8日，前苏联发射了“金星9号”探测器，实现了在金星表面着陆。

1975年7月18日，美国“阿波罗号”飞船与前苏联“联盟19号”飞船在大西洋上空对接成功。

1975年8月20日，美国发射了“海盗1号”探测器，第一次在火星表面着陆成功。

1977年9月，美国发射了“旅行者2号”探测器，对天王星、海王星进行探测。

1981年4月，世界上第一架垂直起飞、水平着陆、可重复使用的美国航天飞机“哥伦比亚号"试飞成功，标志着航天运载器由一次性使用的运载火箭转向重复使用的航天运载器的新阶段，是航天史上一个重要的里程碑，标志着人类在空间时代又上了一层楼，进入了航天飞机时代。至2000年10月，航天飞机已成功飞行100次。

1986年2月，前苏联"和平号"轨道空间站发射成功，它成为目前人类发射的在轨运行时间最长的载人航天器，在轨运行超过15年。2001年3月23日，"和平号"轨道空间站被引入大气层销毁，完成了其辉煌的历史使命。

目前，更大规模的国际空间站在美国、俄罗斯、加拿大、日本、意大利和欧洲空间局的合作下，正在进行在轨组装建设……

人类就是以如此快速的步伐冲击着宇宙大门！

不难看出，从公元10世纪的中国火箭到第二次世界大战的V-2导弹，人类是出于军事需求发展了火箭技术，而这恰恰为航天技术的发展奠定了坚实的基础。自20世纪40年代至今，航天技术以惊人的速度发展着并日臻完善。我们可以坚信，随着科学技术的进步和工业基础的不断增强，航天技术将会有更大的突破并更趋完善。

1.1.4 现代航天技术的应用

航天技术从20世纪50年代末期的研究试验阶段到70年代中期，发展到了广泛实际应用阶段。其中60年代以来，为科学研究、国民经济和军事服务的各种科学卫星与应用卫星得到了很大发展。至70年代，军、民用卫星已全面进入应用阶段。一方面向侦察、通信、导航、预警、气象、测地、海洋、天文观测和地球资源等专门化的方向发展，同时另一方面，各类卫星亦向多用途、长寿命、高可靠性和低成本的方向发展。这两种趋势相互补充，取得了显著的效益。80年代中后期，基于模块化和集成化设计思想的新型微、小卫星崛起，成为航天技术发展中的一个新动向。这类卫星重量轻、成本低、研制周期短、见效快，已逐渐成为今后应用卫星的一支生力军。

回顾近50年来航天技术应用的历程，具有代表性的大事列举如下：

1958年12月，美国发射了世界上第一颗通信卫星"斯科尔号"；

1960年4月，美国先后发射了世界上第一颗气象卫星"泰罗斯1号"和导航卫星"子午仪1B号"；

1963年7月，美国发射了世界上第一颗地球同步轨道通信卫星；

1964年8月，美国发射了世界上第一颗地球静止轨道通信卫星；

1965年4月，美国成功地发射了世界上第一颗商用通信卫星"国际通信卫星1号"，正式为北美与欧洲之间提供通信业务，它标志着通信卫星进入了实用阶段；

1972年7月，美国发射了世界上第一颗地球资源卫星"陆地卫星1号"；

1982年11月，美国航天飞机开始商业性飞行；1984年11月，美国航天飞机成功地施放了两颗卫星并回收了两颗失效的通信卫星，第一次实现了双向运载任务；

1983年4月，美国发射了世界上第一颗跟踪和数据中继卫星；

1999年，由66颗小型卫星组网形成的美国"铱"星全球电话通讯系统建成并投入使用。

目前，美国的GPS系统和俄罗斯的卫星导航系统已成为全世界各领域普遍应用的定位导航系统，发挥着巨大的作用。

……

在我国，继1970年4月24日首颗卫星"东方红一号"发射成功以来，航天技术的发展和应用也取得了巨大的成就：

1975年11月，我国第一颗返回式遥感卫星发射成功，并顺利回收；

1984年4月，我国第一颗静止轨道试验通信卫星发射成功；

1986年2月，我国第一颗静止轨道实用通信卫星发射成功；

1988年9月，我国第一颗气象卫星"风云一号"发射成功；

至2000年10月，我国"长征"系列运载火箭已成功发射62次。

进入20世纪90年代，我国航天技术应用的步伐进一步加快，大容量通信卫星"东方红三号"、气象卫星"风云一号"和"风云二号"以及资源卫星先后发射成功。1999年11月20日我国成功发射了第一艘试验飞船"神舟号"，在载人航天领域迈出了坚实的一步……

综上可见，从1957年世界上第一颗人造地球卫星发射成功算起，迄今仅40余年，航天技术取得了如此巨大的成就是前所未有的，产生了巨大的社会效益与经济效益。由于通信卫星通信距离远、容量大、质量高、灵活可靠，因而已成为现代通信的重要手段。80年代初期，国际卫星通信网已承担了2/3的洲际电信业务和几乎全部电视传输业务。对幅员辽阔的国家，利用卫星是最经济、最有效的通信和广播手段。有人估计全世界在空间活动的投资总额大约为4 000多亿美元，仅从通信广播卫星取得的经济效益就完全可以使这笔巨大投资得到补偿。至于军事卫星所取得的成就和效益就更难于用经济代价来衡量。卫星导航实现了全天候、全球、高精度的导航定位。利用卫星进行资源调查是最迅速、最有效、最经济的手段。一颗地球资源卫星全年的效益约为其研制发射费用的十几倍。

总之，随着航天技术应用的发展，航天活动已越来越显示出其巨大的军事意义和经济效益，已成为国民经济和国防建设的一个重要组成部分。反过来，这种社会和经济效益又进一步推动着航天技术日新月异的发展。

1.2 航天器的分类与系统组成

航天技术是一门研究和实现如何把航天器送入空间，并在那里进行活动的工程技术。它主要包括航天器、运载工具和地面测控三大部分。为了便于了解，我们首先对航天器进行分类。

同一个航天器可兼有数种任务，故机械地、绝对地分类，是不可能的。同一类航天器，往往包括了几种系列，而每一系列又可分成数种不同的卫星系统或型号。

1.2.1 按载人与否分类

航天器可分为无人航天器与载人航天器两大类。无人航天器按是否绕地球运行又可分为人造地球卫星和宇宙探测器两类。它们又可以进一步按用途分类，如图1.3所示。

1. 人造地球卫星

简称人造卫星，是数量最多的航天器(占90%以上)。它们的轨道长度由100多公里到几十万公里。按用途它们又可分为：

(1) 科学卫星：发展科学卫星的主要目的是：① 研究近地空间环境和日地关系，为载人飞船、应用卫星和战略武器的发展提供资料；② 进行天文观测；③ 对地球科学，例如地球磁场、电离层与磁层的关系、地壳力学、海洋动力学等方面进行研究。

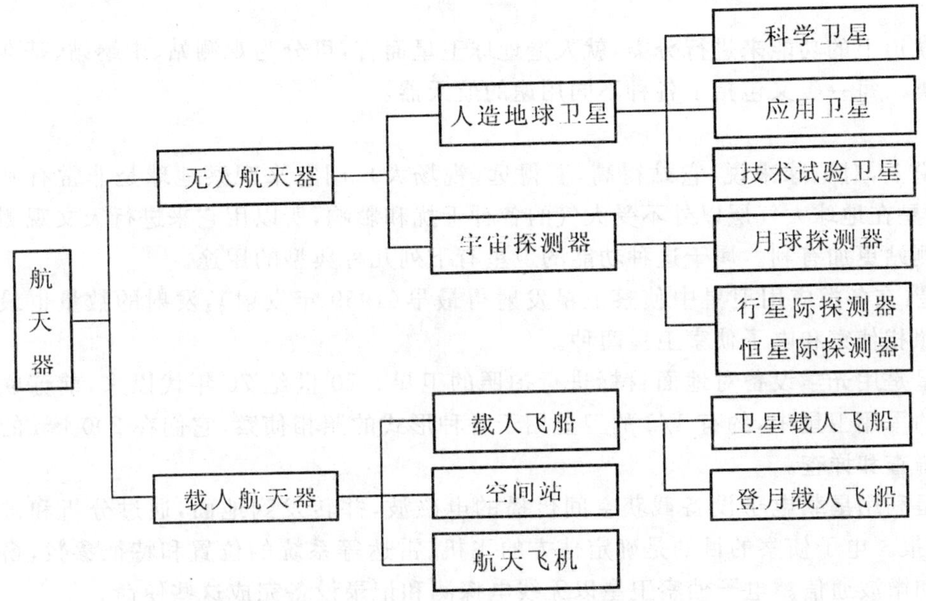

图 1.3 航天器的分类

(2) 应用卫星:利用星载仪器设备,以应用为目的,在轨道上完成某种任务的卫星,称为应用卫星。它们直接为国民经济和军事服务,如通信卫星、气象卫星、侦察卫星、导航卫星、测地卫星、地球资源卫星等。

(3) 技术试验卫星:技术试验卫星是针对某些航天器(如应用卫星或飞船等)的特殊新工艺或某项新的系统技术而设计的,其目的是进行预先的飞行试验。在航天技术发展中,技术试验卫星曾发挥了它的作用,世界各国相当重视这种卫星的研制。

2. 载人航天器

目前的载人航天器只在近地轨道飞行和从地球到月球的登月飞行。今后将出现可以到达各种星球的载人飞船,以及供人类长期在空间生活和工作的永久性空间站。载人航天器按飞行和工作方式可分为:

(1) 载人飞船:能保障航天员在外层空间生活和工作,以执行航天任务并能返回地面的航天器;

(2) 空间站:可供多名航天员巡访、长期工作和居住的载人航天器;

(3) 航天飞机:可以重复使用的,往返于地面和高度在 1 000 km 以下的近地轨道之间,运送有效载荷的航天器。

3. 宇宙探测器

飞出地球轨道的探测器,有行星际探测器和恒星际(飞出太阳系)探测器两种。其中行星际探测器按探测目标又可分为月球和行星(金星、火星、水星、木星、土星等)探测器。如 20 世纪 60～70 年代,前苏联发射的"月球"、"金星"、"火星"、"水星"等系列探测器,美国发射的"水手"、"海盗"、"先驱者"、"旅行者"等系列探测器。

1.2.2 人造地球卫星的功能分类

按航天器在轨道上的功能来进行分类，就人造地球卫星而言，可分为观测站、中继站、基准站和轨道武器四类。每一类又包括了各种不同用途的航天器。

1. 观测站

卫星处在轨道上，对地球来说，它站得高，看得远(视场大)，用它来观察地球是非常有利的。此外，由于卫星在地球大气层以外不受大气的各种干扰和影响，所以用它来进行天文观测也比地面天文观测站更加有利。属于这种功能的卫星有下列几种典型的用途。

(1) 侦察卫星：在各类应用卫星中侦察卫星发射得最早(1959年发射)，发射的数量也最多。侦察卫星有照相侦察和电子侦察卫星两种。

照相侦察卫星是用光学设备对地面目标进行拍照的卫星。20世纪70年代以来，前苏联和美国每年发射的军用卫星中，约有1/3的卫星用于各种形式的照相侦察，它们在200 km的近地轨道上进行普查和详查。

电子侦察卫星利用星载电子设备截获空间传播的电磁波，并转发到地面，通过分析和破译，获得敌方的情报。电子侦察的目的是确定他方的飞机、雷达等系统的位置和特征参数，窃听他方的无线电和微波通信。电子侦察卫星以无线电探测和记录设备完成这些使命。

总之，无论对军事战略侦察，还是对军事战术侦察，侦察卫星所提供的情报信息，起着不可忽视的作用，曾为美国和前苏联政策的制定和军事行动提供了依据。据报道，美国和前苏联将近70%的军事情报来源于侦察卫星。

目前，在美、俄两国的军用卫星中，50%以上都是侦察卫星。美国已研制了六代侦察卫星，可见光照相分辨率为0.3 m，工作寿命200 d以上；无线电传输型相机分辨率为0.3～3 m，卫星工作寿命两年多。俄罗斯的侦察卫星工作寿命从几天到几个月。美国通过延长卫星工作寿命，大大减少发射数量，俄罗斯则通过增加卫星发射数量以保证全年有侦察卫星在天上工作。

(2) 气象卫星：气象卫星利用所携带的各种气象遥感器，接收和测量来自地球、海洋和大气的可见光辐射、红外线辐射和微波辐射信息，再将它们转换成电信号传送给地面接收站。气象人员根据收集的信息，经过处理，得出全球大气温度、湿度、风等气象要素资料。几小时就可得到全球气象资料，从而作出中期和长期天气预报，确定台风中心位置和变化，预报台风和其他风暴。气象卫星对于保证航海和航空的安全，保证农业、渔业和畜牧业生产，都有很大作用。

气象卫星已由单纯的气象试验，发展到多学科和多领域的综合应用；由低轨道系统，发展到高轨道系统，形成了全球气象卫星观测网。气象卫星在军事活动中的应用也日益加强，有的国家已建立了全球性的军事气象资料的收集系统，向军事单位提供实时的或非实时的气象资料。

随着航天技术的进一步发展，气象遥感器将向多样化、高精度方向发展，大大丰富气象预报的内容和提高预报精度。同时气象卫星提供的云图也将由静态云图向动态云图方向发展，这将会引起气象卫星发展的一次重大突破。

(3) 地球资源卫星：资源卫星是在侦察卫星和气象卫星的基础上发展而来的。利用星上装载的多光谱遥感器获取地面目标辐射和反射的多种波段的电磁波，然后把它传送到地面，再经过处理，变成关于地球资源的有用资料。它们包括地面的和地下的，陆地的和海洋的等等。

地球资源卫星可广泛用于：地下矿藏、海洋资源和地下水源调查；土地资源调查，土地利用，区域规划；调查农业、林业、畜牧业和水利资源合理规划管理；预报农作物长势和收成；研究自然植物的生成和地貌；考查和监视各种自然灾害如病虫害、森林火灾、洪水等；环境污染、海洋污染；测量水源，雪源；铁路，公路选线，港口建设，海岸利用和管理，城市规划。

地球资源卫星具有重大的经济价值和潜在的军事用途。

（4）海洋卫星：海洋是生命的摇篮和风雨的故乡，海洋与人类的密切关系正逐渐被认识。海洋控制着自然界中水的循环和大气运动，主导调节大陆的气候，提供廉价的运输条件和高质量的水产食物。海洋中蕴藏着巨大的能源和矿物资源。

对海洋、海岸线的调查、研究、利用和开发，虽然可以利用气象卫星、地球资源卫星获得一些资料和数据，但不解决根本问题，例如资源卫星遥感器波段主要在可见光和近红外波段，而海洋遥感器波段主要在红外和微波波段。我国既是一个大陆国家（9 600 000 km^2 土地），又是一个海洋国家（海岸线 18 000 km，拥有 4 700 000 km^2 海域，多于 4 000 000 km^2 的经济开发区），发展海洋卫星是国民经济和军事部门之必需。

海洋卫星的任务是海洋环境预报，包括远洋船舶的最佳航线选择，海洋渔群分析，近海与沿岸海洋资源调查，沿岸与近海海洋环境监测和监视，灾害性海况预报和预警，海洋环境保护和执法管理，海洋科学研究，以及海洋浮标、台站、船舶数据传输，海上军事活动等。

当然，作为观测站的卫星远不止以上几种，预警卫星、核爆炸探测卫星、天文预测卫星（如美国的"哈勃"太空望远镜）等均属于这一类。虽然它们的功能各有侧重，但基本观测原理都是相似的。

2. 中继站

中继站是一种在轨道上对信息进行放大和转发的卫星。具体分为两类：一类用于传输地面上相隔很远的地点之间的电话、电报、电视和数据；另一类用于传输卫星与地面之间的电视和数据。这种卫星有下列几种：

（1）通信卫星：利用卫星进行通信和平常的地面通信相比较，具有下列优点：① 通信容量大；② 覆盖面积广；③ 通信距离远；④ 可靠性高；⑤ 灵活性好；⑥ 成本低。通信卫星一般采用地球静止轨道，相当于静止在天空上。若有 3 颗地球静止轨道卫星，彼此相隔 120°，就可实现除地球两极部分地区外的全球通信。

通信卫星已用于国际、国内和军事通信业务，同时开展了区域性通信和卫星对卫星的通信。卫星通信技术已赋有很浓的军事色彩，它在战略通信和战术通信中占有绝对的优势。目前，各国已有的国际、国内卫星通信系统都承担着军事通信任务。

通信卫星已进入相当成熟的实际应用阶段，特别是随着地球静止轨道卫星通信技术的发展，它的应用日益广泛。它可用于传输电话、电报、电视、报纸、图文传真、语音广播、时标、数据、视频会议等。

（2）广播卫星：广播卫星是一种主要用于电视广播的通信卫星。这种广播卫星不需要经过任何中转就可向地面转播或发射电视广播节目，供公众团体或者个人直接接收，因此又称为直播卫星。目前普通的家庭电视机配一架直径不到 1 m 的天线就可以直接接收直播卫星的电视广播节目。

（3）跟踪和数据中继卫星：跟踪和数据中继卫星是通信卫星技术的一个重大发展。它是利用卫星来跟踪与测量另一颗卫星的位置，其基本思想是把地球上的测控站搬到地球同步轨道上，形成星地测控系统网。这样，可大大增加对近地轨道卫星，如气象卫星、侦察卫星、资源卫星、海洋卫星、通信卫星等的跟踪测轨弧段，提高测轨精度，减少地面站的设置数量。换句话说，跟踪和数据中继卫星就是利用地球同步轨道卫星实现地面测控中心对低轨道卫星的跟踪和数据中继。

发展跟踪和数据中继卫星将改变目前航天活动对地面测控的过分依赖性，同时也可以克服在国外无法设置地面站的困难，所以受到了世界各航天大国的普遍重视。我国目前也在积极地发展这种卫星技术。

除上述各中继站卫星系统外，各国还研制和发射了其他类型的专用通信卫星和无线电业余爱好者卫星，如海事卫星，卫星商业系统、搜索和营救系统……

3. 基准站

这种卫星是轨道上的测量基准点，所以要求它测轨非常准确。属于这种功能的卫星有：

(1) 导航卫星：这种卫星发出一对频率非常稳定的无线电波，海上船只、水下的潜艇和陆地上的运动体等都可以通过接收卫星发射的电波信号来确定自己的位置。利用导航卫星进行导航是航天史上的一次重大技术突破，卫星可以覆盖全球进行全天候导航，而且导航精度高。

卫星导航定位有三种类型：① 双频多普勒测速定位系统，如美国的"子午仪"导航卫星系统。该类卫星为两维导航定位系统，只能用于水中舰船，定位精度为 30～50 m。"子午仪"卫星研制始于 1958 年，1964 年开始投入使用，起初是为水下核潜艇定位服务的，目前已停止使用。② 导航卫星全球定位系统(GPS)。采用伪随机码测距，系统能进行全天候、全天时、实时三维导航定位，定位精度 10 m 以下，用于舰船、飞机和陆上活动目标等。该系统需要 18～24 颗卫星组网。俄罗斯亦有类似于美国的两代导航卫星系统。③ 区域性导航定位系统，3 颗星(静止轨道)提供三维位置。若发射两颗星则只能提供二维位置，如果用户能够提供自身的高程，则可以算出三维位置。该系统特点是同时能为百万用户服务，互不干扰，保密性好。

(2) 测地卫星：卫星测地的原理与卫星导航的原理相似。由于地面上的测量站是固定的，所以测量精度比对舰船导航定位的精度高。卫星测地目前达到的精度比常规大地测量的精度高几十倍以上。

测地卫星可完成大地测量、地形测定、地图测绘、地球形状测量，以及重力和地磁场测定。卫星测地在军事、科学研究和民用方面受到重视，许多国家研制和发射了测地卫星系统。利用卫星进行测地，为测绘工作提供了现代化手段，工作周期短，测量精度高，大大节省了人力、物力和财力。特别是要建立精确的全球性地理坐标系或三维地图，利用卫星测地是惟一可行的测量手段。随着科技水平的不断提高，测地卫星的应用也日益广泛，如人们利用测地卫星测量地壳移动从而监视和预报地震等。

测地卫星有主动和被动之分，可采用三角测量、激光测距、多普勒系统等多种手段达到测地目的。

4. 轨道武器

这是一种积极进攻的航天器，具有空间防御和空间攻击的职能。它主要包括：

(1) 拦截卫星：卫星作为一种武器在轨道上接近，识别并摧毁敌方空间系统，这种卫星被称为反卫星卫星。反卫星卫星的拦截方式可以有多种，主要有：使拦截卫星在空间与目标卫星相遇，然后自爆以摧毁目标；从拦截卫星上发射反卫星武器，如激光、粒子和微波等定向高能束射武器；拦截卫星用自身携带的小型火箭助推器加速，与目标卫星相碰撞；设法使目标卫星失去工作能力，如利用核辐射击毁目标卫星的电路与结构，向目标卫星相机镜头上喷射物质，等等。

早在20世纪50年代末期，美国和前苏联就开始研究拦截卫星。目前，俄罗斯已经掌握了1 000 km以下拦截卫星的技术，美国也在90年代成功地进行了在轨反卫星试验。

(2) 轨道轰炸系统：轨道轰炸系统是一种空间对地的进攻型武器。其任务是将武器部署在地球轨道上，当它绕地球运行到指定位置时，用反推减速火箭使其减慢速度，降低轨道，按地面指令射向目标。

1.2.3 航天器的基本系统组成

不同类型的航天器，其系统的结构、外型和功能千差万别，但是它们的基本系统组成都是一致的。典型航天器都是由不同功能的若干分系统组成的，其基本系统一般分为有效载荷和保障系统两大类。

1. 有效载荷

用于直接完成特定的航天飞行任务的部件、仪器或分系统。

有效载荷种类很多，随着飞行任务即航天器功能的不同而异。例如，科学卫星上的粒子探测器，天文观测卫星上的天文望远镜，侦察卫星上的可见光相机、CCD相机、红外探测器、无线电侦察接收机，气象卫星上的可见光和红外扫描辐射仪，地球资源卫星上的电视摄像机、CCD摄像机、主题测绘仪、合成孔径雷达，通信卫星上的转发器和通信天线，生物科学卫星上的种子和培养基等，均属有效载荷。

单一用途的卫星装有一种类型的有效载荷，而多用途的卫星可以装有几种类型的有效载荷。

2. 保障系统

用于保障航天器从火箭起飞到工作寿命终止，星上所有分系统的正常工作。各种类型航天器的保障系统一般包括下列分系统：

(1) 结构系统：用于支承和固定航天器上各种仪器设备，使它们构成一个整体，以承受地面运输、运载器发射和空间运行时的各种力学环境（振动、过载、冲击、噪声）以及空间运行环境。对航天器结构的基本要求是重量轻、可靠性高、成本低等，因此航天器的结构大多采用铝、镁、钛等轻合金和碳纤维复合材料等制造。通常用结构质量比，即结构重量占航天器总重量的比例来衡量航天器结构设计和制造水平。

(2) 热控制系统：用来保障各种仪器设备在复杂的环境中处于允许的温度范围内。热控制分为被动热控制和主动热控制两类。热控制的措施主要有表面处理（抛光、镀金或喷刷热控涂层），包敷多层隔热材料，使用旋转盘、相变材料、百叶窗、热管和电加热器等。

(3) 电源系统：用来为航天器所有仪器设备提供所需的电能。现代航天器大多采用太阳电池和蓄电池联合供电系统。

(4) 姿态控制系统：用来保持或改变航天器的运行姿态。常用的姿态控制方式有重力梯度稳定、自旋稳定和三轴稳定。

(5) 轨道控制系统：用来保持或改变航天器的运行轨道。轨道控制往往与姿态控制配合，它们构成航天器控制系统。

(6) 测控系统：包括遥测、遥控和跟踪三部分。遥测部分主要由传感器、调制器和发射机组成，用于测量并向地面发送航天器的各种仪器设备的工程参数（工作电压、电流、温度等）和其他参数(环境参数和姿态参数等)。遥控部分一般由接收机和译码器组成,用于接收地面测控站发来的遥控指令,传送给有关系统执行。跟踪部分主要是信标机和应答机,它们不断发出信号,以便地球测控站跟踪航天器并测量其轨道位置和速度。

除了以上基本系统组成外,航天器根据其不同的飞行任务,往往还需要有一些不同功能的专用系统。例如,返回式卫星有回收系统,载人飞船有乘员系统、环境控制与生命保障系统、交会与对接系统,航天飞机有着陆系统等。

通常,航天器的各部分系统分别安装在不同的舱段中,一般航天器按舱段划分可以分为有效载荷舱和公用舱两部分,或者分为有效载荷舱、公用舱和推进舱三部分。有效载荷放置于有效载荷舱中,保障系统安装在公用舱和推进舱中。而对于返回式卫星和载人飞船一类返回式航天器而言,它们还必须包含一个相对独立的返回舱,放置需要再度返回的有效载荷(人员和物资)和相应的保障系统。

随着航天技术的发展,人们已逐渐开始将航天器的保障系统所在的公用舱和推进舱在结构和技术上相对固定下来,使之模块化,形成平台。将不同的有效载荷与相同的平台(也可称为公用平台)相组合便可得到不同功能的航天器,从而可以大大缩短研制周期,降低成本,甚至实现平台的小批量生产。

1.3 航天器控制的基本概念

一个刚体航天器的运动可以由它的位置、速度、姿态和姿态运动来描述。其中位置和速度描述航天器的质心运动,这属于航天器的轨道问题;姿态和姿态运动描述航天器绕质心的转动,属于姿态问题。从运动学的观点来说,一个航天器的运动具有 6 个自由度,其中 3 个位置自由度表示航天器的轨道运动,另外 3 个绕质心的转动自由度表示航天器的姿态运动。

航天器在轨道上运动将受到各种力和力矩的作用。从刚体力学的角度来说,力使航天器的轨道产生摄动,力矩使航天器姿态产生扰动。因此,航天器的控制可以分为两大类,即轨道控制和姿态控制。

对航天器的质心施以外力,以有目的地改变其运动轨迹的技术,称为轨道控制;对航天器绕质心施加力矩,以保持或按需要改变其在空间的定向的技术,称为姿态控制。

1. 轨道控制

轨道控制包括轨道确定和轨道控制两方面的内容。轨道确定的任务是研究如何确定航天器的位置和速度,有时也称为空间导航,简称导航;轨道控制是根据航天器现有位置、速度、飞行的最终目标,对质心施以控制力,以改变其运动轨迹的技术,有时也称为制导。

轨道控制按应用方式可分为四类。

(1) 轨道机动:指使航天器从一个自由飞行段轨道转移到另一个自由飞行段轨道的控制。例如,地球静止卫星发射过程中为进入地球静止轨道,在其转移轨道的远地点就须进行一次轨道机动。

(2) 轨道保持:指克服摄动影响,使航天器轨道的某些参数保持不变的控制。例如,地球同步轨道卫星为精确保持其定点位置而定期进行的轨道修正;太阳同步轨道和回归轨道卫星为保持其倾角和周期所加的控制;有的低轨道卫星为克服大气阻力,延长轨道寿命所进行的控制。

(3) 轨道交会:指航天器能与另一个航天器在同一时间以相同速度达到空间同一位置而实施的控制过程。

(4) 再入返回控制:指使航天器脱离原来的轨道,返回进入大气层的控制。

2. 姿态控制

姿态控制也包括姿态确定和姿态控制两方面内容。姿态确定是研究航天器相对于某个基准的确定姿态方法。这个基准可以是惯性基准或者人们所感兴趣的某个基准,例如地球。姿态确定一般采用姿态敏感器和相应的数据处理方法,姿态确定的精度取决于数据处理方法和航天器敏感器所能达到的精度。姿态控制是航天器在规定或预先确定的方向(可称为参考方向)上定向的过程,它包括姿态稳定和姿态机动。姿态稳定是指使姿态保持在指定方向,而姿态机动是指航天器从一个姿态过渡到另一个姿态的再定向过程。

姿态控制通常包括以下几个具体概念。

(1) 定向:指航天器的本体或附件(如太阳能电池阵、观测设备、天线等)以单轴或三轴按一定精度保持在给定的参考方向上。此参考方向可以是惯性的,如天文观测;也可以是转动的,如对地观测。由于定向需要克服各种空间干扰以保持在参考方向上,因此需要通过控制加以保持。

(2) 再定向:指航天器本体从对一个参考方向的定向改变到对另一个新参考方向的定向。再定向过程是通过连续的姿态机动控制来实现的。

(3) 捕获:又称为初始对准,是指航天器由未知不确定姿态向已知定向姿态的机动控制过程。如航天器入轨时,星箭分离,航天器从旋转翻滚等不确定姿态进入对地对日定向姿态;又如航天器运行过程中因故障失去姿态后的重新定姿等。为了使控制系统设计更为合理,捕获一般分粗对准和精对准两个阶段进行。

(4) 粗对准:指初步对准,通常须用较大的控制力矩以缩短机动的时间,但不要求很高的定向精度。

(5) 精对准:指粗对准或再定向后由于精度不够而进行的修正机动,以保证定向的精度要求。精对准一般用较小的控制力矩。

(6) 跟踪:指航天器本体或附件保持对活动目标的定向。

(7) 搜索:指航天器对活动目标的捕获。

从上述概念可知,定向属于姿态稳定问题,而再定向和捕获则属于姿态机动问题。姿态稳定要求控制系统在航天器的整个工作寿命中进行工作,这种控制一般是长期而持续的,所要求的控制力矩较小。姿态机动一般是一短暂过程,需要较大的控制力矩,使姿态在较短的时间内发生明显的改变。由于这两种姿态控制的目标有显著差别,所以这两种控制在工程上所基于的系统结构也往往不同。

总之,姿态控制是获取并保持航天器在空间定向的过程。例如,卫星对地进行通信或观测,天线或遥感器要指向地面目标;卫星进行轨道控制时,发动机要对准所要求的推力方向;卫星再入大气层时,要求制动防热面对准迎面气流。这些都需要使星体建立和保持一定的姿态。

姿态稳定是保持已有姿态的控制,航天器姿态稳定方式按航天器姿态运动的形式可大致分为两类。

(1) 自旋稳定:卫星等航天器绕其一轴(自旋轴)旋转,依靠旋转动量矩保持自旋轴在惯性空间的指向。自旋稳定常辅以主动姿态控制,来修正自旋轴指向误差。

双自旋卫星由自旋体和消旋体两部分组成，相互间由消旋轴承连接。自旋体绕轴承轴（自旋轴）旋转而获得自旋轴定向；消旋体在自旋轴定向的基础上又受轴承轴上消旋电机控制而获得三轴稳定。有效载荷一般放在消旋体中。

（2）三轴稳定：依靠主动姿态控制或利用环境力矩，保持航天器本体三条正交轴线在某一参考空间的方向。

3．姿态控制与轨道控制的关系

航天器是一个比较复杂的控制对象，一般来说轨道控制与姿态控制密切相关。为实现轨道控制，航天器姿态必须符合要求。也就是说，当需要对航天器进行轨道控制时，同时也要求进行姿态控制。在某些具体情况或某些飞行过程中，可以把姿态控制和轨道控制分开来考虑。某些应用任务对航天器的轨道没有严格要求，而对航天器的姿态却有要求。例如，空间环境探测卫星绕地球的运行往往不需要轨道控制，卫星在开普勒轨道上运行就能满足对环境探测的要求。在这种情况下，航天器只有姿态控制。

航天器控制按控制力和力矩的来源可以分为两大类。

（1）被动控制：其控制力或力矩由空间环境和航天器动力学特性提供，不需要消耗星上能源。例如利用气动力或力矩、太阳辐射压力、重力梯度力矩、磁力矩等实现轨道或姿态的被动控制，而不消耗工质或电能。

（2）主动控制：包括测量航天器的姿态和轨道，处理测量数据，按照一定的控制规律产生控制指令，并执行指令产生对航天器的控制力或力矩。主动控制需要消耗电能或工质等星上能源，由星载或地面设备组成闭环系统来实现。

综上所述，表 1.1 给出了航天器控制所包含的基本概念、内容和分类，以及相互之间的关系。

4．主动控制系统的组成

航天器主动控制系统，无论是姿态控制系统还是轨道控制系统，都有两种组成方式。

（1）星上自主控制：指不依赖于地面干预，完全由星载仪器实现的控制，其系统结构见图 1.4。例如双自旋卫星的消旋控制和三轴稳定卫星姿态控制，一般都采取自主控制方式。有的静止轨道卫星的东西位置保持轨道控制也采取自主控制。

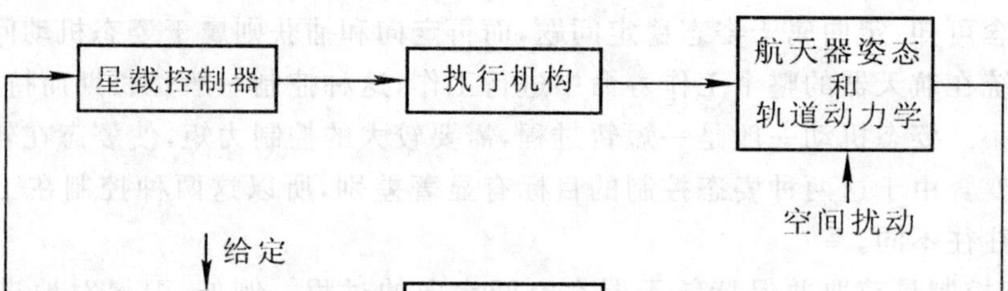

图 1.4　星上自主控制方框图

（2）地面控制：或称星—地大回路控制，指依赖于地面干预，由星载仪器和地面设备联合实现的控制，其结构见图 1.5。例如，自旋和双自旋卫星的姿态机动和目前多数卫星的轨道控制均采用地面控制方式。

表 1.1 航天器控制基本内容和分类

- 航天器控制
  - 轨道控制
    - 1. 轨道确定（导航）
      - 自主测轨（自主导航）
        - (1) 对天体测角（例如空间六分仪）
        - (2) 地面目标基准测量（例如区域相关；线特性，干涉仪等）
        - (3) 对已知信标测距（例如全球定位系统）
        - (4) 惯性导航（由陀螺、加速度计和计算机组成）
      - 非自主测轨
    - 2. 轨道控制（制导）
      - (1) 变轨控制（包括轨道改变和轨道转移）
      - (2) 轨道校正（包括中途航向校正）
      - (3) 轨道保持
        - (1) 同步轨道位置保持（自主和非自主位置保持）
        - (2) 两星相对位置保持（非同步轨道）
        - (3) 太阳同步轨道保持
        - (4) 轨道扰动补偿系统（无阻力卫星）
      - (4) 交会和对接
      - (5) 再人返回和落点控制
      - (6) 其他
  - 姿态控制
    - 3. 姿态确定
      - 姿态确定方法（软件）和星载信息处理机（硬件）
      - 姿态敏感器
        - (1) 利用地球物理特性：红外地平仪、磁强计、地球反照敏感器、陆标跟踪器
        - (2) 利用天体位置：太阳敏感器、星敏感器
        - (3) 利用惯性信标：陀螺、加速度计
        - (4) 利用无线电信标：射频敏感器
        - (5) 其他：例如离子敏感器
    - 4. 姿态控制
      - 姿态稳定
        - (1) 稳定方式
          - (1) 被　动：自旋、重力梯度、磁稳定等
          - (2) 半被动：重力梯度＋惯性轮或控制力矩陀螺等
          - (3) 半主动：双自旋、自旋＋速度控制等
          - (4) 主　动：纯喷气三轴控制、以飞轮为主三轴控制、零动量双自旋稳定等
          - (5) 混　合：多体多自由度控制系统
        - (2) 执行机构（也适用姿态机动）
          - (1) 质量排出（推力器）
            - 冷气推力器
            - 热气（单、双组元）推力器 } 也可用于轨道控制的执行机构
            - 电、离子推力器 } 也可用于轨道控制的执行机构
          - (2) 动量交换（飞轮）
            - 动量矩方向不变，大小可变（惯性轮）
              - 零动量反作用轮（H=0）
              - 偏置动量轮（H≠0）
                - 一个大动量轮
                - 一对安装为 V 形的飞轮或多个斜装轮
            - 动量矩方向可变，大小不变（控制力矩陀螺）
              - 单框架
              - 双框架
            - 动量矩方向、大小均可变
              - 带框架动量轮
                - 单框架
                - 双框架
              - 无框架（动量球）
          - (3) 环境场（磁力场、重力场、太阳辐射压力、气动力等）
        - (3) 姿态控制电子部件或星载控制计算机
      - 姿态机动（包括姿态捕获：例如对地球捕获、对星体捕获等）

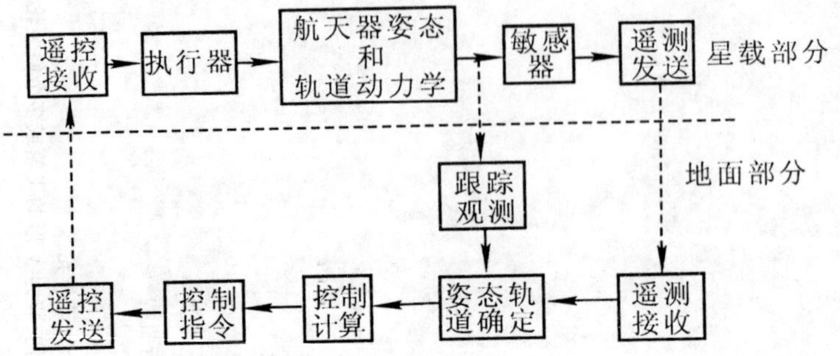

图 1.5 星—地大回路控制方框图

本书针对刚性航天器各种控制技术的基本原理、方法、模式、系统结构分别进行介绍和讨论。作为学习航天器控制原理的基础，首先介绍航天器的轨道和姿态的运动学与动力学。

需要指出的是，随着航天技术的发展，航天器的规模越来越大，大型挠性附件(如太阳能电池阵、天线等)振动、储箱内液体(液体燃料、生活用水等)晃动、多体结构刚挠性耦合等的影响已成为航天器控制，特别是姿态控制中重要而复杂的问题。但这些内容已超出本书的阐述范围，有兴趣的读者可以参阅有关的文献和书籍。

思 考 题

1.1 航天器按载人与否是如何分类的？各类航天器的作用和特点是什么？请举出你所知的各类航天器的国内外的例子。

1.2 人造地球卫星按功能分为哪几类？阐述每一类的特点，并各说出至少两种卫星及其相应的功能。

1.3 阐述航天器基本系统组成及各部分作用。

1.4 航天器轨道和姿态控制的概念、内容和相互关系各是什么？

1.5 阐述姿态稳定的各种方式，比较其异同。

1.6 主动控制与被动控制的主要区别是什么？画出星—地大回路控制的结构图。

第二章

航天器的轨道与轨道力学

"1642年圣诞节，在柯斯特沃斯河畔的沃尔索普庄园，诞生了一个非常瘦小的男孩。如同孩子的母亲后来告诉他的那样，出生时他小得几乎可以放进一只一夸脱的杯子里，瘦弱得必须用一个软垫围着脖子来支起他的头。这个不幸的孩子在教区记事录上登记的名字是'伊萨克和汉纳·牛顿之子伊萨克'。虽然没有什么贤人哲士盛赞这一天的记录，然而这个孩子却将要改变全世界的思想和习惯。"

2.1 航天器轨道的基本定律

如果说1642年的圣诞节迎来了理性的时代，那么完全是由于有两个人为大约50年后牛顿最伟大的发现奠定了基础。一个是第谷·布拉赫，他几十年如一日，极为细致地收集和记录了行星精确位置的大量数据；另一个是约翰·开普勒，他以其极具的耐心和天赋的数学才能，揭示了隐藏在第谷的观测数据背后的秘密。这两人就是用肩膀托起牛顿的"巨人"。

2.1.1 开普勒定律

亚里士多德认为圆周运动是惟一合乎自然的完美运动，因此天体必定是作圆周运动。自他以后，天文学家总是假定行星在作圆周运动，或者是大圆周运动和小圆周运动的复合运动。然而，开普勒此时已有第谷的精确观察结果可供参照，他发现这种理论与观察到的事实极难调和。从1601到1606年，他尝试用各种几何曲线来拟合第谷对火星位置的观测数据。为了除去8′(角度)的偏差，他几乎奋斗了一年，尽管任何一个欠认真的人都可能会认为这一微小偏差可以忽略不计。最后他找到椭圆是个可能的解，结果很理想，发现了火星的轨道。1609年，开普勒又发表了行星运动的第一和第二定律，而第三定律则是在1619年才发表的。

具有划时代意义的开普勒三大定律如下所述。

1. 第一定律——椭圆律

每个行星沿椭圆轨道绕太阳运行，太阳位于椭圆的一个焦点上。

因此，行星在运行过程中，离太阳的距离是变化的，离太阳最近的一点为近日点，离太阳最远的一点为远日点，如图2.1所示。

2. 第二定律——面积律

由太阳到行星的矢径在相等的时间间隔内扫过相等的面积。

在图 2.2 所示中，S_1，S_2，S_3，S_4，S_5，S_6 分别表示行星运行到 t_1，t_2，t_3，t_4，t_5，t_6 时刻的位置。如果从 S_1 到 S_2 的时间间隔和 S_3 到 S_4，S_5 到 S_6 的时间间隔相等，则矢径扫过的面积 S_1OS_2，S_3OS_4，S_5OS_6 也都相等，可表示为

$$\frac{\mathrm{d}A}{\mathrm{d}t} = \text{常量} \tag{2.1}$$

式中，$\mathrm{d}A/\mathrm{d}t$ 表示单位时间内矢径扫过的面积，叫做面积速度。为了保持面积速度相等，行星在近日点附近运行的路程 $\overset{\frown}{S_1S_2}$ 较长，速度相应地要快些；在远日点附近运行的路程 $\overset{\frown}{S_5S_6}$ 较短，因而速度相应地要慢些。这种变化规律，叫做面积速度守恒。

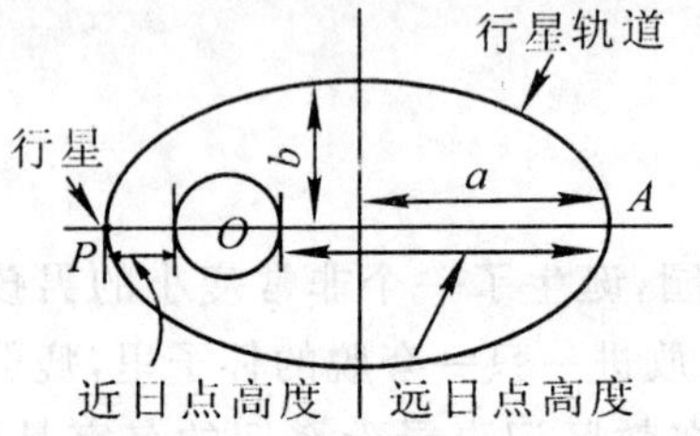

图 2.1　开普勒第一定律

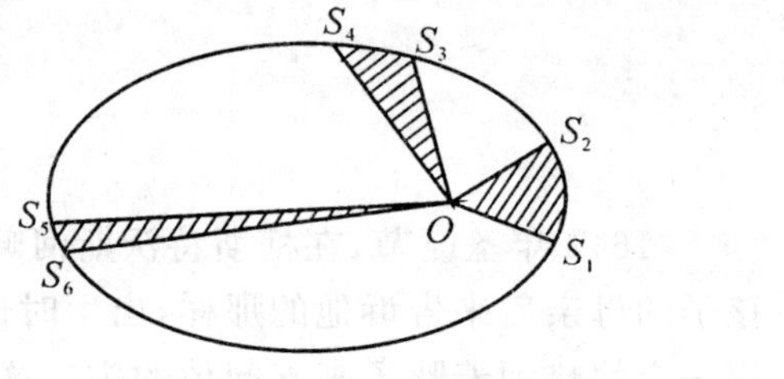

图 2.2　开普勒第二定律

3. 第三定律 —— 周期律

行星绕太阳公转的周期 T 的平方与椭圆轨道的长半径 a 的立方成正比。即

$$\frac{a^3}{T^2} = K \tag{2.2}$$

它说明，行星椭圆轨道的长半径越大，周期就越长，而且周期仅取决于长半径。图 2.3 表示 3 种不同椭圆度的轨道，它们的长半径都相等，周期也就相同。

当然，开普勒三大定律只是行星运动的一种描述，还不是解释。揭示其中的奥秘还有待于天才的牛顿。

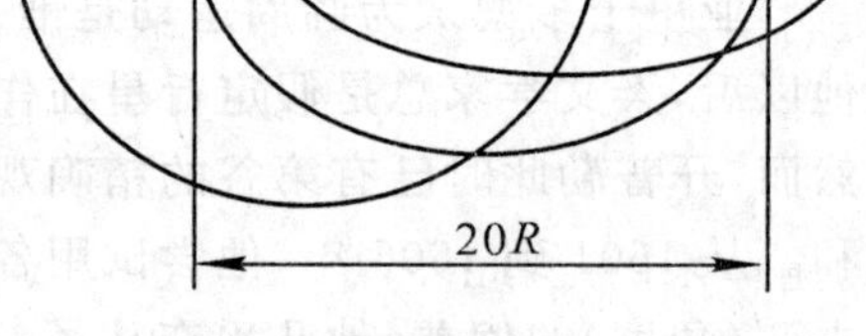

图 2.3　开普勒第三定律

2.1.2　牛顿定律

1665 年后，当牛顿还是剑桥大学的一个学生时，正是他一生中最富于创造性的时期。这位 23 岁的天才构思着万有引力定律，同时还研究了微积分的基本概念。可是，由于解释月球运动中出现的一些微小的差异，他把论文搁置到了一边，致使大约在 20 年之后，世人才知道他的重大发现。

1687 年，牛顿的研究成果发表于出版的《自然哲学的数学原理》一书中。毫无疑问，这是人类思想最伟大的成就之一。在该书里，牛顿介绍了他著名的三大运动定律。

第一运动定律　任一物体将保持其静止或是匀速直线运动的状态，除非有作用在物体上的力强迫其改变这种状态。

第二运动定律　动量变化速率与作用力成正比，且与作用力的方向相同。

$$\sum \boldsymbol{F} = \frac{\mathrm{d}}{\mathrm{d}t}(m\boldsymbol{v}) = \dot{m}\boldsymbol{v} + m\ddot{\boldsymbol{r}} \tag{2.3}$$

式中，$\sum \boldsymbol{F}$ 为所有作用在质量 m 上的力的矢量和；$\boldsymbol{r}$，$\boldsymbol{v}$ 和 $\ddot{\boldsymbol{r}}$ 分别为相对于惯性坐标系的该质量的位置、速度和加速度矢量；$\dot{m}$ 为质量随时间的变化率。

第三运动定律　对每一个作用，总存在一个大小相等的反作用。

在《自然哲学的数学原理》一书中，牛顿除了发表了他的运动三定律外，他还给出了万有引力定律：任何两个物体间均有一个相互吸引的力，这个力与它们的质量乘积成正比，与两物体间距离的平方成反比。数学上可以用矢量形式把这一定律表示为

$$\boldsymbol{F}_g = -\frac{GMm}{r^2}\frac{\boldsymbol{r}}{r} \tag{2.4}$$

式中，$\boldsymbol{F}_g$ 为由于质量 M 引起的作用在质量 m 上的力矢量；$\boldsymbol{r}$ 为从 M 到 m 的距离矢量。万有引力常数 G 的值为 $6.670\times10^{-13}\ \mathrm{N\cdot cm^2/g^2}$。

需要说明的是，由牛顿定律能够完全证明出开普勒各定律。所以如果说开普勒描述了行星运动"是什么"的话，那么牛顿则回答了行星的运动"为什么是这样"的问题，他们共同阐述了天体运行的自然规律。人造航天器和天然天体一样，都是在引力场中运动，因此天体的运行规律同样也适用于航天器。

2.2　二体轨道力学和运动方程

2.2.1　N 体问题

无论是航天器还是天然天体，它们在运动中的任何给定时刻，均会受到多个周围天体的万有引力作用，甚至还有其他的力，例如阻力、推力和太阳辐射压力等的作用。在这一节里，首先讨论物体(如地球卫星、月球、星际探测器，或是行星)在这一情况下的运动。

假定一个由 n 个物体 m_1，m_2，m_3，…，m_n 构成的系统，其中之一称为第 i 个物体 m_i，此处将研究它的运动。为了建立物体的运动方程，就要列出作用于 m_i 上的所有引力和其他外力的矢量之和，而各种引力均可以用牛顿万有引力定律来确定。此外，还假定第 i 个物体可以是一个排出质量(例如推进剂)以产生推力的航天器，运动可能在大气层内，因此存在阻力，太阳辐射也会在物体上产生压力，等等。在一般运动方程中，所有这些影响都必须考虑到。

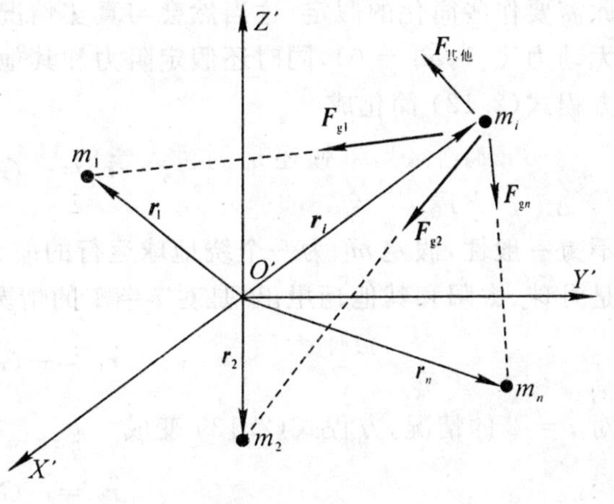

图 2.4　N 体问题

分析的第一步应选择一个适于物体运动的坐标系。这件事做起来并不容易，因为所选的任何坐标系其惯性特征都存在某种程度的不确定性。为不失一般性，假定存在某个合适的惯性坐标系 $O'X'Y'Z'$，在该坐标系内，n 个质量的位置

分别为 $\boldsymbol{r}_1$，$\boldsymbol{r}_2$，…，$\boldsymbol{r}_n$。此系统如图 2.4 所示。

由牛顿万有引力定律得出，m_n 作用在 m_i 上的力 $\boldsymbol{F}_{gn}$ 为

$$\boldsymbol{F}_{gn}=-\frac{Gm_i m_n}{r_{ni}^3}(\boldsymbol{r}_{ni}) \tag{2.5}$$

式中

$$\boldsymbol{r}_{ni}=\boldsymbol{r}_i-\boldsymbol{r}_n \tag{2.6}$$

作用在第 i 个物体上的所有引力的矢量和 $\boldsymbol{F}_g$ 为

$$\boldsymbol{F}_g=-Gm_i\sum_{\substack{j=1\\j\neq i}}^{n}\frac{m_j}{r_{ji}^3}(\boldsymbol{r}_{ji}) \tag{2.7}$$

图 2.4 中所示的其他外力 $\boldsymbol{F}_{其他}$，包括阻力、推力、太阳辐射压力、由于非球形造成的摄动力等。作用在第 i 个物体上的合力称为 $\boldsymbol{F}_{总}$，其表达式为

$$\boldsymbol{F}_{总}=\boldsymbol{F}_g+\boldsymbol{F}_{其他} \tag{2.8}$$

$$\boldsymbol{F}_{其他}=\boldsymbol{F}_{阻力}+\boldsymbol{F}_{推力}+\boldsymbol{F}_{太阳压力}+\boldsymbol{F}_{干扰}+\cdots \tag{2.9}$$

现在应用牛顿第二运动定律

$$\frac{\mathrm{d}}{\mathrm{d}t}(m_i\boldsymbol{v}_i)=\boldsymbol{F}_{总} \tag{2.10}$$

把对时间的导数展开，得到

$$m_i\frac{\mathrm{d}\boldsymbol{v}_i}{\mathrm{d}t}+\boldsymbol{v}_i\frac{\mathrm{d}m_i}{\mathrm{d}t}=\boldsymbol{F}_{总} \tag{2.11}$$

如前所述，物体可能不断排出某些质量以产生推力。在这种情况下，式(2.11) 中的第二项就不等于零。某些与相对论有关的效应也会导致质量 m_i 随时间变化。式(2.11) 各项除以 m_i，就得出第 i 个物体的一般运动方程为

$$\ddot{\boldsymbol{r}}_i=\frac{\boldsymbol{F}_{总}}{m_i}-\dot{\boldsymbol{r}}_i\frac{\dot{m}_i}{m_i} \tag{2.12}$$

式中，$\dot{\boldsymbol{r}}_i$ 和 $\ddot{\boldsymbol{r}}_i$ 分别为第 i 个物体相对于惯性坐标系 $O'X'Y'Z'$ 的速度矢量和加速度矢量；m_i 和 $\dot{m}_i$ 分别为第 i 个物体的质量和质量随时间的变化率。

方程式(2.12) 是一个二阶非线性矢量微分方程，这种形式的微分方程是很难求解的。因此需要作些简化的假定，这当然会与真实情况有所偏离。假定第 i 个物体的质量保持不变(即无动力飞行，$\dot{m}_i=0$)，同时还假定阻力和其他外力也不存在。这样，惟一存在的力为引力，于是方程式(2.12) 简化成

$$\ddot{\boldsymbol{r}}_i=-G\sum_{\substack{j=1\\j\neq i}}^{n}\frac{m_j}{r_{ji}^3}(\boldsymbol{r}_{ji}) \tag{2.13}$$

不失一般性，假定 m_2 为一个绕地球运行的航天器，m_1 为地球，而余下的 m_3，m_4，…，m_n 可以是月球、太阳和其他行星。于是对 $i=1$ 的情况，写出方程式(2.13) 的具体形式，得到

$$\ddot{\boldsymbol{r}}_1=-G\sum_{j=2}^{n}\frac{m_j}{r_{j1}^3}(\boldsymbol{r}_{j1}) \tag{2.14}$$

对 $i=2$ 的情况，方程式(2.13) 变成

$$\ddot{\boldsymbol{r}}_2=-G\sum_{\substack{j=1\\j\neq 2}}^{n}\frac{m_j}{r_{j2}^3}(\boldsymbol{r}_{j2}) \tag{2.15}$$

根据式(2.6)，有

$$\boldsymbol{r}_{21}=\boldsymbol{r}_1-\boldsymbol{r}_2 \tag{2.16}$$

于是有

$$\ddot{\boldsymbol{r}}_{21} = \ddot{\boldsymbol{r}}_1 - \ddot{\boldsymbol{r}}_2 \tag{2.17}$$

将式(2.14)和(2.15)代入式(2.17)得到

$$\ddot{\boldsymbol{r}}_{21} = G\sum_{\substack{j=1\\j\neq 2}}^{n}\frac{m_j}{r_{j2}^3}(\boldsymbol{r}_{j2}) - G\sum_{j=2}^{n}\frac{m_j}{r_{j1}^3}(\boldsymbol{r}_{j1}) \tag{2.18}$$

因为 $\boldsymbol{r}_{12} = -\boldsymbol{r}_{21}$,所以

$$\ddot{\boldsymbol{r}}_{21} = -\frac{G(m_1+m_2)}{r_{21}^3}(\boldsymbol{r}_{21}) + \sum_{j=3}^{n}Gm_j\left(\frac{\boldsymbol{r}_{j2}}{r_{j2}^3} - \frac{\boldsymbol{r}_{j1}}{r_{j1}^3}\right) \tag{2.19}$$

将运动方程写成这一形式的道理很清楚,这里要研究的是近地航天器的运动。式中,m_2 为航天器的质量;m_1 为地球的质量;$\boldsymbol{r}_{21}$,$\ddot{\boldsymbol{r}}_{21}$ 分别为航天器相对于地球的矢径和加速度。方程式(2.19)等号右边的第二项代表月球、太阳和其他行星对近地航天器的摄动影响。

为了进一步简化这一方程,需要确定摄动影响与航天器和地球间的引力相比有多大。表 2.1 列出了一个高度为 370 km 的航天器的各相对加速度(不是摄动加速度),同时还列出了地球的非球形(偏状)造成的影响,以供比较。

表 2.1　高度为 370 km 的航天器的相对加速度(以 g 为单位)比较

地　球	8.9×10^{-1}
太　阳	6.0×10^{-4}
水　星	2.6×10^{-10}
金　星	1.9×10^{-8}
火　星	7.1×10^{-10}
木　星	3.2×10^{-8}
土　星	2.3×10^{-9}
天王星	8.0×10^{-11}
海王星	3.6×10^{-11}
冥王星	1.0×10^{-12}
月　球	3.3×10^{-6}
地球扁率	1.0×10^{-3}

分析表 2.1 中的数据容易看出,围绕地球运行的航天器受到地球的引力占有主导地位,因此进一步简化运动方程式(2.19),简化 N 体问题是可能和合理的。

2.2.2　二体问题和运动方程

前面已经推导了受其他物体摄动影响的两个物体相对运动的一般方程,很容易就可将它简化成仅有两个物体的运动方程,即二体问题。

首先,作两个简化假设:

(1) 物体为球对称的,这样就可以把物体看作质量集中在其中心。

(2) 除了沿两物体中心连线作用的引力外,没有其他外力和内力作用。

其次,确定一个惯性坐标系(无加速度的和无转动的坐标系)以便测量物体的运动状态。牛顿描述惯性坐标系时说:此坐标系固定在绝对空间内,“按其本质来说,它与外界无任何关系,永远保持那样并且不动”。然而,牛顿未能指出怎样去找到这样一个绝对静止的坐标系。前面已假定找到了一个这样的惯性坐标系,以便把相对运动的研究继续下去。但在现实中,人们只能找“近似”的惯性坐标系。后面再回过头来讨论这一事实带来的

图 2.5　二体问题的相对运动

影响。

考虑质量分别为 M 和 m 的两个物体构成的系统，如图 2.5 所示。设 $O'X'Y'Z'$ 为惯性坐标系，$OXYZ$ 为原点在质量为 M 的物体质心上的不转动的，且与 $O'X'Y'Z'$ 平行的坐标系。物体 M 和 m 在坐标系 $O'X'Y'Z'$ 内的位置矢量分别为 $\boldsymbol{r}_M$ 和 $\boldsymbol{r}_m$，并定义

$$\boldsymbol{r} = \boldsymbol{r}_m - \boldsymbol{r}_M$$

现在，在惯性坐标系 $O'X'Y'Z'$ 内可以应用牛顿定律，得到

$$m\ddot{\boldsymbol{r}}_m = -\frac{GMm}{r^2}\frac{\boldsymbol{r}}{r} \qquad M\ddot{\boldsymbol{r}}_M = \frac{GMm}{r^2}\frac{\boldsymbol{r}}{r}$$

即

$$\ddot{\boldsymbol{r}}_m = -\frac{GM}{r^3}\boldsymbol{r} \qquad \ddot{\boldsymbol{r}}_M = \frac{Gm}{r^3}\boldsymbol{r}$$

得

$$\ddot{\boldsymbol{r}} = \ddot{\boldsymbol{r}}_m - \ddot{\boldsymbol{r}}_M = -\frac{G(M+m)}{r^3}\boldsymbol{r} \tag{2.20}$$

方程式(2.20)为二体问题相对运动的矢量微分方程。方程式(2.19)中去掉摄动项，并以 $\boldsymbol{r}$ 代替 $\boldsymbol{r}_{21}$ 后得到的方程与它是一样的。

因为坐标系 $OXYZ$ 相对于惯性坐标系 $O'X'Y'Z'$ 是不转动的，所以在坐标系 $OXYZ$ 中测量的 $\boldsymbol{r}$ 和 $\ddot{\boldsymbol{r}}$ 的方向和大小与在惯性坐标系 $O'X'Y'Z'$ 中测得的是一样的。由此可见，为了推导方程式(2.20)，所以假定了存在惯性坐标系。但现在可以把它抛弃，而在一个不转动的非惯性坐标系（例如原点在物体上的坐标系 $OXYZ$）内测量两个物体的相对位置、相对速度和相对加速度。

因为本书主要研究人造卫星、载人航天器或是绕某一行星或太阳运行的空间探测器，所以航天器的质量 m 将比天体的质量 M 小得多，因此有

$$G(M+m) \approx GM$$

为了方便和具有一般性，称 M 为中心引力体，定义引力参数 $\mu = GM$。于是式(2.20)变为

$$\ddot{\boldsymbol{r}} + \frac{\mu}{r^3}\boldsymbol{r} = 0 \tag{2.21}$$

此即为二体运动方程。对不同的中心引力体，μ 的值不同。对于地球，$\mu = 3.986\ 012 \times 10^3\ \mathrm{km^3/s^2}$；对于太阳，$\mu = 1.327\ 154 \times 10^{11}\ \mathrm{km^3/s^2}$。

2.2.3 轨道运动常数

事实上，方程式(2.21)已经描述了航天器绕地球或其他中心引力体运动时的运动规律，它决定了航天器运动的轨道以及其沿轨道运行时的基本特征。机械能守恒和角动量守恒就是其中很重要的两个方面。

1. 机械能守恒

用 $\dot{\boldsymbol{r}}$ 与式(2.21)作点乘，且 $\boldsymbol{v} = \dot{\boldsymbol{r}}$，$\dot{\boldsymbol{v}} = \ddot{\boldsymbol{r}}$，得到

$$\dot{\boldsymbol{r}} \cdot \ddot{\boldsymbol{r}} + \dot{\boldsymbol{r}} \cdot \frac{\mu}{r^3}\boldsymbol{r} = \boldsymbol{v} \cdot \dot{\boldsymbol{v}} + \frac{\mu}{r^3}\boldsymbol{r} \cdot \dot{\boldsymbol{r}} = 0$$

因为由矢量运算法则 $\boldsymbol{a} \cdot \dot{\boldsymbol{a}} = a\dot{a}$，故

$$v\dot{v} + \frac{\mu}{r^3}r\dot{r} = 0$$

并且注意到

$$\frac{\mathrm{d}}{\mathrm{d}t}\left(\frac{v^2}{2}\right) = v\dot{v} \quad 和 \quad \frac{\mathrm{d}}{\mathrm{d}t}\left(-\frac{\mu}{r}\right) = \frac{\mu}{r^2}\dot{r}$$

故

$$\frac{\mathrm{d}}{\mathrm{d}t}\left(\frac{v^2}{2} - \frac{\mu}{r}\right) = 0$$

更具一般性地，上式可以写为

$$\frac{\mathrm{d}}{\mathrm{d}t}\left(\frac{v^2}{2} + c - \frac{\mu}{r}\right) = 0$$

式中，c 为任意常数。由此，下式定义的量必为常数：

$$\mathscr{E} = \frac{v^2}{2} + \left(c - \frac{\mu}{r}\right) = 常数 \tag{2.22}$$

$\mathscr{E}$ 称为比机械能。显然，$\mathscr{E}$ 的表达式第一项是航天器单位质量的动能，第二项为单位质量的势能，它等于从空间一点到另一点克服引力所做的功。常数 c 的值依赖于零势能参考点的选取。如果将中心引力体，例如地球的表面，作为零势能点，则应当取 $c = \frac{\mu}{r_\oplus}$，$r_\oplus$ 为地球半径；若设 $c = 0$，就相当于以无穷远处作为零势能点，那么航天器的势能将始终是负的。

于是，可以得出结论：当卫星沿着轨道运行时，卫星的比机械能 $\mathscr{E}$(即单位质量的动能和单位质量的势能之和) 既不增加，也不减少，而是保持常值。$\mathscr{E}$ 的表达式为

$$\mathscr{E} = \frac{v^2}{2} - \frac{\mu}{r} \tag{2.23}$$

2. 角动量守恒

用 $\boldsymbol{r}$ 叉乘式(2.21)，得到

$$\boldsymbol{r} \times \ddot{\boldsymbol{r}} + \boldsymbol{r} \times \frac{\mu}{r^3}\boldsymbol{r} = 0$$

因为 $\boldsymbol{a} \times \boldsymbol{a} = 0$ 总是成立，故上式左边第二项为零，得

$$\boldsymbol{r} \times \ddot{\boldsymbol{r}} = 0$$

注意到 $\frac{\mathrm{d}}{\mathrm{d}t}(\boldsymbol{r} \times \dot{\boldsymbol{r}}) = \dot{\boldsymbol{r}} \times \dot{\boldsymbol{r}} + \boldsymbol{r} \times \ddot{\boldsymbol{r}}$，所以有

$$\frac{\mathrm{d}}{\mathrm{d}t}(\boldsymbol{r} \times \dot{\boldsymbol{r}}) = 0 \quad 或 \quad \frac{\mathrm{d}}{\mathrm{d}t}(\boldsymbol{r} \times \boldsymbol{v}) = 0$$

矢量 $\boldsymbol{r} \times \boldsymbol{v}$ 必定为一运动常数，简记为 $\boldsymbol{h}$，称作比角动量。至此已经证明了航天器的比角动量 $\boldsymbol{h}$ 沿着其轨道为一常数，$\boldsymbol{h}$ 的表达式为

$$\boldsymbol{h} = \boldsymbol{r} \times \boldsymbol{v} \tag{2.24}$$

因为 $\boldsymbol{h}$ 为 $\boldsymbol{r}$ 和 $\boldsymbol{v}$ 的矢量叉积，因此，它必定与包含 $\boldsymbol{r}$ 和 $\boldsymbol{v}$ 的平面正交。但 $\boldsymbol{h}$ 为一恒定矢量，所以 $\boldsymbol{r}$ 和 $\boldsymbol{v}$ 必定总在同一平面内。由此可以证明航天器的运动必定限制于一个在空间固定的平面内，称为轨道平面。轨道平面具有定向性。

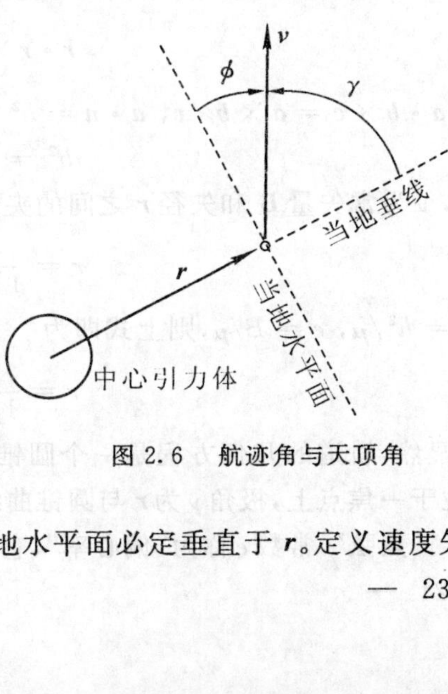

图 2.6 航迹角与天顶角

观察轨道平面内的矢量 $\boldsymbol{r}$ 和 $\boldsymbol{v}$ 及它们与中心引力体之间的关系(见图 2.6) 可知，无论航天器在空间什么位置，当地垂线与矢量 $\boldsymbol{r}$ 的方向都是一致的，所以当地水平面必定垂直于 $\boldsymbol{r}$。定义速度矢量 $\boldsymbol{v}$

的方向与当地垂线间夹角 γ 为天顶角，速度矢量与当地水平面的夹角 ϕ 为航迹仰角，简称航迹角。由叉积的意义得出，$\boldsymbol{h}$ 的大小为

$$h = |\boldsymbol{h}| = |\boldsymbol{r}\times\boldsymbol{v}| = |\boldsymbol{r}||\boldsymbol{v}|\sin\gamma = rv\sin\gamma$$

然而用航迹角 ϕ 来表达 h 更为方便，因为 γ 和 ϕ 显然互为补角，所以

$$h = rv\cos\phi \tag{2.25}$$

ϕ 的符号与 $\boldsymbol{r}\cdot\boldsymbol{v}$ 的符号相同。

2.3 航天器轨道的几何特性

2.3.1 轨道的几何方程

上节已经给出了一个航天器绕一个中心引力体旋转的二体问题的运动方程为式(2.21)。该方程在形式上十分简单，但已经完全确定了相应轨道的形状和大小。

将方程式(2.21)两边同时与 $\boldsymbol{h}$ 叉乘，有

$$\ddot{\boldsymbol{r}}\times\boldsymbol{h} = -\frac{\mu}{r^3}\boldsymbol{r}\times\boldsymbol{h} = \frac{\mu}{r^3}\boldsymbol{h}\times\boldsymbol{r} \tag{2.26}$$

考虑到 $\boldsymbol{h}$ 守恒和矢量运算规则 $(\boldsymbol{a}\times\boldsymbol{b})\times\boldsymbol{c} = \boldsymbol{b}(\boldsymbol{a}\cdot\boldsymbol{c}) - \boldsymbol{a}(\boldsymbol{b}\cdot\boldsymbol{c})$ 及 $\boldsymbol{r}\cdot\dot{\boldsymbol{r}} = r\dot{r}$，所以

$$\frac{\mathrm{d}}{\mathrm{d}t}(\dot{\boldsymbol{r}}\times\boldsymbol{h}) = \ddot{\boldsymbol{r}}\times\boldsymbol{h} + \dot{\boldsymbol{r}}\times\dot{\boldsymbol{h}} = \ddot{\boldsymbol{r}}\times\boldsymbol{h}$$

$$\frac{\mu}{r^3}\boldsymbol{h}\times\boldsymbol{r} = \frac{\mu}{r^3}(\boldsymbol{r}\times\boldsymbol{v})\times\boldsymbol{r} = \frac{\mu}{r}\boldsymbol{v} - \frac{\mu\dot{r}}{r^2}\boldsymbol{r} = \mu\frac{\mathrm{d}}{\mathrm{d}t}\left(\frac{\boldsymbol{r}}{r}\right)$$

于是，可以将式(2.26)改写为

$$\frac{\mathrm{d}}{\mathrm{d}t}(\dot{\boldsymbol{r}}\times\boldsymbol{h}) = \mu\frac{\mathrm{d}}{\mathrm{d}t}\left(\frac{\boldsymbol{r}}{r}\right)$$

两边积分得

$$\dot{\boldsymbol{r}}\times\boldsymbol{h} = \mu\frac{\boldsymbol{r}}{r} + \boldsymbol{B}$$

这里 $\boldsymbol{B}$ 是积分常矢量。用 $\boldsymbol{r}$ 点乘该式就得到标量方程

$$\boldsymbol{r}\cdot\dot{\boldsymbol{r}}\times\boldsymbol{h} = \boldsymbol{r}\cdot\mu\frac{\boldsymbol{r}}{r} + \boldsymbol{r}\cdot\boldsymbol{B}$$

因为 $\boldsymbol{a}\cdot\boldsymbol{b}\times\boldsymbol{c} = \boldsymbol{a}\times\boldsymbol{b}\cdot\boldsymbol{c}$，$\boldsymbol{a}\cdot\boldsymbol{a} = a^2$ 总成立，所以得到

$$h^2 = \mu r + rB\cos\nu$$

式中，ν 为常矢量 $\boldsymbol{B}$ 和矢径 $\boldsymbol{r}$ 之间的夹角。解出 r 得轨道的几何方程为

$$r = \frac{h^2/\mu}{1+(B/\mu)\cos\nu} \tag{2.27}$$

令 $p = h^2/\mu$，$e = B/\mu$，则上式即为

$$r = \frac{p}{1+e\cos\nu} \tag{2.28}$$

显然，轨道的几何方程是一个圆锥曲线的极坐标方程，中心引力体质心即为极坐标的原点，位于一焦点上，极角 ν 为 $\boldsymbol{r}$ 与圆锥曲线上离焦点最近的一点与焦点连线间的夹角，常数 p 称为“半正焦弦”，常数 e 称为“偏心率”，它确定了方程式(2.28)表示的圆锥曲线的类型，如图 2.7

所示。

这一结论不仅证明了开普勒第一定律，而且还将这一定律推广到沿任何圆锥曲线(而不仅仅是椭圆)轨道的运动。

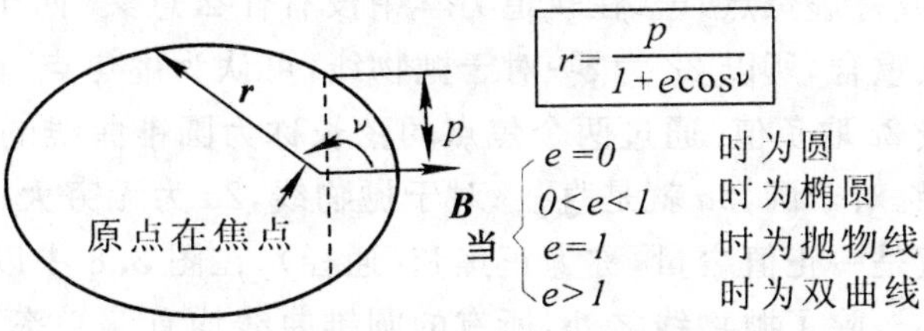

图 2.7 极坐标内任意圆锥曲线的一般方程

至此，可以把航天器的轨道运动总结如下：

(1) 圆锥曲线族(圆、椭圆、抛物线、双曲线)为二体问题中的航天器惟一可能的运动轨道。

(2) 中心引力体中心必定为圆锥曲线轨道的一个焦点。

(3) 当航天器沿着圆锥曲线轨道运动时，其比机械能(单位质量的动能和势能之和)保持不变。然而，动能和势能这两种形式的能量却可以相互转换。这意味着，当航天器高度增高(r增加)时，其速度必定变慢，当r减少时，速度加快。正是以这种方式，使$\mathscr{E}$保持不变。

(4) 航天器绕中心引力体运动，当$\boldsymbol{r}$和$\boldsymbol{v}$沿轨道变化时，比角动量$\boldsymbol{h}$保持不变。

(5) 轨道运动总是处在一个固定于惯性空间的平面内。

2.3.2 轨道的几何性质

1. 圆锥曲线轨道的几何参数

圆锥曲线轨道包括圆、椭圆、抛物线和双曲线4种类型的轨道。图2.8给出了各种圆锥曲线轨道共同的一些几何参数和关系。

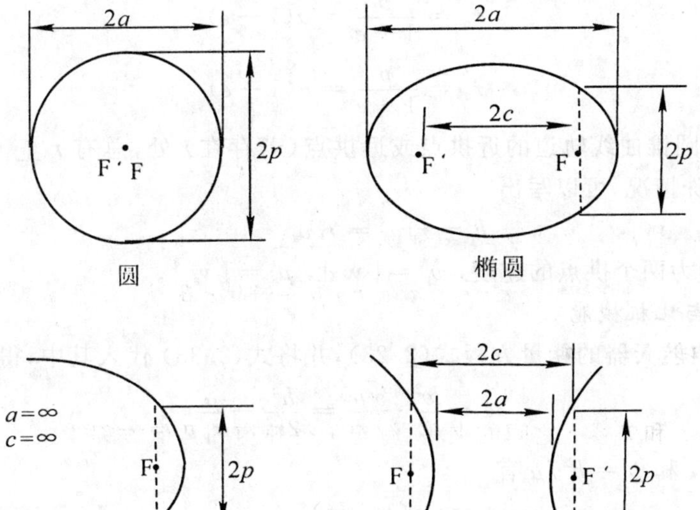

图 2.8 圆锥曲线共同的几何参数

所有的圆锥曲线均有两个焦点F和F′。主焦点F代表中心引力体所在的位置，第二个焦点

(或称虚焦点)F′,在轨道力学中没有什么意义。两个焦点间的距离以 $2c$ 表示。对于圆,两个焦点重合,所以 $2c$ 为零;对于抛物线,可认为虚焦点 F′ 在无穷远处,所以 $2c$ 为无穷大;对于双曲线 $2c$ 取负值。通过两个焦点的弦长称为圆锥曲线的长轴,以 $2a$ 表示,参数 a 称为长半轴或长半径。对于圆,$2a$ 就是直径;对于抛物线,$2a$ 为无穷大;对于双曲线,$2a$ 取负值。曲线在焦点处的宽度是一正值之量,称为正焦弦(通径),在图 2.8 中以 $2p$ 表示。

除了抛物线之外,所有的圆锥曲线均有偏心率

$$e = \frac{c}{a} \tag{2.29}$$

和

$$p = a(1-e^2) \tag{2.30}$$

2. 轨道的近拱点和远拱点

轨道长轴的两个端点称为拱点,离主焦点近的称为近拱点,离主焦点远的称为远拱点。在研究轨道时根据中心引力体是什么天体,这些点也可分别称为"近地点"和"远地点"、"近日点"和"远日点"、"近月点"和"远月点"等。应注意,对于圆轨道,这些点不是惟一确定的,对于开曲线(抛物线和双曲线),远拱点没有物理意义。

主焦点至近拱点或远拱点(若存在的话)的距离,只须在极坐标圆锥曲线的一般方程式(2.28)中以 $\nu = 0°$ 或 $\nu = 180°$ 代入即可求得。于是对任何圆锥曲线有

$$r_{\min} = r_{近拱点} = \frac{p}{1+e\cos 0°} \overset{\text{def}}{=\!=} r_{\mathrm{p}}$$

$$r_{\max} = r_{远拱点} = \frac{p}{1+e\cos 180°} \overset{\text{def}}{=\!=} r_{\mathrm{a}}$$

将式(2.30)代入上两式即得

$$r_{\mathrm{p}} = \frac{p}{1+e} = a(1-e) \tag{2.31}$$

$$r_{\mathrm{a}} = \frac{p}{1-e} = a(1+e) \tag{2.32}$$

另外,在任何圆锥曲线轨道的近拱点或远拱点(若存在)处,总有 $\boldsymbol{r} \perp \boldsymbol{v}$,所以作为方程式(2.25)的一个特殊情况,可以写出

$$h = r_{\mathrm{p}} v_{\mathrm{p}} = r_{\mathrm{a}} v_{\mathrm{a}} \tag{2.33}$$

式中,v_{p},v_{a} 分别为两个拱点的速度,$v_{\mathrm{p}} = |\boldsymbol{v}_{\mathrm{p}}|$,$v_{\mathrm{a}} = |\boldsymbol{v}_{\mathrm{a}}|$。

3. 轨道形状与比机械能

对近拱点写出航天器的能量方程式(2.23),并将式(2.33)代入其中,得

$$\mathscr{E} = \frac{v^2}{2} - \frac{\mu}{r} = \frac{h^2}{2r_{\mathrm{p}}^2} - \frac{\mu}{r_{\mathrm{p}}}$$

根据方程式(2.30)和 $p = h^2/\mu$ 有

$$h^2 = \mu a(1-e^2)$$

因此

$$\mathscr{E} = \frac{\mu a(1-e^2)}{2a^2(1-e)^2} - \frac{\mu}{a(1-e)}$$

由此得

$$\mathscr{E} = -\frac{\mu}{2a} \tag{2.34}$$

对所有圆锥曲线轨道均成立的这个简单的关系式表明,轨道的长半轴 a 仅与航天器的比机械能 $\mathscr{E}$ 有关。进一步说,$\mathscr{E}$ 仅与轨道上任一点的 r 和 v 有关,即

圆和椭圆轨道：　$a > 0$，　航天器的比机械能 $\mathscr{E} < 0$；

抛物线轨道：　$a = \infty$，　航天器的比机械能 $\mathscr{E} = 0$；

双曲线轨道：　$a < 0$，　航天器的比机械能 $\mathscr{E} > 0$。

因此，仅由航天器比机械能的符号就可以确定航天器处在哪种类型的圆锥曲线轨道内。

进一步地，由于 $p = h^2/\mu$ 以及式(2.30)和(2.34)成立，因此对任何圆锥曲线轨道均有

$$e = \sqrt{1 + \frac{2\mathscr{E}h^2}{\mu^2}} \tag{2.35}$$

可见，h 单独决定了 p，而 $\mathscr{E}$ 单独决定了 a，它们共同决定了 e，即确定了圆锥曲线轨道的具体形状。考虑到 $h = rv\cos\phi$，且对于一般航天器而言，$r > 0$，$v > 0$，所以航迹角 $\phi(0 \leqslant \phi \leqslant 180°)$ 的取值决定了 h 的符号。

当 $\phi \neq 90°$ 时，即 $h \neq 0$ 时，

若 $\mathscr{E} < 0$，则 $e < 1$，为椭圆和圆轨道；

若 $\mathscr{E} = 0$，则 $e = 1$，为抛物线轨道；

若 $\mathscr{E} > 0$，则 $e > 1$，为双曲线轨道。

当 $\varphi = 90°$，即 $h = 0$ 时，无论 $\mathscr{E}$ 取值如何，$e = 1$。此时，航天器的轨道是一条通过中心引力体质心和航天器当前位置的直线，也是一种退化的圆锥曲线。这种情况是实际中很少出现的奇异情况，这里不作更深入的分析。

下面分别针对航天器的各种圆锥曲线轨道进行进一步的讨论。

2.3.3 椭圆轨道

太阳系所有行星的轨道和所有围绕天体运动的航天器的轨道都是封闭曲线——椭圆。首先考察一下仅对椭圆轨道适用的几何特性，然后再推导航天器沿椭圆轨道运动的周期和速度。

图 2.9 显示了椭圆可用两根大头针和一个棉线圈画出的方法，以及椭圆轨道参数之间的关系。观察可知，椭圆上任何一点到两个焦点的距离之和恒满足

$$r + r' = 2a$$

并且椭圆轨道近拱点半径 r_p 和远拱点半径 r_a 与椭圆的几何参数之间有如下关系：

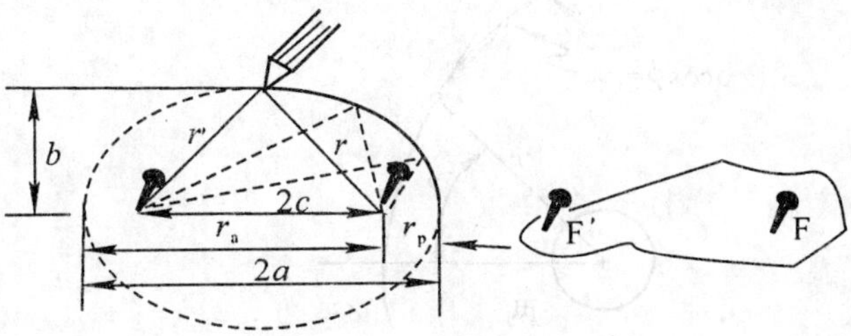

图 2.9　作椭圆的简单方法

$$r_a + r_p = 2a \tag{2.36}$$

$$r_a - r_p = 2c \tag{2.37}$$

可得

$$e = \frac{c}{a} = \frac{r_a - r_p}{r_a + r_p} \tag{2.38}$$

若将椭圆的短半轴记作 b，则有

$$a^2 = b^2 + c^2 \tag{2.39}$$

接着考察椭圆轨道周期。

由图 2.10 可以看到，航天器速度的水平分量为 $v\cos\phi$，也可以写成 $r\dot{v}$，根据方程式(2.25)，可将航天器的比角动量表示为

$$h = \frac{r^2 \mathrm{d}\nu}{\mathrm{d}t}$$

即
$$\mathrm{d}t = \frac{r^2}{h}\mathrm{d}\nu \tag{2.40}$$

由初等微积分知道，矢径转过一角度 $\mathrm{d}\nu$ 时，所扫过的面积微元 dA 可由下式给出（见图 2.11）：

$$\mathrm{d}A = \frac{1}{2}r^2\mathrm{d}\nu \tag{2.41}$$

于是，可以将式(2.41)改写为

$$\mathrm{d}t = \frac{2}{h}\mathrm{d}A \tag{2.42}$$

对于任何给定的轨道，h 为一常数，所以式(2.42)证明了开普勒第二定律："相等的时间间隔内矢径扫过的面积相等。"

在一个轨道周期内，矢径扫过整个椭圆。对式(2.42)在一个周期内进行积分得出

$$T = \frac{2\pi ab}{h} \tag{2.43}$$

这里 πab 为整个椭圆的面积，T 为周期。由式(2.39)、(2.29)和(2.30)得到

$$b = \sqrt{a^2 - c^2} = \sqrt{a^2(1-e^2)} = \sqrt{ap}$$

且 $h = \sqrt{\mu p}$，所以

$$T = \frac{2\pi}{\sqrt{\mu}}a^{3/2} \tag{2.44}$$

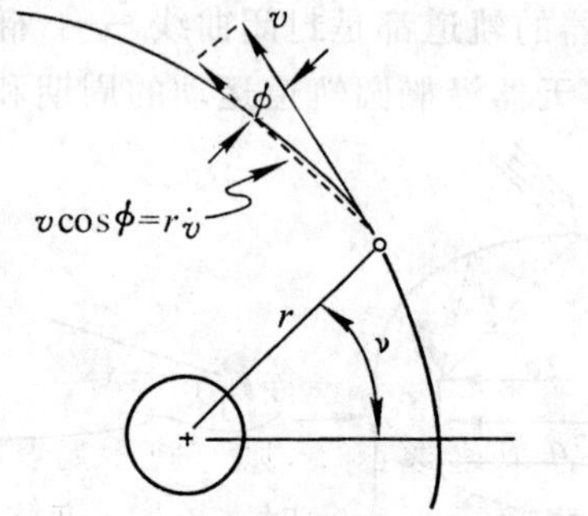

图 2.10 v 的水平分量

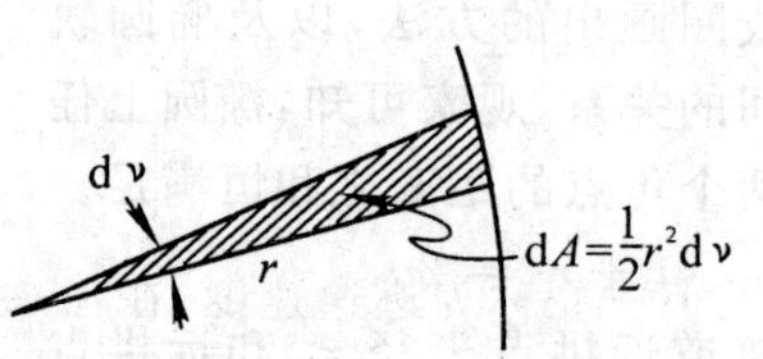

图 2.11 面积微元

由此可见，椭圆轨道的周期仅与长半轴的大小有关。式(2.44)也附带证明了开普勒第三定律："周期的平方与椭圆轨道长半轴的立方成正比"。因为 a 是近拱点和远拱点半径的平均值，所以它也是航天器到主焦点的"平均距离"。

当航天器在椭圆轨道上距中心引力体距离为 r 时，其速度大小 v 可由能量式(2.23)和(2.34)求出，即

$$\mathscr{E} = \frac{v^2}{2} - \frac{\mu}{r} = -\frac{\mu}{2a}$$

可得
$$v = \sqrt{2\mu\left(\frac{1}{r} - \frac{1}{2a}\right)} \tag{2.45}$$

速度方向沿椭圆该点切线方向，并与航天器运动方向一致。

2.3.4 圆轨道

圆是椭圆的特殊情况，所以刚才推导出的用于椭圆轨道的全部公式，包括周期和速度的公式都能用于圆轨道。当然，圆轨道的长半轴 r_{cs} 就是半径，即 $r_{cs}=a$，代入式(2.44)就得圆轨道周期为

$$T_{cs}=\frac{2\pi}{\sqrt{\mu}}r_{cs}^{3/2} \tag{2.46}$$

航天器在圆周轨道上运行所必须具备的速度叫做圆周速度。当然，航天器必须在所需的高度以水平方向发射，才能实现圆形轨道。这时所说的圆周速度，意味着同时具有正确的大小和方向。在半径为 r_{cs} 的圆轨道上运行所需的速度大小 v_{cs} 由式(2.45)得到($r\equiv r_{cs}=a$)：

$$v_{cs}=\sqrt{\frac{\mu}{r_{cs}}} \tag{2.47}$$

可以看到，圆轨道的半径越大，航天器保持在轨道上运行所需的速度就越小。对于低高度的地球轨道，圆周速度约为 7 900 m/s；而月球在其轨道上绕地球运行，其圆周速度仅需约 900 m/s。航天器在圆轨道上的速度恒定不变。

2.3.5 抛物线轨道

虽然某些彗星的轨道近似于抛物线，但在自然界中抛物线轨道是较为罕见的。抛物线轨道引起人们的兴趣，是因为它处在闭合轨道与非闭合轨道的分界状态。物体以抛物线轨道运行，那么它将一去不复返地飞向无穷远处。当抛物线逐渐延伸时，其上下两支将越来越趋于平行，而且由于 $e=1$，所以由式(2.31)可得近拱点距离为

$$r_p=\frac{p}{2}$$

当然，抛物线轨道不存在远拱点，它可以看作是一个“无限长的椭圆”。

虽然，从理论上说，太阳或行星的引力场延伸以至无穷远，但其强度却随距离的增加迅速地减少，所以只须有限的动能就可克服引力的作用，使物体飞向无穷远而不再回来。能实现这一目的的最小速度称为逃逸速度。在任一方向上，给航天器以逃逸速度，则它将沿着抛物线形的逃逸轨道运动。从理论上讲，当它与中心引力体间的距离接近无穷大时，它的速度将接近于零。对逃逸轨道上不同的两点写出其能量方程，即可推导出所需的逃逸速度。

首先，在离中心距离为 r 的某点写出能量方程，该点的“当地逃逸速度”为 v_{esc}；然后对无穷远点写出能量方程，无穷远点的速度 v_∞ 为零。由于能量不变，所以得到

$$\mathscr{E}=\frac{v_{esc}^2}{2}-\frac{\mu}{r}=\frac{v_\infty^2}{2}-\frac{\mu}{r_\infty}=0$$

由此得

$$v_{esc}=\sqrt{\frac{2\mu}{r}} \tag{2.48}$$

若航天器在无穷远点的速度为零，则其比机械能 $\mathscr{E}$ 必定为零。又因为 $\mathscr{E}=-\mu/2a$，所以逃逸轨道的长半轴 a 必须是无穷大，这证实了逃逸轨道确实是抛物线。

正如预期的那样，离中心引力体越远(r 越大)则为了逃逸出剩余引力场所需的速度就越小。地球表面的逃逸速度为 11 200 m/s，而地面上空 3 400 km 处的逃逸速度仅需 7 900 m/s。

2.3.6 双曲线轨道

撞击地球的流星和从地球上发射的星际探测器，它们相对于地球，都是按双曲线轨道飞行的。如果要航天器在脱离了地球引力场后，还剩余一些速度，则它们必须按双曲线轨道飞行。

双曲线的两臂渐近于两条交叉的直线（渐近线）。若把左边的焦点 F 看作主焦点（中心引力体质心位于此点），那么只有左边的一支才是可能的轨道。反之，若航天器和位于 F 的天体间有排斥力（例如带有同种电荷的两个粒子间的力），则右边的一支代表了运行轨道。参数 a，b 和 c 都标在图 2.12 上。显然，对双曲线有

$$c^2 = a^2 + b^2 \tag{2.49}$$

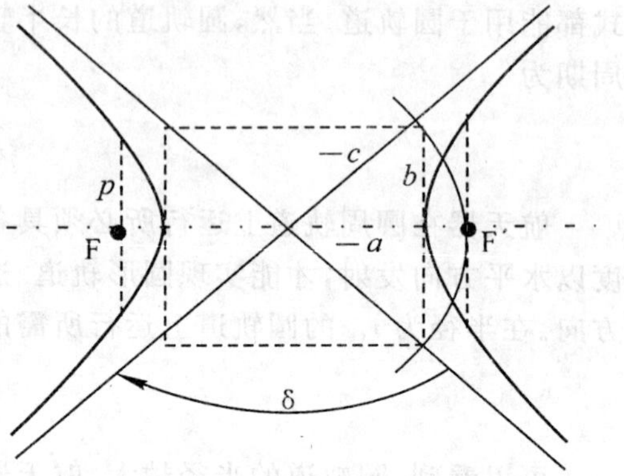

图 2.12 双曲线的几何特性

若两渐近线间的夹角标为 δ，则它表示了航天器与行星相遇时，其轨道应拐过的角度。拐角 δ 与双曲线的几何参数的关系为

$$\sin\frac{\delta}{2} = \frac{a}{c} = \frac{1}{e} \tag{2.50}$$

显然，双曲线的偏心率越大，拐角 δ 越小。

若给于一个航天器的速度正好是逃逸速度，那么它刚够勉强地逃逸出引力场，这意味着它与中心引力体间的距离趋于无穷时，它的速度趋于零。反之，若在靠近中心引力体的某点处，给于航天器的速度大于逃逸速度，那么可以预料，在离中心引力体很远很远处，航天器的速度将趋近于某一有限常数。航天器在无限远点具有的剩余速度称为“双曲线过剩速度”。对双曲线逃逸轨道上的两点写出能量方程，即可推导出双曲线过剩速度。其中一点离中心引力体较近，称为熄火点，$r = r_{bo}$，$v = v_{bo}$；而另一点选在无穷远处，$r = r_\infty$，该处的速度就是双曲线过剩速度 v_∞（见图 2.13）。

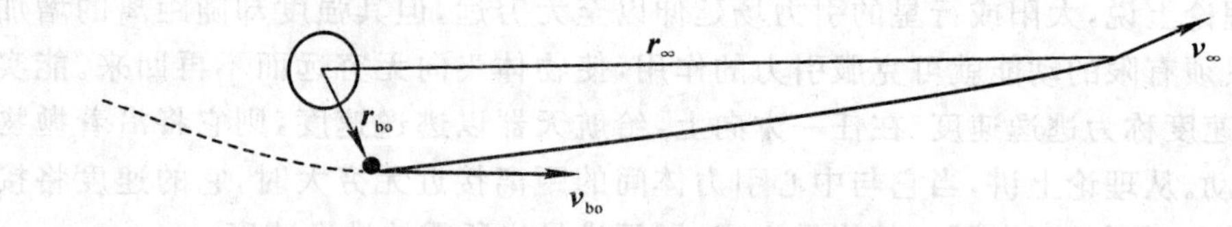

图 2.13 双曲线过剩速度

因为比机械能沿轨道保持不变，所以令熄火点处和无穷远处的比机械能 $\mathscr{E}$ 相等，即

$$\mathscr{E} = \frac{v_{bo}^2}{2} - \frac{\mu}{r_{bo}} = \frac{v_\infty^2}{2} - \frac{\mu}{r_\infty} \tag{2.51}$$

就可以得出

$$v_\infty^2 = v_{bo}^2 - \frac{2\mu}{r_{bo}} = v_{bo}^2 - v_{esc}^2 \tag{2.52}$$

可见，若 v_∞ 为零，如同在抛物线轨道的情况，熄火点速度 v_{bo} 就变为逃逸速度。

谈论飞向“无穷远处”的航天器当然不尽合理，同样，讨论完全逃逸出引力场也是毫无意义的。然而，事实上当航天器离开地球非常远，比如说 300 000 km 时，对所有实用目的而言，它已经逃逸出了地球引力场。换言之，它的速度已降到非常接近于双曲线过剩速度。为了方便起

见，围绕每一引力体，定义一个范围，当航天器飞越这一"作用范围"的边界，就认为它实现了逃逸。但"作用范围"到底应划得多大，即使只有两个人，也很难取得一致意见。然而利用这一概念还是很方便的，它已被广泛地使用，特别是在研究月球轨道和星际飞行轨道方面。有关这一概念，本书在第八章还将进一步讨论。

2.4 航天器的轨道描述

2.4.1 坐标系

在前面各节中，已经介绍了航天器的不同类型圆锥曲线轨道的特性，但这毕竟还不是对一具体轨道的描述。本节就轨道的描述问题展开讨论。

描述轨道的第一步是找到合适的参考坐标系。选取的坐标系不同，则描述轨道的形式和复杂程度就有所不同，直接影响到轨道参数的直观程度和问题求解的难易。描述绕太阳旋转的轨道时，例如行星、小行星、彗星和某些深空探测器的运行轨道，使用日心黄道坐标系较为方便；对于地球卫星，则采用地心赤道坐标系较好。为了描述这些坐标系，就得给出坐标原点的位置、基准平面(即 $X-Y$ 平面)的方位、主方向(即 X 轴的方向)和 Z 轴的方向。因为 Z 轴必须垂直于基准平面，所以只需要说明哪个方向为正即可。Y 轴总是选择为使坐标系成为一右手系。

1. 日心黄道坐标系 $O_sX_sY_sZ_s$

正如该坐标系的名字所述，坐标系的原点在日心 O_s，X_s-Y_s 平面(或称基准平面)与黄道面一致。黄道面是地球绕太阳运行的平面。黄道面与地球赤道面的交线，如图 2.14 所示，确定为 X_s 轴的方向。在春季的第一天(春分点)，日心和地心连线的指向为 X_s 轴的正向，此方向称为春分点方向，天文学家以符号 ♈ 表示，因为它总是指向白羊座方向。大家都知道，好多个世纪以来，地球在缓慢地晃动，地球旋转轴的方向也有缓慢的漂移。这种现象称为进动，它导致地球赤道平面和黄道平面交线的缓慢漂移。因此，日心黄道坐标系实际上并不是一个惯性参考系。若需要特别精确时，就需要注明所用的 $O_sX_sY_sZ_s$ 坐标系是根据哪一特定年份(或称"历元")的春分点方向建立的。

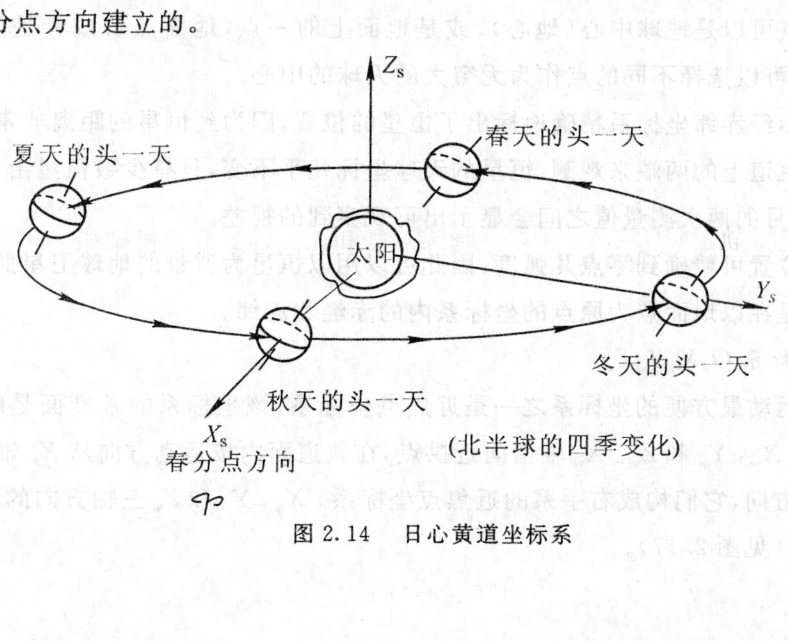

图 2.14 日心黄道坐标系

2. 地心赤道坐标系 $O_eX_eY_eZ_e$

地心赤道坐标系的原点在地心 O_e，基准面是赤道平面，正 X_e 轴指向春分点，Z_e 轴指向北极。在看图 2.15 时，应记住坐标系 $O_eX_eY_eZ_e$ 不是固定在地球上并跟随地球转动的，地心赤道坐标系相对于恒星才是不转动的（除了春分点的进动外），是地球相对于该坐标系旋转。$\boldsymbol{I}$，$\boldsymbol{J}$，$\boldsymbol{K}$ 分别是沿 X_e，Y_e 和 Z_e 轴的单位矢量。

3. 赤经赤纬坐标系 $OXYZ$

与地心赤道坐标系密切相关的一个坐标系是赤经赤纬坐标系。它的基准平面是天赤道面，即地球赤道平面无限延伸到一个假想的半径为无穷大的天球上所形成的平面。天体在天球上的投影位置用叫做赤经和赤纬的两个角来描述。

如图 2.16 所示，赤经 α 是从天赤道面内由春分点开始向东量度，赤纬 δ 是从天赤道面向北量至视线。

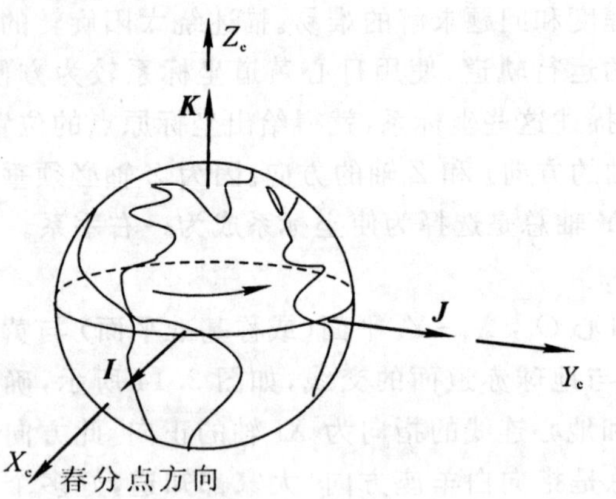

图 2.15　地心赤道坐标系

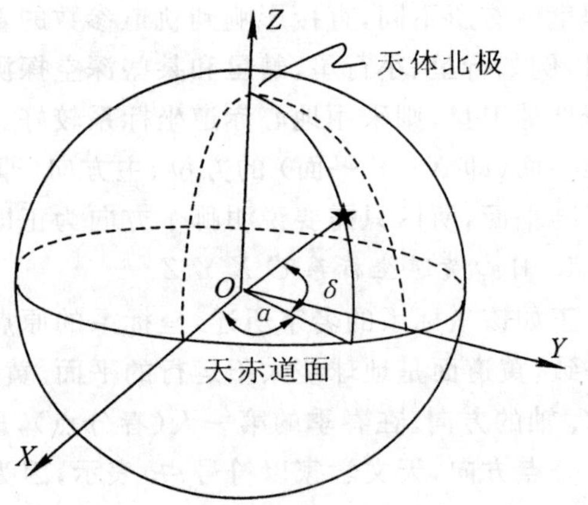

图 2.16　赤经赤纬坐标系

坐标系的原点可以是地球中心（地心），或是地面上的一点（地面点），或者是任何其他的点。为不同的目的可以选择不同的点作为无穷大的天球的中心。

天文学家用赤经赤纬坐标系精确地标出了恒星的位置。因为到恒星的距离非常大，所以甚至从地球绕太阳轨道上的两端来观测，恒星的天球坐标几乎不变，只有少数恒星由于靠太阳太近，从而相差 6 个月的两次测量值之间会显示出可观察到的视差。

由于恒星的位置可精确到零点几弧度，因此可以用以恒星为背景的地球卫星照片，来确定在观测时刻该卫星在以地面点为原点的坐标系内的赤经和赤纬。

4. 近焦点坐标系 $O_\omega X_\omega Y_\omega Z_\omega$

描述航天器运动最方便的坐标系之一是近焦点坐标系。该坐标系的基准面是航天器的轨道平面，坐标轴为 X_ω，Y_ω 和 Z_ω。X_ω 轴指向近拱点，在轨道面内按运动方向从 X_ω 轴转过 90° 就是 Y_ω；Z_ω 轴沿 $\boldsymbol{h}$ 方向，它们构成右手系的近焦点坐标系。X_ω，Y_ω 和 Z_ω 三轴方向的单位矢量分别为 $\boldsymbol{I}_\omega$，$\boldsymbol{J}_\omega$ 和 $\boldsymbol{K}_\omega$（见图 2.17）。

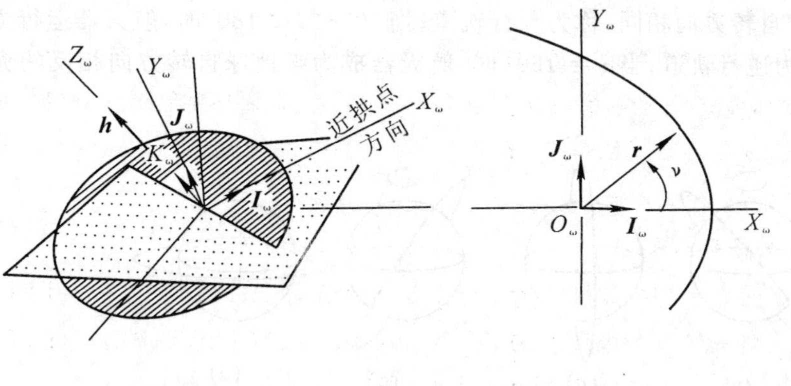

图 2.17　近焦点坐标系

2.4.2　经典轨道要素

基于以上定义的坐标系就可以描述航天器的轨道。航天器运行轨道的形状和其在空间的位置，可以通过 6 个参量来表示，简称轨道要素或轨道根数。这些参量是相互独立的，而且通常具有十分明确的物理意义。下面就椭圆轨道进行介绍。

1. 椭圆轨道要素

轨道六要素是描述和确定航天器轨道特征的量(见图 2.18)。

(1) 轨道倾角 i：航天器运行轨道所在的平面叫轨道面，这个平面通过地心，它与地球赤道平面的夹角称为轨道倾角。

(2) 升交点赤径 Ω：从春分点方向轴量起的升交点的经度，顺地球自转方向为正。$0 \leqslant \Omega \leqslant 2\pi$。

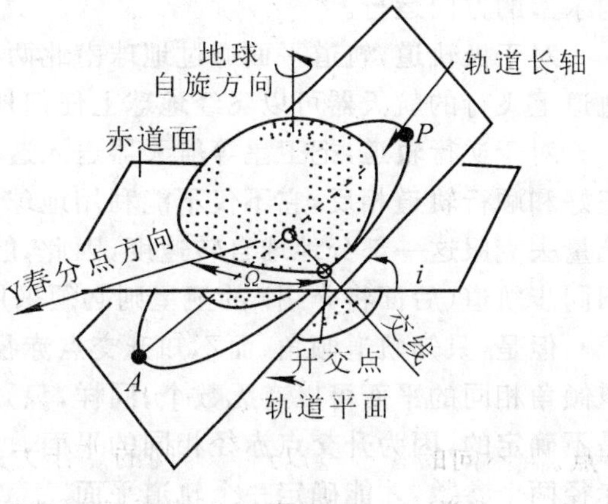

图 2.18　航天器轨道要素

轨道平面与赤道平面的交线在天球上有两个交点，其中，对应于航天器由南半球向北半球上升段经过的那一点叫升交点；反之，航天器由北半球向南半球运动时下降段经过的那一点叫降交点。

(3) 近地点角距 ω：投影在天球上的椭圆轨道近地点与升交点对地心所张的角度，从升交点顺航天器运行方向量到近地点。

(4) 椭圆轨道的长半轴 a。

(5) 椭圆偏心率 e：$e = \sqrt{a^2 - b^2}/a$，其中 b 是椭圆的短半轴。

(6) 航天器过近地点的时刻 t_p。

当然，轨道参数不止上述 6 个，但作为确定轨道特征的独立基本要素只用 6 个就够了，其他轨道要素都可以由这 6 个要素计算得到。

2. 轨道参数的实际意义

(1) 确定航天器轨道平面在空间的方位：由轨道倾角 i 和升交点赤经 Ω 确定。

当轨道倾角 $i = 0°$ 时，称为赤道轨道；当 $i = 90°$ 时，称为极轨道；当 $0° < i < 90°$ 时，航天

器运行方向与地球自转方向相同，称为顺行轨道；当 $90° < i < 180°$ 时，航天器运行方向与地球自转方向相反，称为逆行轨道；当 $i = 180°$ 时，航天器成为与地球自转方向相反的赤道航天器（见图 2.19）。

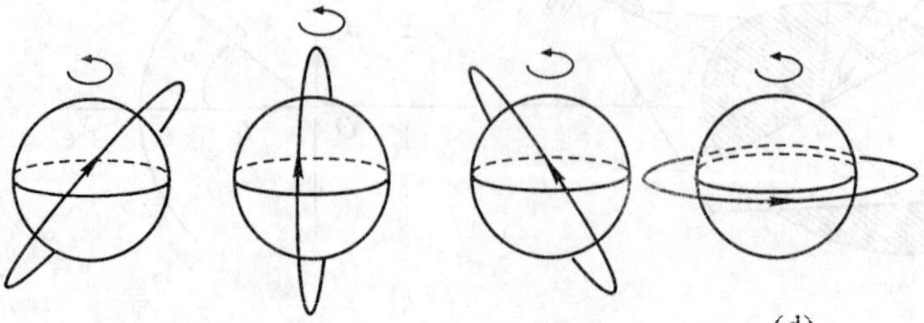

图 2.19　轨道类型

(a) 顺行轨道　(b) 极轨道　(c) 逆行轨道　(d) 赤道轨道

对于顺行轨道，把卫星等航天器送入这种轨道，运载火箭需要朝偏东方向发射。这具有一个特别优越的地方，就是可以利用地球自西向东自转的一部分速度，以节约运载火箭的能量。显然，如果在赤道上向正东方向发射卫星，可利用的速度最大，若倾角为 90°，则可利用的速度为零。世界上早期发射的卫星几乎都采用顺行轨道。后来发射的卫星，只要没有特殊要求，大部分也是这种轨道。因此，在地面上看到在天幕上移动的卫星，大多数是从西南到东北或从西北到东南的方向运行。

对于极轨道，轨道平面通过地球南北两极的轨道叫做极轨道。这种轨道的优点是，在这种轨道上飞行的航天器可以飞经地球上任何地区的上空。

对于逆行轨道，把卫星等航天器送入这种轨道，运载火箭需要朝偏西方向发射。这种轨道正好和顺行轨道相反，它不仅不能利用地球自转速度来节约运载火箭能量，反而要付出额外的能量去克服这一部分地球自转速度，因此，航天器一般都不用这样的轨道。但是有一种叫做太阳同步轨道（后面将介绍）的卫星则必须采用逆行轨道。

但是，只知轨道倾角，而不知升交点赤径，轨道平面在空间的方位仍然是不确定的，因为轨道倾角相同的平面可以有无数个；同样，只知升交点赤径，而不知轨道倾角，轨道平面的方位也是不确定的，因为升交点赤径相同的平面，也可以有无数个。只有同时给定轨道倾角和升交点赤径两个参数，才能确定一个轨道平面。

(2) 确定椭圆长轴在轨道平面上的指向：由近地点角距 ω 确定。

(3) 确定椭圆轨道的形状和大小：由长半轴 a 和偏心率 e 确定。

实际上，只要有 5 个独立的轨道要素就足以确定轨道的大小、形状和方位了，但为了精确地指出航天器沿着轨道在某特定时刻的位置，还需要第六个要素。

(4) 确定航天器在轨道上的位置：由航天器过近地点时刻 t_p 把时间和空间（航天器在轨道上的位置）联系起来。

当已知航天器的上述一组轨道参数后，就可确定在任一时刻 t 时，航天器的位置和速度，从而对航天器在惯性坐标系内的运动进行观测和预报。

2.4.3　星下点轨迹

在很多实际问题中，需要研究航天器相对于地球表面的运动，例如，设计侦察卫星的轨道和地面站对卫星的观测，就要了解在某一时刻，卫星位于地球哪一点的上空、距地面的高度等数值。

轨道上的卫星(S)与地心的连线(径向直线)在地面上有一交点(S′)，这是卫星在地面的投影点，称为星下点。随着卫星的运行，星下点也在地面上连点成线，这条线称为卫星的星下点轨迹，它反映了卫星相对于地球表面的运动情况。若不考虑地球自转，星下点轨迹是轨道面与地球表面相交形成的大圆(见图 2.20)。

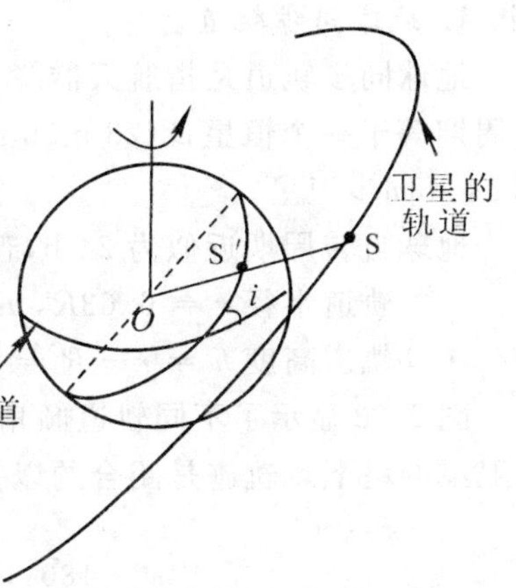

图 2.20　星下点轨迹

卫星是在地球引力的作用下运动的，其轨道平面经过地球中心。同时，卫星在运动过程中的比角动量不随时间变化，比角动量的方向指向轨道平面的法线方向，因此，轨道平面在空间的方位也不变，这叫做轨道平面的定向性(见图 2.21，图 2.22)。

由于轨道平面的定向性，尽管地球自转，轨道面却不受地球自转的牵连，因此，地球自转和轨道面的定向性两者的综合结果，使星下点轨迹扩展到地面上更多的区域。运行一周的卫星，由于地球自转，星下点向西移动了一定经度。运行周期为 120 min 的卫星，经过 24 h，将再次飞经一天前所经过的地点上空。

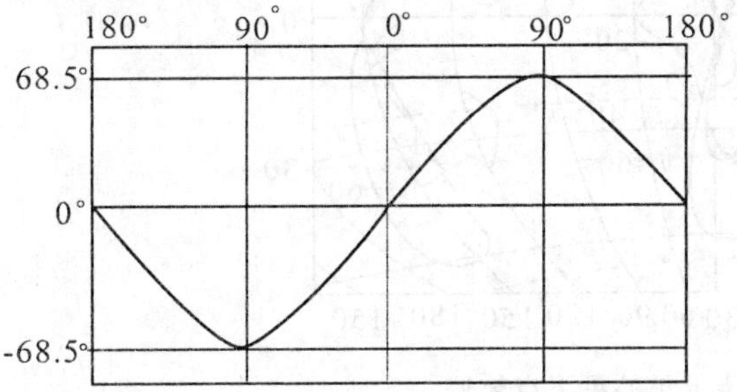

图 2.21　不考虑地球自转时的星下点轨迹
($i = 68.5°$)

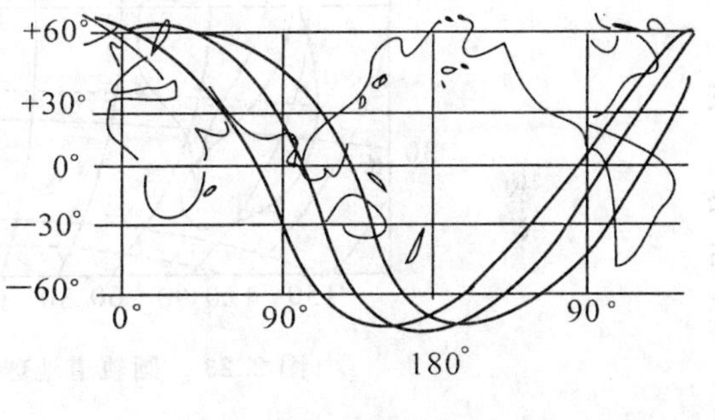

图 2.22　考虑地球自转时的星下点轨迹
($i = 68.5°$)

2.4.4　几种典型轨道

从前面的介绍知道，轨道要素完全决定着航天器轨道的形状、方位和大小，以及星下点轨迹。而在实际中，航天器的运行轨道是按照航天器所要完成的任务来设计的。例如，当需要了解和搜集地球不同高度的空间环境条件和科学数据时，一般要求卫星选用椭圆轨道；凡是作为基准站和中继站的卫星，都要求圆轨道；而要对地面某一地区进行观测或侦察时，就必须选择星下点轨迹通过该地区的轨道，同时轨道高度还要求适当；对于执行地球照相任务的地球资源卫星和军事侦察卫星，不能把轨道高度提得太高，太高了会影响照相的分辨力(分清地面目标清晰度的能力)；探测外层空间的科学卫星，那就需要把远地点拉到几千公里甚至几十万公里的高空。

所以，目前围绕地球旋转的数千颗卫星，由于所执行的航天使命不同，它们的轨道(也即轨道要素）也是千变万化的，不可能逐一介绍。下面仅对航天器的几种典型轨道进行进一步地介绍。

1. 地球同步轨道

地球同步轨道是指航天器绕地球运行的周期与地球自转周期相同的轨道，即航天器的轨道周期等于一个恒星日(23 h 56 min 4.1 s)。采用地球同步轨道的卫星，称为地球同步卫星，也称 24 h 同步卫星。

地球自转周期近似为 24 h，若为圆轨道，由式(2.46)可计算出：

轨道半径 $r = 6.63R$，R—— 地球半径；

轨道高度 $h = r - R = 5.63R = 35\ 810$ km。

图 2.23 显示了不同轨道倾角 i 的圆轨道地球同步卫星的星下点轨迹。显然，圆轨道地球同步卫星的星下点轨迹是闭合的以赤道为中心的“8”字形，而且 i 越大，“8”字越长。

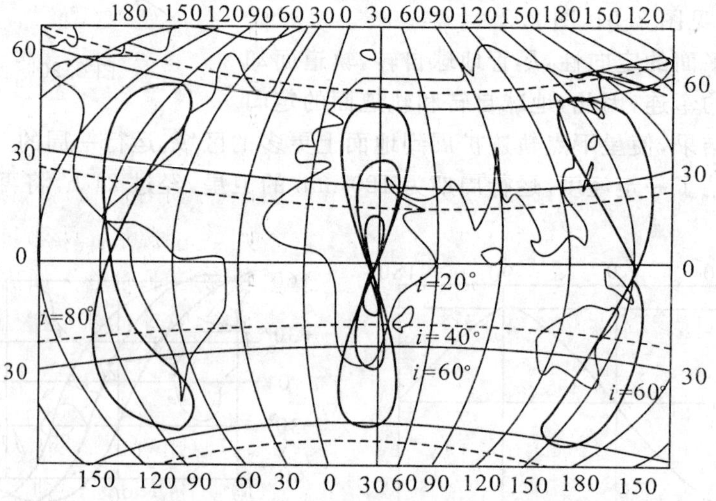

图 2.23 圆轨道地球同步卫星的星下点轨迹

对于椭圆地球同步轨道，卫星的星下点轨迹是各种各样的。图 2.24 表示 $i = 45°$，$e = 0.3$，$\omega = 3.5°$ 的同步卫星的星下点轨迹，数字是卫星通过近地点后的时间(h)。可以看出，卫星通过近地点后的 5 ～ 9 h，在北纬 45° 附近大致有 4 h 左右的时间大体处于对地静止状态。如果在地球同步轨道上配置数个卫星，每个卫星的轨道参数除通过近地点时刻 t_p 和升交点赤径 Ω 不同之外，其余都相同，这些卫星以同样的时间间隔(周期 T 的整数分之一)通过赤道上的同一地点上空，那么，利用在高纬度地区的卫星进行连续的对地观测和通信就可以实现。

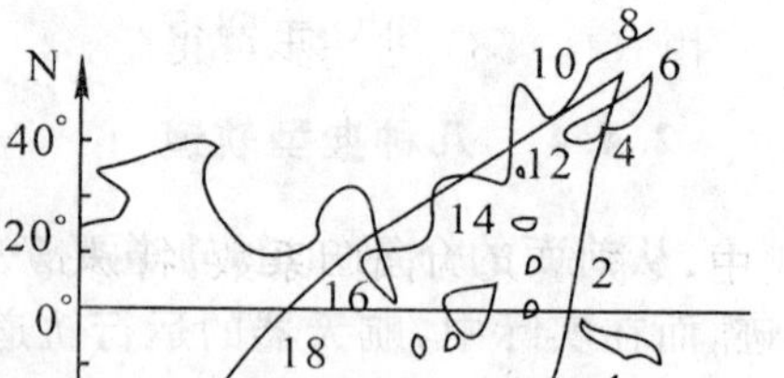

图 2.24 高纬度观测地球同步轨道

这一例子说明，只要适当地选择轨道要素，地球同步轨道卫星能够完成各种不同的任务。

2. 地球静止轨道

地球静止轨道是指轨道倾角 $i=0°$ 的地球同步轨道。在这条轨道上，使航天器运行方向和地球自转方向一致，从地面上看，航天器相对于地球是静止的，好像在天空的某个地方不动似的。采用静止轨道的卫星，称为静止卫星或定点卫星。因此，静止轨道特性体现如下：

(1) 轨道倾角 $i=0°$ 的赤道轨道；

(2) 偏心率 $e=0$ 的圆形轨道；

(3) 轨道高度 $h\approx 36\,000$ km 的高轨道；

(4) 周期 $T=23$ h 56 min 4.1 s；

(5) 环绕速度 $v=3.075$ km/s。

理想静止轨道上的卫星的星下点轨迹只是赤道上的一个点。但实际上理想的静止轨道卫星是不存在的，卫星在轨道上不可避免地会受到各种干扰摄动力的作用(见本章 2.5 节)。如地球形状不规则、密度分布不均匀使卫星受到的引力发生变化，引起卫星在地球东西经度方向产生漂移；由于太阳、月球引力的作用，卫星在地球南北纬度方向产生漂移；此外，卫星的轨道周期也不完全与地球同步。因此，从地球上观察，实际静止卫星并不是固定不动的，而总是在东西方向和南北方向漂移着，其星下点轨迹近似是一个小的“8”字形。

很明显，地球静止轨道只有一条，即高度约 36 000 km 的赤道圆轨道。

许多卫星，如通信、气象、早期预警、导航等卫星都适合采用静止轨道。因此，射入静止轨道的卫星越来越多。但在静止轨道上的卫星不能太密，否则会造成相临两颗星之间的电波干扰。目前国际上规定每间隔赤经两度一颗卫星。当然，静止轨道位于赤道平面内，不适合高纬度地区的观测和通信，这时就要依靠前面介绍的圆形和椭圆形地球同步轨道卫星来弥补这一不足了。

3. 地球回归轨道

回归轨道是指星下点轨迹出现周期性重复的轨道。重复出现的周期称为回归周期。设地球自转角速度为 ω_e，航天器轨道面转动角速度为 $\dot{\Omega}$，轨道周期为 T，那么回归轨道就有下式成立：

$$NT(\omega_e-\dot{\Omega})=2\pi K \tag{2.53}$$

式中，K 和 N 均为正态整数且不可简约，N 为自然数，NT 就为回归周期。K 称为回归天数，即航天器旋转 K 天才能实现星下点轨迹的重复。$K=1$ 的回归轨道可称为一天回归轨道。

由式(2.53) 进一步可得

$$T=\frac{2\pi}{\omega_e-\dot{\Omega}}\frac{K}{N}\triangleq\frac{2\pi}{\omega_e-\dot{\Omega}}\frac{1}{\varepsilon} \tag{2.54}$$

式中，ε 被定义为回归系数。特殊地，若航天器轨道面不进动，$\dot{\Omega}=0$，则回归轨道周期与地球自转周期 T_e 之间就满足

$$TN=T_eK \tag{2.55}$$

地球同步轨道和静止轨道可视为 $K=1$，$N=1$ 的回归轨道。

卫星在回归轨道上运行，每经过一个回归周期，就又出现在以前经过的地区上空，可以对地球表面同一区域每隔一定时间进行反复观测，比较在一个回归周期内地面目标的变化。这样就有可能了解地面诸如工程建设进展、军事调动、农作物生长、自然灾害的形成过程等信息。这对民用和军事领域都有十分重要的意义。当然，回归轨道的参数 N,T,K 等的确定取决于具体的航天任务，也与星载遥感仪器的视场和探测距离密切相关。

4. 太阳同步轨道

太阳同步轨道是指航天器轨道面转动角速度$\dot{\Omega}$与地球公转角速度相同的轨道，即航天器轨道面转动方向和周期与地球公转的方向和周期相同。采用太阳同步轨道的卫星，称为太阳同步卫星。

图 2.25 太阳同步轨道的轨道面运动

地球绕太阳一周为一恒星年，平均每天约转过 0.985 6°。另一方面，地球扁率摄动引起轨道面的进动。对于逆行轨道，轨道面转动的方向与地球公转的方向相同，如果适当选择轨道参数，可使航天器轨道面在一恒星年内转动一周，这样，地球公转时，轨道面与地日连线的夹角(光照角)保持不变，如图 2.25 所示的光照角为 37.5°。太阳同步轨道的数学定义如下：

$$\dot{\Omega} = \frac{d\Omega}{dt} = \frac{2\pi}{Y_\theta} \tag{2.56}$$

式中，Y_θ 为一恒星年(约 365.24 d)。

太阳同步轨道可以提供一个恒定的太阳方位角，卫星在上升段或下降段，经过同一纬度的当地时间是相同的，从而能使卫星在同样的时间和光照条件之下，多次观测同一地区或同一纬度带，这便于观测结果的处理和判读。

选择适当的发射时间，可以使卫星飞经一些地区上空时，这些地区始终处在比较好的光照条件之下。因此太阳同步轨道的重要参数就是升 / 降交点的地方时，有时甚至称几点的太阳同步轨道。例如，由于卫星轨道进动与太阳 — 地球连线运动同步，所以太阳同步轨道地影时间的变化也为最小。当轨道升交点地方时为 6:00 AM/PM 时，地影时间为最短。

太阳同步轨道具有两个一般特性：

(1) 轨道倾角 i 必须大于 90°，均为逆行轨道；

(2) 当 $e = 0$ 时，轨道长半轴 $a < 6\ 000$ km。

在实际应用中，对地遥感观测卫星常选用太阳同步轨道，轨道高度一般不超过 1 000 km，不同轨道高度相应倾角 i 如下：

轨道高度 /km	轨道倾角 /(°)
700	98.19
800	98.60
900	99.03

显然，这类中低太阳同步轨道的倾角都在 90° 附近，卫星通过地球极地上空，均为极轨道。事实上，它们也是最常用的太阳同步轨道。

以上介绍的几种典型轨道都具有鲜明的特征，适合于不同的航天任务要求。在实际工程中，有时可将若干种不同轨道的特点结合起来以完成特定的航天使命，如对地遥感观测卫星常用太阳同步回归轨道等。有时甚至将一种类型多个轨道同时使用，形成卫星星座或卫星网，如美国的“铱”星系统和全球定位系统等。这些都显示出千变万化的航天任务与轨道特性之间的密切关系。

2.5 航天器的轨道摄动

以上讨论的航天器运行轨道，是一种理想情况，它与实际情况有差别。这是因为：① 地球并非理想的圆球体；② 没有考虑大气阻力对航天器运动的影响；③ 没有考虑其他天体对航天器的作用；④ 没有考虑地球周围的磁场等因素。这些因素，使得航天器在实际上并不沿开普勒轨道运动，航天器轨道参数每时每刻都在变化，从而偏离由开普勒定律所确定的轨道，这种偏离现象称为摄动。为了使问题简化，可把开普勒轨道作为卫星和其他航天器的近似轨道，这种根据理想情况得到的开普勒轨道，又叫做无摄动轨道。研究摄动，就是研究天体包括人造天体的无摄动轨道在各种摄动因素影响下的变化规律。此时，卫星和其他航天器的实际运动轨道就叫做受摄开普勒轨道。

本节讲述引起轨道摄动的各种非理想因素的特性。

1. 地球扁率摄动

地球扁率对卫星等航天器轨道的主要影响有两点：

(1) 轨道平面的进动性：当地球是一个理想的、密度均匀的圆球体时，轨道面平分地球为两个半球，地球对航天器引力的大小均相等，且对称于轨道面，引力的合力在轨道面上且通过球心。但实际的地球是一个赤道鼓胀、质量分布不均的椭球体，赤道附近的鼓胀部分可简化成赤道上的一圈质量环(图 2.26)，它对轨道面产生一个力矩 $\boldsymbol{M}$。根据陀螺的进动性原理，赤道质量环产生的力矩 $\boldsymbol{M}$ 使轨道面不能保持固定位置，而绕地轴转动。如果从地心引出轨道面的垂线，对轨道面进动的描述则是一个以地轴为旋转轴的角锥，进动方向与轨道倾角有关。当倾角小于 90° 时，轨道面逆地球自转方向转动，升交点西移；当倾角等于 90° 时，赤道质量环对航天器的引力作用在轨道面内，轨道面不转动；当倾角大于 90° 时，力矩的方向就反过来，轨道面顺地球自转方向转动，升交点东移。总之，轨道面转动方向与航天器运动方向相反，也就是升交点在地球赤道上向航天器运动的相反方向移动。需要提及的是，当轨道面进动时，轨道倾角保持不变，只改变升交点赤径。

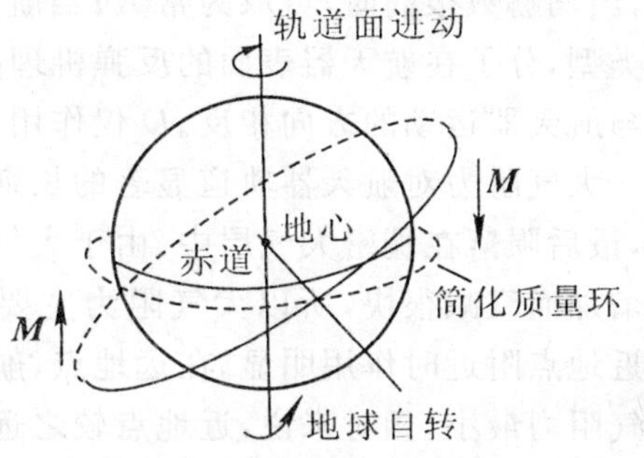

图 2.26　地球赤道附近鼓胀产生附加力矩

根据摄动理论得到升交点移动速率的公式为

$$\dot{\Omega}=\frac{\mathrm{d}\Omega}{\mathrm{d}t}=-\frac{10}{(1-e^2)^2}\left(\frac{R_e}{a}\right)^{3.5}\cos i\ [(°)/\mathrm{d}] \tag{2.57}$$

式中，R_e 为地球赤道半径。

(2) 轨道长半轴在轨道平面内的转动：这使得轨道的近地点在轨道平面内也不断地移动。根据摄动理论可推知，近地点角距的变化率公式为

$$\frac{\mathrm{d}\omega}{\mathrm{d}t}=\frac{5}{(1-e^2)^2}\left(\frac{R_e}{a}\right)^{3.5}(5\cos^2 i-1)\quad [(°)/\mathrm{d}] \tag{2.58}$$

特殊情况，当 $i=63.4°$ 时，近地点基本上处在地球一定纬度的上空。这有利于某些卫星等航天器的对地观测，这个角度称为临界轨道倾角。

由地球非球形造成的力，通常是影响航天器轨道最主要的摄动力。当然随着航天器轨道高度的增加，离开地球距离的增大，地球非球形造成的影响就减小。当航天器离地球的距离比地球本身的大小大得多时，即可忽略地球扁率影响。

2. 大气阻力摄动

大气阻力是由于地球大气产生的对航天器运动的摄动力，阻力的大小与大气密度、航天器形状和运行速度等因素有关。根据空气动力学，阻力可由下式确定：

$$D = -C_D S \frac{\rho v^2}{2} \tag{2.59}$$

式中，S 为航天器的特征面积，一般取与速度方向垂直的平面内航天器的最大截面积；ρ 为大气密度；v 为航天器相对于大气的速度；C_D 为阻力系数，它与航天器形状、飞行姿态、速度有关，当马赫数很高时，可取为常数；当航天器高度在 150 ～ 500 km 时，空气流动属于自由分子流类型，分子在航天器表面的反弹机理决定着阻力的大小，通常取 $C_D = 2 \sim 2.5$；负号表示阻力与航天器运动的方向相反。D 仅作用在轨道平面内而不会改变轨道平面本身在空间的方位。

大气阻力对航天器轨道显著的长期影响是改变轨道参数 a 和 e，使椭圆轨道不断缩小变圆，最后陨落在稠密大气层中。由于大气密度随高度的增加而衰减很快，所以大气阻力主要在航天器通过近地点附近时作用明显。在远地点，航天器受到的大气阻力最小。相对来说，近地点较之远地点是处在稠密的大气之中，大气阻力消耗了航天器的能量，航天器通过近地点后，速度减小，因此轨道远地点不断降低。又由于在高层大气中（远地点）运行时，航天器也会受到一些阻力，轨道近地点也会降低，但降低的程度远远小于远地点。这样，航天器每运行一周，轨道就越接近圆轨道，周期也逐渐缩短。在 110 ～ 120 km 以下，由于大气密度的增加，以致航天器不能完成下一周的运行，而沿螺旋线急剧下降，最后坠入稠密大气层。通常把周期为 86.5 ～ 86.7 min，高度为 110 ～ 120 km 的圆轨道，称为临界轨道（见图 2.27）。

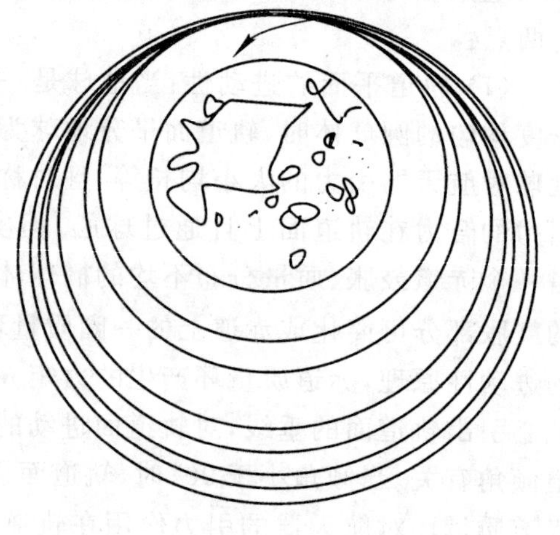

图 2.27　大气阻力对航天器轨道的影响

航天器从入轨到陨落的时间间隔称为航天器的运行寿命。从航天器运行的某一时刻算起到陨落的时间间隔称为航天器尚能存在的时间。对于近地卫星一类航天器，大气阻力是影响运行寿命的主要因素。根据摄动理论和实际观测资料得到的航天器运行寿命的公式为

$$t_l = -\frac{3e_0 T_0}{4\left(\dfrac{\mathrm{d}T}{\mathrm{d}t}\right)_0} = -\frac{3e_0 T_0}{4\dot{T}_0} \tag{2.60}$$

式中，符号的下标“0”表示初始时刻的值，T 为航天器的轨道周期。

实际上，随着航天器轨道高度的增加，气动力的影响急剧减弱。当高度低于 200 km 时，大气阻力是最主要的摄动力；而当高度在 1 000 km 以上时，在大多数情况下，大气阻力可以完全略去不计。

值得提出的航天器的另一个寿命概念是有效工作寿命，它是指航天器从入轨到失去完成特定任务的能力的时间间隔。航天器的有效工作寿命取决于星上设备、元器件的可靠性和使用寿命，一般情况下要比航天器的运行寿命短。所以通常人们说到的航天器的寿命，若不特指，均是其有效工作寿命。

3. 月球和太阳引力摄动

日、月引力摄动是由于太阳、月球对人造卫星等航天器与对地球的引力加速度之差而产生的。航天器轨道高度越高，摄动量越大，在 1 600 km 以下，可以忽略不计；但对高轨道的航天器，摄动量就十分可观。如在地球静止轨道上，卫星的定点须考虑这种影响，在 5 000 km 以上，日、月摄动超过地球扁率摄动，成为主要的摄动因素。

对于椭圆轨道，特别是大偏心率的椭圆轨道，日、月摄动有可能导致轨道的完全破坏，在椭圆轨道上各点，尤以远地点受到的摄动最为严重。图 2.28 描绘了月球对 4 种不同位置的同样椭圆轨道的摄动情况。在轨道 1 和 2 的远地点，摄动加速度 $\boldsymbol{a}_p$ 与航天器速度方向 $\boldsymbol{v}$ 相反，使远地点速度降低，从而引起近地点降低；在轨道 3 和 4 的远地点，摄动加速度与航天器速度方向相同，使远地点速度增加，从而引起近地点提高。近地点的提高对航天器不会带来灾难性后果，但近地点的降低将会导致航天器进入稠密大气层而烧毁。

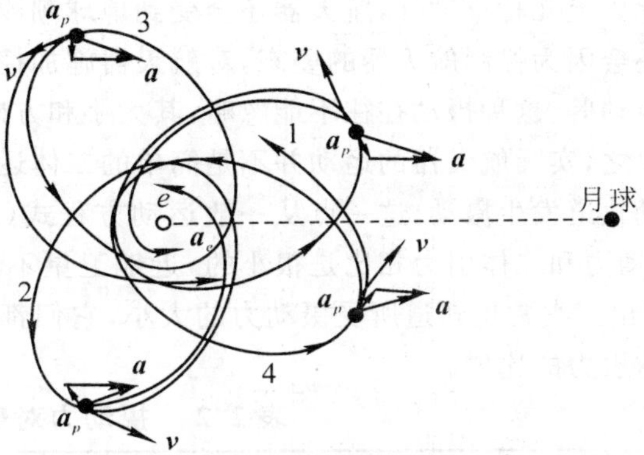

图 2.28　椭圆轨道的月球摄动

如果航天器的轨道远地点位于月球轨道之外，则是另一种情况。此时在太阳和月球引力摄动的综合作用下，或是使轨道的近地点降低，最终使轨道破坏，或是使航天器远离地球作用范围，进入人造行星轨道。

4. 辐射压摄动

绕地球运行的航天器还受到太阳的直接辐射、地球反射的太阳辐照和地球本身发射出的辐射能量的作用。按照量子力学，光被认为是光子流，而光子具有动量。当光子流射到航天器表面时，一部分被吸收，一部分被反射。在这一过程中，光子的部分动量就传递给了航天器，从而造成了所谓的辐射压。

以太阳的辐射压（简称光压）为例，它对航天器具有力的作用，所以光压对航天器轨道也有影响。若将大气阻力摄动与太阳光压摄动相比较，则可发现在 700 km 以下的高空，航天器轨道主要受大气阻力影响，而在更高的高空则主要受太阳光压的影响。光压对于面质比（面积／质量）大于 2.5 $\mathrm{m^2/kg}$ 之气球型卫星（即质量／面积的值很小的卫星）的影响尤为明显。在这种情况下，辐射压强的影响可能是很重要的，因此一定得把它考虑进去。

作用在航天器上的辐射压摄动力大小可由下式来估算：

$$f = \sigma S K p \tag{2.61}$$

式中，σ 为受晒系数，当航天器被太阳照射时 $\sigma = 1$，当航天器位于地球阴影内时，$\sigma = 0$，即在地球阴影区，太阳辐射压为零；S 为垂直于太阳光线的航天器截面；K 是航天器的表面反射性能系数，与表面材料、表面粗糙度和形状等因素有关，一般取 1～1.44 之间的值，如全吸收取 $K = 1$，完全漫反射取 $K = 1.44$；p 为地球轨道域内的光压，$p = 4.5 \times 10^{-6}\ \mathrm{N/m^2}$。

太阳辐射压的方向严格地说应当是沿太阳到航天器的矢量方向，但由于卫星等航天器到地球的距离与日地距离相比是一个微小量，所以也可近似地将太阳辐射压的方向看作是由太阳到地球的矢量方向。

5. 电磁效应摄动

由于航天器所处高度上的大气是部分电离的，所以有可能出现航天器获得电势的现象。同时又因为有地磁场存在，这样就会产生电磁力。然而一般说来，这一影响可以忽略不计。

6. 其他摄动

除以上几种摄动外，航天器还会受到地球潮汐作用、无线电射频反作用等摄动力的影响。有时还会因为控制航天器的姿态，对航天器施加控制力矩的同时，产生力，例如用推力器进行姿态机动等。这种摄动往往不能忽略，其大小和方向要视航天器具体情况而定。

总之，实际航天器的运动并不是简单的二体运动问题，有许多非理想的因素都会使航天器的运动轨道发生摄动。这一点从一般运动方程式(2.12)、(2.8)、(2.9)也反映出来。一般情况下，摄动力和二体引力相比是很小的，近地卫星不超过 1/1 000，地球同步卫星约为 $5/10^6$。表 2.2 列出三类常见轨道所受摄动力的大小，它们都是和地球表面处单位质量卫星所受均匀球形地球引力的比值。

表 2.2　摄动力对航天器的影响

摄　　动　　力	近地卫星 (约 200 km)	中等高度卫星 (约 1 000 km)	地球同步卫星 (约 35 800 km)
引力场二阶带谐项 J_2	10^{-3}	10^{-3}	10^{-7}
其他全部球谐项($S_n^m C_n^m$)	10^{-6}	10^{-6}	10^{-9}
大气阻力	0.4×10^{-5}	-10^{-9}	0
太阳辐射压力	0.2×10^{-8}	-10^{-9}	-10^{-9}
太阳引力	0.3×10^{-7}	0.5×10^{-7}	0.2×10^{-6}
月球引力	0.6×10^{-7}	0.1×10^{-6}	0.5×10^{-6}
太阳潮汐力	0.4×10^{-7}	0.4×10^{-7}	10^{-11}
月球潮汐力	0.5×10^{-7}	0.3×10^{-7}	0.8×10^{-11}

尽管摄动力较小，但它们对于航天器轨道的长期影响是十分显著的，直接关系到航天器使命的完成。因此，要克服各种摄动力的影响，保持轨道的精度，就必须进行轨道控制，这是航天器的一个重要控制技术，本书将在第八章详细阐述。

思　考　题

2.1　利用牛顿万有引力定律推导、分析航天器受 N 体引力时的运动方程，并阐述简化为二体相对运动的合理性。

2.2　证明在仅有二体引力的作用下，航天器的机械能守恒。

2.3　证明在二体问题中，航天器的运动轨道始终处于空间的一个固定平面内。

2.4　比较航天器各种圆锥曲线轨道的参数 a，c，e，p 的特点，分析它们与轨道常数 h 和 $\mathscr{E}$ 之间的关系。

2.5　利用牛顿定律证明开普勒第三定律。

2.6 计算第一宇宙速度和第二宇宙速度。

2.7 已知一个木星探测器在距地面3 400 km处的逃逸速度为7 900 m/s,而实际速度为11 200 m/s。试问该探测器飞至木—地距离的一半时,其速度为多少?轨道形状如何?

2.8 什么是轨道六要素,它们是如何确定航天器在空间的位置的?

2.9 比较地球同步轨道与静止轨道的异同。

2.10 求地球静止轨道的高度和静止卫星的运行速度。

2.11 如果需要对某一地区每30 d在同样的光照条件下观测一次,观测卫星的轨道为800 km圆轨道。试求$\dot{\Omega}$, T, N, ε。

2.12 分析地球扁率,大气阻力,日、月引力对航天器轨道的影响。

2.13 分析在高、中、低轨道上各有哪几种摄动力的影响占主要地位。

第三章

航天器的姿态运动学和动力学

航天器的姿态运动学是从几何学的观点来研究航天器的运动，它只讨论航天器运动的几何性质，不涉及产生运动和改变运动的原因；而航天器的姿态动力学则是研究航天器绕其质心运动的状态和性质。所以航天器姿态的运动方程须由两部分组成，一部分为通过坐标变换关系得出的运动学方程，另一部分则是以牛顿动力学定律（如动量矩定律）为基础的动力学方程。

本章中将航天器视作刚体。

3.1 航天器的姿态运动学

与描述轨道运动相似，要研究航天器的姿态运动，首先须确定适当的坐标系。

3.1.1 常用参考坐标系

坐标系形式很多，每种坐标系都有其自己的特点，因此也就只适用于一定的范围，所以根据具体情况选择坐标系是必要的。一般来说，讨论航天器姿态运动常用的坐标系，主要有 4 种。

1. 惯性坐标系 $O'XYZ$

所有的运动都要参照的基本坐标系是惯性坐标系，按一般意义讲，它是相对于恒星固定的坐标系。但实际情况表明，惯性坐标系仅仅是在所研究的时间间隔内能够满足精度要求的基准坐标系。对于这里所考虑的绝大多数问题来讲，选择一个不会使问题的解超出期望精度范围的坐标系就足够了。例如，卫星绕地球的轨道运动就可以用地心赤道坐标系，也称为地心惯性坐标系；又如在研究星际航行（如宇宙探测器）时，往往把原点 O' 点放在太阳中心，坐标轴相对于恒星不旋转的坐标系就是一个合适的惯性坐标系。

2. 质心平动坐标系 $OXYZ$

这是一个与惯性坐标系密切相关的坐标系。原点 O 位于航天器质心，OX，OY，OZ 轴分别与某一惯性坐标系的坐标轴保持平行。

3. 质心轨道坐标系 $Ox_0y_0z_0$

简称轨道坐标系。这是一个以航天器质心为原点的正交坐标系，如图 3.1 所示。Ox_0 轴沿轨道平面与当地水平面的交线，指向前进方向，Oz_0 轴沿当地垂线指向地心，Oy_0 轴垂直于轨道平面。这个坐标系在空间以角速度 ω_0，即航天器的轨道角速度，绕 Oy_0 轴旋转，且旋转方向与 Oy_0 轴的方向相反。

4. 本体坐标系 $Oxyz$

又称为星体坐标系。在此坐标系中，原点 O 在航天器质心，Ox，Oy，Oz 三轴固定在航天器本体上。若 Ox，Oy，Oz 三轴为航天器的惯量主轴，则该坐标系称为主轴坐标系。

3.1.2 航天器的姿态运动学方程

在坐标系确定以后，航天器上任何一点的位置就可以在固联于星体的本体坐标系 $Oxyz$ 中表示；若要描述三轴稳定航天器的对地定向运动，则要借助于质心轨道坐标系 $Ox_0y_0z_0$；若要讨论自旋卫星的章动运动时，就必须运用质心平动坐标系 $OXYZ$。而各种坐标系之间的关系可以通过一系列旋转角来表示，这些旋转角称为欧拉角。具体地说可以通过 3 个欧拉角 φ,θ,ψ 来确定本体坐标系 $Oxyz$ 相对于其他坐标系的位置。

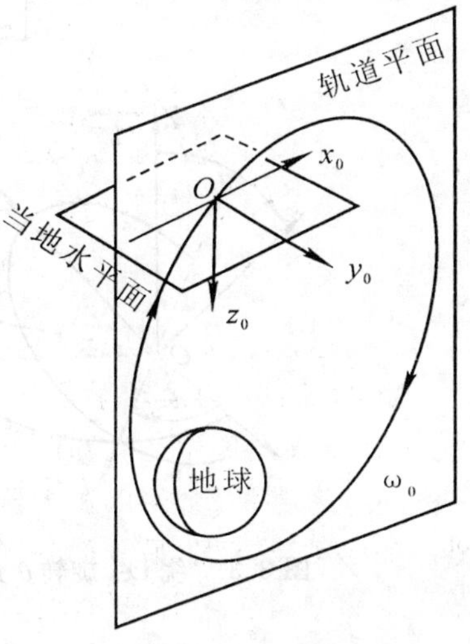

图 3.1 质心轨道坐标系

以坐标系 $Oxyz$ 和 $OXYZ$ 为例，星体轴的位置可通过 3 次旋转达到 $OXYZ$ 坐标轴的位置。旋转顺序具有多种形式，但不能绕一个轴连续旋转两次，因为连续两次旋转等同于绕这个轴的一次旋转。为此可以得出两类 12 种可能的旋转顺序如下：

一类：1-2-3， 1-3-2， 2-3-1， 2-1-3， 3-1-2， 3-2-1；

二类：3-1-3， 2-1-2， 1-2-1， 3-2-3， 2-3-2， 1-3-1。

显然，一类是每轴仅旋转一次，二类是某一轴不连续地旋转两次。下面详细介绍被称为经典欧拉转动顺序的“3-1-3”旋转和“1-2-3”旋转。

1.“3-1-3”旋转

(1) $OXYZ \to$ 绕 OZ（“3”）轴转 ψ 角 $\to O\xi'\eta'\zeta'$：如图 3.2 所示，这两个坐标系之间的变换矩阵为

$$\begin{bmatrix}\xi'\\ \eta'\\ \zeta'\end{bmatrix}=\begin{bmatrix}\cos\psi & \sin\psi & 0\\ -\sin\psi & \cos\psi & 0\\ 0 & 0 & 1\end{bmatrix}\begin{bmatrix}X\\ Y\\ Z\end{bmatrix}=\boldsymbol{\gamma}\begin{bmatrix}X\\ Y\\ Z\end{bmatrix} \tag{3.1}$$

(2) $O\xi'\eta'\zeta' \to$ 绕 $O\xi'$（“1”）轴转 θ 角 $\to O\xi\eta\zeta$：如图 3.3 所示，这两个坐标系之间的变换矩阵为

$$\begin{bmatrix}\xi\\ \eta\\ \zeta\end{bmatrix}=\begin{bmatrix}1 & 0 & 0\\ 0 & \cos\theta & \sin\theta\\ 0 & -\sin\theta & \cos\theta\end{bmatrix}\begin{bmatrix}\xi'\\ \eta'\\ \zeta'\end{bmatrix}=\boldsymbol{\beta}\begin{bmatrix}\xi'\\ \eta'\\ \zeta'\end{bmatrix} \tag{3.2}$$

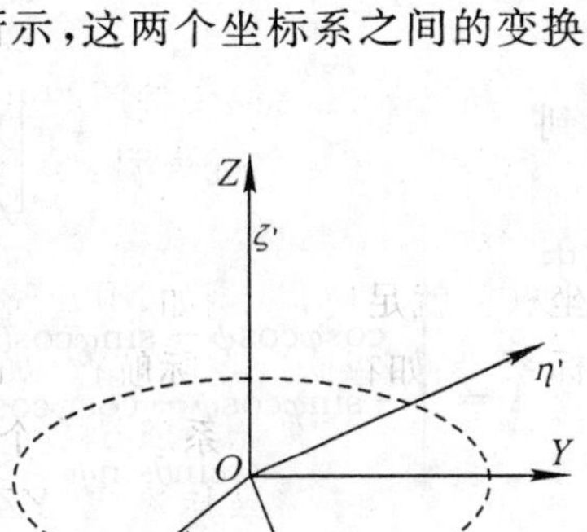

图 3.2 绕 OZ 轴旋转 ψ 角

(3) $O\xi\eta\zeta \to$ 绕 $O\zeta$（“3”）轴转 φ 角 $\to Oxyz$：如图 3.4 所示，这是最后一次旋转，此时已达到了航天器的本体坐标系 $Oxyz$。两者的变换矩阵可推导为

$$\begin{bmatrix}x\\ y\\ z\end{bmatrix}=\begin{bmatrix}\cos\varphi & \sin\varphi & 0\\ -\sin\varphi & \cos\varphi & 0\\ 0 & 0 & 1\end{bmatrix}\begin{bmatrix}\xi\\ \eta\\ \zeta\end{bmatrix}=\boldsymbol{\alpha}\begin{bmatrix}\xi\\ \eta\\ \zeta\end{bmatrix} \tag{3.3}$$

综合以上变换,坐标系 $OXYZ$ 与 $Oxyz$ 之间的直接转换关系即为

$$\begin{bmatrix} x \\ y \\ z \end{bmatrix} = \boldsymbol{\alpha} \begin{bmatrix} \xi \\ \eta \\ \zeta \end{bmatrix} = \boldsymbol{\alpha\beta} \begin{bmatrix} \xi' \\ \eta' \\ \zeta' \end{bmatrix} = \boldsymbol{\alpha\beta\gamma} \begin{bmatrix} X \\ Y \\ Z \end{bmatrix}$$

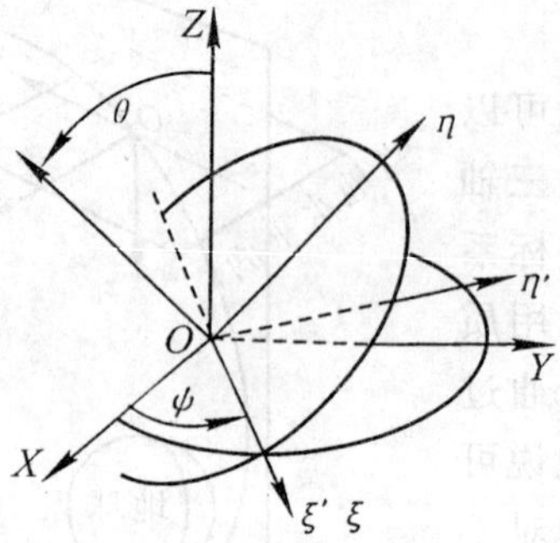

图 3.3　绕 $O\xi'$ 旋转 θ 角

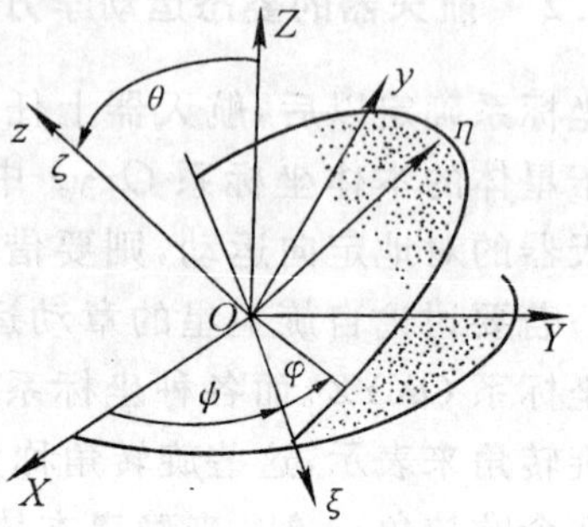

图 3.4　绕 $O\xi$ 旋转 φ 角

若令 $\boldsymbol{A} = \boldsymbol{\alpha\beta\gamma}$,则通过 $\boldsymbol{A}$ 可以把质心平动坐标系 $OXYZ$ 中表示的矢量分量变换成为本体坐标系 $Oxyz$ 中表示的分量,即

$$\begin{bmatrix} x \\ y \\ z \end{bmatrix} = \boldsymbol{A} \begin{bmatrix} X \\ Y \\ Z \end{bmatrix} \tag{3.4}$$

若坐标系 $Oxyz$ 中的分量已知,需要确定坐标系 $OXYZ$ 中的分量,则利用两个坐标系之间正交变换的逆矩阵就等于它的转置矩阵这一性质,即

$$\boldsymbol{A}^{-1} = \boldsymbol{A}^{\mathrm{T}}$$

得到

$$\begin{bmatrix} X \\ Y \\ Z \end{bmatrix} = \boldsymbol{A}^{\mathrm{T}} \begin{bmatrix} x \\ y \\ z \end{bmatrix} \tag{3.5}$$

其中

$$\boldsymbol{A} = \begin{bmatrix} \cos\varphi\cos\psi - \sin\varphi\cos\theta\sin\psi & \cos\varphi\sin\psi + \sin\varphi\cos\theta\cos\psi & \sin\varphi\sin\theta \\ -\sin\varphi\cos\psi - \cos\varphi\cos\theta\sin\psi & -\sin\varphi\sin\psi + \cos\varphi\cos\theta\cos\psi & \cos\varphi\sin\theta \\ \sin\theta\sin\psi & -\sin\theta\cos\psi & \cos\theta \end{bmatrix} \tag{3.6}$$

$$\boldsymbol{A}^{\mathrm{T}} = \begin{bmatrix} \cos\varphi\cos\psi - \sin\varphi\cos\theta\sin\psi & -\sin\varphi\cos\psi - \sin\psi\cos\theta\cos\varphi & \sin\theta\sin\psi \\ \cos\varphi\sin\psi + \sin\varphi\cos\theta\sin\psi & -\sin\varphi\sin\psi + \cos\varphi\cos\theta\cos\psi & -\sin\theta\cos\psi \\ \sin\theta\sin\varphi & \sin\theta\cos\varphi & \cos\theta \end{bmatrix} \tag{3.7}$$

这样,利用经典欧拉转动,通过 θ,ψ,φ 3 个欧拉角就将航天器的本体坐标系 $Oxyz$ 和质心平动坐标系相互联系起来了。

基于欧拉转动顺序"3-1-3",可以进一步将航天器的空间转动角速度 $\boldsymbol{\omega}$ 在本体坐标系中的分量 $\omega_x, \omega_y, \omega_z$ 用欧拉角表示,从而推导出航天器的姿态运动学方程。

如图 3.5 所示。将角速度 $\dot{\psi}$ 沿 $O\zeta$ 和 $O\eta$ 轴分解，则 $\dot{\psi}$，$\dot{\varphi}$ 和 $\dot{\theta}$ 在正交坐标系 $O\xi\eta\zeta$ 中的分量分别为：$O\xi$ 轴为 $\dot{\theta}$，$O\eta$ 轴为 $\dot{\psi}\sin\theta$，$O\zeta$ 轴为 $\dot{\varphi}+\dot{\psi}\cos\theta$。再将 $O\xi$ 和 $O\eta$ 轴分量按 Ox 和 Oy 轴分解，其结果表示如下：

$$\begin{cases}\omega_x = \dot{\psi}\sin\theta\sin\varphi + \dot{\theta}\cos\varphi \\ \omega_y = \dot{\psi}\sin\theta\cos\varphi - \dot{\theta}\sin\varphi \\ \omega_z = \dot{\varphi} + \dot{\psi}\cos\theta\end{cases} \tag{3.8}$$

或者以逆形式表示，即

$$\begin{cases}\dot{\varphi} = \omega_z - (\omega_x\sin\varphi + \omega_y\cos\varphi)\cot\theta \\ \dot{\theta} = \omega_x\cos\varphi - \omega_y\sin\varphi \\ \dot{\psi} = (\omega_x\sin\varphi + \omega_y\cos\varphi)\csc\theta\end{cases} \tag{3.9}$$

式(3.8)或(3.9)即为航天器的一组姿态运动学方程。

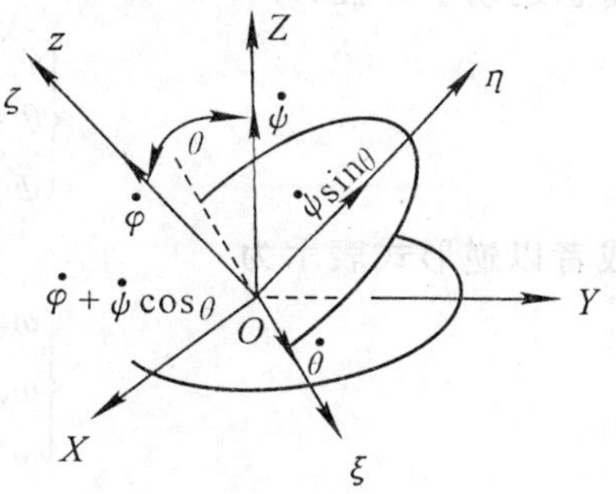

图 3.5 欧拉角的角速度

2. "1-2-3" 旋转

类似地，也可以通过欧拉"1-2-3"旋转将航天器的不同坐标系相互联系起来。例如从 $Ox_0y_0z_0$ 出发，进行以下 3 次旋转：

(1) $Ox_0y_0z_0 \rightarrow$ 绕 Ox_0("1") 转 φ 角 $\rightarrow O\alpha'\beta'\gamma'$

(2) $O\alpha'\beta'\gamma' \rightarrow$ 绕 $O\beta'$("2") 转 θ 角 $\rightarrow O\alpha\beta\gamma$

(3) $O\alpha\beta\gamma \rightarrow$ 绕 $O\gamma$("3") 转 ψ 角 $\rightarrow Oxyz$

于是坐标系 $Oxyz$ 和 $Ox_0y_0z_0$ 之间的坐标变换关系即为

$$\begin{bmatrix}x\\y\\z\end{bmatrix} = \boldsymbol{B}\begin{bmatrix}x_0\\y_0\\z_0\end{bmatrix} \tag{3.10}$$

$$\begin{bmatrix}x_0\\y_0\\z_0\end{bmatrix} = \boldsymbol{B}^{\mathrm{T}}\begin{bmatrix}x\\y\\z\end{bmatrix} \tag{3.11}$$

式中

$$\boldsymbol{B} = \begin{bmatrix}\cos\theta\cos\psi & \sin\varphi\sin\theta\cos\psi + \cos\varphi\sin\psi & -\cos\varphi\cos\psi\sin\theta + \sin\varphi\sin\psi \\ -\cos\theta\sin\psi & -\sin\varphi\sin\theta\sin\psi + \cos\varphi\cos\psi & \cos\varphi\sin\theta\sin\psi + \sin\varphi\cos\psi \\ \sin\theta & -\sin\varphi\cos\theta & \cos\varphi\cos\theta\end{bmatrix}$$

$$\boldsymbol{B}^{\mathrm{T}} = \begin{bmatrix}\cos\theta\cos\psi & -\cos\theta\sin\psi & \sin\theta \\ \sin\varphi\sin\theta\cos\psi + \cos\varphi\sin\psi & -\sin\varphi\sin\theta\sin\psi + \cos\varphi\cos\psi & -\sin\varphi\cos\theta \\ -\cos\varphi\cos\psi\sin\theta + \sin\varphi\sin\psi & \cos\varphi\sin\theta\sin\psi + \sin\varphi\cos\psi & \cos\varphi\cos\theta\end{bmatrix} \tag{3.12}$$

同样可得按照 2-3-1，3-1-2，1-3-2，2-1-3，3-2-1 等不同转动顺序的变换关系。当 $|\varphi|$，$|\theta|$，$|\psi| \ll 1$ rad 时，即在小角度变化情况下，$\boldsymbol{B}$ 可近似为

$$\boldsymbol{B} = \begin{bmatrix}1 & \psi & -\theta \\ -\psi & 1 & \varphi \\ \theta & -\varphi & 1\end{bmatrix} \tag{3.13}$$

其中欧拉角 θ，ψ，φ 分别称为俯仰角、偏航角和滚动角，而 Ox，Oy，Oz 轴分别称为航天器的滚动

轴、俯仰轴和偏航轴。

相应地，利用"1-2-3"姿态角也可以将 $\boldsymbol{\omega}$ 的分量 $\omega_x, \omega_y, \omega_z$ 表示出来，得到另一组航天器的姿态运动学方程，即

$$\begin{cases} \dot{\varphi} = (\omega_x \cos\psi - \omega_y \sin\psi)/\cos\theta \\ \dot{\theta} = \omega_x \sin\psi + \omega_y \cos\psi \\ \dot{\psi} = \omega_z - (\omega_x \cos\psi - \omega_y \sin\psi)\tan\theta \end{cases} \tag{3.14}$$

或者以逆形式表示为

$$\begin{cases} \omega_x = \dot{\varphi}\cos\psi\cos\theta + \dot{\theta}\sin\psi \\ \omega_y = -\dot{\varphi}\sin\psi\cos\theta + \dot{\theta}\cos\psi \\ \omega_z = \dot{\psi} + \dot{\varphi}\sin\theta \end{cases} \tag{3.15}$$

3.2 航天器的姿态动力学

作为刚体的航天器的姿态动力学是以刚体的动量矩定理为基础的。因此在确定了描述航天器姿态运动的各种坐标系和运动学之后，了解刚体的动量矩定理就成为研究航天器姿态动力学的一个重要条件。

3.2.1 动量矩定理

首先考察质点，如图 3.6 所示，力 $\boldsymbol{F}$ 对点 O 的矩

$$\boldsymbol{m}_O(\boldsymbol{F}) = \boldsymbol{r} \times \boldsymbol{F} \tag{3.16}$$

其中矢径 $\boldsymbol{r} = OA$，且 A 在力的作用线上。因此，力矩矢量 $\boldsymbol{m}_O(\boldsymbol{F})$，垂直于由 $\boldsymbol{r}$ 和 $\boldsymbol{F}$ 作用线组成的平面，并且 $\boldsymbol{m}_O(\boldsymbol{F})$ 的指向按右手规则来确定。类似地，质点的动量 $m\boldsymbol{v}$ 对点 O 的矩可表示成

$$\boldsymbol{m}_O(m\boldsymbol{v}) = \boldsymbol{r} \times m\boldsymbol{v} \tag{3.17}$$

它垂直于质点的矢径 $\boldsymbol{r}$ 和动量 $m\boldsymbol{v}$ 所组成的平面，且 $\boldsymbol{m}_O(m\boldsymbol{v})$ 的指向也由右手规则确定。

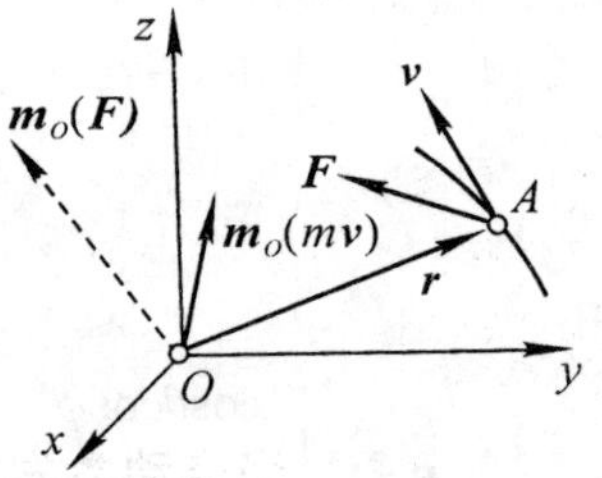

图 3.6 动量矩定理

静力学里曾指出，力 $\boldsymbol{F}$ 对于通过点 O 的任一轴，例如 Oz 轴的矩 $\boldsymbol{m}_z(\boldsymbol{F})$，等于它对点 O 的矩 $\boldsymbol{m}_O(\boldsymbol{F})$ 在该轴上的投影 $[\boldsymbol{m}_O(\boldsymbol{F})]_z$，并且可以写成

$$\boldsymbol{m}_z(\boldsymbol{F}) = [\boldsymbol{m}_O(\boldsymbol{F})]_z$$

该动量矩具有量纲

$$[\text{动量矩}] = [\text{长度}][\text{质量}]\frac{[\text{长度}]}{[\text{时间}]} = [\text{质量}][\text{长度}]^2[\text{时间}]^{-1}$$

在国际单位制中，动量矩的常用单位是千克·米^2·秒$^{-1}$($\mathrm{kg \cdot m^2 \cdot s^{-1}}$)。

在力矩作用下，质点的动量矩会改变，现在来揭示其间的关系。设坐标系 $Oxyz$ 是固定直角坐标系，以矢径 $\boldsymbol{r}$ 与牛顿第二定律的方程作叉乘，有

$$\boldsymbol{r} \times \frac{\mathrm{d}}{\mathrm{d}t}(m\boldsymbol{v}) = \boldsymbol{r} \times \boldsymbol{F}$$

等号右端就是力 $\boldsymbol{F}$ 对原点 O 的矩 $\boldsymbol{m}_O(\boldsymbol{F})$，左端可以改造为

$$\boldsymbol{r}\times\frac{\mathrm{d}}{\mathrm{d}t}(m\boldsymbol{v})=\frac{\mathrm{d}}{\mathrm{d}t}(\boldsymbol{r}\times m\boldsymbol{v})-\frac{\mathrm{d}\boldsymbol{r}}{\mathrm{d}t}\times m\boldsymbol{v}$$

但$\frac{\mathrm{d}\boldsymbol{r}}{\mathrm{d}t}=\boldsymbol{v}$，所以上式等号右端第二项等于零(两个平行矢量的叉积等于零)，而第一项就是质点对点 O 的动量矩矢量 $\boldsymbol{m}_O(m\boldsymbol{v})$ 对时间的导数。于是得

$$\frac{\mathrm{d}}{\mathrm{d}t}[\boldsymbol{m}_O(m\,\boldsymbol{v})]=\boldsymbol{m}_O(\boldsymbol{F}) \tag{3.18}$$

即质点对任意固定点的动量矩对时间的导数，等于该质点所受的力对同一点的矩。这就是质点的动量矩定理。

若 $\boldsymbol{m}_O(\boldsymbol{F})=0$，则 $\boldsymbol{m}_O(m\boldsymbol{v})=$ 常矢量。即若质点所受的合力对某固定点的矩恒等于零，则质点对同一点的动量矩守恒。该结论说明了质点动量矩守恒的条件。

动量矩定理很容易由质点推广到质点系。按式(3.18)对质点系内每个质点写出动量矩方程，然后相加，得

$$\sum\frac{\mathrm{d}}{\mathrm{d}t}[\boldsymbol{m}_O(m\boldsymbol{v})]=\frac{\mathrm{d}}{\mathrm{d}t}\left[\sum\boldsymbol{m}_O(m\boldsymbol{v})\right]=\sum\boldsymbol{m}_O(\boldsymbol{F})$$

其中末等号左端方括号中就是整个质点系对固定点 O 的动量矩，用 $\boldsymbol{H}_O$ 代表，即

$$\boldsymbol{H}_O=\sum\boldsymbol{m}_O(m\boldsymbol{v})$$

等号右端等于质点系所受合外力对点 O 之矩的矢量和，用 $\boldsymbol{M}_O$ 代表。内力成对地出现，它们对任一点之矩的矢量和恒等于零。于是有

$$\frac{\mathrm{d}\boldsymbol{H}_O}{\mathrm{d}t}=\sum\boldsymbol{m}_O(\boldsymbol{F})=\boldsymbol{M}_O \tag{3.19}$$

可见，质点系对任一固定点的动量矩对时间的导数，等于该质点系所受全体外力对同一点之矩的矢量代数和。这就是质点系动量矩定理。

特殊情况：若 $\sum\boldsymbol{m}_O(\boldsymbol{F})=0$，则 $\boldsymbol{H}_O=$ 常矢量。

可见，如果质点系所受合外力对固定点的矩的矢量和恒等于零，则质点系对同一点的动量矩守恒。这个结论表明了质点系动量矩守恒的条件。

动量矩定理常被用于研究刚体的转动运动，刚体作为一类质点系，式(3.19)当然成立。

3.2.2 姿态动力学方程

航天器的姿态运动是指其绕自身质心的转动。当航天器被看作为刚体时，其姿态动力学方程就可以直接从刚体的动量矩定理导出。

设航天器在空间以角速度 $\boldsymbol{\omega}$ 旋转，其动量矩为 $\boldsymbol{H}$。为了方便起见，基准点选航天器本体坐标系 $Oxyz$ 的原点，也即航天器质心 O，$\boldsymbol{M}$ 是作用在航天器相对于质心 O 的合外力矩，所以航天器的动量矩即为

$$\boldsymbol{H}=\int_m\boldsymbol{r}\times\frac{\mathrm{d}\boldsymbol{r}}{\mathrm{d}t}\mathrm{d}m \tag{3.20}$$

式中，矢量 $\boldsymbol{r}$ 是刚体内相对于质心的矢径；$\frac{\mathrm{d}\boldsymbol{r}}{\mathrm{d}t}$ 是质量元 $\mathrm{d}m$ 在空间相对于质心的速度矢量；m 为航天器的总质量。于是在本体坐标系中，刚体的 $\boldsymbol{\omega}$，$\boldsymbol{H}$，$\boldsymbol{r}$ 和 $\boldsymbol{M}$ 可以分别表示成

$$\boldsymbol{\omega}=\omega_x\boldsymbol{i}+\omega_y\boldsymbol{j}+\omega_z\boldsymbol{k} \tag{3.21}$$

$$\boldsymbol{H} = h_x\boldsymbol{i} + h_y\boldsymbol{j} + h_z\boldsymbol{k} \tag{3.22}$$

$$\boldsymbol{r} = x\boldsymbol{i} + y\boldsymbol{j} + z\boldsymbol{k} \tag{3.23}$$

$$\boldsymbol{M} = m_x\boldsymbol{i} + m_y\boldsymbol{j} + m_z\boldsymbol{k} \tag{3.24}$$

式中，$\boldsymbol{i}$，$\boldsymbol{j}$，$\boldsymbol{k}$ 是航天器本体坐标系各轴的单位矢量，上两式右端的系数则是相应矢量沿各坐标轴的分量。将式(3.21)对时间 t 求取导数，求动量矩 $\boldsymbol{H}$ 在空间的变化率，即

$$\frac{\mathrm{d}\boldsymbol{H}}{\mathrm{d}t} = \dot{h}_x\boldsymbol{i} + \dot{h}_y\boldsymbol{j} + \dot{h}_z\boldsymbol{k} + h_x\frac{\mathrm{d}\boldsymbol{i}}{\mathrm{d}t} + h_y\frac{\mathrm{d}\boldsymbol{j}}{\mathrm{d}t} + h_z\frac{\mathrm{d}\boldsymbol{k}}{\mathrm{d}t} \tag{3.25}$$

由于刚体在空间中以 $\boldsymbol{\omega}$ 的角速度进行旋转，所以与其固连的本体坐标系各轴方向也在相应变化。

已知坐标轴单位矢量的导数公式是

$$\frac{\mathrm{d}\boldsymbol{i}}{\mathrm{d}t} = \boldsymbol{\omega}\times\boldsymbol{i} \qquad \frac{\mathrm{d}\boldsymbol{j}}{\mathrm{d}t} = \boldsymbol{\omega}\times\boldsymbol{j} \qquad \frac{\mathrm{d}\boldsymbol{k}}{\mathrm{d}t} = \boldsymbol{\omega}\times\boldsymbol{k} \tag{3.26}$$

代入式(3.25)，并根据动量矩定理得

$$\boldsymbol{M} = \frac{\mathrm{d}\boldsymbol{H}}{\mathrm{d}t} = \dot{\boldsymbol{H}} + \boldsymbol{\omega}\times\boldsymbol{H} \tag{3.27}$$

因
$$\boldsymbol{\omega}\times\boldsymbol{H} = (\omega_y h_z - \omega_z h_y)\boldsymbol{i} + (\omega_z h_x - \omega_x h_z)\boldsymbol{j} + (\omega_x h_y - \omega_y h_x)\boldsymbol{k}$$

所以式(3.27)在航天器本体坐标系中可以展开为

$$\begin{aligned}\boldsymbol{M} = M_x\boldsymbol{i} + M_y\boldsymbol{j} + M_z\boldsymbol{k} &= (\dot{h}_x + \omega_y h_z - \omega_z h_y)\boldsymbol{i} + \\ &(\dot{h}_y + \omega_z h_x - \omega_x h_z)\boldsymbol{j} + (\dot{h}_z + \omega_x h_y - \omega_y h_x)\boldsymbol{k}\end{aligned} \tag{3.28}$$

其在各轴的分量表示为

$$\begin{cases} M_x = \dot{h}_x + \omega_y h_z - \omega_z h_y \\ M_y = \dot{h}_y + \omega_z h_x - \omega_x h_z \\ M_z = \dot{h}_z + \omega_x h_y - \omega_y h_x \end{cases} \tag{3.29a}$$

或表示成矩阵矢量形式，即

$$\begin{bmatrix} M_x \\ M_y \\ M_z \end{bmatrix} = \begin{bmatrix} \dot{h}_x \\ \dot{h}_y \\ \dot{h}_z \end{bmatrix} + \begin{bmatrix} 0 & -\omega_z & \omega_y \\ \omega_z & 0 & -\omega_x \\ -\omega_y & \omega_x & 0 \end{bmatrix} \begin{bmatrix} h_x \\ h_y \\ h_z \end{bmatrix} \tag{3.29b}$$

式(3.28)或(3.29)称为欧拉力矩方程式。

同理，对式(3.23)求导也可得

$$\frac{\mathrm{d}\boldsymbol{r}}{\mathrm{d}t} = \dot{\boldsymbol{r}} + \boldsymbol{\omega}\times\boldsymbol{r}$$

若刚体内各质点相对于质心的位置不变，式(3.20)描述的动量矩即为

$$\boldsymbol{H} = \int_m \boldsymbol{r}\times(\boldsymbol{\omega}\times\boldsymbol{r})\mathrm{d}m \tag{3.30}$$

利用矢量叉乘公式，有

$$\begin{aligned}\boldsymbol{r}\times(\boldsymbol{\omega}\times\boldsymbol{r}) = &[\omega_x(y^2+z^2) - \omega_y(xy) - \omega_z(xz)]\boldsymbol{i} + \\ &[-\omega_x(xy) + \omega_y(x^2+z^2) - \omega_z(yz)]\boldsymbol{j} + \\ &[-\omega_x(xy) - \omega_y(yz) + \omega_z(x^2+y^2)]\boldsymbol{k}\end{aligned}$$

代入式(3.30)，并考虑到式(3.22)，则

$$\begin{cases} h_x = I_x\omega_x - I_{xy}\omega_y - I_{xz}\omega_z \\ h_y = -I_{xy}\omega_z + I_y\omega_y - I_{yz}\omega_z \\ h_z = -I_{xz}\omega_x - I_{yz}\omega_y + I_z\omega_z \end{cases} \tag{3.31a}$$

即

$$\begin{bmatrix} h_x \\ h_y \\ h_z \end{bmatrix} = \begin{bmatrix} I_x & -I_{xy} & -I_{xz} \\ -I_{xy} & I_y & -I_{yz} \\ -I_{xz} & -I_{yz} & I_z \end{bmatrix} \begin{bmatrix} \omega_x \\ \omega_y \\ \omega_z \end{bmatrix} \overset{\text{def}}{=\!=} \boldsymbol{I} \begin{bmatrix} \omega_x \\ \omega_y \\ \omega_z \end{bmatrix} \tag{3.31b}$$

式中，$\boldsymbol{I}$ 为惯性矩阵；I_x，I_y，I_z 分别为刚体绕坐标轴 Ox，Oy，Oz 的转动惯量；I_{xy}，I_{yz}，I_{xz} 称为惯量积。它们分别为

$$I_x = \int_m (y^2 + z^2)\mathrm{d}m \qquad I_y = \int_m (x^2 + z^2)\mathrm{d}m \qquad I_z = \int_m (y^2 + x^2)\mathrm{d}m$$

$$I_{xy} = \int_m (xy)\mathrm{d}m \qquad I_{yz} = \int_m (yz)\mathrm{d}m \qquad I_{xz} = \int_m (xz)\mathrm{d}m$$

惯量积的数值可正可负，它们与坐标系的选取密切有关。如果在某一坐标系中，$I_{xy} = I_{yz} = I_{xz} = 0$，则该坐标系称为主轴坐标系，$Ox$，$Oy$，$Oz$ 轴就是刚体的主惯量轴。

因此，如果取航天器的本体坐标系为主轴坐标系，则有

$$\begin{cases} h_x = I_x\omega_x \\ h_y = I_y\omega_y \\ h_z = I_z\omega_z \end{cases} \tag{3.32}$$

把它们代入欧拉力矩方程式(3.29)，并忽略质量变化就可以得到

$$\begin{cases} M_x = I_x \dfrac{\mathrm{d}\omega_x}{\mathrm{d}t} + \omega_y\omega_z(I_z - I_y) \\ M_y = I_y \dfrac{\mathrm{d}\omega_y}{\mathrm{d}t} + \omega_x\omega_z(I_x - I_z) \\ M_z = I_z \dfrac{\mathrm{d}\omega_z}{\mathrm{d}t} + \omega_x\omega_y(I_y - I_x) \end{cases} \tag{3.33}$$

这就是基于本体坐标系的航天器的姿态动力学方程组，也称为欧拉动力学方程。这是一组非线性微分方程式，一般解析解难以得到，只有根据具体情况加以处理或者求数字解，由计算机来实现。

3.3 航天器的一般运动方程

3.3.1 六自由度运动方程

设作为刚体的航天器质量为 m，质心为 O，坐标系 $Ox_0y_0z_0$ 是质心轨道坐标系，坐标系 $Oxyz$ 是本体坐标系，且坐标轴 Ox，Oy，Oz 取为航天器主惯量轴，坐标系 $O'XYZ$ 是惯性坐标系，$\boldsymbol{F}$ 是所有作用在航天器上的合外力矢量，$\boldsymbol{M}$ 是所有作用在航天器上相对于 O 点的合外力矩矢量。

根据牛顿第二定律，相对于质心 O 的动力学方程在惯性坐标系 $O'XYZ$ 中的投影式为

$$\begin{cases} m\ddot{x} = F_x \\ m\ddot{y} = F_y \\ m\ddot{z} = F_z \end{cases} \tag{3.34}$$

式中，F_x，F_y，F_z 为$\boldsymbol{F}$在坐标系$O'XYZ$各轴上的投影分量。实际上，式(3.34)当中的$\boldsymbol{F}$由式(2.7)、(2.8)和(2.9)表示，即

$$\boldsymbol{F} = \boldsymbol{F}_g + \boldsymbol{F}_{\text{其他}} \tag{2.8}$$

$$\boldsymbol{F}_g = -Gm_i \sum_{\substack{j=1 \\ j\neq i}}^{n} \frac{m_j}{r_{ji}^3}(\boldsymbol{r}_{ji}) \tag{2.7}$$

$$\boldsymbol{F}_{\text{其他}} = \boldsymbol{F}_{\text{推力}} + \boldsymbol{F}_{\text{阻力}} + \boldsymbol{F}_{\text{太阳压力}} + \boldsymbol{F}_{\text{干扰}} + \cdots \tag{2.9}$$

而在第二章中讨论的二体轨道运动方程式(2.21)正是式(3.34)在以下特殊条件下的极坐标形式：

(1) 式(2.7)中$n = 2$；

(2) 式(2.8)中$\boldsymbol{F}_{\text{其他}} = 0$。

又根据对质心的动量矩定理，航天器绕质心O运动的姿态动力学方程在本体坐标系$Oxyz$中的投影式为

$$\begin{cases} I_x \dfrac{\mathrm{d}\omega_x}{\mathrm{d}t} + \omega_y\omega_z(I_z - I_y) = M_x \\ I_y \dfrac{\mathrm{d}\omega_y}{\mathrm{d}t} + \omega_x\omega_z(I_x - I_z) = M_y \\ I_z \dfrac{\mathrm{d}\omega_z}{\mathrm{d}t} + \omega_x\omega_y(I_y - I_x) = M_z \end{cases} \tag{3.33}$$

式中，M_x，M_y，M_z是$\boldsymbol{M}$沿航天器主惯量轴的分量；ω_x，ω_y，ω_z是航天器空间转动角速度$\boldsymbol{\omega}$沿主惯量轴的分量，它们与欧拉角θ,ψ,φ的关系是

$$\begin{cases} \omega_x = \dot{\varphi}\cos\psi\cos\theta + \dot{\theta}\sin\psi \\ \omega_y = -\dot{\varphi}\sin\psi\cos\theta + \dot{\theta}\cos\psi \\ \omega_z = \dot{\psi} + \dot{\varphi}\sin\theta \end{cases} \tag{3.15}$$

联立式(3.34)、(3.15)和(3.33)三组方程就得到了刚性航天器一般运动的全部运动方程。

刚性航天器在空间有6个运动自由度，其中3个为质心平动自由度，描述轨道运动；3个转动自由度，描述姿态运动。在以上三组9个方程中，第一组式(3.34)的3个二阶微分方程就描述了航天器的质心运动规律，即轨道运动；将式(3.15)代入式(3.33)得到3个以欧拉角θ,ψ,φ表示的二阶微分方程，这3个方程就描述了航天器绕质心的运动规律，即姿态运动。

总之，以上联立的三组9个运动方程正好形成6个二阶微分方程，在给定12个初始条件以后，就可以全部解出航天器6个自由度的轨道和姿态运动了。

3.3.2 六自由度线性化运动方程

在航天器的六自由度运动方程式(3.34)、(3.33)和(3.15)中，描述轨道的运动方程式(3.34)是线性的。但是刚性航天器的姿态欧拉动力学方程式(3.33)和姿态运动学方程式(3.15)均为非线性微分方程组，难以解析求解和分析。因此有必要在小角度假设下，对姿态运

动方程进行线性化。

根据刚体复合运动关系知道，航天器的空间旋转角速度矢量 $\boldsymbol{\omega}$ 等于航天器本体坐标系 $Oxyz$ 相对于质心轨道坐标系 $Ox_0y_0z_0$ 的旋转角速度矢量 $\boldsymbol{\omega}_r$ 与质心轨道坐标系 $Ox_0y_0z_0$ 相对于惯性坐标系 $O'XYZ$ 的牵连角速度矢量 $\boldsymbol{\omega}_e$ 之和，即

$$\boldsymbol{\omega} = \boldsymbol{\omega}_r + \boldsymbol{\omega}_e \tag{3.35}$$

将该式投影至航天器本体坐标系上则有

$$\boldsymbol{\omega} = \boldsymbol{\omega}_r + \boldsymbol{B}\boldsymbol{\omega}_e \tag{3.36a}$$

$$\boldsymbol{\omega} = [\omega_x \quad \omega_y \quad \omega_z]^T \tag{3.36b}$$

$$\boldsymbol{\omega}_r = [\dot{\varphi} \quad \dot{\theta} \quad \dot{\psi}]^T \tag{3.36c}$$

$$\boldsymbol{\omega}_e = [0 \quad -\omega_0 \quad 0]^T \tag{3.36d}$$

式中，变换矩阵 $\boldsymbol{B}$ 由式(3.12) 描述；ω_0 为航天器绕中心引力体旋转的轨道角速度。

考虑到若两个角 α 和 β 均满足 $|\alpha|, |\beta| \ll 1$ rad，则以下近似关系成立：

$$\sin\alpha\sin\beta \approx 0$$

$$\sin\alpha\cos\beta \approx \sin\alpha \approx \alpha$$

$$\sin\alpha \approx \alpha \qquad \cos\beta \approx 1$$

所以，当航天器的姿态在小范围变化时，即当 $|\theta|, |\psi|, |\varphi| \ll 1$ rad 时，式(3.12) 描述的 $\boldsymbol{B}$ 矩阵即可简化为式(3.13) 的形式。将 $\boldsymbol{\omega}, \boldsymbol{\omega}_r, \boldsymbol{\omega}_e$ 和 $\boldsymbol{B}$ 均代入式(3.36)，便有

$$\begin{bmatrix} \omega_x \\ \omega_y \\ \omega_z \end{bmatrix} = \begin{bmatrix} \dot{\varphi} \\ \dot{\theta} \\ \dot{\psi} \end{bmatrix} + \begin{bmatrix} 1 & \psi & -\theta \\ -\psi & 1 & \varphi \\ \theta & -\varphi & 1 \end{bmatrix} \begin{bmatrix} 0 \\ -\omega_0 \\ 0 \end{bmatrix}$$

即

$$\begin{cases} \omega_x = \dot{\varphi} - \omega_0\psi \\ \omega_y = \dot{\theta} - \omega_0 \\ \omega_z = \dot{\psi} + \omega_0\varphi \end{cases} \tag{3.37}$$

将式(3.37) 代入航天器的姿态欧拉动力学方程式(3.33) 就可以得航天器的线性化姿态动力学方程，即

$$\begin{cases} M_x = I_x\ddot{\varphi} + (I_y - I_z - I_x)\omega_0\dot{\psi} + (I_y - I_z)\omega_0^2\varphi \\ M_y = I_y\ddot{\theta} \\ M_z = I_z\ddot{\psi} - (I_y - I_z - I_x)\omega_0\dot{\varphi} + (I_y - I_x)\omega_0^2\psi \end{cases} \tag{3.38}$$

分析上式得知，航天器姿态动力学在俯仰轴可以独立出来，而滚动和偏航姿态是相互耦合的。当航天器各轴惯量基本相同，而且忽略轨道角速度耦合作用时（或者 ω_0 很小，例如同步轨道)，则式(3.38) 可以简化为

$$\begin{cases} M_x = I_x\ddot{\varphi} \\ M_y = I_y\ddot{\theta} \\ M_z = I_z\ddot{\psi} \end{cases} \tag{3.39}$$

显然，这是一组航天器姿态的解耦动力学方程。在解耦情况下，俯仰、偏航和滚动 3 个通道的运动是互不相关，而形式上完全相同的。对于高轨道卫星，式(3.39) 能较好地近似式(3.38)。

对式(3.38) 进行拉普拉斯变换，就得到航天器姿态控制的被控对象传递函数，其结构框图如图 3.7 所示。

至此，式(3.34) 和(3.38) 就构成了描述刚性航天器轨道和姿态六自由度运动的线性化运动方程。

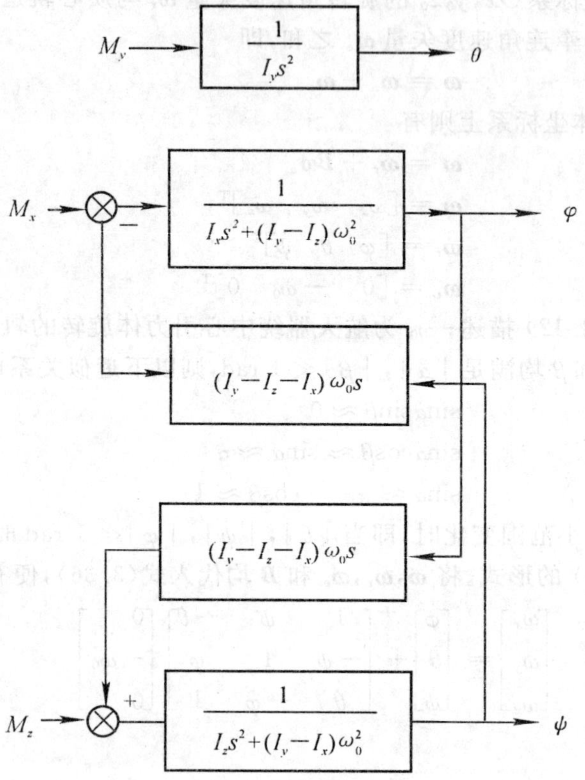

图 3.7 航天器姿态传递函数方框图

特别需要注意的是，无论在式(3.33) 中还是在式(3.38) 中，M_x，M_y 和 M_z(即 $\boldsymbol{M}$) 往往包含了两类力矩：扰动力矩和控制力矩。前者将使航天器姿态发生变化，而后者则起到补偿扰动力矩，保持航天器姿态稳定或一定指向精度的作用。所以了解航天器所受扰动力矩的特性，对航天器姿态控制是十分有益的。

3.4 姿态干扰力矩

在轨道上运动的航天器受各种力(通过航天器质心) 和力矩(不通过航天器质心) 的作用，其中这些力矩使航天器的姿态产生扰动。作用于航天器的扰动力矩有气动力矩、重力梯度力矩、太阳辐射力矩，以及空间微粒碰撞产生的力矩等。扰动力矩是相对的，在有些情况下可把上述扰动力矩作为姿态稳定力矩，如重力梯度稳定、磁稳定等。下面简要介绍几种主要的扰动力矩。

3.4.1 气动力矩

飞行经验表明气动力矩能显著地干扰航天器姿态，特别是影响自旋卫星的自旋速度。因而在航天器姿态控制系统设计中，1 000 km以下的轨道，气动力矩必须予以考虑，特别是500 km以下的轨道，气动力矩是主要的空间环境干扰力矩。当轨道高度在120～1 000 km时，气动力矩可以用自由分子流理论来计算，也就是认为大气分子的平均自由行程大于航天器的特征尺寸。例如对于横截面直径近似1 m的航天器来说，这个条件在120 km以上的高度就能得到满足。轨道高度在120 km以下，气动力矩就很大，因此航天器寿命很短。

在设计航天器姿态控制系统时，气动力矩可表示为

$$\boldsymbol{M}_{\mathrm{d}} = -\boldsymbol{D} \times \boldsymbol{L} \tag{3.40}$$

式中，$\boldsymbol{D}$ 为气动力矢量，其值由式(2.59)表示；$\boldsymbol{L}$ 为压心相对于航天器质心的矢径。

实际上气动力矩和航天器外形、姿态角、质心相对压心的位置以及表面性质密切相关。

3.4.2 重力梯度力矩

重力梯度力矩是因航天器各部分质量具有不同重力而产生的。确定这个力矩需要知道重力场的资料和航天器的质量分布特性，它与轨道半径的立方成反比。航天器由重力梯度所引起的最大力矩的保守值在本体坐标系三个轴上的投影估计为

$$M_{gx} = \frac{3\mu}{r^3}(I_z - I_y) \tag{3.41a}$$

$$M_{gy} = \frac{3\mu}{r^3}(I_z - I_x) \tag{3.41b}$$

$$M_{gz} = \frac{3\mu}{r^3}(I_x - I_y) \tag{3.41c}$$

式中，r 为轨道半径或航天器质心到引力体中心的距离。

可见，把航天器尽可能设计成接近于等惯量，即具有相同的三轴主惯量，这样就可以在任一轨道上使重力梯度力矩达到最小。这些必须在结构设计中考虑到，否则航天器结构确定以后，再对它重新更改是非常困难的，而且代价也很高。重力梯度力矩在低轨道运动的航天器设计中是一个需要考虑的重要因素。重力梯度力矩也可以用来作为姿态稳定力矩，这时设计航天器质量分布特性的目的在于增加而不是减少惯量之间的差。这里只讨论把重力梯度力矩当作干扰力矩来考虑，关于重力梯度力矩作为姿态稳定力矩将在航天器被动姿态稳定方式(第五章)中叙述。

3.4.3 磁干扰力矩

磁干扰力矩是由航天器的磁特性和环境磁场相互作用而产生的。确定这个力矩需要知道环境磁场(如地磁场)的强度和方向、航天器的磁矩，以及这个磁矩相对于当地磁场向量的方向。当然，星体上的电流回路、永磁铁和能产生剩磁或感生磁性的材料是主要的磁力矩源，但是，航天器整体或其中一部分在磁场中很快地旋转时，通过涡流和磁滞效应所产生的磁干扰力矩也是很可观的。当航天器采用被动稳定(如重力梯度稳定)方式时，或者当长期作用的小干扰对航天器的姿态可能产生重要影响时(如自旋稳定卫星自旋轴的进动)，使磁干扰力矩达到最小是非常必要的。

当然，磁力矩也可作为姿态稳定的力矩，这个问题将在第七章磁线圈姿态机动这一节中叙述，这里只讨论磁干扰力矩。它可以粗略地表示如下：

$$M_{\mathrm{M}} = |\boldsymbol{M}_{\mathrm{M}}| = |\boldsymbol{P} \times \boldsymbol{B}| = PB\sin\beta \tag{3.42}$$

式中，$\boldsymbol{P}$为航天器的剩余磁矩，P为其数值；$\boldsymbol{B}$为航天器所在高度的环境磁场强度，B为其数值；β为环境磁场与磁矩的夹角。

为保证磁干扰力矩不起显著影响（特别对被动稳定航天器），对航天器的磁矩要严加限制，在设计航天器和选择元部件时就应当加以考虑。因为要对一个已被磁污染的航天器装置进行净化是非常困难的，而且费用很大。当对航天器剩磁矩限制比较严格时，只有对整星进行实测。

3.4.4 辐射力矩

辐射力矩主要是由于太阳的直接照射以及航天器质心和压心不重合所引起的。对于在地球轨道上的航天器，还存在着另外两种辐射源，即地球反射的太阳光和地球及其大气层的红外辐射。航天器上的电磁能（典型的有红外线或无线电讯号）的不对称辐射也应看作是一种辐射源。

决定辐射力矩的主要因素是：

(1) 入射辐射或反射辐射的强度、频谱及方向。

(2) 表面形状及太阳面相对于航天器质心的位置。

(3) 辐射入射表面或辐射发射表面的光学性质。

由于太阳辐射与太阳和航天器的距离之平方成反比，因而对于地球轨道上的航天器来说，太阳辐射力矩基本上与轨道高度无关。由于其他扰动力矩多数是随着高度增加而减少的，因而在对轨道高度为 1 000 km 以上且表面积大的航天器进行设计时，辐射力矩是一个很重要的扰动力矩。

辐射力矩可表示为

$$\boldsymbol{M}_{\mathrm{f}} = -\boldsymbol{f} \times \boldsymbol{L}$$

式中，$\boldsymbol{f}$为辐射压力矢量，其数值由式(2.61)计算；$\boldsymbol{L}$为辐射压心相对于航天器质心的矢径。

3.4.5 小结

为了具体比较上述 4 种扰动力矩大小，图 3.8 显示出这些扰动力矩的计算值。扰动力矩的大小随航天器的尺寸、形状、惯量、剩余磁矩、姿态角的不同而不同。图中所示的是同一颗卫星，其结构和具体计算数据都列在图中。一般来说，占优势的力矩在低高度轨道是气动力矩，在高轨道（在 1 000 km 以上）是太阳辐射力矩，当高度降至 700 km 时，太阳辐射力矩和气动力矩是同数量级的。在中高度的轨道（1 000 km 左右）主要扰动力矩是重力梯度力矩和磁力矩。

除此以外，对地球轨道来说，作用在航天器上所有扰动力矩基本上可分解为两项。一项是周期性的，另一项是长期性（非周期性的）的。前者可以用动量交换（飞轮执行机构）来补偿，后者必须用喷气或磁力矩才能消除。

对轨道高度为 1 000 km，且两翼具有刚性较强的太阳帆板的航天器来说，比较典型的扰动力矩可以综合表达为

$$M_{dx} = 10^{-5}(3\cos\omega_0 t + 1) \tag{3.43a}$$

$$M_{dy} = 10^{-5}(1.5\sin\omega_0 t + 3\cos\omega_0 t) \tag{3.43b}$$

$$M_{dz} = 10^{-5}(3\sin\omega_0 t + 1) \tag{3.43c}$$

式中，ω_0 为轨道角速度；M_{dx}，M_{dy}，M_{dz} 分别为作用在滚动轴、俯仰轴和偏航轴上的扰动力矩。

通过对式(3.43)的分析得知，作用在滚动轴上和偏航轴上的前项扰动力矩为周期性的，后项为非周期性的，作用在俯仰轴上的扰动力矩都是周期性的。

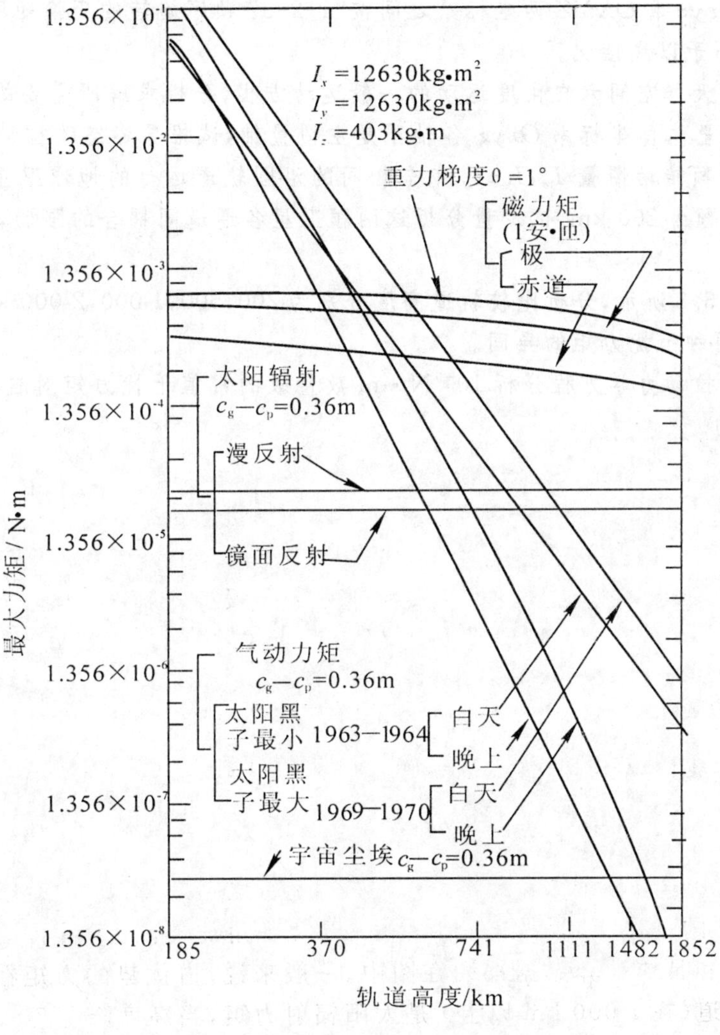

图 3.8 作用于人造卫星的扰动力矩的示例

c_g— 质心； c_p— 压力中心

姿态扰动力矩在绝对值上不一定很大，特别对于高轨道航天器，但是由于它们作用于航天器的时间长，成为影响航天器姿态精度的重要因素，所以姿态控制成为航天控制技术的又一重要方面。

思 考 题

3.1 分析描述航天器姿态运动常用的参考坐标系之间的相对关系。

3.2 推导 $Oxyz$ 和 $OXYZ$ 两坐标系之间按"1-2-3"顺序旋转的变换矩阵和逆变换矩阵，并在小角度假设下予以线性化。

3.3 列写航天器空间六自由度运动的一般运动方程，分析求解所需要的初始条件。

3.4 若航天器本体坐标系 $Oxyz$ 各轴不是主惯量轴，试推导姿态欧拉动力学方程。

3.5 设有两颗转动惯量 I_x, I_y, I_z 完全相同的沿圆轨道运行的地球卫星，一颗轨道高度为2 000 km，另一颗为200 km。试定量分析这两颗卫星各通道间耦合的强弱，并阐述产生耦合的原因。

3.6 根据图3.8所示，分析比较轨道高度分别为200，500，1 000，2 000 km的圆轨道卫星所受的最主要的两种干扰力矩的异同。

3.7 利用欧拉动力学方程分析 10^{-5} N·m 数量级的常值干扰力矩对自由飞行状态下的航天器的姿态影响。

第四章

航天器姿态控制系统的组成与分类

航天器控制分为轨道控制与姿态控制两方面，而航天器控制系统在原理上和其他工程控制系统基本上是一样的，完成三个最基本的过程：敏感测量、信号处理和执行过程。其结构如图4.1所示，仍然是由敏感器、控制器和执行机构三大部分组成。敏感器用以测量某些绝对的或相对的物理量，执行机构起控制作用，驱动动力装置产生控制信号所要求的运动，控制器则担负起信号处理的任务。人们把这三部分统称为控制硬件，而把完成测量和控制任务所需的算法称为软件。

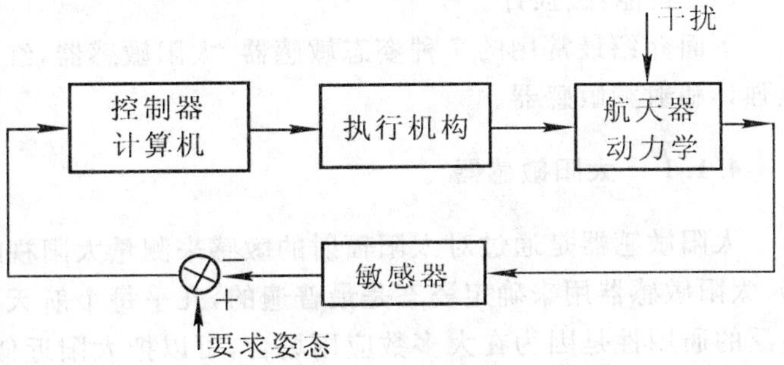

图4.1　航天器控制系统结构图

敏感器分为姿态敏感器和轨道敏感器两种。有些敏感器既可以作为姿态敏感器，也可以作为轨道敏感器。轨道敏感器通常也称为导航设备，由于轨道测量比较复杂，不能简单地通过某个仪器来实现，往往要组成一个轨道测量系统。本章重点讨论姿态敏感器，有关轨道测量将在第八章第二节中介绍。

执行机构根据产生控制力和控制力矩的不同，可以把它分为姿态控制执行机构和轨道控制执行机构两种。有些执行机构（例如喷气推力器）既可以作为姿态控制执行机构，也可以作为轨道控制执行机构，这完全取决于推力器的安装方式，即推力是否通过航天器质心。推力通过质心将产生控制力，不通过质心则产生控制力矩。

下面本章首先分别介绍上述三类典型姿态控制硬件的工作原理和性能，然后阐述航天器姿态控制系统的任务和分类。

4.1　姿态敏感器

姿态就是航天器在空间的方位，而姿态敏感器用来测量航天器本体坐标系相对于某个基准坐标系的相对角位置和角速度，以确定航天器的姿态。要完全确定一个航天器的姿态，需要3个轴的角度信息。由于从一个方位基准最多只能得到两个轴的角度信息，为此要确定航天器的三轴姿态至少要有两个方位基准。

姿态敏感器按不同的基准方位，可分为下列5类。

(1) 以地球为基准方位：红外地平仪，地球反照敏感器；

(2) 以天体为基准方位：太阳敏感器，星敏感器；

(3) 以惯性空间为基准方位：陀螺，加速度计；

(4) 以地面站为基准方位：射频敏感器；

(5) 其他：例如磁强计（以地磁场为基准方位），陆标敏感器（以地貌为基准方位）。

敏感器由测量变换器和信号处理线路两部分组成，姿态敏感器按不同方式的测量变换器可分为下列4种。

(1) 光学敏感器：太阳敏感器，红外地平仪，星敏感器，地球反照敏感器等；

(2) 惯性敏感器：陀螺、加速度计；

(3) 无线电敏感器：射频敏感器；

(4) 其他：磁强计。

下面介绍最常用的7种姿态敏感器：太阳敏感器，红外地平仪，星敏感器，陀螺，加速度计，磁强计和射频敏感器。

4.1.1 太阳敏感器

太阳敏感器是通过对太阳辐射的敏感来测量太阳视线与航天器某一体轴之间夹角的敏感器。太阳敏感器用来确定姿态是最普遍的，几乎每个航天器都采用。太阳敏感器之所以有这样广泛的通用性是因为在大多数应用场合，可以把太阳近似看作是点光源，因此就可简化敏感器的设计和姿态确定的算法；另外太阳光源很强，从而使敏感器结构简单，其功率要求也很小；太阳敏感器的视场很大，可以从几分 × 几分到 $128° \times 128°$，而分辨率可以从几度到几角秒。太阳敏感器具有3种基本类型：模拟式、数字式和太阳指示器。经常使用的为模拟式和数字式两种。

1. 模拟式太阳敏感器

模拟式太阳敏感器的输出信号为模拟量，其大小和符号是太阳光入射角的连续函数。模拟式太阳敏感器通常又叫做余弦检测器，这是因为硅太阳电池输出电流与太阳光入射角成正弦规律变化。

图4.2所示为一简单的模拟式太阳敏感器工作原理。它由两个间距很近的光电敏感元件（也称光电池或光敏元件）、光学透镜（或狭缝）和处理线路组成。当太阳光垂直照到两个光电敏感元件上时，两者所产生的电流之差为敏感器的输出。由于两个光电敏感元件的特性选得很接近，所以敏感器的输出为零，这就是敏感器的零点。当太阳光线与垂直轴不重合时，光电敏感元件输出的两个电流差值正比于入射角，电流符号代表入射角方向，即太阳光线是从垂直轴左边或者右边射入。显然，图4.2所示的模拟式太阳敏感器只能测量航天器相对于太阳光线的一个姿态角，因此称为单轴模拟式太阳敏感器。

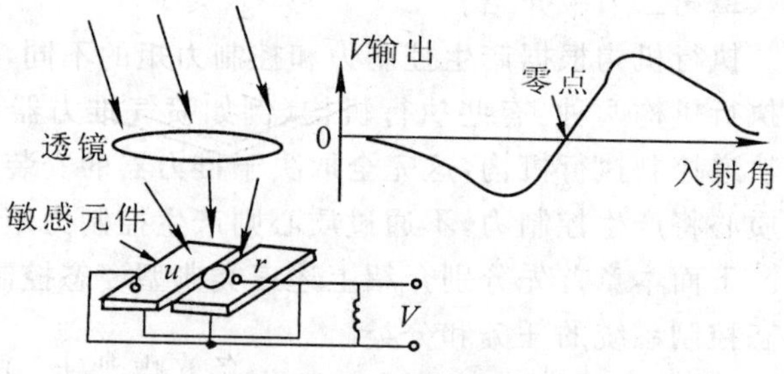

图 4.2 模拟式太阳敏感器工作原理

若将单轴模拟式太阳敏感器中的两块光敏元件换为4块性能完全相同的光敏元件，并如

图 4.3 所示的方式配置，则当太阳光线以 90° 垂直入射时，4 块光敏元件输出相等；当太阳光线偏离垂直位置时，4 块光敏元件的输出不等。对这些光敏元件的输出信号通过处理电路加以处理后，就可得到太阳光线入射的高低角和方位角，从而同时获得航天器相对于太阳光线的两个姿态角。因此称这种太阳敏感器为两轴模拟式太阳敏感器。

图 4.3　两轴模拟式太阳敏感器

模拟式太阳敏感器视场在几十度时，精度可达到 0.5°；当视场很小，仅为 1°～2° 时，精度可达到秒级。例如“阿波罗”飞船所使用的模拟式太阳敏感器即属此类。

2. 数字式太阳敏感器

数字式太阳敏感器的输出信号是与太阳入射角相关的以编码形式出现的离散函数。在结构上，它主要由狭缝、码盘、光敏元件阵列、放大器和缓冲寄存器组成，如图 4.4 所示。码盘上设有符号位和编码位。符号位用于确定太阳位于敏感器基准面（定义为狭缝所在平面的法线 Oc_1 与狭缝 Oc_3 组成的平面 Oc_1c_3）的哪一边，也即确定太阳入射角的正负。编码位用于确定太阳光线偏离基准面的数字量，即确定太阳入射角的大小。光敏元件阵列是由一排相互平行且独立的光电池条组成，其数量决定了太阳敏感器输出编码的位数，从而在一定程度上影响到敏感器的分辨率。

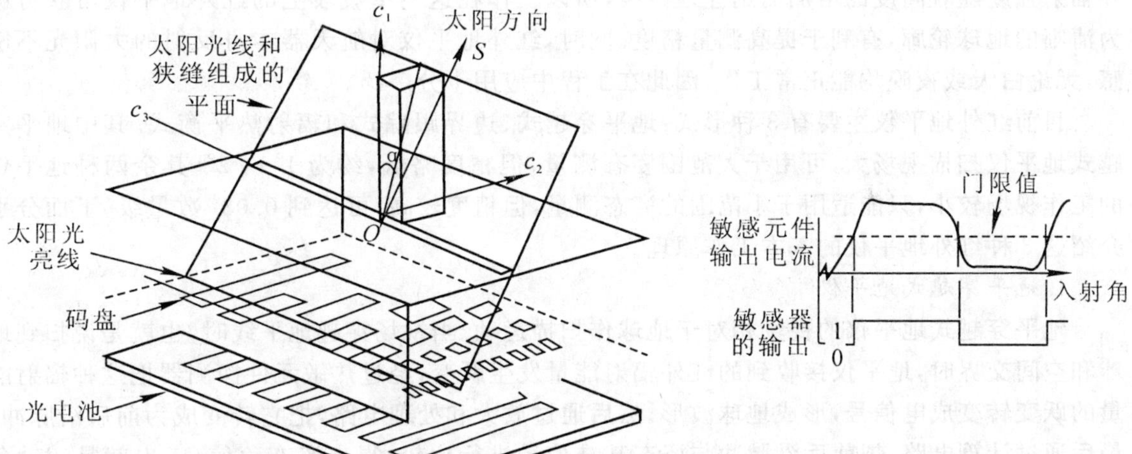

图 4.4　数字式太阳敏感器

当太阳光通过码盘照到某一条光电池上，光电池产生电流并且超过相应线路中所给定的门限值时，该光电池输出为 1，反之输出为 0。于是经放大器，在缓冲寄存器中就可得到由整个光电池阵列输出的一个二进制码。输出的二进制码确定了太阳光线在光电池阵列上成像的位置，从而确定了太阳方向 OS 在垂直于太阳敏感器基准面的 Oc_1c_2 平面中投影与 Oc_1 的夹角 α。

图 4.4 所示的太阳敏感器只能测得太阳入射光线相对于敏感器基准面的一个角 α，所以称之为单轴数字式太阳敏感器。如果安装两个数字敏感器，令其基准面相互垂直，则可组成两轴

太阳敏感器。其测量信息经过处理后，就可得到太阳入射光相对于基准坐标系 $Oc_1c_2c_3$ 的高低角和方位角。

3. 其他太阳敏感器

太阳指示器也称为太阳出现探测器。当太阳出现在敏感器视场内，并且信号超过门限值时，表示见到了太阳，输出为1；当信号低于门限值时，输出为0，表示没见到太阳。这种敏感器一般用来作保护器，例如保护红外地平仪免受太阳光的影响。

实际上，太阳敏感器的结构形式很多。例如还有一种V型狭缝式太阳敏感器，用于自旋卫星，其工作原理与后面将介绍的狭缝式星敏感器的工作原理有相似之处。

4.1.2 红外地平仪

地球是近地航天器所能观察到的除太阳外最明亮的天体，因此地球也就成为航天器最重要的基准物之一。但由于地球对近地航天器而言是一个广大的观察目标，不是一个确定的基准方向，因此实际工程中通常是以航天器所处的当地垂线或当地地平作为基准方向。

红外地平仪就是利用地球自身的红外辐射来测量航天器相对于当地垂线或者当地地平方位的姿态敏感器，简称地平仪。红外地平仪的工作波段一般选择在 14 ～ 16 μm 的二氧化碳红外窄波段上。原因是地球表面上空 25 ～ 50 km 的大气中的二氧化碳在 14 ～ 16 μm 波段内的红外辐射强度随着高度的增加而迅速地减少，所以工作在这一窄波段上的红外地平仪可获得极为清晰的地球轮廓，有利于提高测量精度。同时，红外地平仪对航天器本身反射的太阳光不敏感，无论白天或夜晚均能正常工作，因此在工程中应用十分广泛。

目前红外地平仪主要有3种形式：地平穿越式、边界跟踪式和辐射热平衡式。其中地平穿越式地平仪扫描视场大，可用于大范围姿态测量，但精度略低，约为 1° ～ 2°。其余两种地平仪的工作视场较小，只能适用于小范围的姿态测量，但精度较高，可达到 0.03° 数量级。下面分别介绍这3种红外地平仪的基本工作原理。

1. 地平穿越式地平仪

地平穿越式地平仪的视场相对于地球作扫描运动。当视场穿越地平线时，也就是说扫到地球和空间交界时，地平仪接收到的红外辐射能量发生跃变，经过热敏元件探测器把这种辐射能量的跃变转变成电信号，形成地球波形。然后通过放大和处理电路，把它转变成为前后沿脉冲。最后通过计算电路，把前后沿脉冲与姿态基准信号进行比较，得出姿态角信息，也就是滚动角或俯仰角。图 4.5 所示为地平穿越式地球敏感器工作原理图。

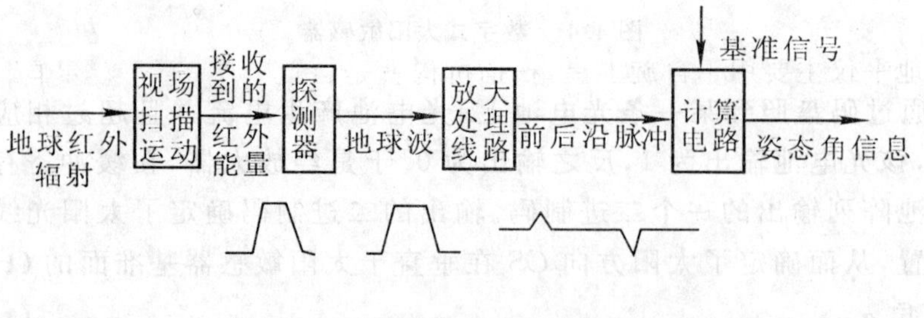

图 4.5 地平穿越式地球敏感器原理图

穿越式地平仪常见有两种形式：圆锥扫描地平仪和自旋扫描地平仪。前者依靠地平仪的扫描机构，后者依靠航天器旋转（例如自旋卫星）。圆锥扫描地平仪内设有扫描机构，并由电机驱动。由于敏感元件的光轴偏离航天器的本体坐标系轴线，所以当电机转动时，视场就扫出一个以航天器本体坐标系轴线为中心的圆锥面，故称圆锥扫描地平仪。这种地平仪扫描所得的地球方波的中点称为地中，同时在地平仪每一扫描周期中产生一基准信号，它是相对于地平仪不动部分来设定的，在每一扫描周期中其相位固定不变。当航天器及其上固装的地平仪发生姿态偏差时，扫描所得的地球前后沿及地中信号同时也发生偏转。根据地中值相对于基准信号的角位移，即可测定航天器相对于地球的一个姿态偏差。

一个圆锥扫描地平仪只能确定一个姿态角，因此要确定航天器相对于当地垂线或地平的两个姿态角就需要两个地平仪，分为垂直安装和共面安装两种形式。垂直安装是指在航天器的滚动轴和俯仰轴方向设两个相同的圆锥扫描地平仪，扫描轴相隔 90°，可直接测量滚动和俯仰姿态角，工作原理见图 4.6(a)。共面安装是指两个扫描轴安装的与当地垂线在同一平面上，俯仰方向偏差仍然是从地中测量得出的，而滚动姿态则用两个扫描机构穿越地球所测地球两个弦宽相比较而得到。也就是说，当两个弦宽相同时，滚动角就是零。这种地平仪的工作原理见图 4.6(b)。可见，无论哪一种安装方式，红外地平仪均只能测量出航天器的俯仰和滚动两个姿态角。

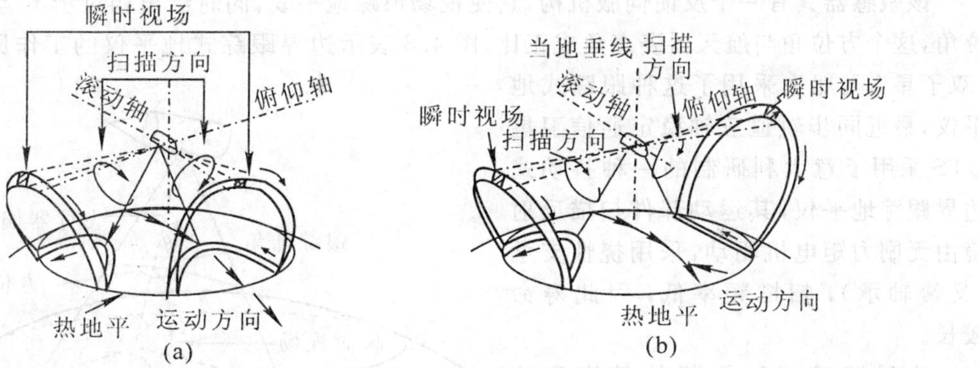

图 4.6　圆锥扫描红外地平仪原理图

(a) 两个扫描轴安装成为 90°　　(b) 两个扫描轴与当地垂线共面安装

圆锥扫描红外地平仪发展较早，应用也较多。这种地平仪优点是扫描视场大，响应时间快，对许多飞行任务适应性较强，特别是对大范围姿态测量和姿态机动捕获更为合适。但是由于存在运动扫描机构，因此寿命受到限制。这种地平仪精度可达到 0.1°。

自旋扫描地平仪主要用于自旋卫星，扫描机构就是自旋卫星。通过卫星自旋，地平仪的窄视场随星体旋转而穿越地平线时，辐射强度的突变使探测元件产生"地入"和"地出"两个电脉冲，对应的时刻 t_{hi} 和 t_{ho} 表示了地球弦宽长短，含有姿态信息。结合卫星轨道高度便可算出自旋轴与卫星和地心连线之间的夹角，也即姿态角。原理如图 4.7 所示，图示中 γ 为敏感器光轴与自旋轴的夹角，称为安装角。

自旋卫星扫描红外地平仪，不论在卫星上装有多少敏感器，只能共有一个扫描轴，所以也只能测量一个姿态角，即自旋轴与当地垂线或地平的夹角。如果在卫星自旋轴装上两个扫描地平仪分别测出两条弦宽，然后进行比较，则不需要卫星轨道高度参数，同样也可以得出姿态角。

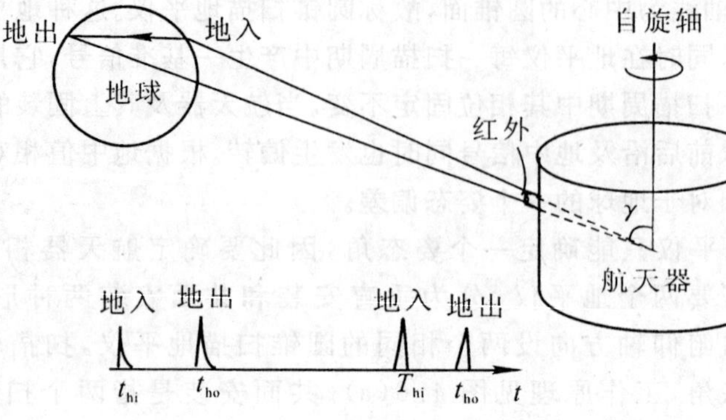

图 4.7　自旋扫描红外地平仪原理图

2. 边界跟踪式地平仪

该敏感器具有一个反馈伺服机构，它使视场跟踪地平线，同时给出相对于不运动部分的方位角，这个方位角与航天器姿态角成正比。图 4.8 表示边界跟踪式地平仪的工作原理。早期在"双子星"飞船上采用了这种跟踪式地平仪，最近同步轨道三轴稳定通信卫星 OTS 采用了意大利研制的一种抖动式边界跟踪地平仪，其运动部件扫描反射镜由无刷力矩电机驱动，采用挠性支承（叉簧轴承），扫描频率低，因此寿命较长。

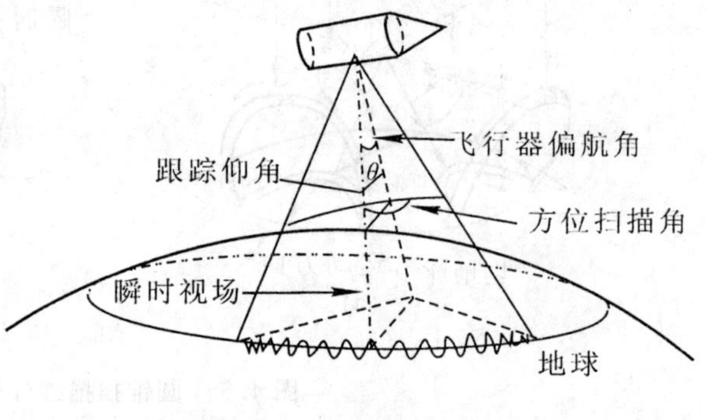

图 4.8　边界跟踪式地平仪

边界跟踪式地平仪的精度可达 0.025°，但视场较小，约为 5°～11°，因此只能工作在较窄的姿态范围内。另外，这种地平仪的工作还会受到大气成分、温度的不规则变化、日出日落的光照条件变化的影响。

3. 辐射热平衡式地平仪

辐射热平衡式地平仪具有多个视场，一般有等间隔对称分布的 4 个（见图 4.9(a)）或 8 个视场（见图 4.9(b)）。每个视场分别接收来自地球不同部分的红外辐射，通过对每个视场接收到的不同红外辐射能量进行分析而得出航天器姿态。例如 4 个热电堆的这种地平仪当所有视场接收能量相等时，表示航天器姿态角为零。当前后两个视场接收能量不相等时，表示航天器在俯仰轴有姿态偏差；同样地，当左右两个视场接收能量不相等时，表示在滚动轴有姿态偏差。由于这种地平仪不需要扫描机构，所以又称为静态红外地平仪；又因为没有运动部件，体积和质量较小，功耗低，所以适合长寿命飞行任务。但是有两个技术难点，即仪器各部分之间温度梯度产生热交换，以及季节变化所产生的地球红外辐射的不均匀性和不稳定性都会对测量精度产生较大影响。但是目前技术已有较大发展，精度也大大提高，可达 0.03°，运行寿命也可达数年。

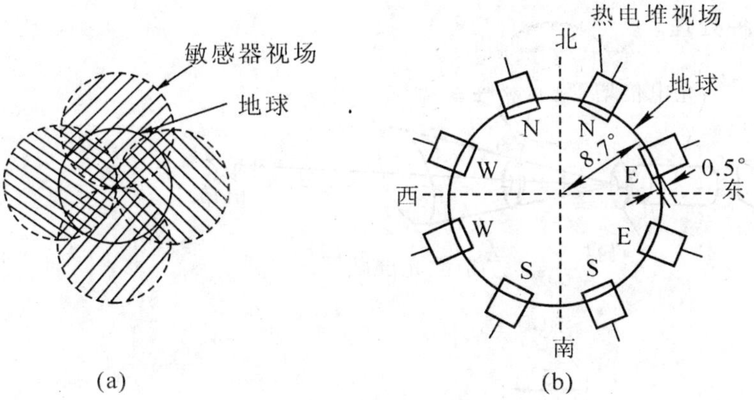

图 4.9　辐射热平衡红外地平仪

4.1.3　星敏感器

星敏感器是以某一颗亮度高于 +2 可见星等的恒星为基准，测量其相对于航天器的角位置，并同星历表中该星的角位置参数进行比较，来确定航天器的姿态。也即通过对恒星星光的敏感来测量航天器的某一个基准轴与该恒星视线之间的夹角。由于恒星张角非常小(0.04″～0.005″)，因此星敏感器的测量精度很高。一般说来，星敏感器是航天器姿态敏感器中最精确的敏感器，其精度比太阳敏感器高一个数量级，比红外地平仪高两个数量级，可达到角秒量级。但是由于星光非常微弱，其成像装置需要使用高灵敏度的析像管或光电倍增管，如图 4.10(a) 所示。同时测量数据较多，数据的处理和识别只有计算机才能完成。因此星敏感器结构复杂，功耗大，质量体积大，价格昂贵，而且每给出一次测量结果往往需要 1 ～ 5 s时间。

星敏感器分星图仪和星跟踪器两种类型，星跟踪器又可分为框架式和固定式两种形式。

(1) 星图仪：又称星扫描器。一般都是狭缝式，用在自旋卫星上，利用星体的旋转来搜索和捕获目标恒星。

(2) 框架式星跟踪器：是把敏感头装在可转动的框架上，且通过旋转框架来搜索和捕获目标。

(3) 固定式星跟踪器：这种跟踪器的敏感头相对航天器固定，在一定的视场内具有搜索和跟踪能力，例如采用析像管电子扫描和 CCD 器件成像。

下面就简要介绍狭缝式星敏感器和 CCD 星敏感器的工作原理。

1. 狭缝式星敏感器

这种星敏感器利用航天器自旋对天体进行扫描。当星光通过光学系统到达并穿过位于焦平面上的狭缝码盘时，星光就被检测敏感到。若信号超过设置的门限位，电子装置便产生一个脉冲来表示星的出现。在焦平面码盘上的狭缝如图 4.10(b) 所示，测量星光通过第一条狭缝的时间 t_{s1} 和经过两个狭缝之间的时间 $t_{s2}-t_{s1}$，然后结合星历表和航天器的自旋速度，计算得出姿态信息。狭缝式星敏感器没有运动部件，因而结构比较简单。但是由于这种敏感器依赖航天器自旋提供扫描，因此在应用方面受到限制，至少受航天器自旋速度的限制。

在图 4.10(a) 所示的星敏感器结构中，杂散光屏蔽罩是用以屏蔽太阳光和尘埃微粒、推力器排气等可能引起的散射光。光学系统是一个透镜组件，可把恒星的成像投射到焦平面上，码盘就位于焦平面上。光电倍增管把光学信号转换为电信号并放大，然后传送到电子盒。电子盒对信号进行各种处理。

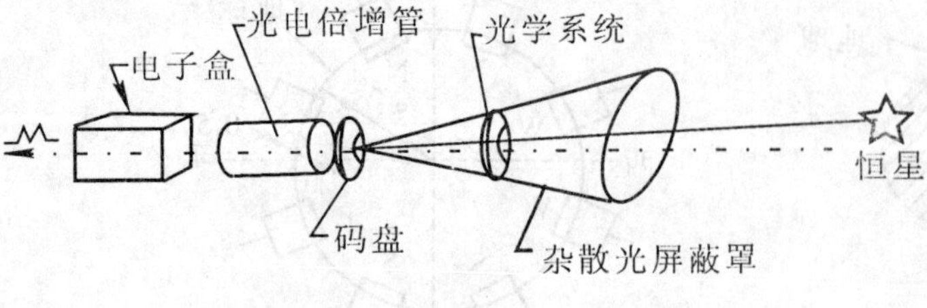

(a)

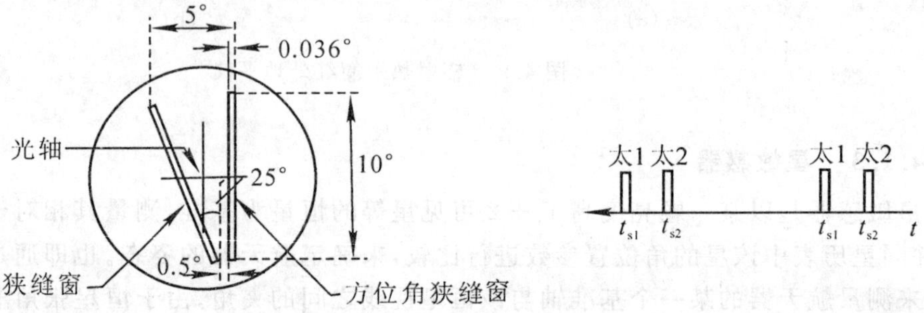

(b)

图 4.10　狭缝式星敏感器

(a) V 型狭缝式星敏感器　(b) V 型狭缝敏感器的码盘结构

2. CCD 星敏感器

CCD 星敏感器采用电荷耦合器件图像列阵作为检测器，电荷耦合器具有垂直和水平像素。CCD 星敏感器与其他星敏感器相比较具有非常突出的优点。它能够同时跟踪多颗星，对磁场不敏感，精度得到改善。CCD 星敏感器被认为是最有发展前途的星敏感器，我国目前也正在积极地发展这一技术。

4.1.4　陀螺

陀螺是利用一个高速旋转的质量来敏感其自旋轴在惯性空间定向的变化。具体地说，陀螺具有两大特性，即定轴性和进动性。定轴性就是当陀螺不受外力矩作用时，陀螺旋转轴相对于惯性空间保持方向不变；进动性就是当陀螺受到外力矩作用时，陀螺旋转轴将沿最短的途径趋向于外力矩矢量，进动角速度正比于外力矩大小。这种进动特性当输入和输出量对换时也是成立的，即当陀螺存在一个进动角速度输入时，陀螺将产生一个力矩输出。

目前利用陀螺的进动性和定轴性设计的敏感器主要有二自由度陀螺和三自由度陀螺两种。下面分别简要介绍它们的工作原理和结构。

1. 二自由度陀螺

图 4.11 表示一个二自由度陀螺（含转子的一个自转自由度）的几何结构。基于陀螺进动性，由图可知，若转子被迫以某个角速度绕输入轴转动，则绕输出轴（框架）就会出现一个力

矩。同时在输出轴也装有一个平衡弹簧，从而这个力矩使输出轴转动一个角度 θ，这个输出角度 θ 正比于这个力矩，也就是正比于输入轴的角速度。

作为姿态敏感器来说，二自由度陀螺有速率陀螺和速率积分陀螺两个基本类型。它们都是根据陀螺进动性原理工作的。速率积分陀螺是把速率陀螺的输出量再进行一次积分，这种功能除了可由速率积分陀螺装置完成以外，也可以由星载计算机完成。速率积分陀螺用来直接测量航天器的角位置。速率陀螺测量航天器的角速度，通常是进行自旋速率控制或作为姿态稳定系统的一个速率反馈敏感器。

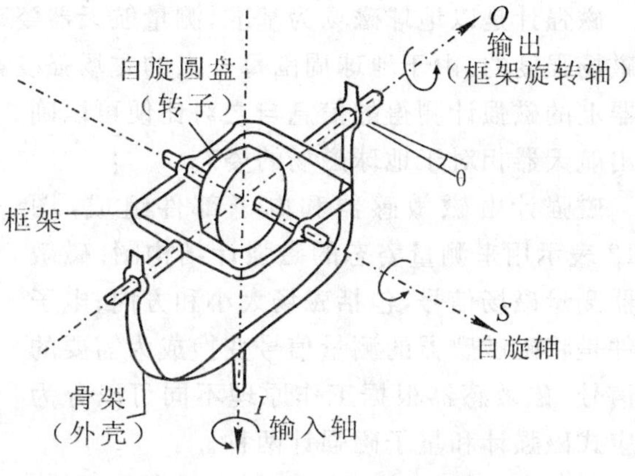

图 4.11　二自由度（速率）陀螺

2. 三自由度陀螺

图 4.11 所示的二自由度陀螺的陀螺旋转轴只有一个框架支承。若将此框架视作内环，图中所标的“骨架（外壳）”不与航天器固连，而形成一个框架，称为外环，那么该陀螺的转轴就由两个框架支承，即为三自由度陀螺。三自由度陀螺利用定轴性工作，用来测量姿态角，通常也称它为位置陀螺。位置陀螺测量姿态角的原理如下：

在陀螺仪的内环和外环都安装了传感器。传感器由定子和转子组成，当定子和转子均在零位时输出为零，输出信号和极性与定子和转子之间的角度成比例关系。安装在内环上的传感器的转子与内环固联，定子与外环固联。安装在外环上的传感器转子与外环固联，而其定子与壳体固联。当航天器姿态发生变化时，由于陀螺转轴具有定轴性，因此内、外环均要发生相应的转动以保持陀螺转轴相对于惯性空间不变。此时内、外环上的传感器就输出内、外环转动的角度，表征了航天器姿态变化的角度。

影响陀螺技术性能指标的一个重要因素是陀螺漂移，也就是说陀螺自旋轴在惯性空间的方向不是绝对不变的，在干扰力矩作用下会产生变化，这种现象称为漂移，以单位小时产生漂移度数来表示。对于航天器应用的陀螺，通常需要对其漂移进行估计和补偿修正。

航天器应用的陀螺具有如下特点：① 长寿命 —— 航天器上使用的陀螺，其寿命最短也有几天，最长达几年，而导弹上使用的陀螺只工作几分钟或几十分钟；② 低功耗 —— 由于航天器工作时间长而且质量限制很大，所以要求航天器上的设备都具有低功耗；③ 高可靠性 —— 由于陀螺是一个高速旋转体，要求长期工作，因此须保证其高可靠性；④ 低漂移。

4.1.5　加速度计

加速度计是用于测量航天器上加速度计安装点的绝对加速度沿加速度计输入轴分量的惯性敏感器。虽然目前加速度计没有广泛用于航天器的姿态稳定和控制，但它是航天器导航系统中重要的器件。加速度计的种类很多，有陀螺加速度计、摆式加速度计、振动加速度计、石英加速度计等。虽然这些加速度计在结构上各不相同，但它们的基本工作原理是相同的，即测量一个约束质量受到加速度作用时的运动。

由于加速度计的输入、输出关系非常明确，使用很简单，所以本书不对加速度计的原理结构详细介绍。

4.1.6 磁强计

磁强计是以地球磁场为基准，测量航天器姿态的敏感器。磁强计本身是用来测量空间环境中磁场强度的。由于地球周围每一点的磁场强度都可以由地球磁场模型事先确定，因此利用航天器上的磁强计测得的信息与之对比便可以确定出航天器相对于地球磁场的姿态。

磁强计由磁敏感器和电子部件组成，图4.12表示用来测量姿态的磁强计结构图。磁敏感器测量磁场信号，包括磁场大小和方向；电子部件是将磁敏感器的测量信号变换成为需要的电信号。磁敏感器根据工作原理不同可以分为感应式磁强计和量子磁强计两种。

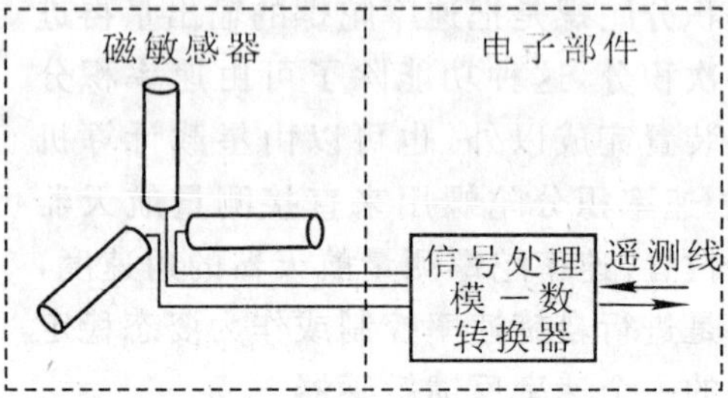

图 4.12 用来测量姿态的磁强计结构图

目前应用较多的是感应式磁强计，它是建立在法拉第磁感应定律的基础上的。法拉第电磁感应定律可以表达如下：

$$V = -N\frac{\mathrm{d}\Phi}{\mathrm{d}t} \tag{4.1}$$

式中，Φ 为线圈中的磁通量；N 为线圈的匝数；V 为线圈的感应电势。

感应式磁强计分为搜索线圈式磁强计和磁通门磁强计两种类型。前者用于自旋卫星上，依靠卫星的自旋使通过搜索线圈的地磁场磁通量作周期性的变化，并感应出一个周期性的交流电压，在此交流电压的相位中包含了姿态的信息。也就是说搜索线圈式磁强计可用在自旋卫星上提供精密的相位信息。

磁通门磁强计的结构示意图如图4.13所示。它具有原线圈和副线圈，并且包括两个铁心。原线圈在两个铁心上绕线方向相反，这样使副线圈不受原线圈中电流频率的影响；副线圈则将两个铁心作为一个来绕线。

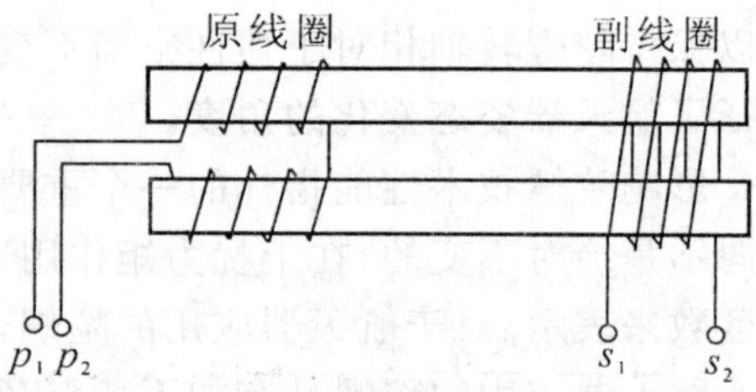

图 4.13 双铁心磁通门磁强计结构图

在原线圈中通以交流电流，其幅度要大到能使铁心饱和。若两个铁心及其原线圈的参数完全对称，则副线圈中的磁通量将抵消为零，副线圈的感应电压也将为零。当存在外磁场时，由于两个铁心的外磁场是相同的，所以在两个铁心中的磁通产生不同形式的畸变。这时，两个铁心的总磁通量的波形将含有偶次谐波，从而使副线圈的感应电压也含有偶次谐波。通过分析得知，副线圈的感应电压的二次谐波的符号决定于外磁场的方向，其幅度与外磁场的大小成正比。借助于相敏检波器（其参考电压的频率二倍于原线圈电流的频率）可以将副线圈感应电压的二次谐波检出，作为磁强计的输出。

由于磁通门磁强计是测定沿铁心方向的磁通变化，故对测定磁场有方向性。把3个磁通门磁强计互相垂直安装，可以测量三轴当地磁场强度。利用它与已知环境磁场模型相比较，可以估算出航天器三轴姿态。

磁强计由于质量小，性能可靠，消耗功率低，工作温度范围宽以及没有活动部件等特点，得到了广泛应用。但是地球磁场模型仅是对地球磁场的近似描述，以此模型作为磁强计测量星体姿态的基准必然会带来较大的误差，所以磁强计姿态测量精度不高。此外，某点地球磁场强度与该点距地心的距离的3次方成反比，这使得中高轨道(轨道高度大于1 000 km)上地球磁场强度很弱，以致航天器内部的剩余磁矩会超过地球磁场的影响，这时地球磁场便不能作为测量基准，使磁强计的应用受轨道高度限制。

4.1.7 射频敏感器

射频敏感器常常被通信卫星所采用，这是因为通信卫星的地面发射站可作为敏感器的无线电信标源。另一方面射频敏感器与通信天线都要求指向控制，因此二者在结构上做成一体，这样可以避免像其他敏感器(例如红外地平仪)那样由于非一体结构而引起的弯曲变形造成的指向误差。射频敏感器具有较高的精度。

射频敏感器确定航天器姿态的原理是基于对航天器天线轴与无线电波瞄准线之间夹角的测量。目前大多采用两种射频敏感器，即单脉冲比相(干涉仪式)和比辐式。

单脉冲比相干涉仪是由光的干涉原理引伸而来，至少要采用两个接收天线，其间矩为d，称为基线长度，如图4.14所示。当天线与地面距离比基线长度d大得多时，有如下关系式：

$$\cos\theta = \frac{\lambda}{2\pi d}\varphi \tag{4.2}$$

式中，φ为两个天线接收电波的相位差，λ为波长。由式(4.2)可见，$\frac{\lambda}{2\pi d}$是预先确定的，因此只要测出两个天线接收信号的相位差φ，便可确定方向角θ。同样，如果在一基线的垂直方向增加另一套相同的设备，就可以测出另一个方向角。

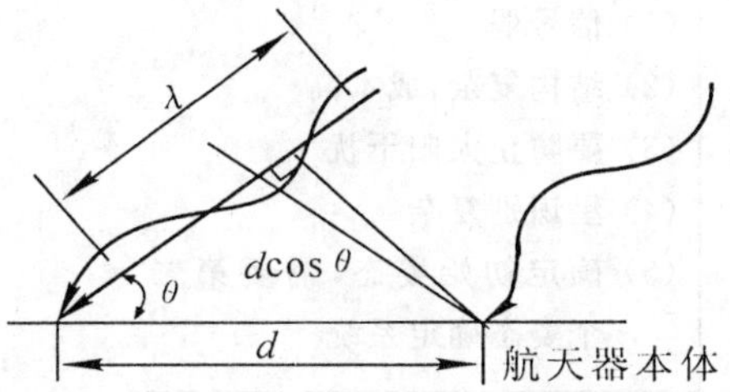

图4.14 单脉冲比相(干涉仪)测量原理

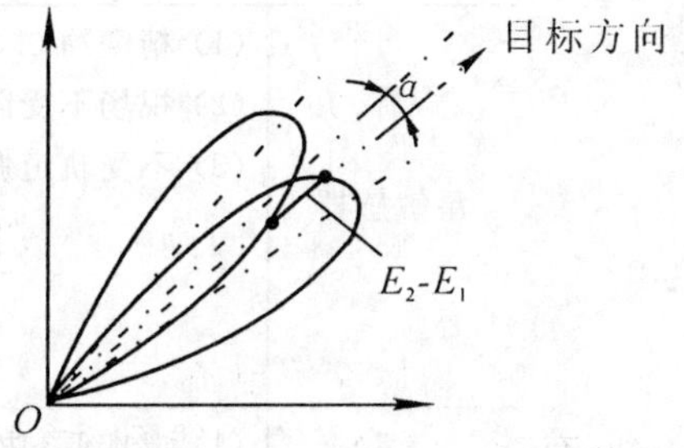

图4.15 单脉冲比幅测量原理

单脉冲比幅方法需要形成两个互相叠交的天线方向图，当目标与天线轴不重合(成α角)时(见图4.15)，下面的方向图收到的信号E_1将大于上面的方向图收到的信号E_2。两个信号的振幅差表示目标与天线轴之间夹角，而振幅差的符号则表示偏离的方向。当目标与天线轴重合时，由上、下方向图收到的信号振幅相等，其差值就等于零。

4.1.8 姿态敏感器小结

在实际的航天器姿态控制系统中，上面介绍的各种敏感器单独使用一般是不能满足要求的，而需要多种多个姿态敏感器组合使用，形成一个姿态测量系统。原因主要有三方面。一是由于相对于同一基准最多只能获得两个姿态角，所以如太阳敏感器、星敏感器、红外地平仪等单独使用则不能获得完整的姿态信息;二是由于各种敏感器均存在条件限制,如太阳敏感器在地球阴影中不能工作,陀螺等惯性敏感器存在漂移,星敏感器视场很小以致初始难以捕获目标恒星等等;三是由于航天器的长寿命工作特点要求敏感器可靠地长时间提供高精度姿态信息,所以姿态敏感器的冗余便成为必须考虑的重要问题。正是由于以上三方面的原因,航天器上往往装有多种敏感器,以便相互校正和补充测量信息,相互取长补短,相互备份,充分发挥各自的优点。

此外,航天器姿态控制系统精度取决于姿态确定的精度,当然也包括姿态敏感器的精度。由于对航天器姿态控制系统的精度要求越来越高,对敏感器精度要求一般要比系统精度高5倍或一个数量级,因此提高航天器敏感器的测量精度和信息处理精度,将成为今后一个关键问题。

表4.1列出了几种常用的航天器姿态敏感器的性能比较。

表 4.1　姿态敏感器性能比较

敏感器类型	优　　点	缺　　点
地球敏感器（地平仪）	(1) 适用于近地轨道卫星 (2) 信号强 (3) 轮廓清楚 (4) 分析方便	(1) 一般需要扫描机构 (2) 需要防止太阳干扰 (3) 精度约0.1° (4) 受轨道影响大
太阳敏感器	(1) 信号源强 (2) 轮廓清楚 (3) 功耗低,质量轻	(1) 有阴影区 (2) 精度约1′
星敏感器	(1) 精度约0.003° (2) 视场不受限制 (3) 不受轨道影响	(1) 信号弱 (2) 结构复杂,成本高 (3) 要防止太阳干扰 (4) 星识别复杂 (5) 确定初始姿态,需要第二个姿态确定系统
磁强计	(1) 成本低,功耗低 (2) 对低轨道卫星灵敏度高	(1) 分辨率大于0.5° (2) 受轨道影响大 (3) 在星体内要进行磁清洁
惯性敏感器	(1) 自主性强 (2) 不受轨道影响 (3) 有限时间内精度高 (4) 在星体上容易实现	(1) 易于漂移 (2) 有高速旋转部件,易摩损 (3) 功率大、质量大
射频敏感器	(1) 精度约0.03° (2) 不受航天器形变弯曲影响 (3) 结构易实现	(1) 无自主性 (2) 受地面站分布限制

4.2 执行机构

可供航天器携带的执行机构主要有推力器、飞轮与地磁力矩器等，因而相应就有推力器控制系统、飞轮控制系统与地磁力矩器控制系统等。

4.2.1 推力器

推力器是目前航天器控制使用最广泛的执行机构之一。它根据牛顿第二定律，利用质量喷射排出，产生反作用推力，这也正是这种装置被称为推力器或喷气执行机构的原因。当推力器安装使得推力方向通过航天器质心，则成为轨道控制执行机构；而当推力方向不过质心，则必然产生相对航天器质心的力矩，成为姿态控制执行机构。

根据产生推力所需能源的形式不同，质量排出型推力器可以分为冷气推力器、热气推力器和电推力器。其分类如图 4.16 所示。其中冷气推力器和热气推力器消耗的工质需由航天器从地面携带，有限且无法在轨补充；而电推力器消耗电能，可以通过太阳能电池在轨补充，工质消耗量大大减少。因此电推力器成为今后长寿命、高精度航天器推力器的一个重要发展方向。

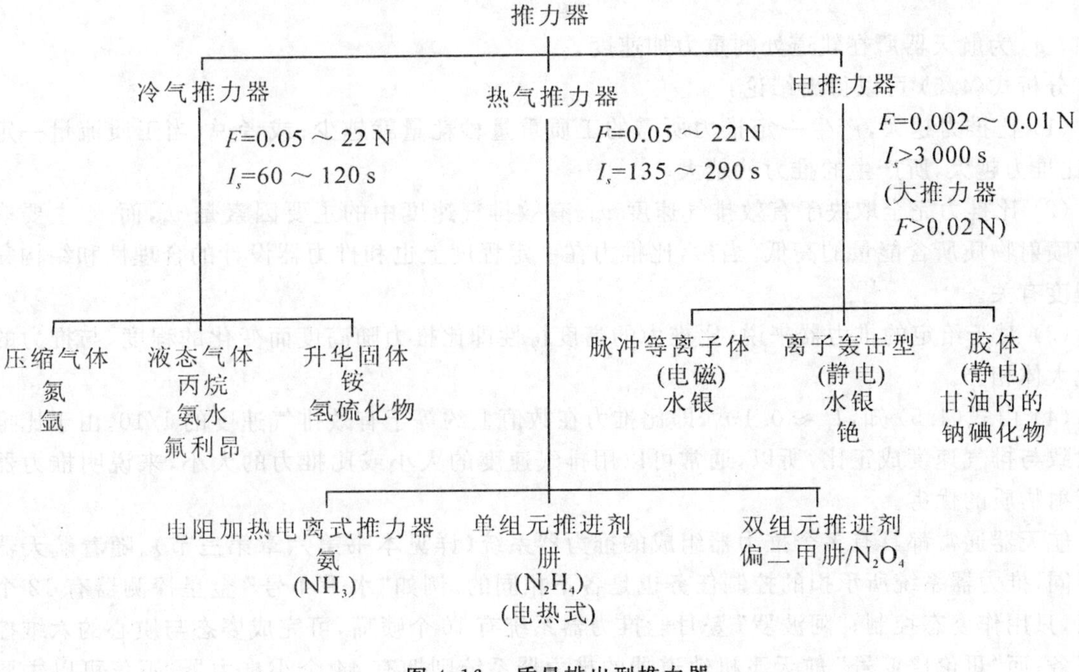

图 4.16 质量排出型推力器

最简单的冷气推进系统使用存储在初始压力高达 40 MPa 的高压气瓶里的惰性气体。通常气体要经过一个或多个压力调节器，因此推力器几乎是在恒压下工作。典型的推力范围为 0.05 ~ 20 N，小于 10 ms 到大于几秒的推力脉宽都能使推力器有效运行。

推力和比推力是推力器的基本性能指标。

根据牛顿第二定律可推导出推力器真空中的推力公式为

$$F = \dot{m}v_e + S_e p_e \tag{4.3}$$

式中，$\dot{m}$ 为单位时间的工质排出量，即秒耗量；v_e 为相对于航天器的排气速度；S_e 为推力器喷嘴出口截面积；p_e 为推力器喷嘴出口处的射流压力。

显然，推力由两部分组成，第一部分为动量推力 $\dot{m}v_e$，第二部分为压力推力 $S_e p_e$。这说明推力器产生的推力不仅与喷出的射流有关，还与外界大气压力有关。这两部分中，主要是动量推力，占全部推力的 90% 以上。增大推力的主要途径是增加喷射物质的秒耗量和提高排气速度。

该推力称为推力器的真空额定推力，是推力器的最大推力。

若将推力公式写为另一形式

$$F = \dot{m}v_{ef} \tag{4.4}$$

式中，$v_{ef} = v_e + S_e p_e / \dot{m}$ 称为推力器的有效排气速度，它是把动量推力和压力推力在计算上统一起来的一个相当速度。为获得一定推力，若有效排气速度增大，则喷射物质的秒耗量就可以降低。

推力器的另一个重要性能指标就是比推力，即推力器推力与工质的重量秒耗量之比，它相当于推力器每消耗单位质量工质所产生的推力。比推力与比冲的定义基本上是等价的。其计算式为

$$I_s = \frac{F}{\dot{m}g_0} = \frac{v_{ef}}{g_0} \tag{4.5}$$

式中，g_0 为航天器所在轨道处的重力加速度。

分析式(4.5)可以得出结论：

(1) 比推力越大，产生一定推力所需的工质重量秒耗量就越少；或者说，当工质流量一定时，比推力越大，所产生的推力就越大。

(2) 比推力完全取决于有效排气速度 v_{ef}。有效排气速度中的主要因素是 v_e，而 v_e 主要取决于喷射物质所含能量的高低。当然，比推力在一定程度上也和推力器设计的合理性和结构完善程度有关。

(3) 对于给定的推力器来说，比推力的高度特性即比推力随高度而变化的程度，与推力的变化大体相当。

(4) 由式(4.5)知，$I_s \approx 0.1v_{ef}$，即比推力在数值上约等于有效排气速度的 1/10。由于比推力大致与排气速度成正比，所以，通常可以用排气速度的大小或比推力的大小，来说明推力器和喷射物质的优劣。

航天器通常都具有多个推力器组成的推力器系统（详见本书第六章第三节）。随着航天器的不同，推力器系统所承担的控制任务也是各不相同的。例如"水手 4 号"金星探测器有 12 个喷嘴，只用作姿态控制；"阿波罗"登月舱推力器系统有 16 个喷嘴，可完成姿态与质心的六维控制任务；而"哥伦比亚号"航天飞机轨道器的推力器系统则拥有 44 个小推力器，不仅可以主要用于姿态控制，甚至还可以辅助轨道机动发动机完成轨道控制任务。无论推力器执行什么样的任务，在选择推力器时应当考虑以下要求：

(1) 为了降低推力器的质量和提高使用寿命，应选用高比推力和高推重比（推力与推力器质量之比）的推力器。

(2) 为了提高姿态控制精度和降低推进剂的消耗，推力器应选用脉冲工作方式，脉冲的冲量值要小，重复性要好；

(3) 推力器能在真空、失重、温度交变的空间环境下可靠地工作；

(4) 推力器应具有长寿命和多次启动的能力，目前有的推力器启动次数在几十万次以上，使用寿命超过 10 年。

4.2.2 飞轮

根据“动量矩守恒”原理，改变安装在航天器上的高速旋转刚体的动量矩，从而产生与刚体动量矩变化率成正比的控制力矩，作用于航天器上使其动量矩相应变化，这种过程称为动量交换。实现这种动量交换的装置称为飞轮或飞轮执行机构，飞轮执行机构只能用于航天器的姿态控制。

根据飞轮的结构特点和产生控制作用的形式可以分为惯性轮、控制力矩陀螺和框架动量轮三种，其中惯性轮又分为反作用轮和动量轮两种，参见表 1.1 中的飞轮部分。

当飞轮的支承与航天器固连时，飞轮动量矩方向相对于航天器本体坐标系 $Oxyz$ 不变，但飞轮的转速可以变化，这种工作方式的飞轮通常称为惯性轮。其中如果飞轮的转速可以正负改变，且平均动量矩为零，则称为反作用轮。如果飞轮的平均动量矩是一个不为零的常值 —— 偏置值，也就是说飞轮储存了一个较大的动量矩，飞轮的转速可以相对于偏置值有一定的变化，从而产生控制力矩。具有这种特点的飞轮称为动量轮或偏置动量轮。

如果把恒速旋转的轮子装在框架上，而框架又可以相对于航天器本体转动，即框架角变化，那么就得到了动量矩的大小恒定不变而方向可变的飞轮，这种飞轮称为控制力矩陀螺。根据支承轮子的框架数量的不同，控制力矩陀螺分为单框架控制力矩陀螺和双框架控制力矩陀螺两种。前者动量矩的方向变化在一个平面内，后者则可在三维空间任意改变。

如果在控制力矩陀螺的基础上，轮子旋转的速度也可变化，即动量矩的大小和方向均可变，这种飞轮称为框架动量轮，也有单框架和双框架之分。

飞轮的构成主要包括驱动电机、支承(轴承组合件)、轮体和控制线路等四部分。其中最关键的是支承和电机，它们对长寿命、高精度的航天器姿态控制系统极为重要。有关飞轮的基本工作原理，本书将在第六章第四节进一步介绍。

4.2.3 磁力矩器等其他执行机构

航天器的执行机构除了推力器和飞轮两类主要执行机构以外，还有其他形式的执行机构。它们利用磁场、引力场等环境场与航天器相互作用产生力矩，实现对姿态的控制，例如磁力矩、重力梯度力矩、太阳辐射力矩和气动力矩等。这些力矩一般都比较小，而且与运行轨道高度、航天器结构和姿态等因素有关。其中磁力矩器是最常见的一种。

航天器的磁特性和环境磁场相互作用可产生磁力矩，其大小为 $\boldsymbol{M}=\boldsymbol{P}\times\boldsymbol{B}$($\boldsymbol{P}$ 为航天器磁矩，$\boldsymbol{B}$ 为环境磁场强度)。当两者互相垂直时，磁力矩最大；当两者相互平行时，磁力矩为零。对地球轨道航天器来说，只要航天器存在磁矩，磁力矩总是存在的。若不把它作为控制力矩使用，就成为扰动力矩。航天器上安装的通电线圈就是最简单的磁力矩器，通电线圈产生的磁矩与地球磁场相互作用就可产生控制力矩，实现姿态控制。

如图 4.17 所示，设沿星体的 Ox，Oy，Oz 轴分别装有线圈与磁强计，且设星上备有姿态测量系统与简单功能的计算机。计算机从测得的姿态误差信号换算出控制力矩 $\boldsymbol{M}$ 的大小与方向，或是沿三轴的分量 M_x，M_y，M_z；另由磁强计测得当地磁场强度 B 的三轴分量 B_x，B_y，B_z，则给各线圈通上相应的电流 I_x，I_y，I_z 就可以获得各轴需要的控制力矩。这实际上已经是一个简单的磁控制系统了。

利用环境场产生控制力矩，最常用的除了磁力矩以外，还有重力梯度力矩等。磁力矩与轨道高度的3次方成反比，轨道高度越低，磁力矩越大。所以磁力矩作为控制力矩比较适用于低轨道航天器，重力梯度力矩适用于中高度轨道航天器，太阳辐射力矩适用于同步轨道卫星等高轨道航天器，气动力矩也适用于低轨道，但是最后两种力矩较少用来作为控制力矩。利用环境力矩产生控制力矩的装置可称为环境型执行机构。

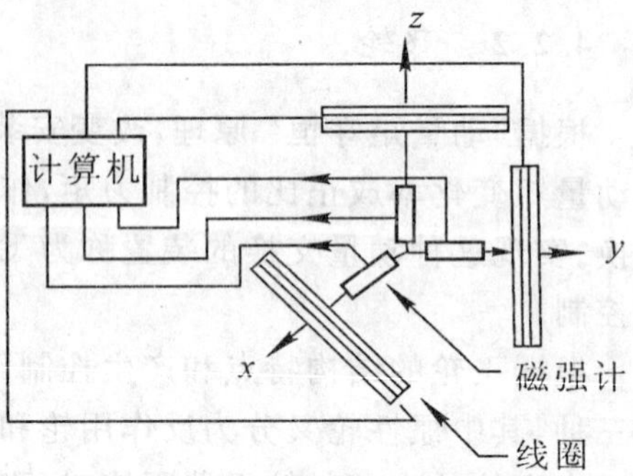

图 4.17　磁力矩器

4.2.4　控制执行机构小结

对于航天器控制所采用的执行机构而言，高可靠性、长寿命、高精度是其基本要求，直接关系到控制系统的寿命和精度。在以上介绍的几种执行机构中，飞轮、推力器、磁力矩器和重力梯度力矩执行机构是最常用的。飞轮和推力器控制精度较高，环境型执行机构的控制精度较低，所以飞轮和推力器成为航天器控制主要的执行机构。

此外，执行机构输出的力矩范围、工质能量的消耗量也是执行机构选用所必须考虑的重要方面。表4.2列出了各种执行机构的部分性能比较。

表 4.2　航天器控制执行机构性能比较

执行机构类型	输出力矩范围 /(N·m)	控制精度	能源消耗	缺　点
推力器(RCS)	$10^{-2} \sim 10$	较高	工质	工质不可再生
磁力矩器	$10^{-2} \sim 10^{-1}$	较低	电能	剩磁影响
重力梯度	$10^{-6} \sim 10^{-3}$	低	无	精度低，力矩小
气动力	$10^{-5} \sim 10^{-3}$	低	无	精度低，力矩小
惯性飞轮	$10^{-1} \sim 1$	高	主要电能	有旋转部件，要卸载
控制力矩陀螺(CMG)	$10^{-2} \sim 10^{3}$	高	主要电能	有旋转部件，要卸载

根据表中所列的力矩范围和低、中、高轨道上的干扰力矩情况可知，惯性飞轮适合于中高轨道航天器，推力器适合于低轨道航天器。考虑到推力器的输出力矩较惯性飞轮的大一个数量级，所以推力器适用于较大型航天器，而惯性飞轮则更适用于中小型航天器。控制力矩陀螺的控制力矩范围最宽，因此它既可以用来控制最小的航天器，也可以用来控制大型航天器。目前，控制力矩陀螺主要用于空间站的姿态控制。至于环境型执行机构，它们分别适用于相应环境力矩较大的轨道高度上的航天器。

实际中，航天器上往往配置若干种执行机构组合运用，目的也是相互补充和备份，以提高航天器姿态控制的精度和可靠性。随着世界各国航天技术和工艺水平的发展与提高，各种执行机构的性能也会不断提高。

4.3 控制器——星载控制计算机

控制器的功能是由模拟逻辑或数字计算机实现控制规律或控制对策，把星上敏感器和执行机构联接起来，从而完成对航天器的控制任务。早期的控制器是由电子线路来实现的，采用分立元件，后来逐步向组件化和数字化方向发展，从而实现数字控制。最近，由于数字计算机技术发展迅速，为了满足对控制系统提出的新要求，采用星载控制计算机的航天器已经越来越多了。

计算机在航天器上的应用已经有40年的历史了，初期主要用于运载工具和载人飞船（例如“阿波罗”飞船）以及为数不多的非载人人造地球卫星和宇宙探测器。20世纪70年代以来比较广泛地用于应用卫星。为了使计算机硬件标准化，1975年美国宇航局推荐使用标准星载计算机NSSC－Ⅰ和NSSC－Ⅱ。NSSC－Ⅰ型计算机首先应用于太阳峰年卫星(SMM)，然后推广到多用途标准卫星系列，NSSC－Ⅱ型计算机用于美国空间实验室和空间望远镜等航天器上。

20世纪80年代以来，星载控制计算机的应用随着微电子技术的飞速发展有了很大改善。一方面航天器控制采用计算机越来越普遍，另一方面计算机技术广泛采用微处理机和外围芯片，硬件和软件日益模块化。为了适应航天器长寿命的需要，大力采用容错计算机，要求星上控制计算机具有故障运行和故障保险功能已成为趋势。此外，对于计算机的速度要求也迅速提高。到目前为止，最典型和最复杂的星载控制计算机是美国航天飞机和正在建设之中的国际空间站的计算机系统。这个系统由计算机硬件和软件组成，它为控制系统提供星上数据处理能力，包括导航、制导和控制所需的数据处理，有效载荷的处理和管理以及性能监视等功能。

航天器对星载计算机有着更高的要求，它们必须要：

(1) 满足航天器基本要求，例如质量轻，体积小，功耗低等特点；

(2) 适合在空间环境长期工作，例如轨道环境辐射和真空条件与温度变化；

(3) 具有冗余结构和故障检测，故障处理与修复等功能的高可靠性要求；

(4) 实现结构和接口上的模块化、标准化，便于在轨更换和升级。

在星载计算机控制的模式上，根据航天器飞行特点和控制任务要求不同，目前主要采用集中控制或分散控制。集中控制适合采用高可靠性的大型中央处理机，而分散控制最大的优点是将系统的复杂性从系统级的范围变为分系统级，使系统简化。美国航天飞机的计算机系统采用集中控制方式，伽里略木星探测器采用的则是分散控制方式。

我国在航天器控制模式的研究方面也取得了重要进展，特别是针对多体复合型大型航天器，如空间站等，提出了协同控制的思想和模式。无论采用哪一种控制模式，都有赖于目前计算机技术的水平，而当今计算机技术的飞速发展，也必定为航天器控制开辟更广阔的空间。

4.4 姿态控制系统的任务与分类

从第三章所述已经知道，在轨道上飞行的航天器受到许多干扰力矩，主要有气动力矩、重力梯度力矩、磁力矩、辐射力矩等等。除此以外，航天器内部的运动机构，如发动机、弹簧、旋转部件等，也会产生干扰力矩。这些干扰力矩虽然很小，但是也足以使航天器的飞行姿态发生变化。

航天器的飞行使命不同，对它的姿态也有不同要求。例如，要求地球资源卫星、侦察卫星上照相机的镜头和通信卫星的抛物面天线始终指向地球；要求天文卫星的太阳望远镜始终对准太阳等。航天器的姿态发生变化，将影响正常任务的完成，因此，必须对航天器的飞行姿态进行控制。

4.4.1 姿态控制的方式

航天器的姿态控制方式很多，按照控制力矩来源分类，一般可分为被动式和主动式两种基本类型。这两种方式相互组合，又可分出半被动、半主动以及混合等三种类型。在此，主要介绍被动式和主动式两种基本类型。

1. 被动式

被动控制系统是用自然环境力矩源或物理力矩源，如自旋、重力梯度、地磁场、太阳辐射力矩或气动力矩等以及它们之间的组合来控制航天器的姿态。这种系统不需要能源，也不需要姿态敏感器和控制逻辑线路。被动控制系统的主要类型和应用叙述如下。

自旋稳定是被动控制中最简单的方法。它的原理是利用航天器绕自旋轴旋转所获得的陀螺定轴性，使航天器的自旋轴方向在惯性空间定向，但是它不具有控制自旋速度及再定向或使自旋轴进动的能力。总之，从理论上说，这种稳定系统在起旋后就不需要另加控制，但是由于干扰将造成自旋轴的进动与动量矩矢量的漂移，如果不加以校正，则会造成定向精度下降从而不适用于长期任务。自旋稳定系统的进一步发展，是双自旋稳定系统，即用一个自旋体携带一个消旋体，使得自旋稳定航天器在应用上具有三轴稳定航天器的优点。

环境力矩稳定是另一类重要的航天器被动控制方式。气动力、重力梯度力、磁力和太阳辐射压力对航天器质心之矩，都是潜在的控制力矩源。选择适当的轨道高度，设计一定的结构形状，使得作为控制力矩的环境力矩的值远大于其余的环境力矩的值，则可组成相应的姿态稳定系统。由第三章的环境作用力分析知，根据环境力矩的性质可组成对地球定向的重力梯度稳定系统，对轨道速度定向的气动力稳定系统，对太阳定向的太阳辐射压力稳定系统，对地磁场定向的地磁稳定系统。这些系统，由于控制力矩小、响应速度慢、精度低，且由于力矩的大小与方向由环境的固有规律所确定，因此不具有机动性。但是环境力矩是取之不尽，用之不竭的控制力矩源，一旦发射成功，其工作寿命将是无限的。

2. 主动式

航天器主动式姿态控制系统的控制力矩来自于航天器上的能源，它属于闭环控制系统。这类姿态控制系统主要有三种。

(1) 以飞轮执行机构为主的三轴姿态控制系统：它利用各种飞轮储存动量矩，通过动量交换实现航天器的姿态控制，所以也称为动量矩控制。

(2) 喷气三轴姿态控制：利用各种推力器(即喷气执行机构)为执行机构，从航天器本体向外喷射质量，产生控制力矩。在本体坐标系三个轴方向上均安装推力器，就可以实现对航天器三个轴的姿态控制。

(3) 地磁力矩器控制系统：它是根据载流线圈在地球磁场作用下产生偏转力矩的原理来设计的。如果在航天器的三个主轴上都安装有这样的线圈，则可以通过控制各线圈上的电流来获得所需要的控制力矩的大小与方向。

在航天器的主动姿态控制系统中，除了需要上述的执行机构外，还需要相应的姿态敏感器、测量信息的处理、控制指令综合和分配等重要环节。

3. 自旋稳定方式与三轴稳定方式

姿态控制方式若就航天器在运行中是否旋转，可分为自旋稳定和三轴稳定两大类。自旋航天器在外形上要求较严格，指向精度也较低；三轴稳定则突破了对航天器外形的限制，因为星体不旋转，可以安装大型的附件，如太阳能电池帆板和多副天线。三轴稳定航天器由于采用了星上计算机和高精度的姿态敏感器，提高了指向精度，但它的动量矩比自旋稳定航天器小，受到干扰力矩时，容易发生姿态偏转。当前，三轴稳定方式并没有完全取代自旋稳定方式，两种方式都会得到使用。例如，“国际通信卫星—6”仍采用自旋稳定。

4.4.2　姿态控制方式的比较

纵观上述各种控制系统可以看出，从原理上说，自旋稳定系统和环境力矩稳定系统不需要消耗星上能源，且不具有机动能力，因此称为无源系统或被动控制系统。而其余系统是由星上携带的控制力矩产生器作执行机构，需要消耗星上能源，且又具有机动能力，因此称为有源系统或主动控制系统。两类系统各有明显的优点与缺点，各种航天器通常根据其任务的需要选择合适的控制系统。例如任务期限短、精度要求高、机动范围大的通常采用推力器控制系统或飞轮控制系统；任务期限长、精度要求低、不要机动性的，则采用被动控制系统。还有许多航天器对各种性能要求取折衷水平，这就需要根据两类系统的特点加以巧妙结构，扬长避短，组成新的控制系统，例如所谓半被动控制系统与半主动控制系统。对复杂结构航天器，通常由若干分体组成，每个分体各有相对独立的控制系统，这种系统称为多体控制系统，也称混合控制系统。表4.3给出了各类控制系统的组成与性能的比较。

此外一般说来，采用被动控制系统的航天器实际上没有姿态机动的能力，要实现姿态机动就必须引入主动控制的要素，引入得越多姿态机动的能力就越强。但另一方面，航天器的寿命很大程度上取决于它所携带的工质(推进剂)数量和工质消耗速度。当工质耗尽时，航天器也就失效了，所以航天器的寿命随着其控制系统工质消耗量的增加而缩短。被动姿态控制系统不消耗能源，特别是不消耗工质，因此航天器一般具有较长的设计寿命。主动姿态控制系统，特别是以推力器为主要执行机构的，由于工质消耗较多，相应的航天器的设计寿命也较短。

总之，航天器的各类型姿态控制系统和各种执行机构均有其优、缺点，工程中人们需要根据具体的航天任务和航天器的总体要求综合作出选择。

表 4.3　航天器姿态控制分类和性能比较(ω_0=轨道角速度)

控制方式	自然力矩	功耗或燃料	控制逻辑	姿态敏感器	构成实例	允许最大初始姿态角速度 ((°)·s^{-1})	允许初始姿态角	指向精度 (°)	最小稳定速度 ((°)·s^{-1})	进入稳定状态时间
被动	有				自旋	1~10		10~1 1~0.1	10~100(章动)	(10~100) min
					重力梯度	(2~3)ω_0	任意	(短期)	(1~5)ω_0(天平动)	(10~100)轨道周期
					磁力	1~10	任意	10~1 10~0.1	(1~3)ω_0(控制固有频率)	(10~100)轨道周期
					太阳辐射力或气动力	<ω_0	受额定值限制	10~1	(1~3)ω_0	(10~100)轨道周期
					组合被动		上述综合	10~0.1	上述综合	(1~10)轨道周期
半被动	有	少量			重力梯度+惯性轮 重力梯度+控制力矩陀螺	(2~3)ω_0 (3~4)ω_0	任意 任意	5~0.5 5~0.1	(1~5)ω_0(天平动) (1~3)ω_0(天平动)	(10~100)轨道周期 (10~100)轨道周期
半主动	有	有	有	最小限度	自旋+速率控制系统 双自旋	1~10 1~10	接近任意 任意	1~0.1 1~0.1	10~100(章动) 0.5~100(章动)	(10~100) min (10~100) min
主动	有	有	有	全自由度	以飞轮为主的三轴控制 卸载{喷气 卸载{磁力 卸载{重力梯度 纯喷气三轴控制 零动量双自旋	 接近任意 0.1~1 (3~6)ω_0 接近任意 1~5	 任意 能够任意 任意 任意 接近任意	 1~0.001 1~<0.001 1~0.1 10~0.1 1~0.1	 10^{-4}~10^{-6}(卸载) 10^{-5}~10^{-8}(极限环) (1~2)ω_0(天平动) (10^{-3}~10^{-5})(极限环) (1.0~10^2)(摆动)	 (1~15) min (10~100) min (5~50)轨道周期 (1~15) min (1~15) min
混合	有	有	有	有	混合系统	上述综合	上述综合	1~<0.001	上述综合	上述综合

思 考 题

4.1 叙述双轴模拟式太阳敏感器的工作原理，并绘出原理结构图。

4.2 分析影响数字式太阳敏感器测量精度的各方面因素，并绘出双轴数字式太阳敏感器的安装结构。

4.3 叙述圆锥扫描地平仪是如何测量出航天器的俯仰、滚动姿态的，为什么测不出偏航姿态信息。

4.4 详细分析V型狭缝式星图仪是如何检测出与姿态相关的信息的。

4.5 比较各种常用姿态敏感器的优缺点。

4.6 航天器用的推力器应具有什么特点？为什么认为电推力器是最有发展前景的推力器？

4.7 飞轮分为几种？各种的区别是什么？

4.8 分析比较各种环境型执行机构适用的航天器和轨道高度。

4.9 分析比较航天器各类姿态控制方式的性能优劣。

第五章

航天器的被动姿态控制系统

5.1 自旋卫星的稳定性和章动性

自旋稳定的原理是利用航天器绕自旋轴旋转所获得的陀螺定轴性，使航天器的自旋轴方向在惯性空间定向。它的主要优点首先是为航天器获得规则的姿态运动提供了一种简单的手段。自旋卫星利用非常简单的仪器便可提供姿态信息，而且因为运载工具通常是以自旋方式入轨的，所以航天器很容易达到完全无源的惯性定向，并且有一定的精度。其次，由于自旋运动具有比较大的动量矩，因此航天器抵抗外干扰的能力很强，因为当自旋航天器受到恒定干扰力矩作用时，其自旋轴是以速度漂移，而不是以加速度漂移。加之自旋稳定能使航天器发动机的推力偏心影响减至最小，因此自旋稳定方式在航天器，特别是在早期发射的航天器中得到了广泛的应用(见图 5.1)。

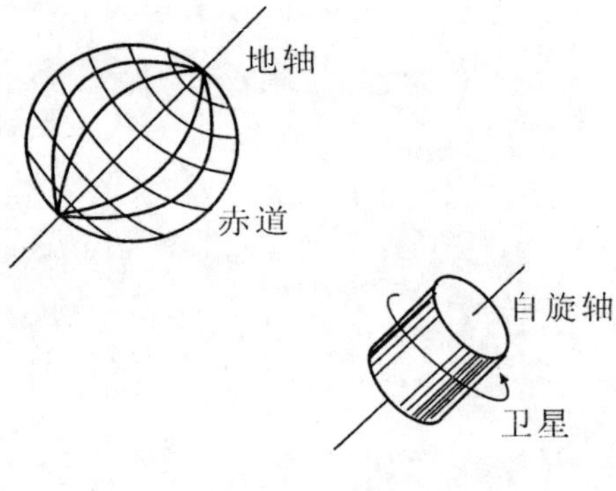

图 5.1　自旋稳定

自旋稳定系统有两个主要问题，一是稳定性，二是章动性。本章同样将航天器视作刚体。

5.1.1 自旋卫星的稳定性

令坐标系 $Oxyz$ 是卫星的主轴本体坐标系，从而卫星的主惯量分别为 I_x, I_y, I_z；惯量积为零。那么卫星姿态自由转动($\boldsymbol{M}=0$) 的欧拉动力学方程即可由式(3.33) 得

$$\begin{cases} I_x \dfrac{\mathrm{d}\omega_x}{\mathrm{d}t} + \omega_y\omega_z(I_z - I_y) = 0 \\ I_y \dfrac{\mathrm{d}\omega_y}{\mathrm{d}t} + \omega_x\omega_z(I_x - I_z) = 0 \\ I_z \dfrac{\mathrm{d}\omega_z}{\mathrm{d}t} + \omega_x\omega_y(I_y - I_x) = 0 \end{cases} \tag{5.1}$$

式中，$\omega_x, \omega_y, \omega_z$ 是卫星对空间的瞬时转速 $\boldsymbol{\omega}$ 在本体坐标系 $Oxyz$ 各轴上的分量。要分析自旋体自由运动的性质，必须从欧拉动力学方程式(5.1) 中解出星体角速率 $\omega_x, \omega_y, \omega_z$。

不失一般性，假设卫星绕 Ox 轴自旋，且

(1) 星体相对于自旋轴 Ox 是轴对称的，即 $I_y = I_z = I_t$；

(2) $\omega_x \gg \omega_y, \omega_x \gg \omega_z$。

为此，式(5.1) 可以进行简化，得出

$$I_x \frac{d\omega_x}{dt} = 0 \tag{5.2a}$$

$$I_y \frac{d\omega_y}{dt} = (I_z - I_x)\omega_x\omega_z \tag{5.2b}$$

$$I_z \frac{d\omega_z}{dt} = (I_x - I_y)\omega_x\omega_y \tag{5.2c}$$

将式(5.2b) 和(5.2c) 相互替代，则上式化为

$$\omega_x = \omega_{x0} = 常数 \tag{5.3a}$$

$$\frac{d^2\omega_y}{dt^2} + \Omega^2\omega_y = 0 \tag{5.3b}$$

$$\frac{d^2\omega_z}{dt^2} + \Omega^2\omega_z = 0 \tag{5.3c}$$

式中

$$\Omega^2 = -\omega_{x0}^2 \frac{I_z - I_x}{I_y} \frac{I_x - I_y}{I_z} \tag{5.4}$$

显然，要使卫星绕自旋轴 Ox 旋转稳定，必须使 ω_y, ω_z 始终为微量，满足条件 $\omega_x \gg \omega_y, \omega_z$，即动力学方程式(5.3) 的 ω_y, ω_z 解必须是李雅普诺夫意义下稳定的。其充要条件是

$$\Omega^2 > 0$$

由式(5.4) 分析得满足 $\Omega^2 > 0$ 的条件是：

(a) $I_x > I_y$ 且 $I_x > I_z$，即星体绕最大主惯量轴旋转；

(b) $I_x < I_y$ 且 $I_x < I_z$，即星体绕最小主惯量轴旋转。

当条件(a) 或(b) 成立时，ω_y 和 ω_z 将在有限值内振荡；反之，ω_y 和 ω_z 将发散，并导致自旋轴 Ox 翻滚。

由上述简单分析得知，自旋轴为最大惯量轴(a) 和最小惯量轴(b) 都是稳定的，星体保持自旋稳定的结构形状如图 5.2 所示。

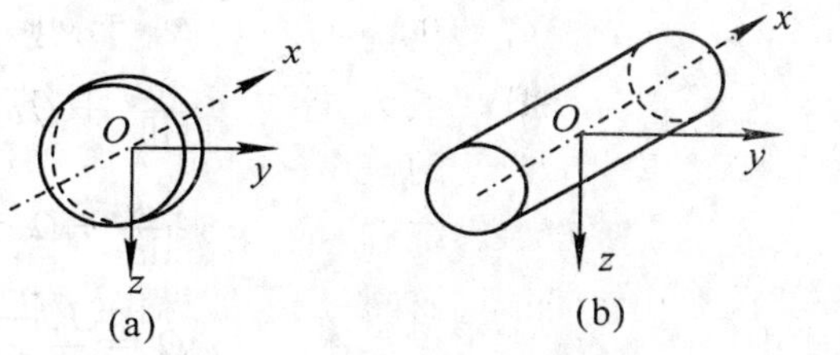

图 5.2　短粗和细长自旋体

(a) $I_x > I_y$, $I_x > I_z$　(b) $I_x < I_y$, $I_x < I_z$

然而值得人们注意的是，以上结论是在假设航天器是刚体的条件下，利用刚体动力学方程得到的，这对于没有能量耗散的绝对刚体是完全正确的。但是在实际中，任何航天器不可能是绝对刚体，总有一部分能量因挠性振动而耗散，为此只有绕最大惯量轴旋转才稳定，而绕最小惯量轴旋转实际并不稳定。这是人们在航天实践中发现并得出的结论。

1958 年美国发射第一颗人造地球卫星“探险者—1号”(Explorer—I)，它是一个长圆柱体，带有四根横向伸出的挠性鞭状天线(见图 5.3)。本来要使卫星绕其最小惯量轴自旋稳定，但运行一个轨道周期之后，卫星便显示出半角为 1 rad 的进动运动。在几天之内，卫星获得了另一种本质上稳定的运动 —— 绕其最大惯量轴旋转。但是在这次飞行前，人们没有怀疑过绕最小惯量轴旋转的稳定性。从此例可以看出实践出真知的道理。

上面分析过，一个绝对刚体无论绕最大惯量轴或者绕最小惯量轴的旋转都是稳定的，但是由于鞭状天线的弯曲提供了一种通过结构阻尼耗散能量的机构，所以“探险者一1号”并不是刚体。因为损失了机械能，动量矩守恒原理迫使卫星绕着一根与旋转对称轴倾斜的轴进动，进动和弯曲运动的动力学耦合能使能量耗散过程继续下去，直到获得最小能量动力学状态，绕最大惯量轴旋转。

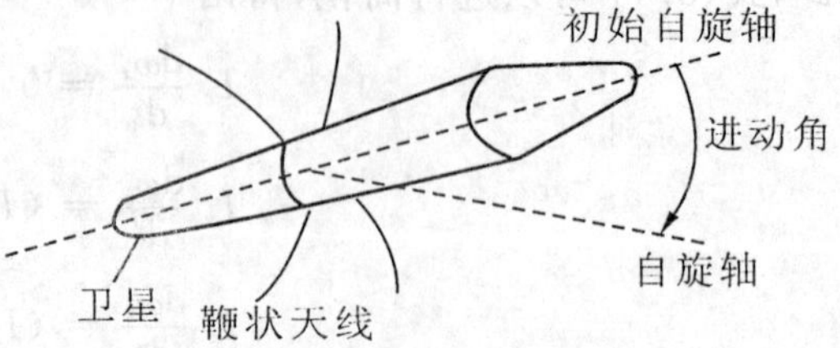

图 5.3　探险者一1号

综上所述，假设对称自旋卫星近似于刚体，不受外力矩作用，定义自旋轴惯量 I_x 与横向轴惯量 $I_y = I_z$ 之比为惯量比 μ，即

$$\mu = \frac{I_x}{I_y} = \frac{I_x}{I_z} = \frac{I_x}{I_t}$$

则自旋卫星的稳定准则就可以总结如下：

若 $\mu > 1$，卫星是短粗的，短粗卫星自旋运动稳定。

若 $\mu < 1$，卫星是细长的，细长卫星自旋运动不稳定。

注意，在工程上为了确保稳定性，应设计至少 $\mu > 1.05$。

5.1.2　自旋卫星的章动性

为了便于分析，仍考虑航天器是相对于自旋轴 Ox 对称的星体的情况，即 $I_y = I_z = I_t < I_x$。此时，线性化的欧拉动力学方程式(5.1)可写为

$$\omega_x = \omega_{x0} = \text{常数} \tag{5.5a}$$

$$\frac{\mathrm{d}\omega_y}{\mathrm{d}t} + \Omega\omega_z = 0 \tag{5.5b}$$

$$\frac{\mathrm{d}\omega_z}{\mathrm{d}t} - \Omega\omega_y = 0 \tag{5.5c}$$

式中

$$\Omega = \frac{I_x - I_t}{I_t}\omega_{x0} \tag{5.6}$$

从方程组式(5.5)可以看出，对称自旋卫星的自旋运动是独立的，它和横向运动之间没有耦合作用。设横向运动的初始状态分别为 $\omega_y(0)$，$\omega_z(0)$，$\dot{\omega}_y(0)$，$\dot{\omega}_z(0)$，求解方程组式(5.5)得

$$\omega_x = \omega_{x0}$$

$$\omega_y = \omega_y(0)\cos\Omega t + \frac{\dot{\omega}_y(0)}{\Omega}\sin\Omega t \tag{5.7}$$

$$\omega_z = \omega_z(0)\cos\Omega t + \frac{\dot{\omega}_z(0)}{\Omega}\sin\Omega t \tag{5.8}$$

从上两式可以看出对称自旋卫星姿态运动的特点是在本体坐标系中，横向角速度分量 ω_y，ω_z 周期性地变化，周期为$\frac{2\pi}{\Omega}$，幅值取决于它们的初始值，而自旋转速 ω_x 始终为常值。

用 ω_y 乘方程式(5.5b)，用 ω_z 乘方程式(5.5c)，将两结果相加得

$$\omega_y\frac{\mathrm{d}\omega_y}{\mathrm{d}t} + \omega_z\frac{\mathrm{d}\omega_z}{\mathrm{d}t} = \frac{1}{2}\frac{\mathrm{d}}{\mathrm{d}t}(\omega_y^2 + \omega_z^2) = 0$$

这表明 $\omega_y^2 + \omega_z^2$ 为常数，为此定义合成角速率

$$\omega_t = (\omega_y^2 + \omega_z^2)^{\frac{1}{2}} = \text{常值} \tag{5.9}$$

于是，在本体坐标系中，星体的转速矢量 $\boldsymbol{\omega}$ 可以表达为

$$\boldsymbol{\omega} = \omega_x \boldsymbol{i} + \omega_y \boldsymbol{j} + \omega_z \boldsymbol{k} = \omega_x \boldsymbol{i} + \boldsymbol{\omega}_t \tag{5.10}$$

式中，$\boldsymbol{\omega}_t = \omega_y \boldsymbol{j} + \omega_z \boldsymbol{k}$ 是 ω_y, ω_z 的合成角速度矢量。由于它们处在和自旋轴垂直的平面内，因此称之为横向角速度。由于 ω_y 和 ω_z 周期性变化，所以在本体坐标系 Oyz 平面内，ω_t 绕 Ox 轴以速率 Ω 旋转，而幅值 ω_t 恒定。由此可见，星体的瞬时转速 $\boldsymbol{\omega}$ 绕自旋轴 Ox 作圆锥运动，如图 5.4 所示。

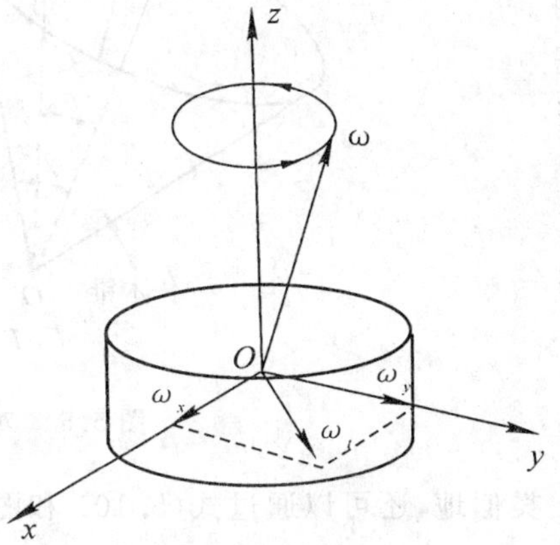

图 5.4　$\boldsymbol{\omega}$ 绕自旋轴的圆锥运动

考虑到在无外力矩作用下，航天器动量矩 $\boldsymbol{H}$ 守恒，即在空间中固定不变，以此为基准便可以进一步讨论自旋卫星的运动规律。

由式(3.22)和(3.32)知，$\boldsymbol{H}$ 在本体坐标系中可表示为

$$\begin{aligned}\boldsymbol{H} = & h_x \boldsymbol{i} + h_y \boldsymbol{j} + h_z \boldsymbol{k} = \\ & I_x \omega_x \boldsymbol{i} + I_y \omega_y \boldsymbol{j} + I_z \omega_z \boldsymbol{k} = \\ & I_x \omega_x \boldsymbol{i} + I_t \boldsymbol{\omega}_t \end{aligned} \tag{5.11}$$

从上式看出，$\boldsymbol{H}$ 由横向和轴向两部分组成。由于 $\boldsymbol{\omega}_t$ 绕 Ox 轴旋转，因此 Ox 也必然作圆锥运动，才可能使得它们的合矢量 $\boldsymbol{H}$ 在空间定向。从式(5.10)中解出 $\boldsymbol{\omega}_t$ 代入式(5.11)得

$$\boldsymbol{\omega} = \frac{1}{I_t}\boldsymbol{H} - \frac{I_x - I_t}{I_t}\omega_x \boldsymbol{i} = \frac{H}{I_t}\left(\frac{\boldsymbol{H}}{H}\right) - \Omega \boldsymbol{i} \tag{5.12}$$

这里 H 为 $\boldsymbol{H}$ 的模，$(\boldsymbol{H}/H)$ 即为 $\boldsymbol{H}$ 方向的单位矢量。

从式(5.12)可以得出两条重要的结论。

(1) 航天器动量矩 $\boldsymbol{H}$、瞬时转速 $\boldsymbol{\omega}$ 和自旋轴 Ox 3 个矢量必定在同一平面内。

(2) $\boldsymbol{\omega}$ 在空间的运动由两种圆锥运动合成，一是绕自旋轴 Ox（即 $\boldsymbol{i}$ 方向）的圆锥运动，如式(5.12)右边第二项所示，其转速速率为 Ω；二是绕动量矩 $\boldsymbol{H}$ 的圆锥运动，如式(5.12)右边第一项所示，其转速速率为 $\Omega_r = H/I_t$。

我们称自旋卫星瞬时转速 $\boldsymbol{\omega}$ 的这两种圆锥运动为章动。其中 $\boldsymbol{\omega}$ 绕自旋轴的圆锥运动称为本体章动，所形成的轨迹圆锥称为本体锥，Ω 称为本体章动速率；$\boldsymbol{\omega}$ 绕 $\boldsymbol{H}$ 的圆锥运动称为空间章动，所形成的圆锥称为空间锥，Ω_r 则称为空间章动速率。

显然，由于 $\boldsymbol{H}$ 固定不变，空间锥在空间也是固定的。整个自旋卫星的姿态运动可以综合描述为：星体绕自旋轴旋转，同时本体锥在空间锥上滚动。两锥切线方向即为 $\boldsymbol{\omega}$ 方向，如图 5.5 所示。由于本体锥在空间锥上滚动，所以星体自旋轴 Ox 也绕 $\boldsymbol{H}$ 作圆锥运动，且其速率就是 Ω_r，如图 5.6 所示。

自旋轴 Ox 与动量矩 $\boldsymbol{H}$ 之间的夹角 θ 称为章动角。由式(5.11)中包含的矢量间的几何关系，特别是 $Ox \perp \boldsymbol{\omega}_t$，容易得出

$$\tan\theta = \frac{I_t \omega_t}{I_x \omega_x} \tag{5.13}$$

或

$$\cos\theta = \frac{I_x \omega_x}{H} \tag{5.14}$$

可见，对于轴对称自旋卫星，由于 ω_x 恒定，所以章动角 θ 也是常值，且 $0 \leqslant \theta < 90°$。

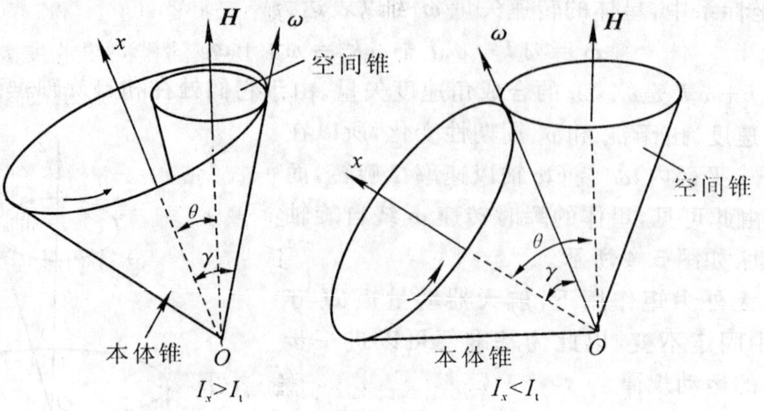

图 5.5　对称自旋卫星的章动运动（一）

类似地，还可以通过式(5.10) 和图 5.4 描述的几何关系确定 $\boldsymbol{\omega}$ 与自旋轴 Ox 之间的夹角 γ 为

$$\tan\gamma = \frac{\omega_t}{\omega_x} \qquad (5.15)$$

代入式(5.13) 得 θ 与 γ 之间的关系式

$$\tan\theta = \frac{I_t}{I_x}\tan\gamma \qquad (5.16)$$

此外，将式(5.14) 代入 Ω_r 还可得

$$\Omega_r = \frac{H}{I_t} = \frac{I_x\omega_x}{I_t\cos\theta} \qquad (5.17)$$

再从式(5.6) 中解出 ω_x 代入式(5.17) 便得到了本体章动速率与空间章动速率之间的关系，即

$$\Omega = \frac{I_x - I_t}{I_x}\Omega_r\cos\theta \qquad 0 \leqslant \theta < 90° \qquad (5.18)$$

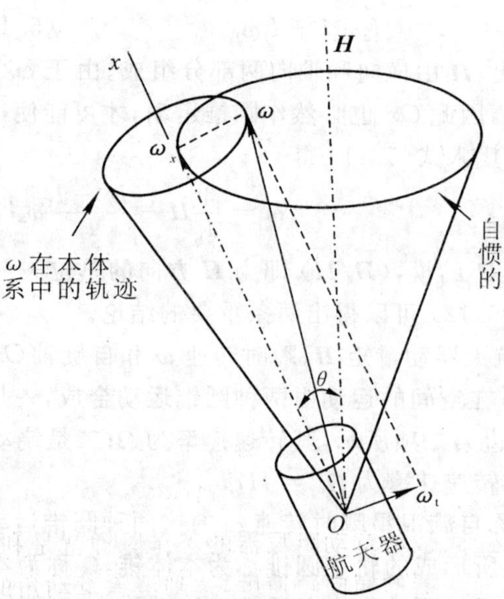

图 5.6　对称自旋卫星的章动运动（二）

利用式(5.6)、(5.16)、(5.18)，可以讨论自旋卫星不同惯量情况下的章动运动。

情况 1：$I_x > I_t$，即星体为扁粗形，自旋轴为最大惯量轴，如图 5.2(a) 所示。

(1) $\Omega > 0$，与 ω_x 同号，这表明 $\boldsymbol{\omega}$ 绕自旋轴本体锥旋转的方向和自旋方向同向；

(2) Ω 与 Ω_r 同号，这表明本体锥与空间锥旋转的方向相同；

(3) $\theta < \gamma$，$\boldsymbol{H}$ 在 $\boldsymbol{\omega}$ 与 Ox 之间，空间锥在本体锥之内。

情况 2：$I_x < I_t$，即星体为细长形，自旋轴为最小惯量轴，如图 5.2(b) 所示。

(1) $\Omega < 0$，与 ω_x 异号，这表明 $\boldsymbol{\omega}$ 绕自旋轴的本体锥旋转方向和自旋方向相反；

(2) Ω 与 Ω_r 异号，这表明本体锥与空间锥旋转的方向相反；

(3) $\theta > \gamma$, $\boldsymbol{\omega}$ 在 $\boldsymbol{H}$ 和 Ox 之间，空间锥在本体锥之外。

总之，从本节的讨论可以看出，只要横轴存在初始角速度 $\omega_y(0)$ 和 $\omega_z(0)$ 或角加速度 $\dot{\omega}_y(0)$ 和 $\dot{\omega}_z(0)$，即使外力矩不再存在，卫星将始终存在不衰减的横向角速度 $\boldsymbol{\omega}_t$（即 ω_y 和 ω_z）。由式(5.13)和(5.15)显见，$\theta \neq 0$，$\gamma \neq 0$，章动就存在，从而影响自旋卫星的定向性。由此可以知道，消除章动是设计自旋稳定卫星最基本的任务。

本节是以自旋轴为 Ox 为例进行讨论的，若自旋轴为 Oy 或 Oz，结论不会改变。

以上分析是假设卫星本体轴与主惯量轴完全重合的情况。若卫星本体轴与主惯量轴不重合时（实际上是存在的），还要产生自旋轴摇摆运动，为此自旋卫星设计和星体总装时还要求把自旋轴摇摆消除或者降低到允许水平以下。

5.2 自旋卫星的章动阻尼

自旋卫星具有内在抗干扰力矩的能力，这个能力来源于自旋储存有一定的动量矩。在外力矩作用下，一方面动量矩的方向在漂移（进动），另一方面发生章动；外力矩消失后，进动停止，但章动将继续下去。引起章动的因素是星箭分离、起旋、消旋、太阳帆板展开、轨道修正时喷气产生的干扰力矩以及空间环境对航天器产生的各种干扰力矩。这些因素将造成如方程式(5.7)和(5.8)所表示的横轴初始角速度 $\omega_y(0)$，$\omega_z(0)$ 和角加速度 $\dot{\omega}_y(0)$，$\dot{\omega}_z(0)$ 的存在，只要横轴初始角度或角速度任何一项或两项存在，则将产生章动。

章动存在将使自旋轴产生圆锥运动，这样星体上各种探测器就不能平稳地扫描。消除章动，使自旋轴、转速 $\boldsymbol{\omega}$ 和动量矩 $\boldsymbol{H}$ 三者重合，就成为自旋卫星控制的重要任务。

章动阻尼按是否使用星上能源分为被动章动阻尼和主动章动阻尼两种形式。被动章动阻尼通过被动章动阻尼器来吸收衰减章动能量，主动章动阻尼则是在星上设置控制系统。下面分别介绍被动章动阻尼器和主动章动阻尼。

5.2.1 被动章动阻尼器

在被动章动阻尼器内装有阻尼块，此阻尼块与航天器壳体之间是悬浮的或者是弹性联接的。当航天器自旋轴作圆锥运动时，航天器内各点的离心力不断地变化，阻尼块将在阻尼器内部产生相对运动。被动章动阻尼器的工作原理就是利用阻尼块的相对运动耗散星体章动的动能，起到阻尼航天器的横向角速度，达到消除章动角的目的。

航天器上采用的被动章动阻尼器的种类很多，各种阻尼器的主要区别在于：

阻尼块的形式：有固体（球状、块状）或液体等；

阻尼块支撑的形式：有轴承、悬挂或封闭容器；

阻尼的方式：有利用黏性气体内部摩擦、黏性液体内部摩擦、机械摩擦、或磁－涡流等；

恢复力的方式：有利用离心力或机械弹簧等。

下面介绍两种典型的被动章动阻尼器。

1. 管中球阻尼器

阻尼器由一对圆弧形弯管组成，弯管装在星体的子午面内，称为子午面阻尼器（见图5.7）；或装在平行于赤道面的平面内，称为赤道面阻尼器。弯管的凹面朝着自旋轴，并且圆弧的等分线垂直于自旋轴并和自旋轴相交。管内有一球，作为阻尼块，球的直径略小于管子的内径。当星体只有自旋时，球停留在管子的对称中心；当星体有章动时，球将被迫来回滚动。阻尼是黏性液体或气体阻尼。利用阻尼力所做的功来耗散章动的功能，使章动角逐渐衰减。管中球阻尼器主要缺点是有剩余章动角，这是滚动摩擦造成的。

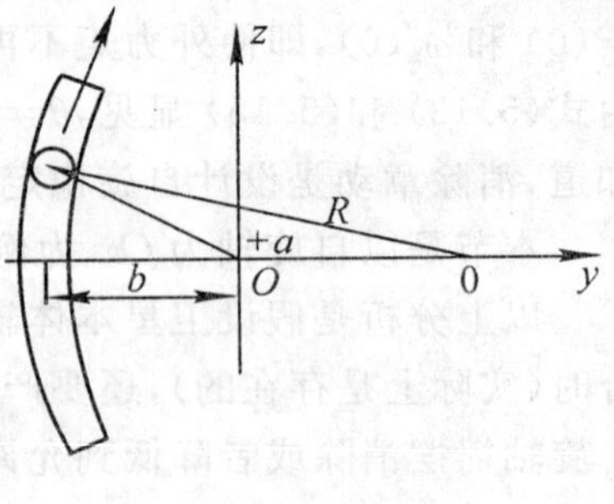

图 5.7　管中球阻尼器

接着，从能量的角度来分析管中球阻尼器对章动的阻尼作用。自旋卫星的转动动能可写为

$$E_k = \frac{1}{2}\boldsymbol{H}\cdot\boldsymbol{\omega} = \frac{1}{2}(I_x\omega_x\boldsymbol{i} + I_t\boldsymbol{\omega}_t)\cdot(\omega_x\boldsymbol{i} + \boldsymbol{\omega}_t) = \frac{1}{2}(I_x\omega_x^2 + I_t\omega_t^2) \tag{5.19}$$

利用式(5.13)、(5.14)和(5.15)所包含的几何关系得

$$\cos\theta = \frac{I_x\omega_x}{H}\qquad \sin\theta = \frac{I_t\omega_t}{H}\qquad \cos\gamma = \frac{\omega_x}{\omega}\qquad \sin\gamma = \frac{\omega_t}{\omega}$$

对式(5.19)进行变换得

$$E_k = \frac{1}{2}H\omega\left(\frac{I_x\omega_x^2}{H\omega} + \frac{I_t\omega_t^2}{H\omega}\right) = \frac{1}{2}H\omega\left(\frac{I_x\omega_x}{H}\frac{\omega_x}{\omega} + \frac{I_t\omega_t}{H}\frac{\omega_t}{\omega}\right) = \frac{1}{2}H\omega(\cos\theta\cos\gamma + \sin\theta\sin\gamma)$$

故得

$$E_k = \frac{H^2}{2I_x}\left(1 + \frac{I_x - I_t}{I_t}\sin^2\theta\right) \tag{5.20}$$

对上式求导，则得到自旋卫星转动能量耗散速率

$$\dot{E}_k = \frac{\mathrm{d}E_k}{\mathrm{d}t} = \frac{H^2}{I_x}\left(\frac{I_x - I_t}{I_t}\right)\dot{\theta}\sin\theta\cos\theta \tag{5.21}$$

显然，若 $\dot{E}_k < 0$，即当 $I_x > I_t$ 时，必有 $\dot{\theta} < 0$，这样章动角 θ 将减小，直到章动消失($\theta = 0°$)，对应最小能量状态。这也正是对称自旋卫星绕最大惯量轴旋转时，被动章动阻尼能消除章动的根据。反之，当 $I_x < I_t$ 时，必有 $\dot{\theta} > 0$，则章动角 θ 将不断增大，直到物体绕其横轴旋转(平旋，$\theta = 90°$)，这也对应于最小能量状态。同时，这也正是当卫星存在非刚性能量耗散时，绕最小惯量轴的旋转不稳定的理论根据，而且也说明当自旋卫星绕最小惯量轴旋转时，被动章动阻尼不可能消除章动。于是，此处仅针对 $I_x > I_t$ 的情况分析管中球阻尼器对章动的阻尼效果。

如图 5.7 所示，Ox 为自旋轴。当星体章动时，小球在管内发生移动，则小球对卫星所做的微功为

$$\mathrm{d}W = -k\dot{x}\,\mathrm{d}x \tag{5.22}$$

其中阻尼力的幅值为

$$f = k\dot{x} \tag{5.23}$$

式中，k 为阻尼系数；$\mathrm{d}x$ 为小球相对于其平衡位置的微位移；$\dot{x}$ 为小球的瞬时速度。

将式(5.22)写成

$$\mathrm{d}W = -k\dot{x}\frac{\mathrm{d}x}{\mathrm{d}t}\mathrm{d}t = -k\dot{x}^2\,\mathrm{d}t \tag{5.24}$$

积分便可得小球每一个往返周期中的平均做功为

$$W_{av}=-\frac{k}{T}\int_0^T \dot{x}^2\,dt \tag{5.25}$$

式中，T 为阻尼器运动的周期。

每一周期中的平均做功量等于动能改变量，即 $W_{av}=\dot{E}_k$。因此由式(5.21)得

$$W_{av}=\frac{H^2}{I_x}\left(\frac{I_x-I_t}{I_t}\right)\dot{\theta}\sin\theta\cos\theta=\dot{E}_k\approx$$

$$\frac{H^2}{I_x}\left(\frac{I_x-I_t}{I_t}\right)\theta\dot{\theta} \quad 当|\theta|\ll 1时 \tag{5.26}$$

为了从方程式(5.26)中解得 θ 角与时间的函数关系，必须先求得式(5.25)中 $\dot{x}$ 的显式表达式。为解得 $\dot{x}$，需要不同程度地简化假设条件。但是，一般来说，对式(5.25)积分以后，W_{av} 常可表达为

$$W_{av}=-\theta^2F(\alpha_1,\alpha_2,\cdots,\alpha_n) \tag{5.27}$$

式中，$F(\alpha_1,\alpha_2,\cdots,\alpha_n)\triangleq F$ 是系统参数的函数。此时，式(5.26)变为

$$\frac{H^2}{I_x}\left(\frac{I_x-I_t}{I_x}\right)\theta\dot{\theta}+\theta^2F=0 \tag{5.28}$$

或

$$\dot{\theta}+\frac{F\theta}{\frac{H^2}{I_x}\left(\frac{I_x}{I_t}-1\right)}=0 \tag{5.29}$$

而式(5.29)可写成

$$\dot{\theta}+\frac{\theta}{r}=0 \tag{5.30}$$

式中，系统的阻尼时间常数 r 为

$$r=\frac{H^2}{FI_x}\left(\frac{I_x}{I_t}-1\right)$$

方程式(5.30)的解具有如下形式：

$$\theta=\theta_0 e^{-t/r}$$

式中，θ_0 为初始章动角。

如果由于自旋卫星内部的能量耗散而不是外力矩使章动完全消除，即 $\boldsymbol{\omega}_t=0$，则由于动量矩守恒，卫星的自旋角速度将增加。设卫星初始自旋角速度为 ω_{x0}，初始横向角速度为 ω_{t0}，则初始动量矩的大小 H 可表示为

$$H=[(I_x\omega_{x0})^2+(I_t\omega_{t0})^2]^{\frac{1}{2}}$$

当章动消除后，自旋角速度为 ω_f，而 $\omega_t=0$，所以

$$H=I_x\omega_f=[(I_x\omega_{x0})^2+(I_t\omega_{t0})^2]^{\frac{1}{2}}$$

故得

$$\omega_f=\left[\omega_{x0}^2+\left(\frac{I_t}{I_x}\right)^2\omega_{t0}^2\right]^{\frac{1}{2}}>\omega_{x0}$$

这表明由于章动阻尼，卫星的自旋角速度将增大。

2. 液体环阻尼器

液体环阻尼器有二种，环面垂直于自旋轴或平行于自旋轴，前者用于早期高速自旋的卫星上。由于一系列的因素，自旋速率不宜过高，因此采用环面平行于自旋轴的阻尼器，提高阻尼效率。环的形状有圆形，方形或U字形，环内充满或只充部分黏性液体。星体

章动时，液体在环内周期性地来回流动，利用液体内部的黏滞剪切力矩来耗散章动能量。图 5.8 所示是一种圆环形阻尼器，内径为 $2a$ 的圆管被弯成圆环形，管内全部充满液体，环的半径为 R，$R \gg a$。

液体环阻尼器没有弹簧特性，不能储存能量，因此没有谐振特性，阻尼效率较差，只能用于激励频率较高的场合。由于阻尼器内部没有机械活动部件，可靠性很高，剩余章动角很小，这是最显著的优点。并且这种阻尼器的安装部位比较灵活，只要求球面平行于自旋轴。

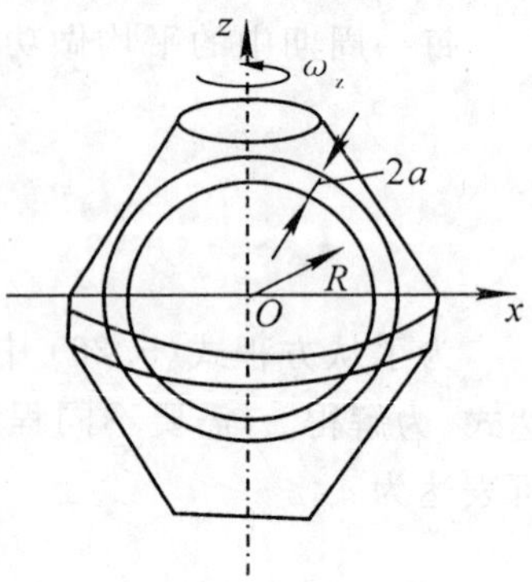

图 5.8　液体环阻尼器

3. 被动章动阻尼器小结

设计一个被动章动阻尼器应满足下列要求：

(1) 阻尼器单位质量产生阻尼效果大；

(2) 剩余章动角小；

(3) 星体转速变化和星体内部质量与温度的变化对阻尼效果影响小；

(4) 阻尼器要便于安装，而且希望对安装的部位和安装精度没有严格的要求；

(5) 具有线性阻尼特性。

一种阻尼器不可能都具备上述的所有性能，要根据星体的具体情况，如惯量、自旋转速、要求阻尼的时间、剩余章动角以及飞行程序等综合因素来设计阻尼器以实现这些性能。

5.2.2　主动章动阻尼

航天器在某些情况下，如上面级火箭在转移轨道上，可能绕最小惯量轴自旋。当存在能量耗散时，星体自旋轴最终将偏离动量矩 $\boldsymbol{H}$ 矢量方向。如果能量耗散足够地慢，则自旋轴偏离动量矩矢量的发散也很慢，其性能是可以接受的。反之，如果能量消耗充分快，则自旋轴可能严重偏离 $\boldsymbol{H}$，从而导致入轨误差大到不可接受的程度。表征这种偏离的度量就是章动角 θ。

主动章动阻尼是一个闭环控制系统，它包括姿态测量章动敏感器和改变航天器动量矩的执行机构。章动敏感器一般可以采用速率陀螺、加速度计、太阳敏感器、红外地平仪和磁强计等，然后进行信息处理，提供有关章动角的信息。一般采用喷气执行机构，控制系统可以是星上闭环控制或者通过地面站遥控。

主动控制章动的方法如下：首先由敏感器检测到章动的存在，确定章动运动相对于自旋体固定坐标系的相位和幅度。其次，敏感器输出信号通过阈值检测，放大，并转换为喷气命令。最后，轴向推力器每章动周期点火一次，点火持续时间为章动周期的某个分数，使其产生的横向力矩与章动运动方向相反，或者说使推力器产生的平均力矩与 $\boldsymbol{\omega}_t$ 反号，以减小残存的横向动量矩，从而减小章动角。

美国应用技术卫星 ATS－4 和 ATS－5 在过渡轨道是自旋稳定的。这两颗卫星是细长形的，在自旋状态下，当发生章动时，这章动是不收敛（不稳定）的，为此必须加主动章动阻尼系统。国际通信卫星 Ⅳ 号和 Ⅵ 号也采用主动章动控制，主动章动控制系统在星体安装位置见图5.9。一般采用互为独立的双套系统，即两个加速度计、两个喷管。其目的一方面是互为备份，另一方面是加强主动章动控制效果。这种主动章动控制系统保证任何时间章动角不大于 0.5°。

实际上，主动章动阻尼是基于喷气执行机构（推力器）的主动姿态控制系统。有关这类控制系统本书将在第六、七两章进一步详细介绍。

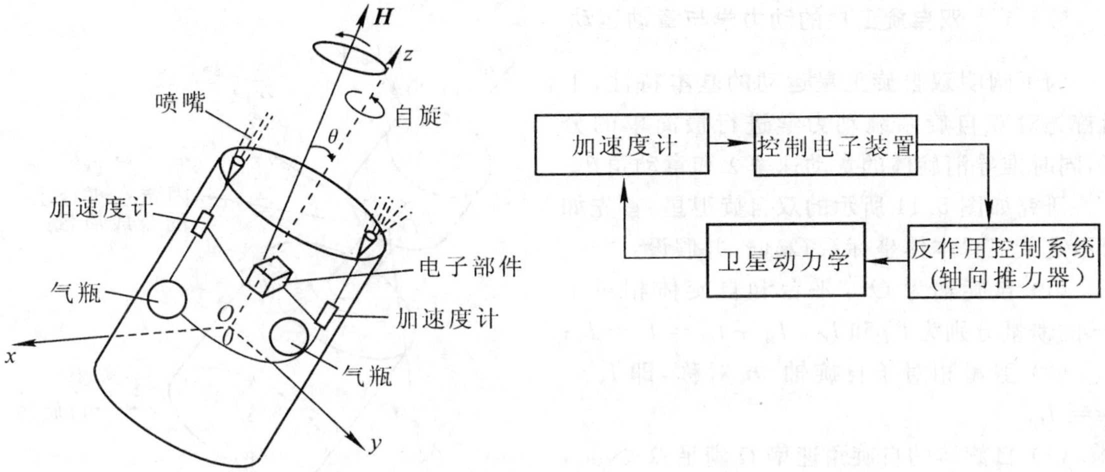

图 5.9　主动章动控制系统

5.3　双自旋卫星稳定系统

自旋稳定虽然简单，但是不能使天线对地定向，为此发展了双自旋卫星。这种卫星具有自旋和消旋两部分。这两部分总动量矩不为零（若为零则称为零动量双自旋卫星），在消旋部分带有指向地球的稳定平台（例如天线装置）。双自旋卫星结构原理见图 5.10。双自旋卫星既能保持自旋稳定的优点，又能容许用一个定向的平台来设置科学仪器和天线等。20 世纪 70 年代发射的大多数商用通信卫星就属于这类结构，特别是国际通信卫星 Ⅲ 号，Ⅳ 号和 Ⅵ 号系列。到 1989 年为止，双自旋通信卫星发射量大约在 100 多颗（不包括前苏联）。实际上，从 1968 年以后国际通信卫星就是双自旋的，第一颗双自旋卫星是国际通信卫星 Ⅲ 号，它绕最大惯量轴旋转（即短粗形，惯量比大于 1）。根据自旋稳定原理，绕最大惯量轴旋转的刚体或半刚体都是稳定的。但 20 世纪 60 年代中期以后需要发展大型通信卫星，而运载火箭外壳尺寸严重限制了其发展，因此实际工程中提出一个问题，即双自旋卫星的自旋稳定是否还受惯量比大于 1 的限制，也就是说，双自旋卫星在惯量比小于 1（即细长体）的情况下如何保证卫星姿态稳定。

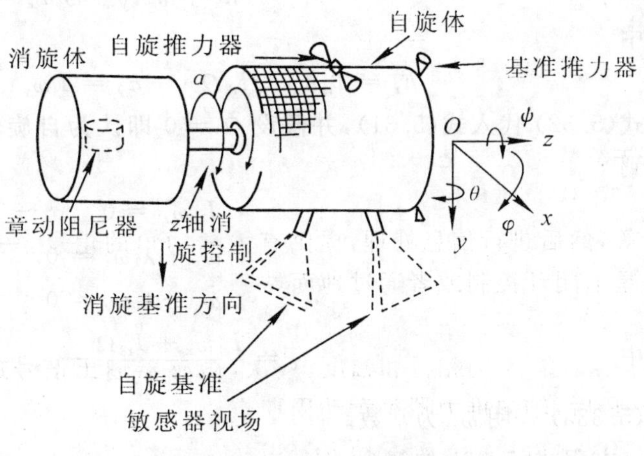

图 5.10　双自旋稳定卫星

此外，由于双自旋卫星存在自旋和消旋两部分，因此与单自旋卫星相比，如何设计消旋控制系统和消旋轴承组合件就成为双自旋卫星的特色。它们与其稳定性一起构成双自旋卫星控制的三个关键问题。

5.3.1 双自旋卫星的动力学与章动运动

为了阐明双自旋卫星运动的基本特性，下面首先对双自旋系统动力学进行最简单的分析，同时推导消旋体的章动速率 λ 和章动角 θ。

研究如图 5.11 所示的双自旋卫星。首先如图示定义卫星本体坐标系 $Oxyz$，并假设：

(1) 自旋轴为 Ox，平台和自旋体相对于 Ox 的惯量分别为 I_{r1} 和 I_{r2}，$I_{r1}+I_{r2}=I_r=I_x$；

(2) 卫星相对于自旋轴 Ox 对称，即 $I_y=I_z=I_t$；

(3) 自旋体的自旋角速率 Ω 满足 $\Omega \gg \omega_x$，ω_y，ω_z。ω_x，ω_y 和 ω_z 分别为平台的三轴角速度分量。

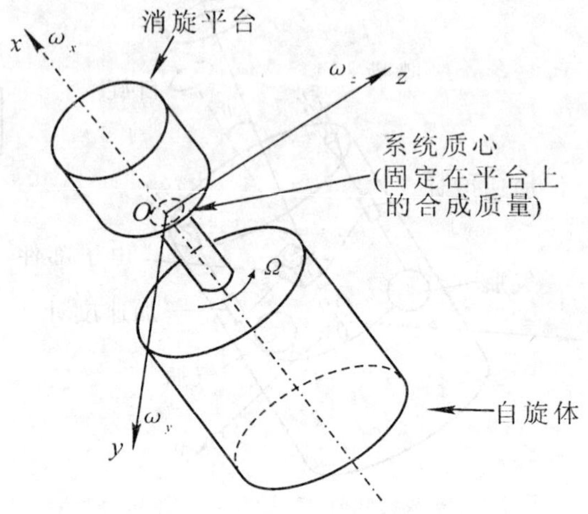

图 5.11 双自旋结构

在无外力矩作用的情况下，双自旋卫星的自由运动欧拉动力学方程参照式(3.29)得

$$\dot{h}_x+\omega_y h_z-\omega_z h_y=0 \tag{5.31a}$$

$$\dot{h}_y+\omega_z h_x-\omega_x h_z=0 \tag{5.31b}$$

$$\dot{h}_z+\omega_x h_y-\omega_y h_x=0 \tag{5.31c}$$

式中

$$h_x=I_{r1}\omega_x+I_{r2}\Omega \qquad h_y=I_t\omega_y \qquad h_z=I_t\omega_z \tag{5.32}$$

将式(5.32)代入式(5.31)，并假设 $\dot{\Omega}=0$ 即认为自旋体恒速自旋，则可使方程线性化。最后得到

$$I_{r1}\dot{\omega}_x=0 \tag{5.33a}$$

$$\dot{\omega}_y+\lambda_1\omega_z=0 \tag{5.33b}$$

$$\dot{\omega}_z-\lambda_1\omega_y=0 \tag{5.33c}$$

式中

$$\lambda_1=\frac{I_{r1}\omega_x+I_{r2}\Omega}{I_t}-\omega_x=\frac{h_x}{I_t}-\omega_x \tag{5.34}$$

式(5.33a)表明 ω_x 为常数。

方程式(5.33)的解为

$$\omega_y=\omega_y(0)\cos\lambda_1 t+\frac{\dot{\omega}_y(0)}{\lambda_1}\sin\lambda_1 t \tag{5.35}$$

$$\omega_z=\omega_z(0)\sin\lambda_1 t-\frac{\dot{\omega}_z(0)}{\lambda_1}\cos\lambda_1 t \tag{5.36}$$

式中，$\omega_y(0)$，$\omega_z(0)$ 和 $\dot{\omega}_y(0)$，$\dot{\omega}_z(0)$ 分别是 ω_y，ω_z 和 $\dot{\omega}_y$，$\dot{\omega}_z$ 的初值，而 λ_1 则代表平台横向速率 $\boldsymbol{\omega}_t$ 的角频率，即平台章动频率。$\boldsymbol{\omega}_t$ 的幅值为

$$\omega_t = (\omega_y^2 + \omega_z^2)^{\frac{1}{2}} \tag{5.37}$$

且仍有

$$\frac{d\omega_t}{dt} = \frac{d}{dt}(\omega_y^2 + \omega_z^2)^{\frac{1}{2}} = 0 \tag{5.38}$$

即双自旋卫星的横向速率也为恒值。

双自旋卫星在无外力矩作用时，其动量矩 $\boldsymbol{H}$ 在空间恒定不变，其幅值是

$$\boldsymbol{H} = (\boldsymbol{H} \cdot \boldsymbol{H})^{\frac{1}{2}} = (h_x^2 + h_y^2 + h_z^2)^{\frac{1}{2}} = [(I_{r1}\omega_x + I_{r2}\Omega)^2 + (I_t\omega_t)^2]^{\frac{1}{2}} \tag{5.39}$$

与单自旋卫星章动运动分析过程相类似，双自旋卫星的章动角 θ 即为

$$\tan\theta = \frac{I_t\omega_t}{I_{r1}\omega_x + I_{r2}\Omega} \tag{5.40}$$

若平台为消旋平台，则 $\omega_x \equiv 0$。

5.3.2 双自旋卫星的稳定性

无论对于单自旋卫星还是双自旋卫星，自旋稳定性都是头等重要的问题。对于单自旋卫星而言，当存在能量耗散时，绕最大惯量轴自旋是稳定的，而绕最小惯量轴自旋不稳定。那么对于双自旋卫星而言，其稳定性又如何呢?下面用能量下降法进行分析。

对于图 5.11 所示的双自旋理想刚体系统，其动能 E_k 为

$$E_k = \frac{1}{2}(I_{r1}\omega_x^2 + I_{r2}\Omega^2 + I_t\omega_t^2) \tag{5.41}$$

在无能量耗散时，ω_x，Ω，ω_t 均为常值，也就是 E_k 为常值。但是当系统存在能量耗散时，动能不再是常数，而是时间的减函数。因此

$$\frac{dE_k}{dt} = (I_t\omega_t\dot{\omega}_t + I_{r1}\omega_x\dot{\omega}_x) + I_{r2}\Omega\dot{\Omega} \stackrel{\text{def}}{=\!=} \dot{E}_{k1} + \dot{E}_{k2} < 0 \tag{5.42}$$

式中，$\dot{E}_{k1}$ 和 $\dot{E}_{k2}$ 分别是平台和自旋体的能量耗散率。这些能量耗散可能来自于平台和自旋体的结构阻尼、挠性振动、液体阻尼或晃动等许多情况。

当外力矩为零时，系统的动量矩守恒，即 $\dot{\boldsymbol{H}} = 0$。所以由式(5.39) 得

$$\frac{d}{dt}(H^2) = \frac{d}{dt}[(I_t\omega_t)^2 + (I_{r1}\omega_x + I_{r2}\Omega)^2] = 0$$

也就是

$$I_t^2\omega_t\dot{\omega}_t + (I_{r1}\omega_x + I_{r2}\Omega)(I_{r1}\dot{\omega}_x + I_{r2}\dot{\Omega}) = 0 \tag{5.43}$$

由于式(5.42) 和(5.43) 必须同时成立，因此联立这两个方程得

$$\dot{E}_{k1} + \dot{E}_{k2} = -\lambda_1 I_{r1}\dot{\omega}_x - \lambda_2 I_{r2}\dot{\Omega} \tag{5.44}$$

式中

$$\lambda_1 = \frac{I_{r1}\omega_x + I_{r2}\Omega}{I_t} - \omega_x \qquad \lambda_2 = \frac{I_{r1}\omega_x + I_{r2}\Omega}{I_t} - \Omega$$

针对式(5.44)，在一般情况下总可以如下取方程的解：

$$I_{r1}\dot{\omega}_x = -\frac{\dot{E}_{k1}}{\lambda_1} \qquad I_{r2}\dot{\Omega} = -\frac{\dot{E}_{k2}}{\lambda_2}$$

代入式(5.43) 得双自旋卫星的章动动能的变化率为

$$I_t\omega_t\dot{\omega}_t = \lambda_0\left(\frac{\dot{E}_{k1}}{\lambda_1} + \frac{\dot{E}_{k2}}{\lambda_2}\right) = \frac{d}{dt}\left(\frac{1}{2}I_t\omega_t^2\right) \tag{5.45}$$

式中

$$\lambda_0 = \frac{I_{r1}\omega_x + I_{r2}\Omega}{I_t} = \frac{h_x}{I_t} > 0 \tag{5.46}$$

为双自旋结构整体章动频率。式(5.45) 表明，当

$$\frac{\dot{E}_{k1}}{\lambda_1}+\frac{\dot{E}_{k2}}{\lambda_2}<0 \tag{5.47}$$

时，$\dot{\omega}_t<0$，由式(5.40)知章动角θ减小。这是一个很有用的稳定性判据。

当卫星带有一个基本上消旋的平台时，ω_x 等于轨道角速度ω_0，或者ω_x很小可以忽略。这时平台的章动频率近似为

$$\lambda_1\approx\frac{I_{r2}\Omega}{I_t}\approx\lambda_0$$

而自旋体的章动频率近似为

$$\lambda_2\approx\frac{I_{r2}\Omega}{I_t}-\Omega=\left(\frac{I_{r2}}{I_t}-1\right)\Omega$$

代入式(5.47)，稳定性判据变为

$$\frac{\dot{E}_{k1}}{\frac{I_{r2}}{I_t}}+\frac{\dot{E}_{k2}}{\left(\frac{I_{r2}}{I_t}-1\right)}<0 \tag{5.48}$$

分析式(5.48)可以知道，对于自旋惯量矩$I_{r2}>I_t$的双自旋卫星，式(5.48)的稳定性判据总能被满足(因为按定义，$\dot{E}_{k1}$和$\dot{E}_{k2}$总为负)。这意味着系统自旋是稳定的，要阻尼章动，阻尼器可以配置在平台和自旋体的任一方上。因此说$I_{r2}>I_t$代表着双自旋卫星有利的惯量配置。

另一方面，对于惯量配置不利的双自旋卫星，$I_{r2}<I_t$，由于自旋体上能量耗散，$\dot{E}_{k2}$为负，故$\dot{E}_{k2}/(I_{r2}/I_t-1)$为正。此时要使卫星自旋稳定，$\dot{E}_{k1}(I_{r2}/I_t)$必须具有更大的负量，这可以在消旋部分配置一个大型能量耗散器(阻尼器)去克服在自旋体部分的不稳定因素。所以在这种情况下，阻尼器必须配置在消旋部分。

对于双自旋卫星而言，若惯量比μ定义为

$$\mu=\frac{I_{r2}}{I_t} \tag{5.49}$$

那么双自旋卫星的稳定性可以总结如下：

假设自旋部分和消旋部分都近似于刚体，均相对于自旋轴对称，消旋体绕自旋轴角速度为零，则：

(1) 由于星体内可动部件的影响，惯量比μ大于1(短粗)的双自旋卫星的自旋运动是稳定的。

(2) 惯量比μ小于1(细长)的双自旋卫星，只要消旋部分的可动部件引起的能量耗散足够快，其运动也是稳定的。

(3) 短粗双自旋卫星的惯量比μ设计准则与自旋卫星相同。

(4) 细长双自旋卫星，为保证稳定，须在消旋部分安装被动章动阻尼器，或者在星上设置主动章动控制系统。

5.3.3 双自旋卫星的消旋控制系统

消旋控制系统是双自旋卫星的关键部分，连接消旋平台和自旋体两部分。

消旋控制系统的主要任务是：① 保证星上通信天线始终精确指向地心而不随星体转动，以实现通信。② 为射频信号提供一个机械转动环节，使射频信号能通过它而进入天线。图5.12表示一个典型消旋控制系统的原理框图。这个系统主要由三大部分组成：消旋组合件或称为轴

承和能源传输机构，消旋控制电子设备和姿态敏感器(如红外地平仪和太阳敏感器)。

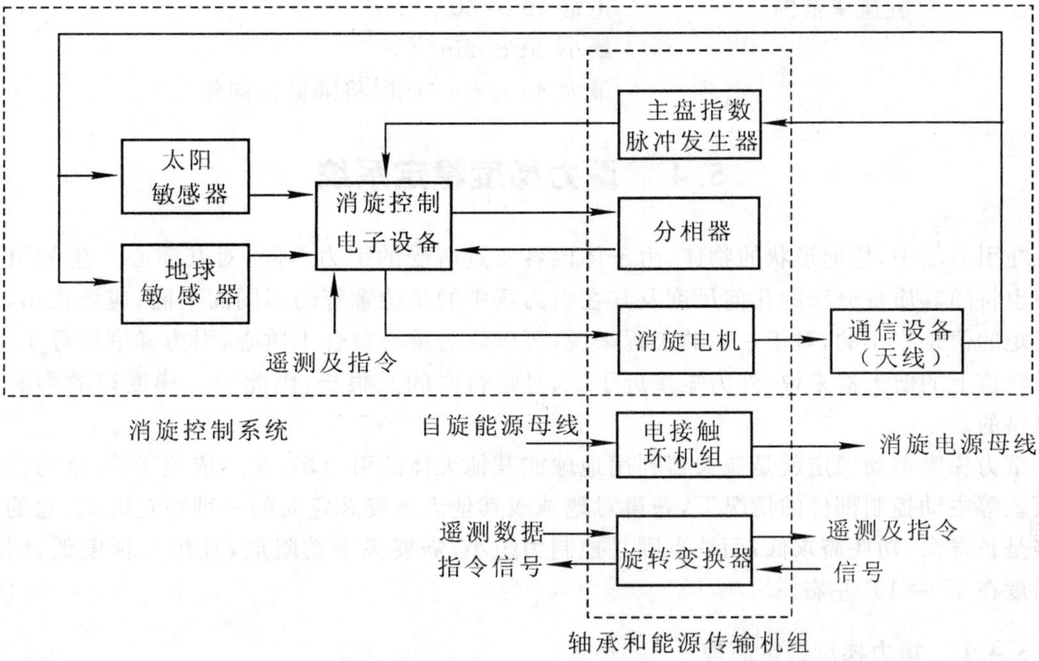

图 5.12　双自旋卫星消旋控制系统

一般的消旋组合件包括机舱(在自旋部分)、轴(在消旋部分)和两个滚珠轴承。无刷直流电机作用于自旋部分以消除轴(在消旋部分)的自旋。直流电机的永磁转子为消旋轴的组成部分，而绕组定子则为自旋组成部分。不采用通常的电刷，而采用分相器对消旋控制电子设备中的电机驱动线圈提供相位信息，并产生所需的旋转磁场。分相器的绕组定子为自旋部分，而其被动转子则为消旋轴的组成部分。由4个电刷(滑环组)组成的电接触环，穿过自旋界面传输电能。旋转变换器传输遥测和指令信号，其功能与上述类似。在消旋轴上，两个永磁铁组成脉冲发生器(称为主盘指数脉冲发生器)，而在自旋部分的复分线圈，则用来提供自旋和消旋间相对转速和位置的数据。脉冲发生器的数据和从自旋部分的姿态敏感器来的数据，由消旋控制电子设备用以控制电机的转矩，并消去消旋组合件轴与装在它上面的天线的自旋。

消旋轴承组合件有技术实现和可靠性问题。因消旋轴承组合件是单点故障，无法备份。也就是说一旦消旋轴承发生故障，系统将完全失灵。经过十几年空间实践，消旋轴承可靠性问题已基本解决。

消旋控制系统是一个采样位置闭合反馈系统。这里最复杂的功能是导出真实的对地位置误差信号。卫星自旋一周出现一次地球红外信号，它是由装在自旋部分上的红外地平仪扫到地球时产生的。与以地球前沿为参考一样，可用太阳敏感器延长脉冲周期，使其与一天相当。只要适当地启动消旋控制系统，就变至以 24 h 为周期，使天线连续和自动指向地球。

这种消旋控制系统用在国际通信卫星 Ⅳ 号上，其性能指标如下：

搜索地面通信地点时间	< 15 min
指向精度	$< 0.16°$

机动暂态值	$\leqslant 1°$，在 15 min 内
自旋速率范围	正常 40 ～ 60 r/min
	最小 20 r/min
	最大 80 r/min（此时将降低指向精度）

5.4 重力梯度稳定系统

在引力场中，任何形状的物体，由于体内各质点所受的引力不同，对其质心产生的引力梯度矩也将随其质量分布的几何尺度及其在引力场中的角位置等的不同而不同。应该指出，引力梯度矩的值是很小的，对于一般的工程来说，可以认为重心重合于质心，引力梯度矩等于零。但是对轨道上的航天器来说，外力矩接近于零，且运行时间又很长，因此引力梯度矩的影响是不能忽略的。

重力梯度被动稳定就是航天器利用地球或其他天体的引力场，在不依赖飞轮、推力器和伺服系统等主动控制部件的情况下，获得对地球或其他天体姿态定向的一种稳定方式。它的主要优点是长寿命，功耗需求低；而缺点则是控制力矩小，需要天平动阻尼，且指向精度低，例如各轴精度在 $1° \sim 10°$ 左右。

5.4.1 重力梯度稳定原理

重力梯度稳定的基本原理，是利用航天器各部分质量在重力场中具有不同的重力，以及在轨道运动中产生不同的离心力，重力和离心力的合力产生一个恢复力矩，即重力梯度力矩。这个恢复力矩虽然很小，但是它能起稳定作用，使航天器的某根体坐标轴指向地球。

最直观而又最简便的方法是用哑铃式结构来说明航天器在轨道上由于重力和离心力作用所产生的恢复力矩。该抽象的哑铃式结构具有以下特点：

(1) 哑铃两端质量 m 和 m' 相等，$m = m'$；

(2) 哑铃两端距中心的臂长 l 和 l' 相等，$l = l'$；

(3) 哑铃臂无质量（也可理解为已等效至两端）。

下面分别分析一个哑铃式卫星在俯仰、偏航和滚动各种通道中所受的力和力矩的情况。

1. 俯仰通道

图 5.13 表示了哑铃式卫星在轨道平面内，即俯仰通道，偏离当地垂线时的情况，θ 为俯仰角。质量 m 由于比较靠近地心，它所受重力 F_g 比质量 m' 所受重力 F'_g 为大。同时从图示中可以清楚看出，较大重力 F_g 对哑铃质量中心的力臂也较大（$L > L'$），所以哑铃两端质量 m 和 m' 所产生的净力矩为

$$M_g = F_g L - F'_g L' \tag{5.50}$$

从图 5.13 所示简单的几何关系得知，由地心、端质量质心和哑铃中心所构成的两个三角形面积相等，所以

$$RL = R'L' \tag{5.51}$$

式中，R 和 R' 分别为两哑铃端质量 m 和 m' 到地心的距离。

质量 m 和 m' 的离心力 F_c 和 F'_c 对卫星质量中心产生的力矩可表示为

$$M_c = m\omega_0^2 RL$$

$$M'_c = m'\omega_0^2 R'L' \tag{5.52}$$

根据式(5.52)得 $M_c = M'_c$。这说明在俯仰平面内,质量 m 和 m' 的离心力所产生的力矩相互抵消,恢复力矩仅由质量 m 和 m' 在重力场中所受重力而产生。由此可见重力梯度稳定的名称是从这里得出来的。

2. 滚动通道

图 5.14 表示在轨道法平面(即滚动平面)内哑铃式卫星偏离铅垂线的情况,φ 为滚动角。质量 m 所受重力 F_g 和相对于卫星质量中心的力臂 L_g 都比质量 m' 的要大。为此,在轨道法平面所受净重力矩可以表示为

$$M_g = F_g L_g - F'_g L'_g \tag{5.53}$$

在轨道法平面除了重力矩以外,还有质量 m 和 m' 围绕地心旋转所产生的离心力矩。因为哑铃两端质量 m 和 m' 与旋转中心距离不一样,所产生离心力也不一样($F'_c > F_c$),但是作用力臂是相等的(即 $L'_c = L_c$),因此由离心力所产生的净恢复力矩为

$$M_c = F'_c L'_c - F_c L_c = (F'_c - F_c) L_c \tag{5.54}$$

显然在滚动平面内,恢复力矩不仅取决于重力而且还取决于离心力。这两种力产生的力矩方向相同,所以它比在俯仰平面的恢复力矩要大。

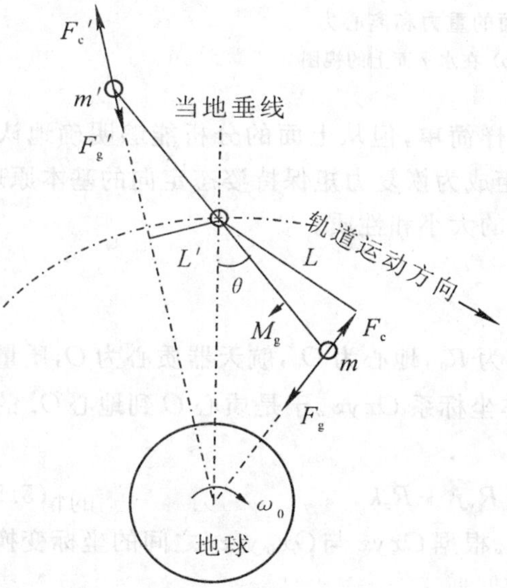

图 5.13　在轨道平面(俯仰)的重力和离心力

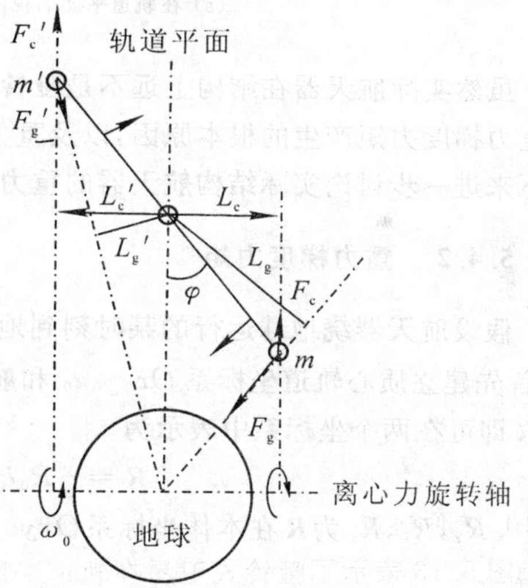

图 5.14　在轨道法平面(滚动)的重力和离心力

3. 偏航通道

图 5.15 表示偏航平面内哑铃式卫星偏离速度方向的情况。其中图(a)和(b)所示分别为在轨道平面内、水平平面内的投影。这里质量 m 和 m' 所受重力相等($F_g = F'_g$),而且与卫星质量中心距离也相等,因此质量 m 和 m' 所产生的重力矩相互抵消。从图 5.15(b)可以看出,质量 m 和 m' 的离心力 F_c 和 F'_c 所产生的力矩在数量上相等,而且方向相同,即

$$M_c = LF_c \sin\alpha + L'F'_c \sin\alpha = 2LF_c \sin\alpha \tag{5.55}$$

式中,α 为哑铃在轨道平面内投影对地心张角的一半,如图 5.15(a)所示。而且 ψ 为偏航角,

$$L = l\sin\psi$$

综合上述分析得知，在偏航平面内恢复力矩仅由离心力所产生，在俯仰平面内恢复力矩仅由重力所产生，而在滚动平面内除重力外，还有离心力所产生的恢复力矩。

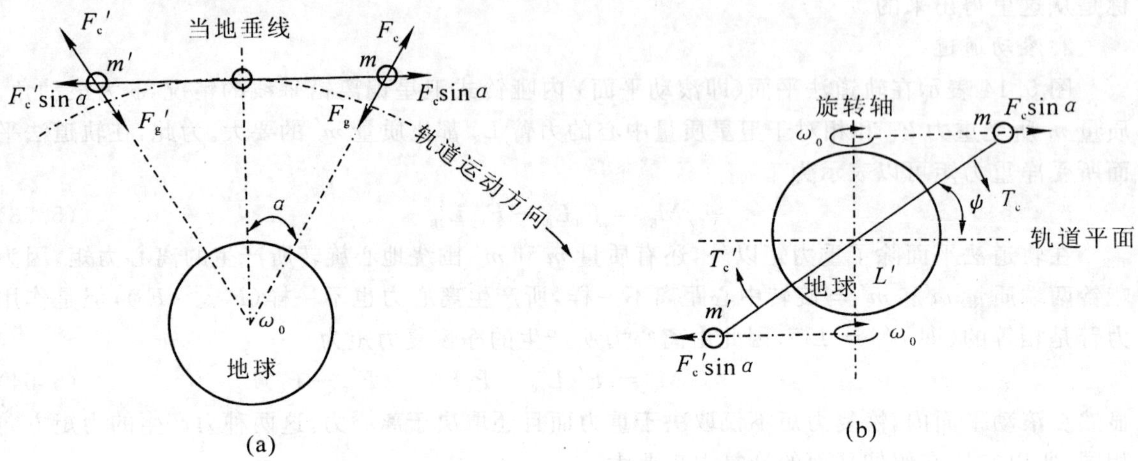

图 5.15　在水平(偏航)平面的重力和离心力

(a) 在轨道平面的视图　　(b) 在水平面上的视图

虽然实际航天器在结构上远不是哑铃式结构这样简单，但从上面的分析能够明确地认识到重力梯度力矩产生的根本原因，以及重力梯度力矩成为恢复力矩保持姿态定向的基本原理。接下来进一步讨论实际结构航天器的重力梯度力矩的大小和性质。

5.4.2　重力梯度力矩

假设航天器绕地球运行的某时刻到地心的距离为 R_0，地心为 O_e，航天器质心为 O，质量为 m。首先建立质心轨道坐标系 $Ox_0y_0z_0$ 和航天器本体坐标系 $Oxyz$。于是质心 O 到地心 O_e 的矢径 $\boldsymbol{R}$ 即可在两个坐标系中表示为

$$\boldsymbol{R} = -R_0\boldsymbol{i}_0 = R_x\boldsymbol{i} + R_y\boldsymbol{j} + R_z\boldsymbol{k} \tag{5.56}$$

式中，R_x,R_y,R_z 为 $\boldsymbol{R}$ 在本体坐标系 $Oxyz$ 中的投影。根据 $Oxyz$ 与 $Ox_0y_0z_0$ 之间的坐标变换关系得

$$R_x = R_0\sin\theta \tag{5.57a}$$

$$R_y = -R_0\sin\varphi\cos\theta \tag{5.57b}$$

$$R_z = -R_0\cos\varphi\cos\theta \tag{5.57c}$$

令 $\boldsymbol{\rho}$ 表示航天器质心 O 到任一质量元 $\mathrm{d}m$ 的矢径，即

$$\boldsymbol{\rho} = x\boldsymbol{i} + y\boldsymbol{j} + z\boldsymbol{k} \qquad \rho = |\boldsymbol{\rho}| \tag{5.58}$$

于是从地球中心到该质量元的矢径 $\boldsymbol{r}$(见图 5.16) 就为

$$\boldsymbol{r} = \boldsymbol{R} + \boldsymbol{\rho} \tag{5.59}$$

重力场作用到质量元上的重力为

$$\mathrm{d}F_g = -\frac{\mu\mathrm{d}m}{r^3}\cdot\boldsymbol{r} \tag{5.60}$$

式中，$\mu = GM_e$；$r = |\boldsymbol{r}|$。这里 G 为万有引力常数，M_e 为地球质量。

这个力产生的绕航天器质心的力矩即为

$$\mathrm{d}\boldsymbol{M}_g = \boldsymbol{\rho} \times \mathrm{d}\boldsymbol{F}_g = -\frac{\mu \mathrm{d}m}{r^3}\boldsymbol{\rho} \times \boldsymbol{r} =$$

$$-\frac{\mu \mathrm{d}m}{r^3}\boldsymbol{\rho} \times (\boldsymbol{R} + \boldsymbol{\rho}) =$$

$$-\frac{\mu \mathrm{d}m}{r^3}\boldsymbol{\rho} \times \boldsymbol{R} \tag{5.61}$$

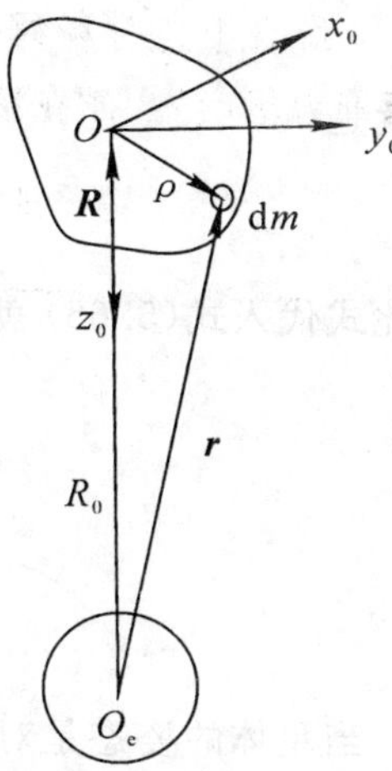

图 5.16　重力梯度力矩

因为

$$r^2 = \boldsymbol{r} \cdot \boldsymbol{r} = (\boldsymbol{R} + \boldsymbol{\rho})(\boldsymbol{R} + \boldsymbol{\rho}) =$$

$$R_0^2\left[1 + \left(\frac{\rho}{R_0}\right)^2 + \frac{2\boldsymbol{R} \cdot \boldsymbol{\rho}}{R_0^2}\right]$$

所以 $$\frac{1}{r^3} = \frac{1}{R_0^3}\left[1 + \left(\frac{\rho}{R_0}\right)^2 + \frac{2\boldsymbol{R} \cdot \boldsymbol{\rho}}{R_0^2}\right]^{-\frac{3}{2}}$$

将上式展开并去掉高阶项，即得到

$$\frac{1}{r^3} = \frac{1}{R_0^3}\left(1 - \frac{3\boldsymbol{R} \cdot \boldsymbol{\rho}}{R_0^2}\right)$$

代入方程式(5.61)中，有

$$\mathrm{d}\boldsymbol{M}_g = -\frac{\mu \mathrm{d}m}{R_0^3}\left(1 - \frac{3\boldsymbol{R} \cdot \boldsymbol{\rho}}{R_0^2}\right)\boldsymbol{\rho} \times \boldsymbol{R} \tag{5.62}$$

将上式积分，就得到整个航天器受到的重力梯度力矩 $\boldsymbol{M}_g$ 为

$$\boldsymbol{M}_g = \frac{3\mu}{R^5}\int_m (\boldsymbol{R} \cdot \boldsymbol{\rho})(\boldsymbol{\rho} \times \boldsymbol{R})\mathrm{d}m \tag{5.63}$$

应用式(5.56)～(5.58)，再进行相应的矢量运算，最终得到航天器重力梯度力矩的标量形式，即 $\boldsymbol{M}_g$ 在 $Oxyz$ 坐标系上的投影为

$$M_{gx} = \frac{3\mu}{R_0^5}(I_z - I_y)R_y R_z \tag{5.64a}$$

$$M_{gy} = \frac{3\mu}{R_0^5}(I_x - I_z)R_x R_z \tag{5.64b}$$

$$M_{gz} = \frac{3\mu}{R_0^5}(I_z - I_x)R_x R_y \tag{5.64c}$$

将式(5.57)代入则得

$$M_{gx} = \frac{3\mu}{2R_0^3}(I_z - I_y)\sin 2\varphi \cos^2\theta \tag{5.65a}$$

$$M_{gy} = \frac{3\mu}{2R_0^3}(I_z - I_x)\sin 2\theta \cos\varphi \tag{5.65b}$$

$$M_{gz} = \frac{3\mu}{2R_0^3}(I_x - I_y)\sin 2\theta \sin\varphi \tag{5.65c}$$

式中，I_x，I_y，I_z 分别为航天器的三轴惯量，它们是

$$I_x = \int_m (y^2 + z^2)\mathrm{d}m \qquad I_y = \int_m (x^2 + z^2)\mathrm{d}m \qquad I_z = \int_m (x^2 + y^2)\mathrm{d}m$$

若本体坐标系 $Oxyz$ 各轴取为航天器的主惯量轴，那么惯量积 I_{xy}，I_{yz}，I_{xz} 均为零。

若航天器的轨道角速度某时刻为 ω_0，则容易证明此时轨道角动量满足下面关系：

$$R_0^2\omega_0 = \sqrt{\mu R_0}$$

也就是

$$\omega_0 = \sqrt{\frac{\mu}{R_0^3}}$$

将此式代入式(5.65)就可以得到重力梯度力矩的另一表达形式，即

$$M_{gx} = \frac{3}{2}\omega_0^2(I_z - I_y)\sin 2\varphi\cos^2\theta \tag{5.66a}$$

$$M_{gy} = \frac{3}{2}\omega_0^2(I_z - I_x)\sin 2\theta\cos\varphi \tag{5.66b}$$

$$M_{gz} = \frac{3}{2}\omega_0^2(I_x - I_y)\sin 2\theta\sin\varphi \tag{5.66c}$$

当星体的姿态是对地定向，θ,φ 和 ψ 均为小角度时，$|\theta|,|\varphi|,|\psi| \ll 1$，则上面各式中略去高阶微量可进一步简化为

$$M_{gx} = 3\omega_0^2(I_z - I_y)\varphi \tag{5.67a}$$

$$M_{gy} = 3\omega_0^2(I_z - I_x)\theta \tag{5.67b}$$

$$M_{gz} = 0 \tag{5.67c}$$

需要说明的是，以上结果虽然是针对地球及其卫星推导出来的，但是对于其他天体(即中心引力体)及其卫星也适用，具有一般性，差别仅在于 μ 的数值不同。

综上所述，可以归结出引力(含重力)梯度力矩具有如下性质：

(1) 引力梯度力矩随高度的增加而减小：引力梯度力矩与到天体中心距离 R_0 的立方成反比，轨道高度越高，引力梯度力矩越小。

(2) 引力梯度力矩与航天器的质量分布有关：由表达式(5.66)知，引力梯度力矩是与航天器的三轴主惯量间的差成正比。如果航天器对质心的惯量椭球是一正球体，则引力梯度力矩恒为零。因此要想减小引力梯度力矩对姿态运动的影响，就必须使星体对质心的惯量椭球尽量接近于正球体。相反，如果质量分布成哑铃状，则可得到最大的主惯量之差，因此可能得到最大的引力梯度力矩。用引力梯度力矩作稳定力矩的航天器就需要用长杆把各部分质量拉开尽可能大的距离。

(3) 引力梯度力矩与航天器的角位置有关：由式(5.64)知，当航天器的任一惯量主轴，例如 Oz 轴与铅垂线重合，也即与矢量 $\boldsymbol{R}$ 共线，则有 $R_x = R_y = 0$，因此有 $\boldsymbol{M}_g = 0$，称此位置为引力梯度力矩的零位置。以哑铃为例，哑铃对质心的惯量主轴为沿连杆的方向和垂直于连杆的方向，因此哑铃不论是铅垂放置或水平放置，都有相应的惯量主轴与铅垂线重合，故都是引力梯度力矩的零位置。一般来说，任意形状刚体至少有 3 个惯量主轴，因此相应有 3 个零位置。引力梯度稳定系统就是利用引力梯度力矩的这一性质使航天器保持对天体定向。月球相对于地球的角位置保持不变，就因为月球具有天然的引力梯度稳定系统。

5.4.3 稳定性分析

在了解了重力梯度稳定原理和重力梯度力矩之后，关键的问题就在于航天器在重力梯度力矩作用下如何运动，系统的平衡点在何处。这就是重力梯度稳定航天器的稳定性问题，它可以通过对欧拉动力学方程的稳定性分析来回答。

已知航天器的姿态动力学方程由式(3.38)描述，即

$$\left.\begin{aligned}&I_x\ddot{\varphi}+(I_y-I_z-I_x)\omega_0\dot{\psi}+(I_y-I_z)\omega_0^2\varphi=M_x\\&I_y\ddot{\theta}=M_y\\&I_z\ddot{\psi}-(I_y-I_z-I_x)\omega_0\dot{\varphi}+(I_y-I_x)\omega_0^2\psi=M_z\end{aligned}\right\}\tag{3.38}$$

将在小角度条件下重力梯度力矩式(5.67)分别代入式(3.38)并化简得

$$I_x\ddot{\varphi}+(I_y-I_z-I_x)\omega_0\dot{\psi}+4(I_y-I_z)\omega_0^2\varphi=0\tag{5.68a}$$

$$I_y\ddot{\theta}+3\omega_0^2\theta(I_x-I_z)=0\tag{5.68b}$$

$$I_z\ddot{\psi}-(I_y-I_z-I_x)\omega_0\dot{\varphi}+(I_y-I_x)\omega_0^2\psi=0\tag{5.68c}$$

当偏航和滚动通道为弱耦合时，上式可近似为

$$I_x\ddot{\varphi}+4(I_y-I_z)\omega_0^2\varphi=0\tag{5.69a}$$

$$I_y\ddot{\theta}+3(I_x-I_z)\omega_0^2\theta=0\tag{5.69b}$$

$$I_z\ddot{\psi}+(I_y-I_x)\omega_0^2\psi=0\tag{5.69c}$$

由这一组二阶微分方程组知道，要使得系统稳定，必须有

$$\Omega_x^2\overset{\text{def}}{=\!=}\frac{4(I_y-I_z)\omega_0^2}{I_x}>0\tag{5.70a}$$

$$\Omega_y^2\overset{\text{def}}{=\!=}\frac{3(I_x-I_z)\omega_0^2}{I_y}>0\tag{5.70b}$$

$$\Omega_z^2\overset{\text{def}}{=\!=}\frac{(I_y-I_x)\omega_0^2}{I_z}>0\tag{5.70c}$$

同时成立。其条件即为

$$I_y>I_x>I_z\tag{5.71}$$

这意味着航天器在重力梯度力矩的作用下，其最终稳定姿态一定是最小主惯量轴沿着航天器质心与地心的连线，最大主惯量轴垂直于轨道平面，而次大主惯量轴则处于轨道平面内。这也告诉人们，如果要利用重力梯度稳定卫星对地观测，那么卫星在结构上一定要保证观测轴是卫星的最小惯量轴，这样才可能保证观测器始终对地定向。

然而要特别注意的是，式(5.71)仅约束了航天器姿态重力梯度稳定时的各主惯量轴的位置，却未约束主惯量轴的方向。因此至少从这一点可以看出，式(5.71)确定的稳定姿态是不惟一的。

进一步分析运动方程组(5.69)发现，航天器在重力梯度力矩的作用下，其各通道的姿态运动均是在平衡(稳定)姿态周围无阻尼振荡，称之为天平动。天平动的自然频率由式(5.70)容易得到，分别为

$$\Omega_x=2\omega_0\sqrt{\frac{I_y-I_z}{I_x}}\qquad\Omega_y=\omega_0\sqrt{\frac{3(I_x-I_z)}{I_y}}\qquad\Omega_z=\omega_0\sqrt{\frac{I_y-I_x}{I_z}}\tag{5.72}$$

相应的天平动周期即为

$$T_x=\frac{T_0}{2}\sqrt{\frac{I_x}{I_y-I_z}}\qquad T_y=T_0\sqrt{\frac{I_y}{3(I_x-I_z)}}\qquad T_z=T_0\sqrt{\frac{I_z}{I_y-I_x}}\tag{5.73}$$

式中，$T_0=2\pi/\omega_0$ 为航天器的轨道周期。

特殊地，对于某些航天器，若其结构设计使得各主惯量轴惯量满足 $I_y=I_x+I_z$，则天平动频率就相应为

$$\Omega_x = 2\omega_0 \qquad \Omega_y = \omega_0\sqrt{\frac{3(I_x - I_z)}{I_y}} \qquad \Omega_z = \omega_0$$

显然,此时以整数倍轨道角速度 ω_0 振荡的偏航和滚动通道运动将出现共振,这是要尽可能避免的。

至此,对重力梯度稳定原理已作了简要分析。通过这些分析了解到在设计重力梯度稳定航天器时应解决三个问题:

(1) 增大起稳定作用的恢复力矩和限制扰动力矩:由于起稳定作用的重力梯度恢复力矩很小,所以在设计重力梯度稳定航天器时,一方面应尽量增大恢复力矩,另一方面应限制和消除其他扰动力矩。这样才能保证航天器姿态有一定指向精度。本章 5.6 节介绍的重力梯度杆就是人们为达到此目的而采用的一个有效方法。

(2) 捕获重力场:对重力梯度稳定航天器来说,稳定平衡状态不止一个,即航天器可以处在正面朝向地球的稳定状态,也可以处在反面朝向地球的稳定状态。为了使航天器进入预定的重力梯度稳定状态,航天器在入轨后必须首先捕获地球重力场。有关重力梯度稳定航天器姿态捕获见第七章姿态机动控制(7.3 节)。

(3) 阻尼天平动:方程式(5.69)是一组无阻尼(没有速度阻尼项)的航天器运动方程。在恢复力矩作用下,航天器将偏离当地垂线作无衰减自然振荡(天平动),而且自然振荡周期很长,月球就是如此。若要求卫星等航天器指向地球,则必须进行阻尼。但是由于天平动周期非常长,恢复力矩又很小,因此给阻尼技术实现带来较大困难,也就是说阻尼装置必须根据这些特点来设计。下面,针对重力梯度稳定卫星介绍这一问题。

5.5 重力梯度稳定卫星的天平动阻尼

天平动阻尼是重力梯度稳定卫星必须具备的,而阻尼方式的不同也正是各种重力梯度稳定卫星的主要区别之所在。目前,天平动的阻尼方式大致分为三种。

(1) 被动阻尼:这种阻尼方式是利用阻尼装置所产生的机械滞后、磁滞、涡流、黏性摩擦等作用来消耗航天器天平动能量,从而达到阻尼的目的。由于这些阻尼都不需要外部能源,故称被动阻尼。被动阻尼器是目前较多采用的天平动阻尼装置,它在结构和外形上可分为四种类型:棒状阻尼器、球形阻尼器、管中球阻尼器和机械损耗弹簧阻尼器。

(2) 半被动阻尼:例如采用增强磁滞阻尼器和采用控制力矩陀螺的天平动阻尼。后者由于需要维持陀螺转子等速运动,必须消耗少量能量,故称为半被动阻尼。

(3) 主动阻尼:利用主动方式来阻尼天平动,重力梯度仅用来提供恢复力矩。主动阻尼需要敏感器和执行机构,工作时需要外加能源。主动阻尼目前还没有采用。

重力梯度稳定航天器无论采用哪一种天平动阻尼方式,共同的思路都是消耗天平动能量,在重力梯度稳定航天器运动方程式(5.69)中增加一速度阻尼项,使运动衰减。

现以两种天平动阻尼器为例介绍其工作原理。

图 5.17 所示的是一个磁黏性流体阻尼器,属于球型被动阻尼器。这种阻尼器由一个装有永久磁铁的内球和一个中空外球组成,内、外球之间镶有一层热解石墨。内球在永久磁铁和热解石墨之间的排斥力作用下悬浮于外球内,内、外球之间的缝隙中充满一种黏性流体。由于内球为永久磁铁,它会跟踪地磁场,而与航天器固连的外球(一般安装在重力梯度杆上,见下节)

将受到重力梯度力矩的作用随天平动运动。因为内球悬浮可相对于外球转动，所以航天器的天平动将会引起内球与外球的角速度差。这种相对角速度将对黏性流体产生剪切作用，通过能量耗散而产生阻尼效果。

另一种球型被动阻尼器是涡流阻尼器，如图 5.18 所示。与磁黏性流体阻尼器相比差别在于，使用一个铜球来代替黏性流体，内球由六根磁棒组成，与外球热解石墨等相互作用实现悬浮、磁跟踪和在铜球上产生涡流，以涡流代替黏性流体来耗散天平动的能量。这两种被动阻尼器已被应用于实际航天器上。

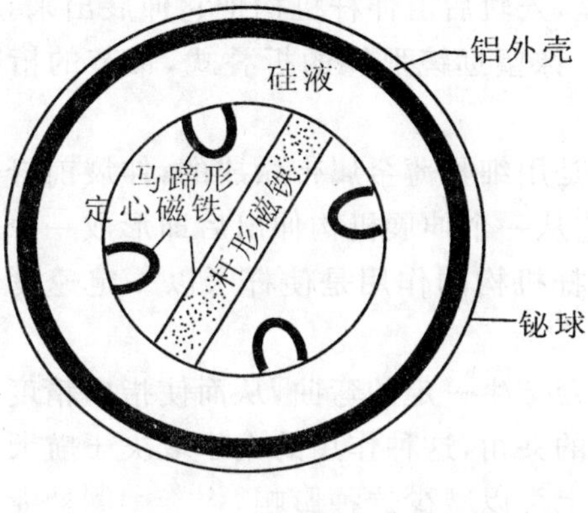

图 5.17　磁黏性流体阻尼器

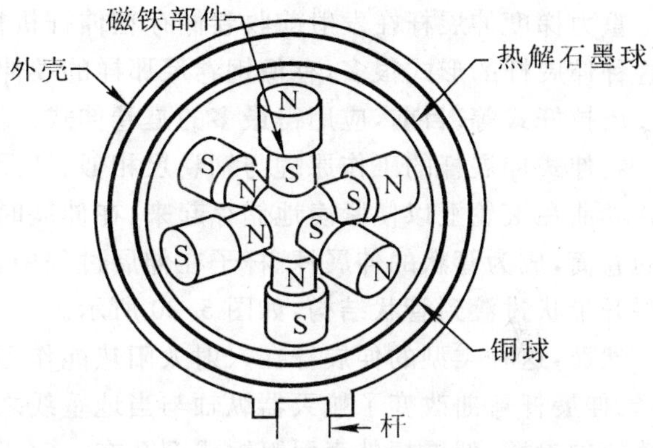

图 5.18　涡流阻尼器

黏性阻尼器最大弱点是容易受到核辐射和流星打击，内球流体易漏出。它对温度变化比较敏感，其内球结构比较复杂。它的优点是能耐加速度（液体浮力），阻尼系数可以达到很大，特别是在需要大阻尼系数的情况下可以满足质量轻、尺寸小的要求。涡流阻尼器结构较简单，受温度影响较小，因而用在对阻尼系数要求不大的航天器上较适合。

图 5.19 给出了另一种天平动阻尼。这种时间滞后阻尼方法是由安装在航天器上的 3 个正交电磁铁线圈产生的磁偶极子与地磁场相互作用来完成的。在某段特定的时间里，航天器利用磁强计等敏感器在本体坐标系 $Oxyz$ 内测出地磁场的方向并将其存入计算机存储器中，电磁铁通电后产生磁偶极子，与地磁场相互作用产生一个作用在航天器上的力矩，阻尼航天器的天平动。这种方法的一种变异是利用一个线圈（例如沿 Oz 轴的线圈）与地磁场垂直安装，必要时，它可以产生一个作用在航天器上的俯仰力矩，使重力梯度稳定航天器倒向。显然，这种天平动阻尼方式要消耗星上能源，已不属于被动阻尼方式。

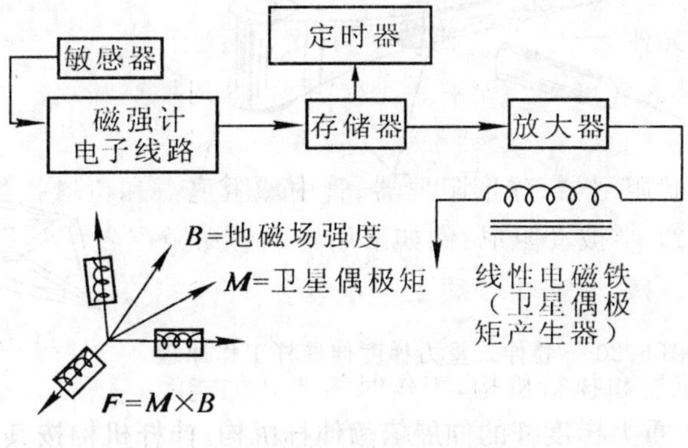

图 5.19　时间滞后磁阻尼方案

总之，重力梯度稳定航天器的天平动阻尼方式很多，工作原理虽然各不相同，但与前面列举的两类典型阻尼方式之间不同程度地存在着共性。如何选择适当的天平动阻尼方式必须从航天器对阻尼系数的要求、工作环境、质量体积等各方面综合选择。

5.6 重力梯度稳定系统的伸展杆

从前面的介绍知道，重力梯度力矩的大小与航天器惯量分布有关。而重力梯度伸展杆（也简称重力梯度杆）就是为重力梯度稳定航天器提供要求的结构形状和惯量分布，以产生较大的稳定力矩。

重力梯度伸展杆在发射前收卷储存在伸杆机构里，入轨后由伸杆机构把它伸展出来。可作为这种伸展杆的形式很多，有像钢卷尺那样的卷伸式，像望远镜那样的折叠式，带节的桁架式和多层拉杆式等。目前，应用得最多的是卷伸式。

卷伸式伸展杆的工作原理与钢卷尺相似。杆元件是用细长薄金属带做成的，伸展前杆带展平并卷曲在滚轮上以便紧凑地储存起来。在伸展时，它从一个伸展机构伸出后即形成一个圆截面的卷筒，成为管状的伸展杆。杆子在伸展过程中，伸杆机构的作用是使杆子以一定速度依次从展开带状过渡到管状结构，如图 5.20 所示。

然而，这种类型的伸展杆在入射太阳热能作用下会产生一定的弯曲，从而使指向精度明显下降。伸展杆弯曲改变了航天器纵轴与当地垂线之间的夹角，这种作用的大小取决于航天器及其轨道的参数。伸展杆外表面镀银或穿孔在一定程度上可以减少这种影响。

图 5.21 给出了一种采用铰连和框架型组合结构设计的可伸缩的套筒式伸展杆。这种设计具有更强的抗扭转和弯曲能力，同时也可增强承载能力。

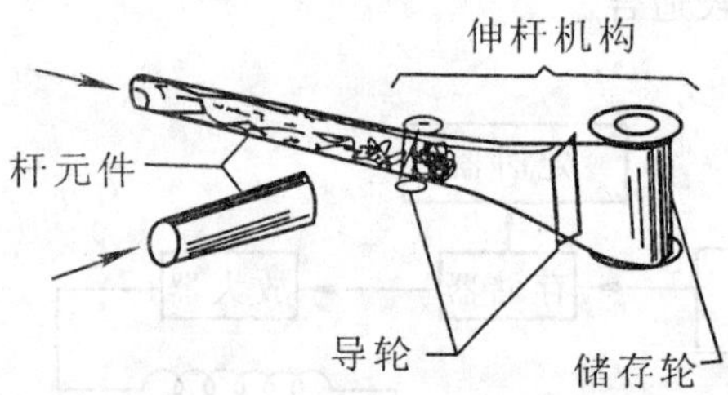

图 5.20 卷伸式重力梯度伸展杆工作原理

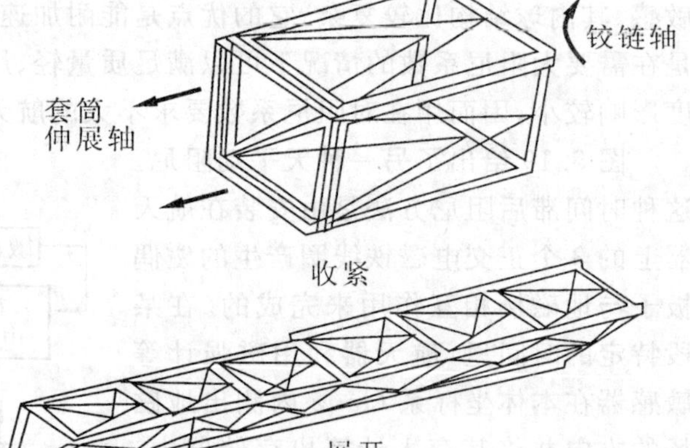

图 5.21 套筒式重力梯度伸展杆

重力梯度杆的伸展依赖伸杆机构。伸杆机构按其驱动动力可以分为电机和自伸两种。电机伸杆是用电机把杆伸展出来。自伸杆依靠杆子卷绕在滚轮上的弹性能量把杆伸展出来，所以伸杆速度是加速的，伸杆终点速度最大，为避免事故应加限速器。图 5.22 所示为一种电机伸杆机构。

至此，对于重力梯度稳定系统，可以归结如下：

重力梯度被动稳定的主要硬件设备是伸展杆和阻尼器。伸展杆及其端质量可以在轨道上伸展，以产生所需要的惯性矩。在航天器上加入涡流或磁滞损耗形式的阻尼，使航天器相对于当地垂线的天平动得以衰减。阻尼器固定在某个独立的参考系诸如地磁场或引力场内，当航天器主体相对于阻尼体运动时，旋转能量被耗散。为了提高重力梯度稳定系统的效益，其设计应考虑以下几方面的问题。

(1) 选择适当的重力梯度杆和末端质量，提供比其他环境干扰力矩至少大几倍的能满足特定指向要求的重力梯度恢复力矩。

(2) 为了实现高性能和高效益，重力梯度杆的设计应考虑以下因素：

(i) 数量最少，最好是一根，且尽量短，以便尽可能降低热效应和其他环境影响；

(ii) 伸展杆外部抛光镀银，以防热变形和振动；

(iii) 避免伸展杆的自然弯曲振动频率与航天器的主动控制系统相互耦合作用；

(iv) 将伸展杆的运动阻尼器作为端质量的一部分；

(v) 要考虑重力和气动力对伸展杆弯曲的影响。

(3) 选择适当的天平动阻尼方式，以保证重力梯度稳定系统的指向精度。

(4) 以重力梯度稳定为主的航天器应具有姿态捕获的能力，这有赖于其他主动执行机构，如飞轮和磁力矩器等。

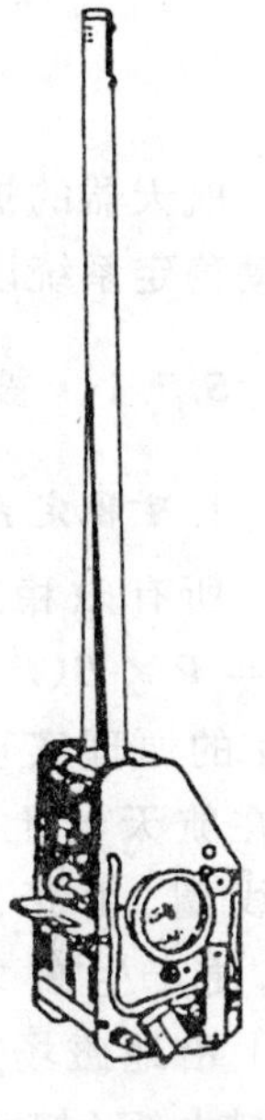

图 5.22 电机伸杆机构

总而言之，重力梯度稳定的航天器能使偏航轴指向地心，这是一个重要优点；其次是它的简单性，这对于航天器而言意味着这种航天器经济，可靠性高，研制周期短，比自旋稳定系统更适合于长寿命飞行任务。它的主要缺点是指向精度较低，对轨道具有特殊要求，不希望轨道过高或过低，要求轨道偏心率为零或者很少。当航天器具有大面积太阳帆板、大型天线等挠性附件时，都会限制和影响重力梯度稳定方式的实现。

从理论上讲，重力梯度稳定方式可以实现航天器的三轴稳定，但由于偏航稳定力矩很小，如式(5.66)所示，偏航指向精度很低而且经常呈现不稳定现象。因此，重力梯度稳定方式仅适合于俯仰和滚动两轴稳定，指向精度为 $1^\circ \sim 10^\circ$。图 5.23 显示了英国萨瑞大学研制的一个典型的两轴哑铃式重力梯度稳定卫星 UOSAT 的外形结构。

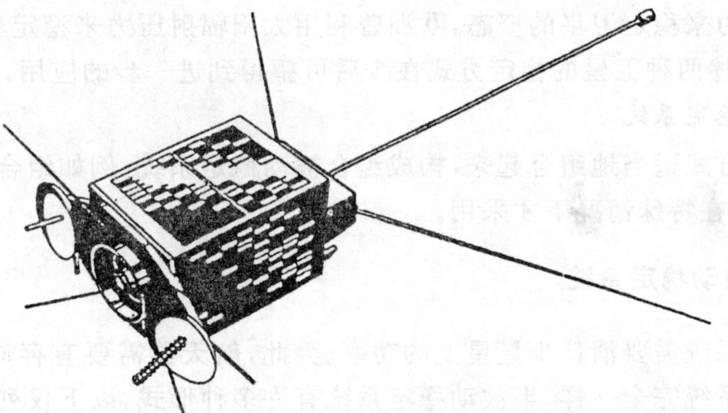

图 5.23 重力梯度稳定系统实例：UOSAT 卫星

5.7 其他被动姿态稳定系统

航天器的被动姿态稳定除了自旋稳定和重力梯度稳定最常见的形式外，还有一些其他的被动稳定系统以及由它们派生出来的系统，在航天器姿态控制中起到不同的作用。

5.7.1 被动稳定系统

1. 磁稳定系统

所有磁稳定航天器都是根据磁力矩 $\boldsymbol{M}=\boldsymbol{P}\times\boldsymbol{B}$（$\boldsymbol{P}$ 为星上磁矩，$\boldsymbol{B}$ 为地磁场强度）的原理实现稳定的。被动磁稳定，一般是在航天器上安装产生磁矩的永久磁铁和线圈。由于星上磁矩与地磁场相互作用，便产生磁力矩，使航天器的姿态在轨道上沿地磁场方向稳定，或者用作为其他控制力矩（如消旋、起旋、飞轮卸载、姿态捕获等），如图 5.24 所示。此外，给线圈通电与地磁场相互作用也会产生磁力矩，可用这种力矩来克服经常性干扰。SATCOM 卫星克服太阳帆板辐射压力就是采用这种方法。

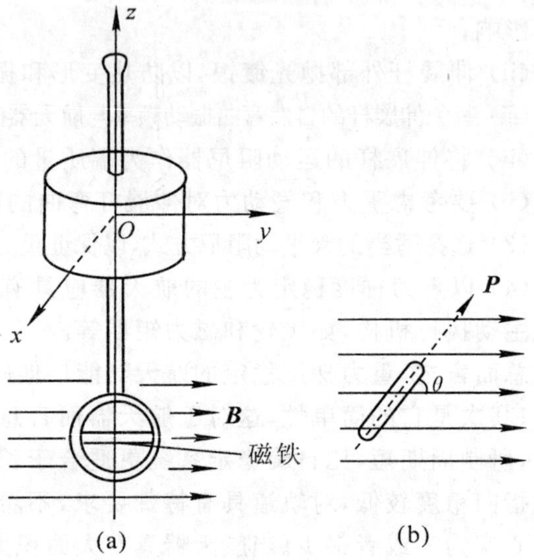

图 5.24 磁稳定系统

2. 太阳辐射压力稳定和气动稳定系统

太阳辐射压力稳定使航天器对太阳定向，而气动稳定可使航天器沿轨道速度方向定向，其定向精度中等。虽然气动稳定方式很早就有了，但一直没有得到广泛的实际应用。前苏联曾成功地应用了气动力来稳定卫星的姿态，欧洲曾利用太阳辐射压力来稳定卫星姿态，如轨道试验通信卫星－2。上述两种卫星的稳定方式在今后可望得到进一步的应用。

3. 组合被动稳定系统

把上述稳定方式适当地组合起来，构成组合被动稳定系统，例如组合采用磁稳定和重力梯度稳定，但一般是在特殊情况下才采用。

5.7.2 半被动稳定系统

半被动稳定系统需要消耗少量星上的功率。为此，航天器需要有存储或积累起来的能源，其他方面与被动系统完全一样。半被动稳定系统有许多种形式，以下仅列出以重力梯度稳定为主的三种半被动稳定系统的具体形式。

（1）重力梯度加惯性轮：利用重力梯度实现俯仰和滚动两轴稳定，而在俯仰轴上装一个恒值动量轮实现偏航稳定，同时也改善滚动轴的稳定性能（见图 5.25）。这种系统通常适用于三轴稳定和对地定向，以及要求简单位置保持的卫星。

（2）重力梯度加控制力矩陀螺：重力梯度和控制力矩陀螺组合使用（见图 5.26），实现三轴稳定和对地定向。控制力矩陀螺还起天平动阻尼作用。

(3) 重力梯度加增强式磁阻尼:这一形式也属于这种半被动稳定系统。

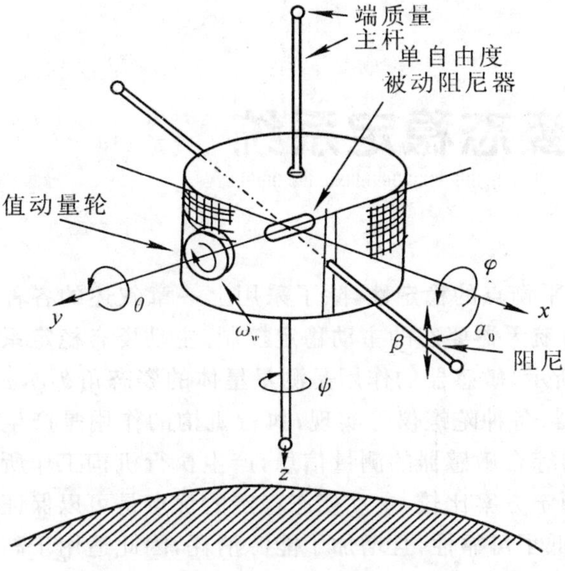

图 5.25　重力梯度加惯性轮

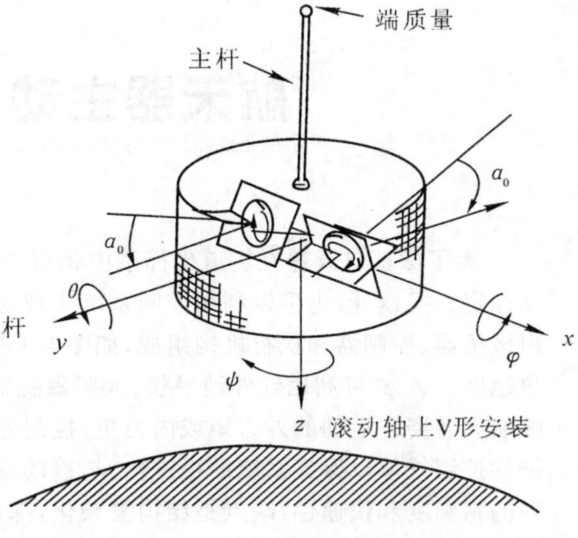

图 5.26　重力梯度加控制力矩陀螺

思　考　题

5.1　证明航天器的自旋稳定原理,分析航天器绕最大惯量轴旋转不稳定的原因。

5.2　从动力学方程出发,分析证明章动的运动特性和形式。

5.3　主动章动阻尼和被动章动阻尼的区别是什么?

5.4　试述管中球阻尼器和液体环阻尼器的基本工作原理和结构。

5.5　与单自旋卫星相比,双自旋卫星的主要优缺点是什么?双自旋稳定原理如何?

5.6　试总结各种情况下双自旋卫星章动阻尼的方法。

5.7　以哑铃式结构为例,证明俯仰、偏航、滚动三轴重力梯度稳定原理。

5.8　分析影响重力梯度力矩大小的主要因素。

5.9　在仅有重力梯度力矩作用下,证明航天器在轨的稳定姿态满足 $I_y > I_x > I_z$。

5.10　构想一种半被动姿态稳定系统的结构形式,并叙述其稳定原理。

5.11　叙述磁稳定系统的基本稳定原理。

第六章

航天器主动姿态稳定系统

为了保证航天器在轨道坐标系中相对于平衡点的稳定性，除了采用上一章叙述的各种被动稳定方案以外，也可以利用控制系统实现对航天器姿态的主动稳定控制。主动姿态稳定系统由敏感器、控制器和执行机构组成，如图4.1所示。敏感器的作用是测量星体的姿态角θ,ψ,φ或角速度$\dot{\theta},\dot{\psi},\dot{\varphi}$，可利用红外地平仪、太阳敏感器、各种陀螺仪等实现；执行机构的作用是产生影响航天器姿态运动的外力矩或内力矩；控制器综合敏感器的测量信息，产生执行机构工作所遵循的控制规律以保证系统的稳定性。与被动稳定方案比较，主动姿态稳定的优点是可以保证更高的精确度和快速性，缺点是结构复杂化，降低了可靠性，且增加了能源消耗，因此适用于高精度要求和大扰动力矩的情形。

主动姿态稳定系统包括了喷气三轴稳定系统、以飞轮为主的三轴稳定系统和磁力矩器三轴稳定系统。本章主要介绍前两类典型的主动姿态稳定方案。

6.1 喷气推力姿态稳定原理

喷气姿态稳定系统的运行基本上根据质量排出反作用喷气产生控制力矩的原理进行。图6.1表示一个典型的喷气三轴姿态稳定控制系统，3个姿态角控制通道均为图中所示的反馈回路。它主要由推力器、姿态敏感器（如地球敏感器，太阳敏感器和陀螺等）和控制器组成。

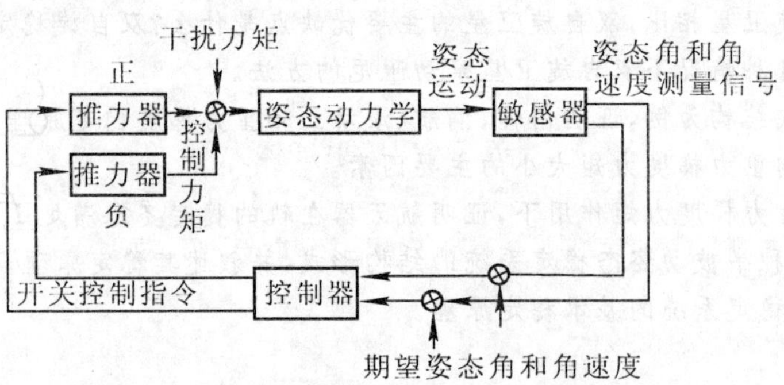

图6.1 喷气三轴姿态稳定控制系统

控制器具有实时姿态测定、控制计算和产生开关控制指令的功能。控制器在星上一般用控制计算机或控制线路来实现。在星－地大回路控制的情况下，控制器的功能由地面实时计算机及接口设备来实现，通过遥测、遥控无线电通路与星上敏感器及推力器进行信息传输。

喷嘴安装在与航天器质心有一定距离的地方，它们以相对喷气速度v_e排出工质流$(\dot{m})$，从

而产生推力 $\boldsymbol{F}=\dot{m}\boldsymbol{v}_{\mathrm{e}}$。这样产生的反作用力就形成一个控制力矩 $\boldsymbol{M}=\boldsymbol{F}l$，其中 l 是力臂，详见图 6.2。推力器启开时刻，推力的方向和持续时间完全由自动控制系统的控制规律确定，具体地说，由图 6.1 所示的控制器确定。姿态敏感器的输出作为控制器的输入信息。

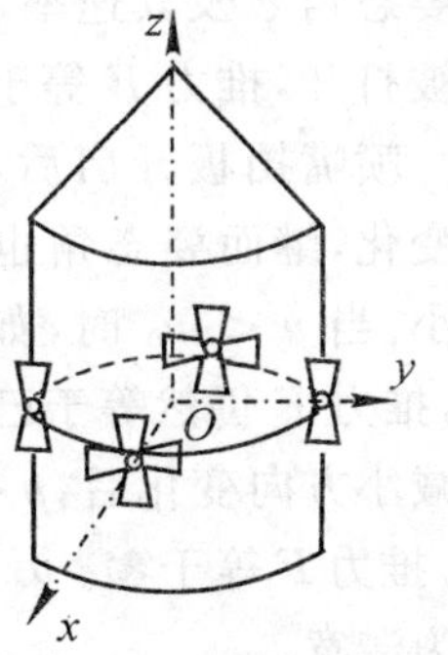

图 6.2　三轴喷嘴排列

由于一个喷嘴只能产生一个方向的推力，因此系统的每个通道起码要有两个喷嘴。为了避免反作用喷气推力对航天器的轨道运动产生影响，一般地在同一方向都装上两个喷嘴，如图 6.2 所示，此时控制力矩由成对喷嘴产生（力偶）。依此类推，对航天器进行三轴主动控制，至少应对称安装六对喷嘴。

分析图 6.2 得知，对装有三轴喷嘴所产生的控制力矩为

$$\begin{cases}M_{cx}=\pm 2\dot{m}_y v_e l\\ M_{cy}=\pm 2\dot{m}_z v_e l\\ M_{cz}=\pm 2\dot{m}_x v_e l\end{cases}\tag{6.1}$$

这里假设各轴喷嘴大小一样，喷射速度 v 一样，因为喷嘴是成对安装，所以力矩乘“2”。式中正、负号根据姿态偏差符号由控制器决定。

设由这些喷嘴产生的控制力矩矢量为 $\boldsymbol{M}_{\mathrm{c}}$，它以本体坐标系三轴控制力矩分量表示，则有

$$\boldsymbol{M}_{\mathrm{c}}=M_{cx}\boldsymbol{i}+M_{cy}\boldsymbol{j}+M_{cz}\boldsymbol{k}\tag{6.2}$$

若本体坐标系为主轴坐标系，则航天器在控制力矩的作用下，它的姿态动力学方程式为

$$\begin{cases}I_x\dot{\omega}_x+(I_z-I_y)\omega_y\omega_z=M_{cx}+M_{dx}\\ I_y\dot{\omega}_y+(I_x-I_z)\omega_x\omega_z=M_{cy}+M_{dy}\\ I_z\dot{\omega}_z+(I_y-I_x)\omega_y\omega_x=M_{cz}+M_{dz}\end{cases}\tag{6.3}$$

式中，$\boldsymbol{M}_{\mathrm{d}}=M_{dx}\boldsymbol{i}+M_{dy}\boldsymbol{j}+M_{dz}\boldsymbol{k}$ 为作用于航天器的其他环境干扰力矩。

基于质量排出型推力器的反作用喷气三轴姿态稳定系统可以按线性或非线性控制律来设计。但是事实证明，喷气流量难以连续均匀地根据姿态偏差来调节，喷嘴一旦启动，推力基本上是常值的。由于控制系统还存在惯性，所以当采用线性控制时，只要喷嘴一工作就直到推进剂耗尽为止，将使系统工质流大得无法容忍。为此，一般采用断续的非线性控制，例如继电控制。实际上这是与推力器喷嘴的工作原理和推力特性相适应的，推力器难以实现线性控制律。

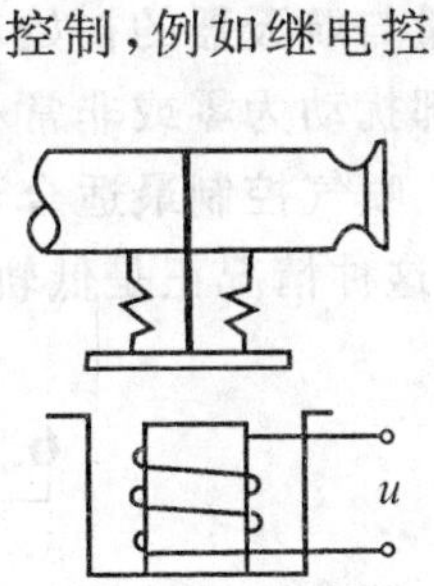

图 6.3　喷嘴原理

喷嘴机构的简单工作原理如图 6.3 所示。以喷射气体为例，气路的挡板在弹簧拉力的作用下关闭气路。当航天器的姿态角相对于参考系出现偏离时，测量角度和测量角速度装置获得正比于姿态角 φ 和其速率 $\dot{\varphi}$ 的信号。此信号经过处理与放大，转换成驱动电磁铁的信号 u，使它对衔铁产生吸力。当吸引力超过弹簧拉力后，衔铁便带动挡板把气路打开，气体通过喷嘴产生推力，由此力对本体坐标系的原点形成控制力矩。

当驱动衔铁的信号减到一定值时，由于电磁力小于弹簧拉力，衔铁又被弹簧拉回到原位，气路被切断，喷嘴停止喷射，则推力等于零，作用在航天器上的控制力矩也等于零。由此可见，喷气阀门在正比于姿态角 φ 及其 $\dot{\varphi}$ 的驱动信号 u 作用下，若不计衔铁运动的时间，就只有全开或全关的两种状态，所以喷射推力 F 不是零值就是某一常值。见图 6.4。

当测量装置测到 φ 和 $\dot{\varphi}$ 的值较小时，因驱动信号 u 与它们成正比，其值也较小，不足以吸引

衔铁，所以挡板继续关闭。设挡板开启的驱动信号为 u_0，当驱动信号 $u < u_0$ 时，推力 $F = 0$。随着姿态角 φ 及其速率 $\dot{\varphi}$ 增加到一定值后，因 $u \geqslant u_0$，挡板被打开，推力 F 等于常数。

喷嘴挡板开启后，航天器的姿态角速率向减小方向变化，继而姿态角也减小。于是，驱动信号 u 也由大变小。当 $u < u_0$ 时，如果电磁铁内的剩磁足以吸引衔铁，推力 F 仍然等于已有的常值。直到航天器姿态参数向减小方向变化后，$u < u_c$，衔铁才被释放，由此切断气路，推力 F 等于零。u_c 是释放衔铁的信号，u_0 与 u_c 之差称为滞宽。

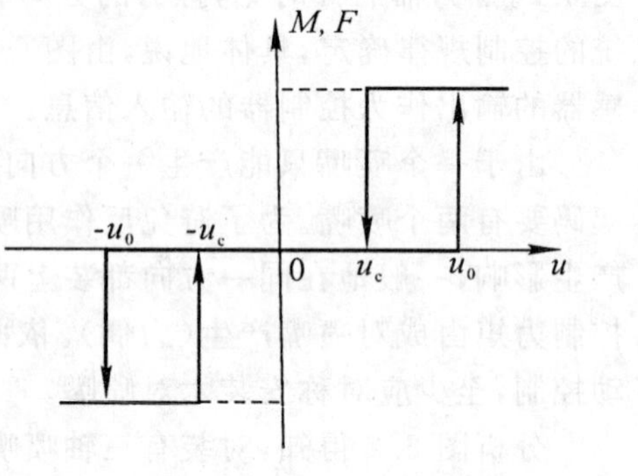

图 6.4　喷嘴控制力与力矩

于是，按照形成推力 F 的原理，就可以获得由推力器产生的控制力矩 $\boldsymbol{M}_c$ 的大小，即

$$M_c = \begin{cases} -M & -u_0 > u \\ 0 & -u_c < u < +u_c \\ M & u_0 < u \end{cases} \tag{6.4a}$$

且
$$M_c = \begin{cases} -M\mathrm{sgn}(u) & \mathrm{sgn}(u\dot{u}) < 0 \\ 0 & \mathrm{sgn}(u\dot{u}) > 0 \end{cases} \tag{6.4b}$$

显然，推力器实际上是一种继电系统，推力器的控制力矩变化分为三档：正开、关闭、负开，具体属于哪一档取决于航天器的姿态和控制律。这也就决定了推力器控制系统的非线性输出和断续工作形式。

继电系统的稳定状态是极限环自振荡。在这种系统的设计中，重要的是选择自振荡频率和振幅，即极限环参数，使它们最佳地满足精度和能量消耗的要求。

稳定极限环参数首先取决于敏感器的特性和航天器所受到的扰动，而工质的消耗直接取决于极限环参数和喷嘴运行模式。从测控的经济性考虑，喷气推力器的推力应当尽可能小。然而事情并非总是如此，特别是航天器具有较大的初始角速度时。显而易见，为了使可用的推力冲量与航天器的初始动量矩相平衡，航天器的惯量越大，要求喷气推力器的推力越大。同理，在外部扰动为零或非常小的情况下，极限环控制的工质消耗也与航天器的惯量成正比。

喷气控制最适合于抵消具有常值分量的扰动力矩，即非周期性扰动力矩，例如气动扰动力矩。这种情况正是低轨道航天器扰动力矩所具有的特点。

6.2　喷气姿态稳定系统的非线性控制律

研究非线性控制系统常用的分析方法是相平面图解法和描述函数法。相平面是由姿态角和角速度所组成的平面，相平面图解法就是研究系统在相平面中的运动轨迹。这种方法对于研究较简单的低阶非线性系统具有简单和直观的优点。在相平面上可以研究过渡过程时间、超调量、极限环等主要姿态控制性能指标。

考虑三轴稳定航天器姿态角偏差很小的情况，此时 3 个通道的姿态运动可以视作独立无耦合，且

$$\omega_x = \dot{\varphi} \qquad \omega_y = \dot{\theta} \qquad \omega_z = \dot{\psi} \tag{6.5}$$

于是航天器的欧拉动力学方程式(6.3)可简化为

$$I_x\ddot{\varphi} = M_{cx} + M_{dx} \tag{6.6a}$$

$$I_y\ddot{\theta} = M_{cy} + M_{dy} \tag{6.6b}$$

$$I_z\ddot{\psi} = M_{cz} + M_{dz} \tag{6.6c}$$

三通道具有相同的简便形式,为此下面仅以俯仰通道为例进行讨论。

1.基于位置反馈的继电控制律

为了便于由浅入深的分析,首先将图 6.4 所示的推力器推力或力矩输出特性简化为单纯的继电型特性,即令 $u_0 = u_c = 0$,则航天器俯仰通道动力学方程和基于位置(只有角度而无角速度)反馈的继电控制律可列写为

$$I_y\ddot{\theta} = u + M_{dy} \tag{6.7a}$$

$$u = \begin{cases} -M & \theta > 0 \\ M & \theta < 0 \end{cases} \tag{6.7b}$$

该式说明只要姿态有偏差 $\theta \neq 0$,喷嘴立即产生恒定的推力力矩 M,如图 6.5 所示。

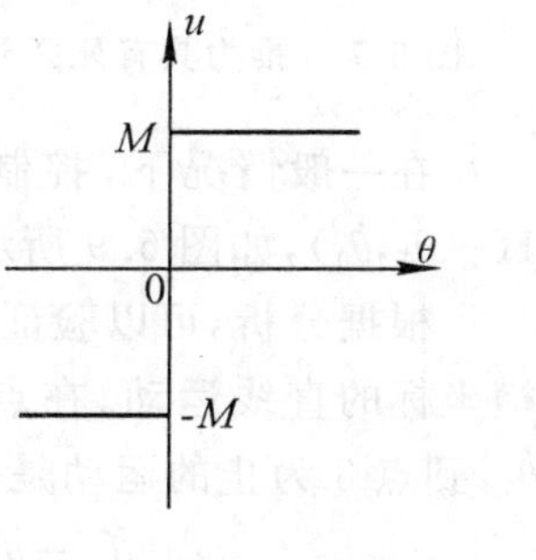

图 6.5 推力开关特性

暂时令 $M_{dy} = 0$,把式(6.7)代入式(6.6b)得

$$\ddot{\theta} = \pm \frac{M}{I_y} \overset{\text{def}}{=\!=} \pm A \tag{6.8}$$

式中,$A = M/I_y$。式(6.8)的解为

$$\dot{\theta} = \dot{\theta}_0 \pm At \tag{6.9a}$$

$$\theta = \theta_0 + \dot{\theta}_0 t \pm \frac{1}{2}At^2 \tag{6.9b}$$

式中,θ_0,$\dot{\theta}_0$ 为初始姿态角度和初始姿态角速度。

若消去式(6.9a)和(6.9b)中的时间变量 t,就得到相轨迹方程,即

$$(\theta - \theta_0) = \pm \frac{1}{2A}(\dot{\theta}^2 - \dot{\theta}_0^2) \tag{6.10}$$

这个式子说明:相平面上的相轨迹是由一簇其轴线与横轴平行的抛物线组成。当 $\dot{\theta} = 0$ 时,相轨迹为直线,图 6.6 表示了这些相轨迹族。从图示中可见,系统运动的相轨迹不衰减振荡,如在图中心部分实线所示。但是实际上由于控制系统有惯性,故相轨迹是发散的,系统是不稳定的,如图中虚线所示。为此,若不加任何校正作用,则这种非线性控制显然是不稳定的。

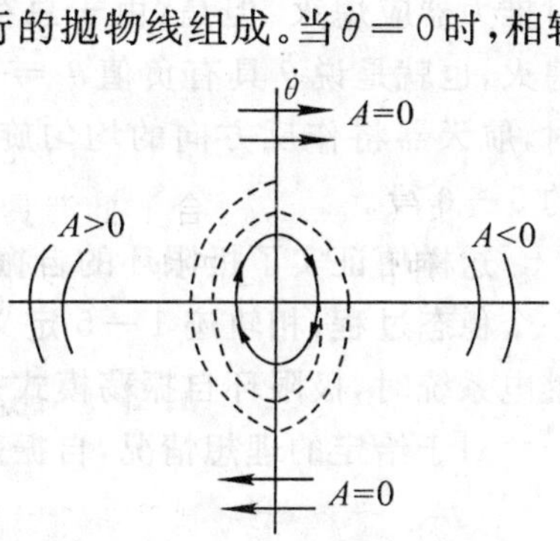

图 6.6 姿态变化相平面图

2.基于位置和速度反馈的死区继电控制律

进一步地,在反馈控制系统中引入角速度反馈,并考虑推力器力或力矩输出特性中的死区特性,即在图 6.4 所示中令 $u_0 = u_c \neq 0$,此时 $u_0 = u_c$ 对应的位置(角度)偏差为 θ_1,如图 6.7 所示。相应的采用角度和角速度敏感器的继电型控制系统结构框图见图 6.8。这里姿态角度敏感器可以采用红外地平仪,角速度敏感器可以是速率陀螺。控制规律如下:

$$u(\theta,\dot{\theta}) = \begin{cases} -M & \text{当 } \theta > \theta_1, \dot{\theta} > -\dot{\theta}_1 \text{ 时} \\ 0 & \text{当 } |\theta| < |\theta_1|, |\dot{\theta}| > |\dot{\theta}_1| \text{ 时} \\ M & \text{当 } \theta < -\theta_1, \dot{\theta} < \dot{\theta}_1 \text{ 时} \end{cases} \tag{6.11}$$

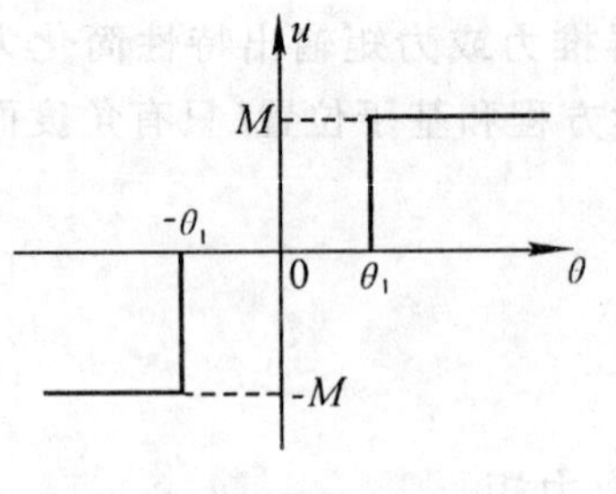

图 6.7　推力具有死区开关特性

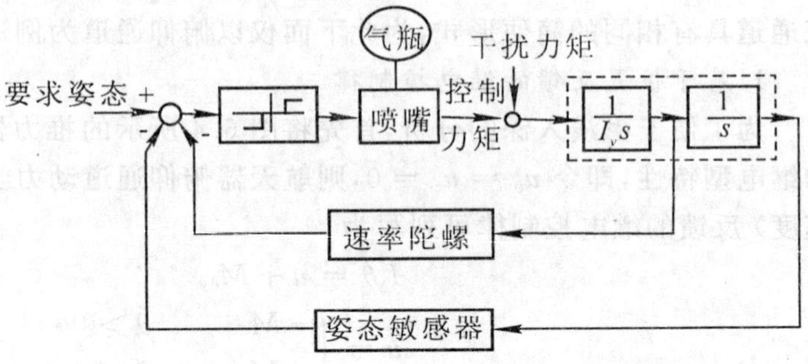

图 6.8　继电型控制系统(具有角度和角速度敏感器)

在一般情况下，控制系统将抑制运动受到的初始扰动，这种扰动出现于相平面中的点 $1(-\theta_0, \dot{\theta}_0)$，如图 6.9 所示，然后使航天器进入极限环模式(自振荡)。

根据分析，可以验证图中 1—2 段上的点将沿着平行于横坐标的直线运动。在点 2 上，推力器点火以阻尼角速度 $\dot{\theta}_0$，到点 3 为止的运动是一条抛物线，式(6.11) 变为

$$\dot{\theta}^2 - \dot{\theta}_0^2 = 2A(\theta - \theta_1) \tag{6.12}$$

想像点 3 在点 3′，这对应于航天器从位置 $\theta = \pi$ 过渡到 $\theta = -\pi$。从点 3′ 开始，航天器沿切换方向均匀地持续旋转一直到点 4。在点 4 上，推力器点火，航天器的角速度就又减小。如果角速度敏感器没有死区，则在想像点遇到横轴时推力器应熄火。但是，由于总存在死区，推力器将在点 5 熄火，也就是说 $\dot{\theta}$ 具有负值 $\dot{\theta} = -\dot{\theta}_1$。于是，当速度为 $-\dot{\theta}_1$ 时，航天器将作反方向的均匀旋转，这对应于相平面图中的 5 — 6 段。

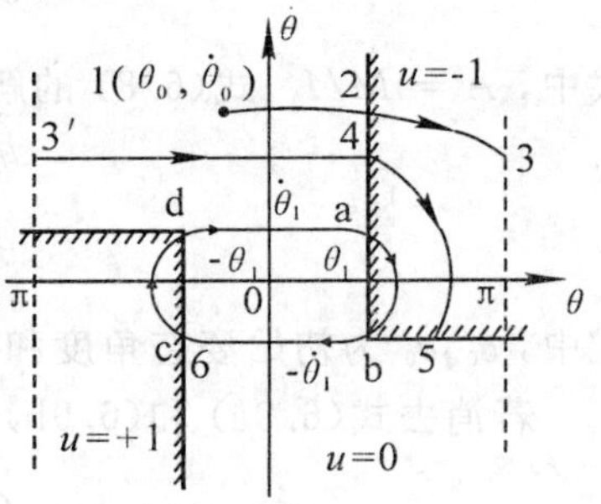

图 6.9　具有死区喷气系统相平面图

这样便证实了极限环的自振荡过程在相平面图上就是封闭的 abcd 围线。这个围线表示了一个稳态过程，相轨迹 1 — 5 定义了暂态过程。与稳态过程相比，暂态过程时间不长，因此研究继电系统时，极限环自振荡模式是主要的对象。

对于给定的理想情况，自振荡周期可以按下述方法求得。运动方程

$$\ddot{\theta} = 0$$

对应于自振荡循环的直线段；而

$$\ddot{\theta} = \pm A$$

对应于抛物线段。

在初始条件

$$\theta = \theta_1 \qquad \dot{\theta} = \dot{\theta}_1$$

情况下对上述方程进行积分，对于整个 abcd 段，有

$$4\theta_1 = \dot{\theta}_1 t_{off}$$

和

$$4\dot{\theta}_1 = A t_{on}$$

其中 t_{on} 和 t_{off} 分别是有推力与没有推力的时间。

显然，自振荡周期 t_a 为

$$t_a = t_{off} + t_{on}$$

由于 $t_{off} = 4\theta_1/\dot{\theta}_1$ 和 $t_{on} = 4\dot{\theta}_1/A$，所以有

$$t_a = 4\left(\frac{\theta_1}{\dot{\theta}_1} + \frac{\dot{\theta}_1}{A}\right) \tag{6.13}$$

反作用推力器推力的建立和消失不能在瞬间完成。实验已经证明，对于大多数典型推力器来说，点火和关机时推力的建立和消失将有滞后，这种推力的变化一般可按指数规律进行。若考虑推力的这种特性，则上述相平面图将相应变化。

从相平面图 6.9 所示看到，极限环宽度由喷嘴推力器不灵敏区（即死区）决定，而极限环高度由姿态角速度敏感器（例如速率陀螺）不灵敏度决定。具有角速度和角度反馈的继电型控制系统是稳定的，从相平面图得知，系统是有阻尼的。阻尼大小由角速度反馈系数决定。

3. 含超前校正网络的死区迟滞继电控制律

基于角度和速度反馈的死区继电控制系统虽然是稳定的，但是它要求较多的硬件（角速度敏感器）。含超前校正网络的继电控制系统比前者简单得多，无须速率陀螺，而且校正网络由无源网络组成，技术实现也容易。

同时考虑推力器力或力矩输出特性中的死区和迟滞特性，即图 6.4 所示中，$u_0 \neq u_c \neq 0$。此时 u_c 对应推力器的死区角度偏差 θ_1，u_0 对应 $(1+h)\theta_1$，这里 h 为迟滞系数。于是根据式(6.4)，控制律可列写为

$$U = (1+ks)(\theta_c - \theta) \tag{6.14a}$$

$$u = \begin{cases} +M\mathrm{sgn}(U) & |U| > (1+h)\theta_1 \text{ 或 } \mathrm{sgn}(U\dot{U}) < 0 \\ 0 & |U| < \theta_1 \text{ 或 } \mathrm{sgn}(U\dot{U}) > 0 \end{cases} \tag{6.14b}$$

系统框图见图 6.10。图中 k 为微分系数，θ_c 为给定的姿态角。

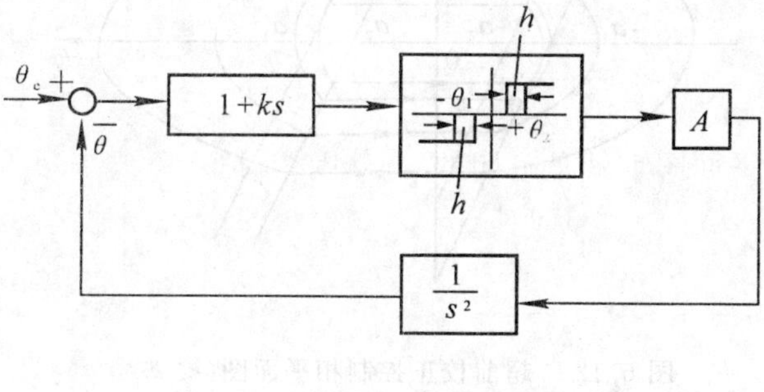

图 6.10　超前校正继电控制系统

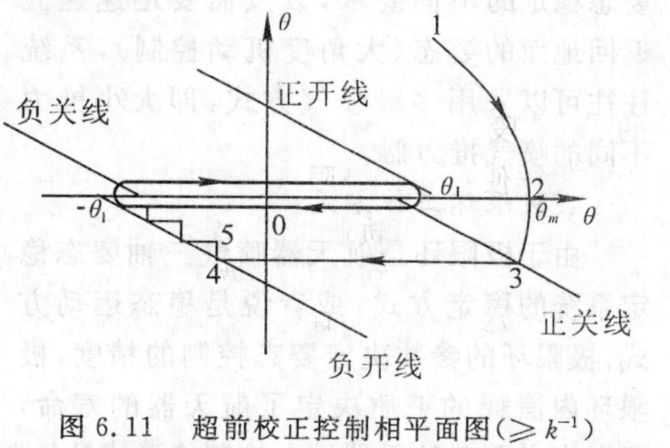

图 6.11　超前校正控制相平面图($\geqslant k^{-1}$)

当 $\theta_c = 0$ 时，系统由初始条件逐渐向里收敛，最后停留在一个稳定振荡上面，即为极限环（见图 6.11）。显然该控制系统也是稳定的，有阻尼存在，且阻尼的大小取决于超前网络参数 k 的大小。过渡过程的最大角度超调发生在点"2"处，从分析式(6.12)得知，发生在 $\dot{\theta} = 0$ 处，其大小可以表示为

$$\theta_m = \theta_0 + \frac{\dot{\theta}_0^2}{2A} \tag{6.15}$$

当$\left|\frac{d\dot{\theta}}{d\theta}\right| \geqslant \frac{1}{k}$时，发生滑行现象，如图 6.11 中所示点“4”以后的轨迹线状态。

当$\left|\frac{d\dot{\theta}}{d\theta}\right| < \frac{1}{k}$时，发生穿越现象，相轨迹如图 6.12 所示。

相平面图 6.11 和图 6.12 中所示开关线方程可从以下分析得到。

由$(1+ks)\theta = \pm\theta_1$得到开线方程

$$\dot{\theta} = \frac{-\theta}{k} \pm \frac{\theta_1}{k} \tag{6.16}$$

同时由$(1+ks)\theta = \pm(1-h)\theta_1$得到关线方程

$$\dot{\theta} = -\frac{\theta}{k} \pm \frac{(1-h)\theta_1}{k} \tag{6.17}$$

开关线的斜率等于$-1/k$，可以很方便地把开关线方程和运动轨迹线方程联立，求得各个交点或者称为切换点的坐标，从而得到过渡过程时间、超调量、角速率变化量等控制系统主要指标。经过一些推导可以得到极限环参数的近似表示，即

$$\dot{\theta}_R = \frac{h\theta_1}{2k} \tag{6.18}$$

$$\theta_R = \theta_1\left(1 - \frac{h}{2}\right) \tag{6.19}$$

式中，$\dot{\theta}_R$和θ_R分别表示极限环角速率和角度，它们决定了航天器姿态控制的精度，与推力器的死区范围成正比。

我国返回式近地观测卫星姿态控制即为三轴喷气（冷气）控制，喷气控制器就采用上述超前校正网络。为了满足不同控制要求，例如消除初始姿态偏差和轨道运动姿态稳定的不同要求，以及需要迅速建立返回地面的姿态（大角度机动控制），系统往往可以采用多级喷气方式，即大小推力不同的喷气推力器。

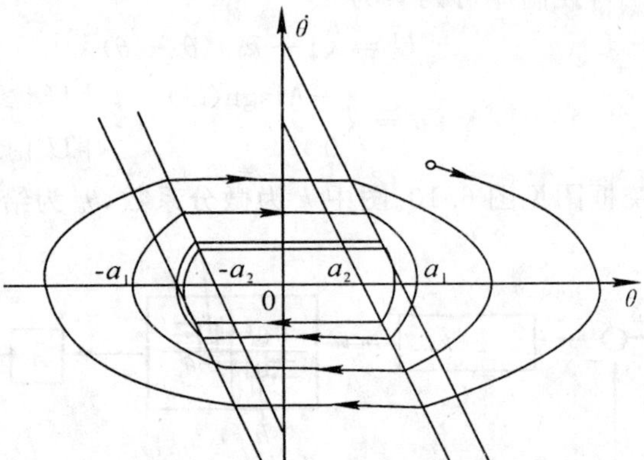

图 6.12　超前校正控制相平面图（$< k^{-1}$）

4. 极限环工作方式

由于极限环是航天器喷气三轴姿态稳定系统的稳定方式，或者说是稳态运动方式，极限环的参数决定姿态控制的精度，极限环内消耗的工质决定了航天器的寿命，所以有必要对航天器继电控制律形成的极限环进行专门讨论，仍以俯仰通道为例。

在没有外力矩作用在航天器上的情况下，$M_{dy}=0$，将图 6.11 和图 6.12 所示的极限环放大至如图 6.13 所示。从该理想化的极限环工作状态可知，在死区负极限($-\theta_R$)和正极限(θ_R)之间存在一个常值角速度$\dot{\theta}_R$，见式(6.18)。尽量减小这个常值角速度有利于节省工质消耗量。

工质消耗的时间平均速率可以通过求一个极限环内的工质消耗量与极限环的周期之比得

到。若推力器的推力为 F，相对航天器质心的力臂为 l，比冲(比推力)为 I_{sp}，推力器的最小脉宽为 Δt，则容易证明航天器继电控制的理想平均工质消耗量为

$$\dot{m} = \frac{(Fl\Delta t)^2}{4I_y g I_{sp} l\theta_1} \tag{6.20}$$

可见，选择小力矩、小脉宽、大比冲和大死区的推力器能使工质消耗速度减至最小。

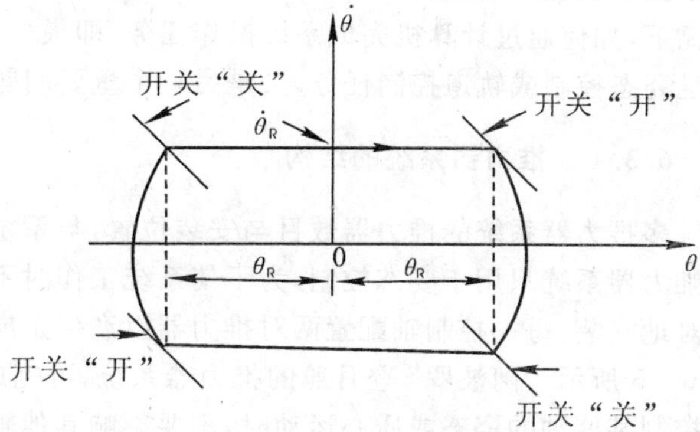

图 6.13 单轴相平面图

外加扰动力矩的存在会使姿态角偏差 θ 漂向极限环死区的边界。当到达死区边界 $\pm\theta_1$ 时，姿态控制系统自动地驱动喷气推力器，产生一定量的冲量，使姿态回到死区内，并朝反方向漂移，姿态角在死区内往复地摆动着。为了限制姿态角偏差，姿态控制系统运行在高精度极限环的工作状态。考虑到节省喷气系统中的燃料，采用单侧极限环工作方式(见图 6.14)是一种有效的手段。以俯仰控制通道为例，在喷气推力器作用后，航天器的姿态初始状态在相平面图上 D 点，姿态初始偏差和漂移速率为 θ_R 和 $-\dot{\theta}_R$。假定常值外扰力矩 M_{dy} 为正，在它的作用下，姿态运动在相图上的轨迹由 D→E→F。在 F 点，姿态漂到死区的边界，推力器开始喷气，经过 Δt 时间使航天器再次获得反向的漂移速度 $-\dot{\theta}_R$。因为控制力矩 M_{cy} 比外加扰动力矩 M_{dy} 大得多，因此有

$$2\dot{\theta}_R = \frac{M_{dy}}{I_y}\Delta t = A\Delta t$$

这种单边极限环使姿态限制在以下范围内：

$$-\theta_R \leqslant \theta \leqslant \theta_R \tag{6.21}$$

$$\theta_R = \frac{\left(\frac{M_{dy}}{I_y}\Delta t\right)^2}{16\left(\frac{M_{dy}}{I_y}\right)} \tag{6.22}$$

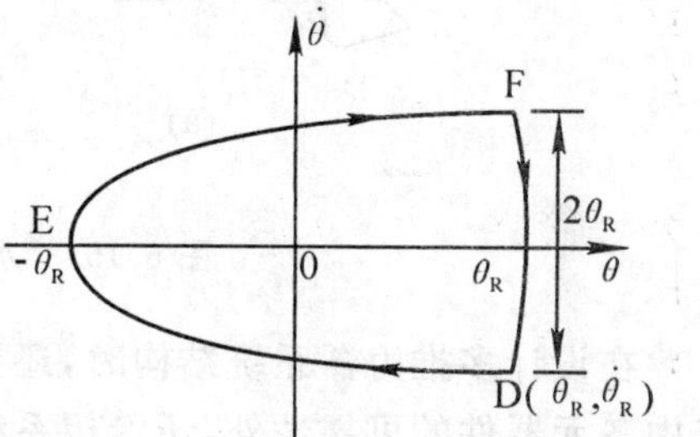

图 6.14 小扰动力矩下的理想单边极限环

此外，从上面分析可以看出，航天器喷气三轴姿态稳定系统的极限环参数与推力器和敏感器的极限参数(如灵敏度、精度、死区、脉宽等)密切相关，因此航天器姿态控制精度要求就成为选择推力器和敏感器的重要依据。换句话说就是，推力器和敏感器的选择必须保证极限环参数均小于航天器姿态控制精度要求，即

$$\theta_R < \theta_c \qquad \dot{\theta}_R < \dot{\theta}_c$$

式中，θ_c 和 $\dot{\theta}_c$ 分别为航天器姿态控制的角度和角速度精度要求。

6.3 航天器的喷气推力器系统

采用推力器完成航天器的姿态控制任务，最重要的问题是提高可靠性和节省工质或燃料；

而对于大型航天器来说，由于动力学模型维数较高，因此需要完成更高维的控制任务。为了兼顾这几方面的要求，往往将航天器的姿态控制与轨道控制任务相结合，把相当数量的推力器组成一个多推力器系统。在设计这样一个复杂的执行机构系统结构时，如何保证推力器的数目与分布安装位置既要达到可靠性要求，又要消耗最少的工质或燃料是一个重要问题。同时在这种情况下，如何通过计算机完成系统操作任务，即最佳地分配推力器的工作和工作时间长短，以满足姿态控制或轨道控制任务，又是另一个重要问题。

6.3.1 推力器系统的结构

多推力器系统的推力器数目与安装位置，与系统要完成的任务维数有关。例如"水手 4 号"的推力器系统只用于姿态控制，为了使系统工作时不影响星体的质心运动，推力器对称于质心成对地安装。每一控制轴配置两对推力器以产生正向与反向的控制力矩，共有 12 个推力器，如图 6.15 所示。"阿波罗"登月舱的推力器系统，可完成三轴姿态控制与三轴质心控制，同样，要求控制某些轴的姿态或质心运动时，不要影响其他轴的姿态与质心的运动。图 6.16(b) 表示了这一系统的推力器数目及其安装位置。

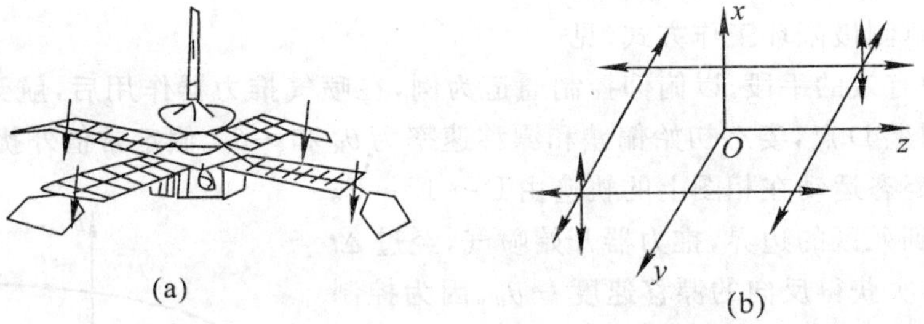

图 6.15 "水手 4 号"金星探测器的推力器系统

在设计多推力器系统结构时，还要考虑如何提高系统的可靠性。提高可靠性除了要提高系统中各元器件的可靠性外，还希望系统中的推力器数目有一定备份量，即有一定冗余度。以便某些推力器失效后，系统仍能继续完成预定的控制任务。系统冗余度 R 是指系统仍能完成控制任务，允许推力器失效的最大数目。

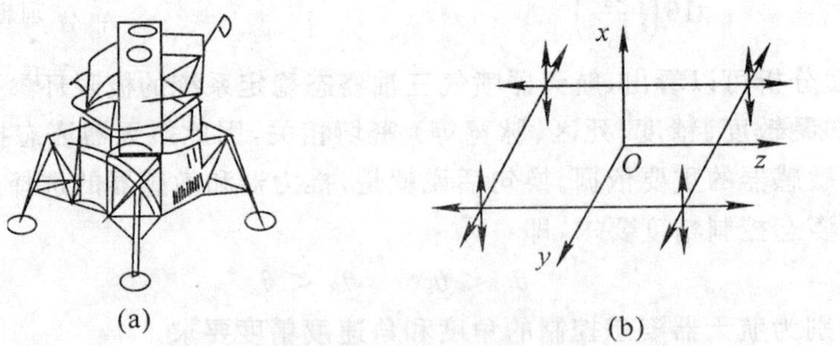

图 6.16 "阿波罗"登月舱的推力器系统

系统冗余度 R 的值是衡量系统可靠性的重要指标。R 的值越大系统越可靠，但随着 R 值增大，推力器数目也随之增加。如果注意到 R 值不仅与推力器数目有关，而且与推力器安装位置有关的事实，就可以通过选择推力器安装位置，使系统在给定 R 值的条件下，尽量减小推力器数目。为此，称用最少的推力器数目构成给定的冗余度 R 的结构为最小冗余结构。特别称 $R=0$ 的最小冗余结构为最小结构。最小结构是完成控制任务所需的最少推力器数目。

图 6.17 表示用 3 个推力器控制星体质心在 Oxy 平面内运动，矢量方向是喷气方向。易知，只要每两个推力方向的夹角不大于 180°，则系统可以提供 Oxy 平面内任意给定的速度增量，也即系统是可控的。当系统中任一推力器失效时，系统便失控，因此系统 $R=0$，且为此二维任务的最小结构。

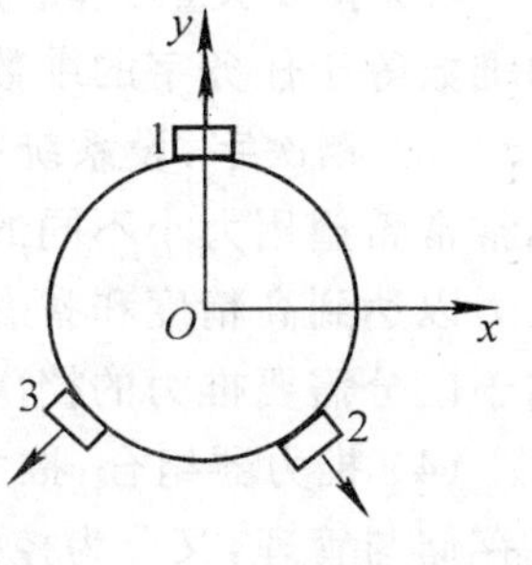

图 6.17　共面三推力器系统

最小冗余结构可用作图法确定。以图 6.17 所示的二维控制任务为例，图 6.18 为各种推力器配置方案的推力矢量图。图中的每一个矢量代表配置的一个推力器的推力矢量或力矩矢量。过矢量的交点作任一直线 aa'，把二维控制平面分为两半。如果每一个半平面内至少含 i 个推力或力矩矢量，则系统有冗余度 $R=i-1$。依此方法可以判定，图 6.18 所示中由左至右 4 种推力器配置方案的冗余度分别为 $R=1,1,2,2$。

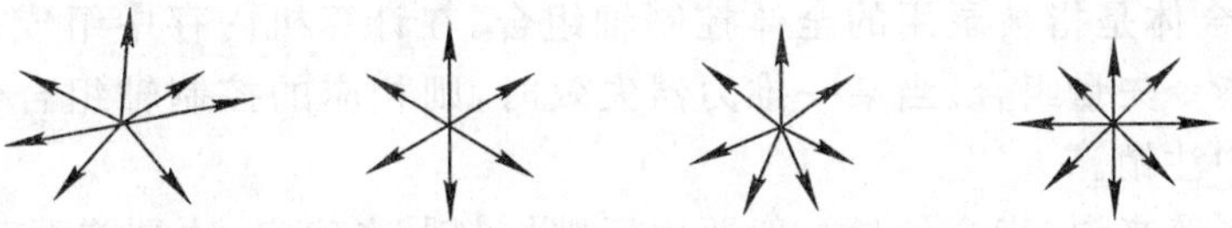

图 6.18　用作图法确定最小冗余结构

对于一般的 n 维控制任务，由上述分析方法可以证明以下结论：

(1) n 维任务的最小结构要求推力器数目 m 为

$$m=n+1$$

(2) n 维任务如果要求冗余度为 R，则最小冗余结构的推力器数目 m 为

$$m=n+1+2R$$

由上面分析知，最小冗余结构系统的优点是用较少的推力器数目获得较高的冗余度，从而提高系统的可靠性。但是最小冗余结构系统也有两个严重的缺点，一是增加了系统操作的难度，二是增加了耗气量。因为最小冗余结构系统工作时，推力产生的部分冲量相互抵消。因此对实际系统来说，必须把可靠性、节省燃料以及操作的方便性加以统一考虑。例如图 6.15 与图 6.16 所示的推力器系统都不是最小冗余结构系统，但这些系统对节省燃料与简化操作来说都是较好的方案。

6.3.2　推力器系统的操作

推力器系统的操作是指在航天器的控制过程中，对推力器系统如何产生控制指令，并根据控制指令要求，令相应的推力器工作，以提供所需要的控制量。

航天器推力器系统的正确操作包含许多方面的正确选择。其中有：

(1) 任务字：航天器在不同的轨道飞行段，对推力器系统规定的控制任务是不同的。例如，对较小的航天器需要进行不同维数的质心控制与姿态控制；对大型航天器，还须抑制弹性振动

与液体晃动的影响，其控制任务中的维数可能高于6维。任务字是用以规定不同轨道飞行段要求推力器系统完成的控制任务。描述任务字的重要参数是控制维数 n。

(2) 指令矢量：指令矢量是指控制任务要求推力器系统提供的线冲量与角冲量。指令矢量的维数等于任务字的维数。

(3) 档次字：设系统中的推力器是按开关方式工作的，从优化角度考虑，对不同的性能指标常常希望用大小不同的推力。例如，粗控希望用较大推力以达到快速目的，精控希望用较小推力以达到高精度和省燃料的目的，维持极限环则要用更小的推力以保证长期工作。档次字是用于区分需要推力的档次，一般设有两档或三档就能达到满意的性能。

(4) 推力器组合：推力器组合是指能够提供给定控制量的一组推力器。为了便于星载计算机存储与管理，又分为控制轴组合与指令矢量组合。

控制轴组合是指控制某一轴或某些轴所需要的一组推力器。当系统有较高冗余度时，对应于同一控制轴的组合数目可能不只一个，各组合的推力器数目也可能不同。

指令矢量组合是指执行某一指令矢量所需的一组推力器。指令矢量组合是由控制轴组合组成。如果一个单元存储一个控制轴组合，则指令矢量的分配就是检索相应的存储单元以组成相应的指令矢量组合。

(5) 组合体：组合体是指被录用的全体控制轴组合。在计算机内存中组成一存储体，以备计算机检索而组成指令矢量组合。当某一推力器失效时，则相应的控制轴组合便失效，失效的组合必须从组合体中注销。

对航天器控制系统来说，指令矢量一般要由反馈控制器来确定，这是前面已经讨论研究过的内容。产生指令矢量最简单的方法是把动力学模型解耦，指令矢量中的各个分量可直接由各控制轴的误差（如位置误差 θ 与速率误差 $\dot{\theta}$）相平面上的开关曲线来确定。相平面开关曲线方法易于实现，曾为“阿波罗”飞船所采用。

6.4 飞轮姿态稳定原理

20世纪70年代以来，随着航天技术的迅猛发展，航天使命的日益复杂多样化，航天器对姿态稳定系统的要求也越来越高，特别是要求高精度和长寿命。为了满足这种要求，对于中高轨道的航天器来说，目前越来越多地采用了飞轮三轴姿态稳定系统。

飞轮三轴姿态稳定系统的工作原理就是动量矩定理，即航天器的总动量矩矢量对时间的导数等于作用在航天器上外力矩矢量之和。由于飞轮是以内力矩作为控制力矩，所以当外力矩矢量和为零时，航天器总动量矩守恒（见式(3.19)）。于是通过改变飞轮的动量矩矢量，就可以吸收航天器其余部分多余的动量矩矢量，从而达到航天器姿态控制的目的。因此，飞轮姿态控制系统也通称为动量交换系统，飞轮也可称为动量矩储存器。

与喷气推力器三轴姿态稳定系统相比，飞轮三轴姿态稳定系统具有多方面的优点。

(1) 飞轮可以给出较精确的连续变化的控制力矩，可以进行线性控制，而喷气推力器只能作非线性开关控制。因此飞轮的控制精度一般比喷气推力器的高一个数量级，而且姿态误差速率也比喷气控制小。

(2) 飞轮所需要的能源是电能，可以不断通过太阳能电池在轨得到补充，因而适合于长寿命工作。喷气推力器需要消耗工质或燃料，在轨无法补充，因此其使用寿命大大受限，基本上与航天器携带的工质或燃料质量成正比，而且还有长期密封问题。

（3）飞轮控制系统特别适合于克服周期性扰动，而中高轨道卫星所受的扰动基本上是周期性的。

（4）飞轮控制系统能够避免热气推力器对光学仪器的污染。

当然，飞轮三轴姿态稳定系统要求较大的太阳能电池面积。好在与双自旋稳定相比，三轴姿态稳定允许航天器携带大面积的太阳帆板，提供几千瓦以上的功率。例如美国“哈勃”太空望远镜携带的太阳帆板面积已达上百平方米。

然而，飞轮三轴姿态稳定系统在具有以上优越性的同时，也存在着两个主要问题。一是飞轮会发生速度饱和。当飞轮朝一个方向加速或偏转以克服某一方面的非周期性扰动时，飞轮终究要达到它的最大允许转速。在这种极限工作状态下，飞轮就不再吸收航天器的多余动量矩，失去控制能力。这种状态称为饱和，饱和是飞轮系统自身不能克服的缺点。二是由于转动部件的存在，特别是轴承的寿命和可靠性受到限制。第一个问题说明飞轮系统需要有第二个系统来进行卸饱和，所以说飞轮不能完全靠自己独立构成一个系统，也就是说不能单纯依靠飞轮进行航天器三轴控制。但是这个问题在实际工程中容易得到解决，因为整星控制由于其他任务需要，一般都具备第二种控制手段。例如喷气推力器用来修正轨道，也可用来作卸载，所以本书称这种系统为“以飞轮为主”的控制。在设计飞轮控制系统时，一定需要考虑卸载，这也就不可避免地增加了系统的复杂性。第二个问题目前在实际中也大部分得到解决，可以使飞轮工作寿命在10年以上，而且可靠性也很高。在某些精度非常高的控制系统中，可以采用磁浮轴承的飞轮。

为了说明飞轮进行姿态控制的工作原理，现考察一个如图6.19所示的单轴系统，即航天器和飞轮同时都作单自由度平面转动。实际上，这可以看作是航天器的俯仰通道在偏航和滚动通道运行良好情况下的一种抽象。

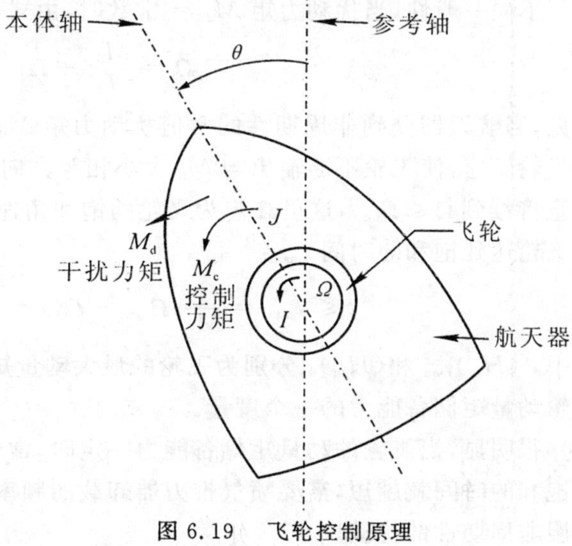

图6.19　飞轮控制原理

假定外加干扰力矩M_d使航天器产生姿态偏差θ，控制系统通过改变飞轮的角速度Ω产生控制力矩M_c消除该姿态偏差。

再设飞轮的转动惯量为I，航天器含飞轮的总惯量为J。于是飞轮的动量矩即为

$$H_m = I(\Omega + \dot{\theta}) \tag{6.23}$$

式中，Ω为飞轮相对于航天器本体的角速度；$\dot{\theta}$为航天器本体的角速度。

航天器本体（不含飞轮）的动量矩为

$$H_b = (J - I)\dot{\theta} \tag{6.24}$$

根据动量矩定理就有

$$\frac{d}{dt}(H_b + H_m) = M_d$$

动力学方程即为

$$J\dot{\theta} + I\dot{\Omega} = M_d \tag{6.25}$$

上式两端对时间 t 积分有

$$J\dot{\theta} + I(\Omega - \Omega_0) = \int_0^t M_d \mathrm{d}t$$

式中，Ω_0 为 $t=0$ 时飞轮的初始转速。

对于航天器姿态稳定而言，必须要求 $\dot{\theta}=0$。由此从上式得，要消除外加干扰力矩 M_d 对航天器姿态的影响，飞轮转速必须按以下规律变化：

$$\Omega = \Omega_0 + \frac{1}{I}\int_0^t M_d \mathrm{d}t \tag{6.26}$$

也即是

$$I\Omega - I\Omega_0 = H_m - (H_m)_0 = \Delta H_m = \int_0^t M_d \mathrm{d}t \tag{6.27}$$

式(6.27)末等号左边为飞轮动量矩的增量，而右边则为扰动力矩在 $0 \sim t$ 时间内对航天器的总冲量矩。该式表明，作用于航天器的冲量矩被完全储存到了飞轮中，从而保证 $\dot{\theta}=0$，即航天器的定向性。这正是飞轮克服了扰动力矩 M_d 的根本原理，而飞轮又被称为动量矩储存器。

由式(3.45)可知，航天器受到的扰动力矩由周期性的和非周期性的两部分组成。为了进一步了解飞轮克服这两种扰动力矩的工作原理，下面分别讨论。

不失一般性，当扰动力矩 $M_d=$ 常数时，由式(6.26)得

$$\Omega = \frac{M_d}{I}t + \Omega_0 \tag{6.28}$$

可见，当航天器受到非周期性的常值扰动力矩 M_d 时，要保持姿态稳定，控制系统必须不断增加飞轮转速，使飞轮不断输出与 M_d 大小相等方向相反的力矩，抵消 M_d 的作用。这一过程可以一直持续到 $\Omega \leqslant \Omega_{max}$，这里 Ω_{max} 为飞轮的饱和角速度。对于给定的 M_d 和 Ω_{max}，由式(6.28)可求出飞轮达到饱和的时间 t_{max}：

$$t \leqslant t_{max} = \frac{I}{M_d}(\Omega_{max} - \Omega_0) = \frac{1}{M_d}[(H_m)_{max} - (H_m)_0] \tag{6.29}$$

式中，$(H_m)_{max}$ 和 $(H_m)_0$ 分别为飞轮的最大动量矩和初始动量矩。实际上 $(H_m)_{max} - (H_m)_0$ 是飞轮动量矩储备能力的一个度量。

很明显，当飞轮的动量矩储备能力一定时，常值或非周期性的外加扰动力矩越大，飞轮达到饱和的时间就越短，需要喷气推力器卸载的频率就越高。这充分说明了飞轮为什么不适合于克服非周期性的扰动。

类似地，若外加扰动力矩 $M_d = M\sin\omega_0 t$，是按轨道周期变化的。其中 ω_0 为轨道角速度，ω_0 和 M 均为常值。同样由式(6.26)得飞轮的转速变化规律为

$$\Omega = -\frac{M}{I\omega_0}\cos\omega_0 t + \Omega_0 \tag{6.30}$$

显然，在克服周期性变化的扰动力矩时，飞轮的转速也同周期变化。而且若飞轮的饱和角速度 Ω_{max} 满足

$$\Omega_{max} \geqslant \Omega_0 + \frac{M}{I\omega_0}$$

也即

$$(H_m)_{max} - (H_m)_0 = I\Omega_{max} - I\Omega_0 \geqslant \frac{M}{\omega_0} \tag{6.31}$$

那么飞轮将不会饱和，而无须卸载。这不仅说明了为什么飞轮适合于克服周期性的扰动，同时从中也可看出，飞轮控制系统对飞轮的要求。

卸载必须用外力矩，把多余的储存在飞轮中的动量矩卸到系统的外部。卸载力矩可以是主动力矩，如推力器系统、载流线圈等；也可以是环境力矩，如引力梯度力矩等，但卸载力矩必须大于扰动力矩。

设卸载力矩 M_r 为常值力矩，且远大于外加扰动力矩 M_d，$M_r \gg M_d$。当系统加上卸载力矩后，式(6.25) 变为

$$J\ddot{\theta} + I\dot{\Omega} = M_r + M_d \approx M_r \tag{6.32}$$

若卸载前飞轮转速为 Ω_0，那么相应的飞轮转速方程即变为

$$I\Omega - I\Omega_0 = M_r t - J\dot{\theta} \tag{6.33}$$

在航天器稳定后，$\dot{\theta} \to 0$，所以

$$I\Omega = M_r t + I\Omega_0$$

为了使飞轮的转速 Ω 最终减至零，使它储存的动量矩全部释放，很明显，M_r 施加的方向应当与 Ω_0 的转向相反。若把 Ω 减至零所需的时间 t_d 称为卸载时间，则 t_d 应满足

$$M_r t_d + I\Omega_0 = 0$$

$$t_0 = \left|\frac{I\Omega_0}{M_r}\right| \tag{6.34}$$

由该式知，要缩短卸载时间 t_d，就需要足够大的卸载力矩 M_r。t_d 的值过大将会影响系统的工作效率。

目前，以飞轮为主的航天器三轴姿态稳定系统根据所采用的飞轮形式不同有零动量反作用轮、偏置动量轮和控制力矩陀螺 3 种类型。其中偏置动量轮和零动量反作用轮均是通过使固定在航天器上的惯性轮加速或减速来吸收航天器的动量矩，从而改变惯性轮动量矩矢量的大小而不改变其方向，如前面的分析。控制力矩陀螺以固定转速运行，根据不同的自由度可以有单框架和双框架。它们通过框架的转动来吸收航天器的动量矩，用改变框架方向的办法使大小不变的动量矩矢量改变方向，从而改变系统的合成动量矩。这类姿态稳定系统目前我国尚未采用，本书仅作简要介绍。

下面针对前两种飞轮三轴姿态稳定系统进行介绍。

6.5 零动量反作用轮三轴姿态稳定系统

目前有许多航天器采用零动量反作用轮进行三轴姿态稳定，其特点在于反作用飞轮有正转或反转，但是整个航天器的总动量矩为零。这种姿态稳定系统的一个最主要的要求是需要俯仰、偏航和滚动三轴姿态信息，所以该三轴控制系统的主要部件是一组提供三轴姿态信息的敏感器，一组运算的控制器，反作用轮以及卸载去饱和推力器。最早采用零动量反作用轮的是美国“雨云号”气象卫星和精确姿态控制天文卫星 OAO。

6.5.1 零动量反作用轮三轴姿态控制律

由飞轮进行姿态控制的工作原理可知，一个飞轮能有效地克服一个通道的扰动。一般零动量反作用轮三轴姿态稳定系统是在航天器的 3 个主惯量轴上各装一个反作用轮，3 个零动量反

作用轮相互正交，原理结构如图 6.20 所示。

设刚性航天器的绕 3 个主惯量轴的转动惯量（含三轴配置的反作用轮）分别为 I_x, I_y, I_z，航天器本体的三轴角速度分别为 $\omega_x, \omega_y, \omega_z$；零动量反作用轮的绕其转轴的惯量均为 I，相对于本体的旋转角速度分别为 $\Omega_x, \Omega_y, \Omega_z$；所以零动量反作用轮相对于惯性坐标系的绝对角速度就分别为 $\omega_x + \Omega_x, \omega_y + \Omega_y, \omega_z + \Omega_z$，而且航天器总动量矩在本体坐标系中的投影分别为

$$h_x = I_x\omega_x + I\Omega \tag{6.35a}$$

$$h_y = I_y\omega_y + I\Omega \tag{6.35b}$$

$$h_z = I_z\omega_z + I\Omega \tag{6.35c}$$

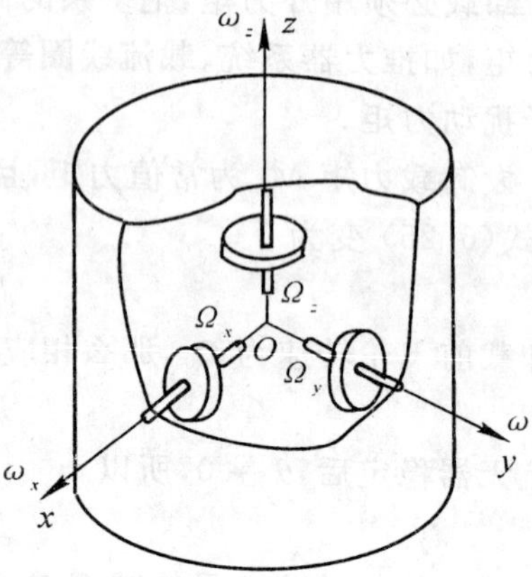

图 6.20　零动量反作用轮三轴姿态稳定系统

代入欧拉力矩方程式(3.29)便得到零动量反作用轮三轴姿态稳定航天器的欧拉动力学方程为

$$M_{dx} = I_x\frac{d\omega_x}{dt} + (I_z - I_y)\omega_y\omega_z + I(\dot{\Omega}_x + \Omega_z\omega_y - \Omega_y\omega_z) \tag{6.36a}$$

$$M_{dy} = I_y\frac{d\omega_y}{dt} + (I_x - I_z)\omega_z\omega_x + I(\dot{\Omega}_y + \Omega_x\omega_z - \Omega_z\omega_x) \tag{6.36b}$$

$$M_{dz} = I_z\frac{d\omega_z}{dt} + (I_y - I_x)\omega_x\omega_y + I(\dot{\Omega}_z + \Omega_y\omega_x - \Omega_x\omega_y) \tag{6.36c}$$

式中，M_{dx}, M_{dy}, M_{dz} 分别为三轴扰动力矩。

利用运动学方程式(3.15)和(3.12)，并考虑到轨道角速度 ω_0 的影响，在 $|\theta|, |\psi|, |\varphi| \ll 1$ rad，即在小角度姿态变化的情况下进行线性化得式(3.37)，即

$$\omega_x = \dot{\varphi} - \omega_0\psi \qquad \omega_y = \dot{\theta} - \omega_0 \qquad \omega_z = \dot{\psi} + \omega_0\varphi \tag{3.37}$$

代入式(6.36)得到以欧拉角描述的零动量反作用轮三轴姿态稳定航天器的动力学方程，即

$$M_{dx} = I_x\ddot{\varphi} + (I_y - I_x - I_z)\omega_0\dot{\psi} + (I_y - I_z)\omega_0^2\varphi + I\dot{\Omega}_x + I\Omega_z(\dot{\theta} - \omega_0) - I\Omega_y(\dot{\psi} + \omega_0\varphi) \tag{6.37a}$$

$$M_{dy} = I_y\ddot{\theta} + I\dot{\Omega}_y + I\Omega_x(\dot{\psi} + \omega_0\varphi) - I\Omega_z(\dot{\varphi} - \omega_0\psi) \tag{6.37b}$$

$$M_{dz} = I_z\ddot{\psi} - (I_y - I_x - I_z)\omega_0\dot{\varphi} + (I_y - I_x)\omega_0^2\psi + I\dot{\Omega}_z + I\Omega_y(\dot{\varphi} - \omega_0\psi) - I\Omega_x(\dot{\theta} - \omega_0) \tag{6.37c}$$

若考虑到三轴姿态稳定航天器的星体角速度很小的实际情况，假设 $\omega_x, \omega_y, \omega_z \to 0$，并且忽略轨道角速度 ω_0 的影响，则上述非线性动力学方程可以得到线性化，即

$$I_x\ddot{\varphi} + I\dot{\Omega}_x = M_{dx} \tag{6.38a}$$

$$I_y\ddot{\theta} + I\dot{\Omega}_y = M_{dy} \tag{6.38b}$$

$$I_z\ddot{\psi} + I\dot{\Omega}_z = M_{dz} \tag{6.38c}$$

这时，整个航天器的控制系统就可以看成是由滚动、俯仰和偏航 3 个独立通道控制系统组成，它们在形式上完全相同。因此 3 个正交的零动量反作用轮完全可以根据各自轴上的姿态误差，相互独立地改变自己的转速，实现对各自轴的姿态控制。下面以俯仰通道为例介绍零动量反作用轮的线性控制律。

首先考察比例控制律。设零动量反作用轮具有线性控制规律，即

$$M_c = I\dot{\Omega}_y = k_p\theta \tag{6.39}$$

k_p 为比例系数。此时，俯仰通道仅须配置姿态敏感器测量 θ，则俯仰通道的闭环控制系统为

$$\ddot{\theta} + \frac{k_p}{I_y}\theta = \frac{M_{dy}}{I_y}$$

闭环系统特征值即为

$$s_{1,2} = \pm\sqrt{\frac{k_p}{I_y}}\mathrm{i}$$

位于复平面虚轴上。因此这种简单的线性比例控制律不能保证系统收敛，航天器和反作用轮将作无衰减振荡。从稳态精度来看，这种运动是不希望的。由于在实际系统中存在着死区或者其他非线性因素，所以这种控制系统往往是不稳定的。为此，飞轮控制系统必须引入阻尼才能使系统稳定，这就是说必须将姿态角速度的信息引入到系统中。此时线性控制规律将由比例控制变为线性比例-微分控制，即

$$M_c = I\dot{\Omega} = k_p\theta + k_d\dot{\theta} \tag{6.40}$$

式中，k_p，k_d 分别为比例系数和微分系数；θ 和 $\dot{\theta}$ 为姿态敏感器和速度敏感器提供的姿态信息。代入式(6.38b)得

$$I_y\ddot{\theta} + k_d\dot{\theta} + k_p\theta = M_{dy} \tag{6.41}$$

定义

$$\omega^2 = \frac{k_p}{I_y} \qquad 2\xi\omega = \frac{k_d}{I_y} \tag{6.42}$$

即

$$\omega = \sqrt{\frac{k_p}{I_y}} \qquad \xi = \frac{k_d}{2\sqrt{I_y k_p}}$$

于是式(6.41)可化为二阶系统的典型形式，即

$$\ddot{\theta} + 2\xi\omega\dot{\theta} + \omega^2\theta = \frac{M_{dy}}{I_y} \tag{6.43}$$

相应的特征方程为

$$s^2 + 2\xi\omega s + \omega^2 = 0$$

特征根为

$$s_{1,2} = -\xi\omega \pm \omega\sqrt{1-\xi^2}\mathrm{i} \qquad \xi < 1$$

或

$$s_{1,2} = -\xi\omega \pm \omega\sqrt{\xi^2-1} \qquad \xi \geqslant 1$$

显然，这是一个典型的二阶系统，控制律反馈系数 k_p，和 k_d 的选择完全确定了二阶系统的阻尼系数 ξ 和自然频率 ω，从而确定了闭环系统的特征根。因此只要适当地设计控制律式(6.40)就能保证系统的稳定性和动态特性。下面针对几种典型的扰动力矩考察零动量反作用轮姿态稳定系统的响应。不失一般性，设系统初始状态均为零，即当 $t=0$ 时，$\theta_0 = 0$，$\dot{\theta}_0 = 0$。

(1) 脉冲响应： $M_{dy} = M\delta(t)$

这相当于航天器获得一初始角速度，即

$$t = 0 \qquad \theta_0 = 0 \qquad \dot{\theta}_0 = \frac{M}{I_y}$$

那么脉冲响应为

$$\theta = \frac{M}{I_y\sqrt{1-\xi^2}\,\omega}\mathrm{e}^{-\xi\omega t}\sin(\sqrt{1-\xi^2}\,\omega t) \qquad \xi < 1 \tag{6.44}$$

易知，若系统的阻尼特性已定，例如取最佳阻尼 $\xi = 0.707$，则 ω 越大，脉冲扰动力矩造成的动

态过程幅值就越小。

(2) 阶跃响应：　　　　　　　$M_{dy} = M \cdot 1(t)$

$$\theta = -\frac{M}{I_y\omega^2\sqrt{1-\xi^2}}e^{-\xi\omega t}\sin\left(\sqrt{1-\xi^2}\omega t + \arctan\frac{\sqrt{1-\xi^2}}{\xi}\right) + \frac{M}{I_y\omega^2}$$

或

$$\theta = \frac{M}{k_p}\left[1 - \frac{1}{\sqrt{1-\xi^2}}e^{-\xi\omega t}\sin\left(\sqrt{1-\xi^2}\omega t + \arctan\frac{\sqrt{1-\xi^2}}{\xi}\right)\right] \tag{6.45}$$

上式的过渡过程表示在图 6.21 中。假设 $M/k_p = 1$，从中得知，没有速度反馈（$k_d = 0, \xi = 0$），即当无阻尼时，响应是一个不衰减的振荡过程。由式(6.42)知，k_p 决定 ω，k_d 决定 ξ，所以可以通过选择 k_d，获得不同的阻尼系数 ξ，使响应到达时间最短，超调量也很小，即使系统的动态特性优化，如 $\xi = 0.7 \sim 1$。

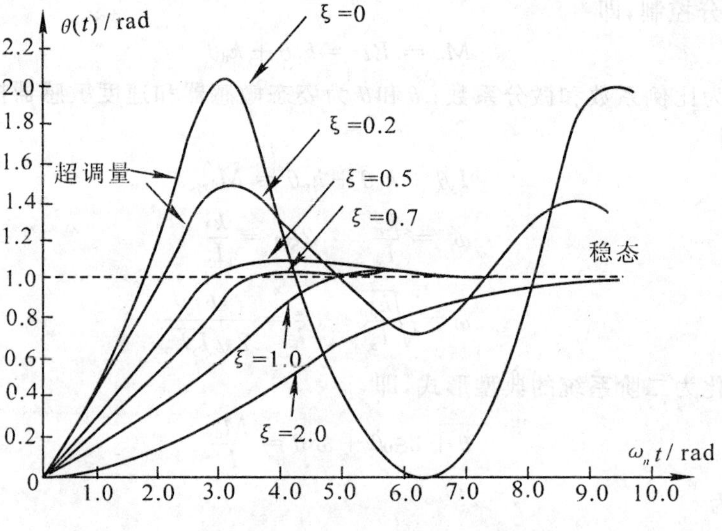

图 6.21　俯仰姿态阶跃响应

从式(6.45)还可看出，当 $t \to \infty$ 时，扰动力矩 M_{dy} 会使系统产生稳态偏差 M/k_p。因而可通过选择比例控制系数 k_p，使得系统在扰动力矩的作用下，稳态偏差达到最小，显然 k_p 越大越好。另一方面，k_p 增加，ω 也随之加大，这对于系统尽快达到稳态也是有利的。

(3) 正弦输入响应：　$M_{dy} = M\sin\omega_0 t$

$$\theta = -\frac{M}{I_y\omega\sqrt{1-\xi^2}}e^{-\xi\omega t}\sin\left(\sqrt{1-\xi^2}\omega t + \arctan\frac{\sqrt{1-\xi^2}}{\xi}\right) +$$

$$\frac{M}{I_y\omega_0^2 + I_y\omega^2(1-\xi^2)}\sin\left(\omega_0 t + \arctan\frac{2\xi\omega_0\omega}{\omega_0^2 - \omega^2}\right) \tag{6.46}$$

式中，ω_0 为轨道角速度。显然，当 $t \to \infty$ 时，航天器的俯仰姿态角将以与扰动力矩频率相同的频率振荡，而比例控制系数 k_p 的增大有利于减小系统的稳态振荡的幅值，而微分控制系数 k_d 则作用相反。

相应地，也可以求出在以上各个控制过程中，俯仰通道零动量反作用轮的转速变化规律 Ω_y。由式(6.38b)积分得

$$\Omega_y = \Omega_{y0} + \frac{1}{I}\int_0^t M_{dy}\,dt - \frac{I_y}{I}\dot{\theta} \tag{6.47}$$

式中，Ω_{y0} 为 $t=0$ 时反作用轮的初始转速。分别将式(6.44)～(6.46)求导，代入式(6.47)即可求出 Ω_y。

零动量反作用姿态稳定系统的控制律有各种各样。例如除了上面介绍的比例-微分控制律(PD)外，为了减少系统的稳态误差，比例-微分-积分控制律(PID)也是一种常见的控制律。无论控制律的具体形式如何不同，根据姿态误差，按控制律去驱动电机，从而改变反作用轮的速度，产生控制力矩的过程总是不变的。此外，在PD或PID中，姿态角速度信息的反馈往往并不使用速率陀螺等速度敏感器，而采用无源网络对姿态敏感器的输出进行滤波得到，这样有利于简化系统结构。图6.22所示即为这样的PD控制系统结构图。

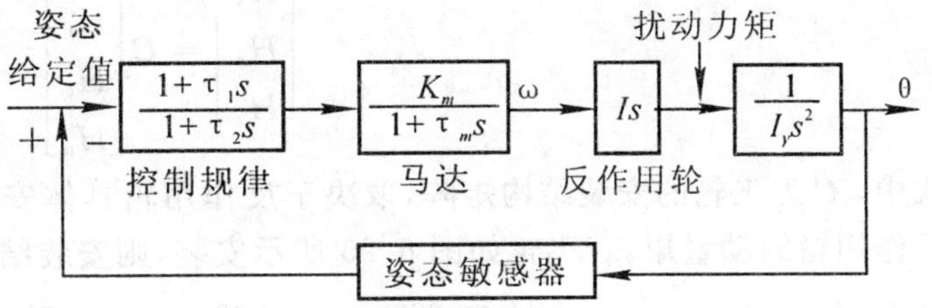

图6.22　零动量俯仰通道姿态控制系统框图

以上分析对于零动量反作用轮三轴姿态稳定系统的滚动通道和偏航通道的设计也是完全适合的。虽然航天器滚动和偏航通道是动力学耦合的，在两个通道之间有着连续的动量交换，但在轨道角速度 ω_0 很小的情况下，如地球同步卫星，通道间的耦合很弱，控制系统独立设计还是可行的(见图6.23)。

6.5.2　零动量反作用轮的斜装和操作

目前经常采用零动量反作用轮，实现航天器高精度长寿命的三轴姿态控制。为了对三轴都具有控制能力，多个飞轮的轴线不能安装在一个平面上，上述3个正交轮是一种可行的方案。易知，如果任意失效一个反作用轮，系统便失控，其冗余度 $R=0$，所以对长寿命航天器一定要考虑备份。如果要使冗余度 $R=1$，则每一轴都要增加一个飞轮，这样三轴共需6个反作用轮，数目较多。如果改变上述反作用轮的布局方式，则有可能用较少的数目获得较大的冗余度。

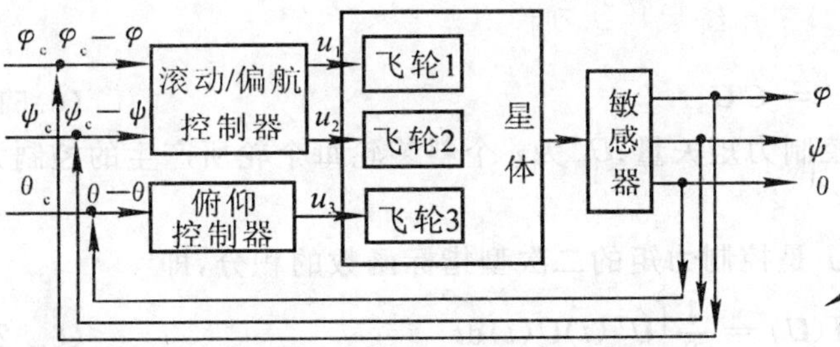

图6.23　零动量反作用轮三轴姿态稳定系统

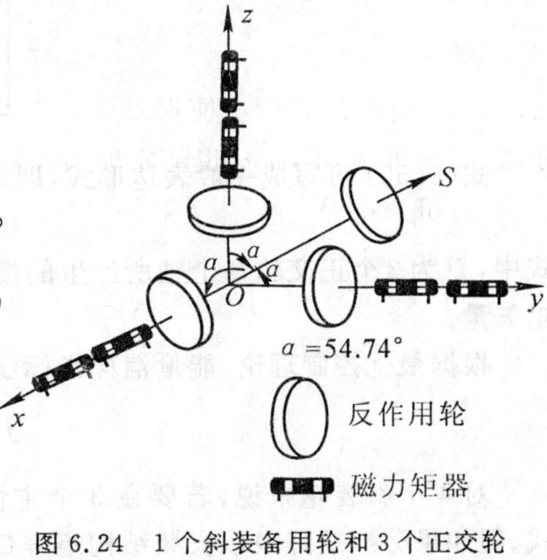

图6.24　1个斜装备用轮和3个正交轮

图6.24显示了一种可行的反作用轮备份方案，即在与三轴成等角的轴线上安装一个备用

轮。一旦3个正交轮中有一个失效时，便启动斜装轮。但此时前述的三轴独立控制原则已不存在，控制力矩分配必须经过计算。一种更合理的方案就是把4个反作用轮都斜装，结构安装图见图6.25。这种方案不仅具备上述3个正交轮加1个斜装轮的优点，即$R=1$，而且还具有多方面的优点。

(1) 控制功耗指标U比较低：斜装轮动量矩$\boldsymbol{H}$在3个主惯量轴的动量矩分量可以表示为

$$\begin{bmatrix} H_y \\ H_x \\ H_z \end{bmatrix} = \boldsymbol{C}\begin{bmatrix} H_a \\ H_b \\ H_c \\ H_d \end{bmatrix} \tag{6.48}$$

式中，$\boldsymbol{C}$为飞轮的安装结构矩阵，取决于反作用轮具体安装方式；H_a，H_b，H_c，H_d分别为4个反作用轮的动量矩。若飞轮如图6.25所示安装，则安装结构矩阵可以表示为

$$\boldsymbol{C} = \begin{bmatrix} -\cos\alpha & -\cos\alpha & -\cos\alpha & -\cos\alpha \\ -\sin\alpha\cos\beta & \sin\alpha\cos\beta & -\sin\alpha\sin\beta & \sin\alpha\cos\beta \\ -\sin\alpha\sin\beta & \sin\alpha\sin\beta & \sin\alpha\cos\beta & -\sin\alpha\cos\beta \end{bmatrix} \tag{6.49}$$

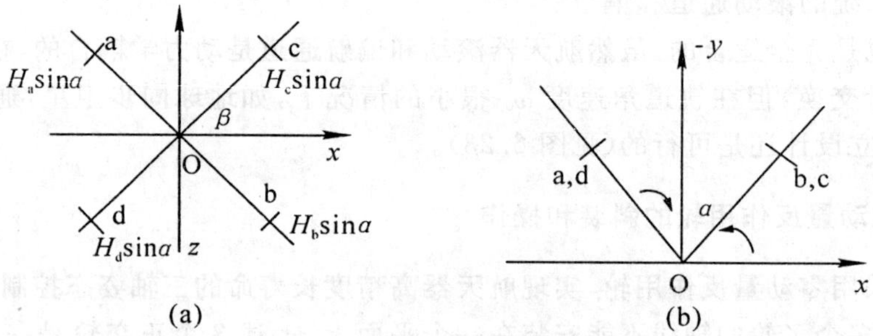

图 6.25　4个斜装反作用轮

将式(6.48)两边微分，可得到

$$\begin{bmatrix} M_y \\ M_x \\ M_z \end{bmatrix} = \boldsymbol{C}\begin{bmatrix} M_a \\ M_b \\ M_c \\ M_d \end{bmatrix} \tag{6.50}$$

式(6.50)可写成一般表达形式，即

$$\boldsymbol{U} = \boldsymbol{C}\,\boldsymbol{U}_n \tag{6.51}$$

式中，$\boldsymbol{U}$为3个正交轮每个轴所产生的控制力矩矢量；$\boldsymbol{U}_n$为n个斜装轮每个轮所产生的控制力矩矢量。

根据最优控制理论，能量消耗指标J是控制力矩的二次型指标函数的积分，即

$$J(\boldsymbol{U}) = \frac{1}{2}\int \boldsymbol{U}^{\mathrm{T}}(t)\boldsymbol{U}(t)\mathrm{d}t \tag{6.52}$$

对4个斜装轮来说，若要在3个主惯量轴得到控制力矩，理论上可以有无穷多种分配方式。但如果分配矩阵$\boldsymbol{D}$取安装结构矩阵$\boldsymbol{C}$的伪逆，则可以使分配到各斜装轮的力矩诸元的平方和为最小。为此由式(6.51)可以得

$$\boldsymbol{U}_n = \boldsymbol{D}\boldsymbol{U} \tag{6.53}$$

式中，$\boldsymbol{D}=\boldsymbol{C}^{+}=\boldsymbol{C}^{\mathrm{T}}(\boldsymbol{C}\boldsymbol{C}^{\mathrm{T}})^{-1}$ 为分配矩阵，所以

$$\boldsymbol{U}_n^{\mathrm{T}}\boldsymbol{U}_n=\boldsymbol{U}^{\mathrm{T}}\boldsymbol{D}^{\mathrm{T}}\boldsymbol{D}\boldsymbol{U}=\boldsymbol{U}^{\mathrm{T}}(\boldsymbol{C}\boldsymbol{C}^{\mathrm{T}})^{-1}\boldsymbol{U}$$

在式(6.49)中，由于4个轮对称斜装，如图6.25(a)所示，故令 $\beta=45^\circ$，代入上式得

$$\boldsymbol{U}_n^{\mathrm{T}}\boldsymbol{U}_n=\boldsymbol{U}^{\mathrm{T}}\mathrm{diag}\left(\frac{1}{4\cos^2\alpha},\frac{1}{2\sin^2\alpha},\frac{1}{2\sin^2\alpha}\right)\boldsymbol{U} \tag{6.54}$$

现取

$$\frac{1}{4\cos^2\alpha}=\frac{1}{2\sin^2\alpha}$$

此时 $\alpha=54.74^\circ$。把它代入式(6.54)得

$$\boldsymbol{U}_n^{\mathrm{T}}\boldsymbol{U}_n=\frac{3}{4}\boldsymbol{U}^{\mathrm{T}}\boldsymbol{U} \tag{6.55}$$

因此，$\alpha=54.74^\circ$，$\beta=45^\circ$ 的4个斜装飞轮的功耗指标是3个正交飞轮功耗指标的3/4。计算表明，当取 $45^\circ\leqslant\alpha\leqslant60^\circ$ 时，4个斜装飞轮的功耗指标都比3个正交飞轮小，且以 $\alpha=54.74^\circ$ 时为最优。

若以5个轮子围绕俯仰轴(Oy)斜装，每个轮子的轴线与俯仰轴成 α 角，每个轮子在 Oxz 平面间隔均匀，每隔72°装一个轮子，见图6.26，则安装结构矩阵表示为

$$\boldsymbol{C}=\begin{bmatrix}-\cos\alpha & -\cos\alpha & -\cos\alpha & -\cos\alpha & -\cos\alpha\\ -\sin\alpha & -\sin\alpha\cos72^\circ & \sin\alpha\cos36^\circ & \sin\alpha\cos36^\circ & -\sin\alpha\cos72^\circ\\ 0 & \sin\alpha\cos18^\circ & \sin\alpha\cos54^\circ & -\sin\alpha\cos54^\circ & -\sin\alpha\cos18^\circ\end{bmatrix} \tag{6.56}$$

同样地，与上述4个斜装轮子一样，以安装结构矩阵的伪逆来分配力矩，则可以得到

$$\boldsymbol{U}_n^{\mathrm{T}}\boldsymbol{U}_n=\boldsymbol{U}^{\mathrm{T}}\mathrm{diag}\left(\frac{1}{5\cos^2\alpha},\frac{1}{2.5\sin^2\alpha},\frac{1}{2.5\sin^2\alpha}\right)\boldsymbol{U} \tag{6.57}$$

当 $\alpha=57.74^\circ$ 时，$\boldsymbol{D}^{\mathrm{T}}\boldsymbol{D}=3/5$，这说明功耗指标在采用5个斜装轮子时仅为3个正交轮的3/5。同样地可以从式(6.57)得出当 $39.25^\circ\leqslant\alpha\leqslant63.50^\circ$ 时功耗指标都是比3个正交轮的为小，但是都没有小到3/5。同时5个轮斜装的冗余度 $R=2$。

同理可以证明，n 个斜装轮子与3个正交轮子相比可以得到前者的最佳功耗指标为后者的 $3/n$。

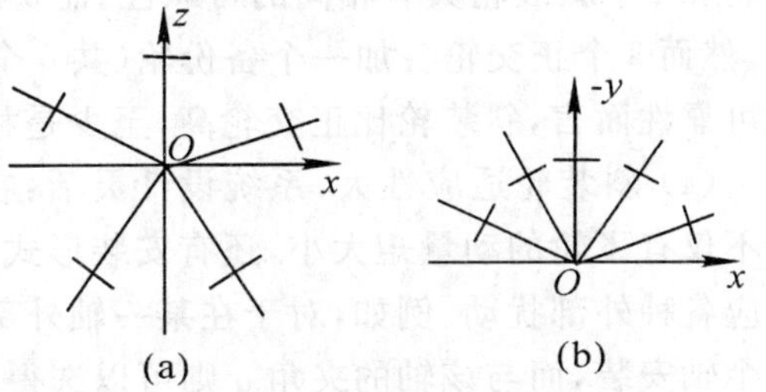

图6.26 5个斜装反作用轮

(2) 斜装轮的力矩包和动量包比较大：动量包就是指所有反作用轮在航天器本体坐标系中的各个方向上所能提供的最大动量矩矢量的端点形成的包络。动量包的大小是动量矩储存能力的体现。若动量包大，则在克服同样外部扰动时，飞轮的卸载次数少。对飞轮动量矩进行微分就成为控制力矩，可把此称为力矩包。力矩包大则说明同样的反作用轮能承受的外部扰动力矩大。

由图6.25得知，4个斜装轮在俯仰轴 Oy、滚动轴 Ox 和偏航轴 Oz 所得的控制力矩如式(6.50)所示，当 $\alpha=57.74^\circ$，$\beta=45^\circ$ 时，各轴得到控制力矩 $M=(4/\sqrt{3})M_i$(M_i 为单个斜装轮子所产生的力矩)。这说明4个斜装轮在3个惯量轴(Ox，Oy，Oz)上所得到的控制力矩为正交轮的2.31倍。若以力矩包或动量包(即体积)表示，则经过一些演算可知4个斜装轮的力矩包或动量包为3个正交轮的3倍。从物理意义来讲，斜装轮系统为了实现对每个轴的控制，要求

多个轮子同时工作，而正交轮系统每个轴上只有一个轮子在工作。

(3) 可靠性：设每个反作用轮可靠性相同，等于 Q。由于 n 个轮中只要有 3 个轮同时工作，就可以保证系统正常工作，因此系统可靠性 Q_s 可以表示为

$$Q_s = Q^n + nQ^{n-1}\overline{Q} + \cdots + \frac{n!}{3!(n-3)!}Q^3\overline{Q}^{n-3}$$

式中，$Q = 1 - P$ 为故障率；n 为反作用轮个数。

若 3 个正交轮，每个轮子各加一个备份数，则系统可靠性 Q_s 可以表示为

$$Q_s = (1 - Q^2)^3$$

根据上面公式可以得出各种飞轮组合方案的可靠性，见表 6.1。

表 6.1　飞轮组合方案的可靠性

	单个轮子可靠性 / 轮子安装方式	$Q = 0.9$	$Q = 0.968$	$Q = 0.95$
1	3 个正交各加一备份	0.970 3	0.979 4	0.992 5
2	3 个正交斜装一个轮子	0.947 7	0.962 9	0.986 0
3	4 个斜装	0.947 7	0.962 9	0.986 0
4	5 个斜装	0.991 4	0.995 0	0.998 8
5	6 个斜装	0.998 7	0.999 4	0.999 9
6	3 个正交无备份	0.729 0	0.770 6	0.857 4

从表中可以看到，3 个正交轮系统若不加备份，则可靠性是很低的。3 个正交轮加一备份斜装轮和 4 个斜装轮具有相同的可靠性。而 5 个轮子斜装或 6 个轮子斜装的系统可靠性已经相当高。然而 3 个正交轮各加一个备份轮（共 6 个轮）却比 5 个斜装轮的可靠性低。由此也可以说明就可靠性而言，斜装轮比正交轮高，至少是相等的。

(4) 斜装轮适应性大，系统设计灵活：在设计采用斜装轮的姿态控制系统时，可选择的参数不仅有飞轮的动量矩大小，还有安装形式，例如 α 和 β 角。因此系统设计的灵活性较大，易于适应各种外部扰动。例如，对于在某一轴外部扰动力矩特别大的情况下，斜装轮子就可以围绕这个轴安装，而与该轴的夹角 α 则可以选得比较小。

当然，零动量反作用轮的斜装也不可避免地带来了系统操作的复杂性。四轮斜装反作用轮的操作方框图如图 6.27 所示。

图 6.27 所示控制指令 $\boldsymbol{U}_c$ 的分配计算可由星载计算机完成，也可以由电路网络来实现 $\boldsymbol{D}$ 和 $\boldsymbol{C}$。一旦斜装反作用轮中有一个失效，则安装结构矩阵 $\boldsymbol{C}$ 和分配矩阵 $\boldsymbol{D}$ 就都变为 3×3 的矩阵。下面列出任一飞轮失效时的安装结构矩阵和分配矩阵，式中 $\boldsymbol{C}_i$ 与 $\boldsymbol{D}_i$ 的下标 i 是表示第 i 标号飞轮失效时的安装结构矩阵与分配矩阵。

$$\boldsymbol{C}_1 = \frac{\sqrt{3}}{3}\begin{bmatrix} -1 & 1 & -1 \\ -1 & 1 & 1 \\ 1 & 1 & 1 \end{bmatrix} \qquad \boldsymbol{D}_1 = \frac{\sqrt{3}}{2}\begin{bmatrix} -1 & -1 & 0 \\ 0 & 1 & 1 \\ -1 & 0 & -1 \end{bmatrix}$$

$$\boldsymbol{C}_2 = \frac{\sqrt{3}}{3}\begin{bmatrix} -1 & -1 & -1 \\ -1 & 1 & 1 \\ -1 & 1 & -1 \end{bmatrix} \qquad \boldsymbol{D}_2 = \frac{\sqrt{3}}{2}\begin{bmatrix} -1 & -1 & 0 \\ -1 & 0 & 1 \\ 0 & 1 & -1 \end{bmatrix}$$

$$C_3 = \frac{\sqrt{3}}{3}\begin{bmatrix} -1 & -1 & -1 \\ -1 & -1 & 1 \\ -1 & 1 & -1 \end{bmatrix} \qquad D_3 = \frac{\sqrt{3}}{2}\begin{bmatrix} 0 & -1 & -1 \\ -1 & 0 & 1 \\ -1 & 1 & 0 \end{bmatrix}$$

$$C_4 = \frac{\sqrt{3}}{3}\begin{bmatrix} -1 & -1 & -1 \\ -1 & -1 & 1 \\ -1 & 1 & 1 \end{bmatrix} \qquad D_4 = \frac{\sqrt{3}}{2}\begin{bmatrix} -1 & 0 & -1 \\ 0 & -1 & 1 \\ -1 & 1 & 0 \end{bmatrix}$$

同样，失效模型的控制律也可以用计算机或电路网络来实现。这时网络中需要设计相应开关，当一个零动量反作用轮失效时，网络便断开相应的开关。

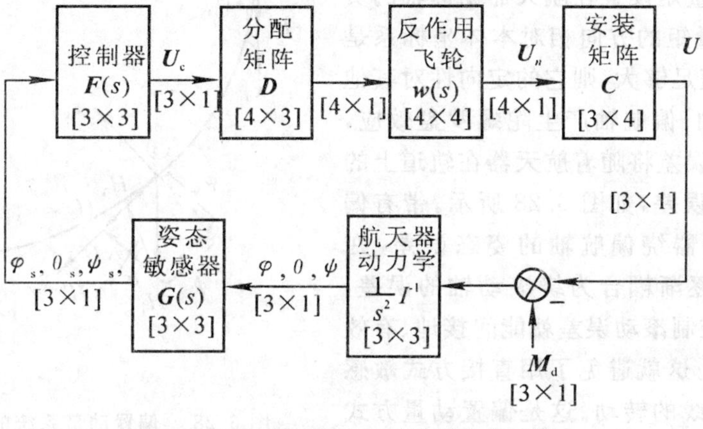

图 6.27　四轮斜装反作用轮操作方框图

6.6　偏置动量轮三轴姿态稳定系统

上一节讨论的三轴姿态稳定系统采用的是零动量反作用轮。因为每一个本体坐标轴上都要安装一组反作用轮，三轴稳定就需要三组姿态敏感器和执行机构，这样的姿态控制系统就显得较复杂，但是控制精度很高。一种在结构上比较简单，又能对姿态起稳定作用的飞轮系统是偏置动量轮姿态稳定系统。

航天器三轴姿态稳定的偏置动量方式是由双自旋卫星的稳定方式引伸而来的，将旋转体从整星演变缩小成一个旋转飞轮，而将定向不动部分由平台扩大到整个星体。这样的系统只需要一个具有较大动量矩偏置量的飞轮，即偏置动量轮，储存在该高速旋转飞轮中的动量矩同样能使航天器具有陀螺定轴性，保持姿态的稳定。与零动量反作用轮三轴姿态稳定系统不同的是，在偏置动量轮三轴姿态稳定系统中，航天器的总动量矩不再为零，而具有一个偏置量；不再需要 3 个飞轮，而只需要 1 个；不再需要三轴姿态测量，只需要滚动和俯仰姿态信息。显然系统结构简单了。

6.6.1　偏置动量系统的三轴运动关系

偏置动量轮三轴姿态稳定系统的基本原理同样是根据动量矩定理。设航天器的动量矩为 $\boldsymbol{H}$，扰动力矩为 $\boldsymbol{M}_d$，则

$$\boldsymbol{H} = \boldsymbol{H}_0 + \boldsymbol{H}_t = \boldsymbol{I\Omega}_0 + \boldsymbol{H}_t \tag{6.58}$$

式中，I 为偏置动量轮的转动惯量；$\boldsymbol{\Omega}_0$ 为其初始偏置转速。所以 $\boldsymbol{H}_0$ 是航天器的动量矩初始恒值，即偏置动量矩，$\boldsymbol{H}_t$ 为可变化部分。根据动量矩定理，

$$\frac{\mathrm{d}\boldsymbol{H}}{\mathrm{d}t}=\frac{\mathrm{d}\boldsymbol{H}_t}{\mathrm{d}t}=\boldsymbol{M}_d \tag{6.59}$$

显然，若 $\boldsymbol{H}_0$ 和 $\boldsymbol{H}_1$ 的幅值满足 $\forall t>0, \boldsymbol{H}_0 \geqslant \boldsymbol{H}_t$，则飞轮的转速永远朝一个方向，不会过零作反向旋转。$\boldsymbol{H}_0$ 是产生航天器陀螺效应的根源。

偏置动量轮三轴姿态稳定系统在航天器对地球定向的问题中，如静止轨道卫星，通常将飞轮提供的偏置动量矩设置在航天器俯仰轴的负方向。若这个动量矩的方向相对本体坐标系是恒定的，而且数值足够大，则它的定向性对其他两轴 —— 滚动轴、偏航轴产生陀螺罗盘效应，使航天器的偏航误差将随着航天器在轨道上的运动耦合为滚动误差，如图 6.28 所示。带有偏置动量矩的航天器绕偏航轴的姿态误差，在 1/4 轨道周期内逐渐耦合为绕滚动轴的误差，后者可被测出，控制滚动误差就能间接地、有效地消除偏航误差。这就避免了用直接方式敏感航天器绕地心垂线的转动。这是偏置动量方式的最大优点，即不需要偏航敏感器的两轴控制系统就能实现三轴稳定的姿态控制。俯仰和滚动用地球敏感器产生的信号进行控制，偏航控制是通过陀螺定轴性和 1/4 轨道运动耦合实现的，控制力矩也应是耦合的。

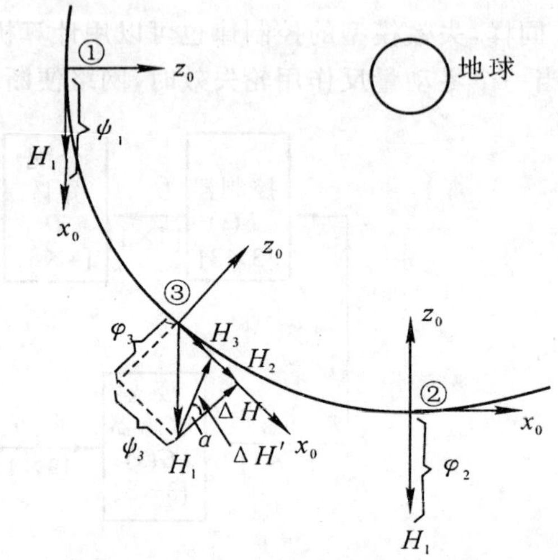

图 6.28　偏置动量系统的三轴运动关系

为了使星体的滚动和偏航的耦合运动得到充分体现，并按照偏置动量的定义，应选择偏置动量矩 H_0 满足以下条件：

$$H_0 \gg \max(I_x\omega_0, I_y\omega_0, I_z\omega_0) \tag{6.60}$$

$$H_0 \gg (|h_x|, |h_z|, H_t) \tag{6.61}$$

式(6.37) 变化为

$$I_x\ddot{\varphi}+[(I_y-I_x-I_z)\omega_0+H_0]\dot{\psi}+[(I_y-I_z)\omega_0+H_0]\omega_0\varphi=M_{dx}+M_{cx} \tag{6.62a}$$

$$I_y\ddot{\theta}=M_{dy}-I\dot{\Omega}_y \tag{6.62b}$$

$$I_z\ddot{\psi}-[(I_y-I_x-I_z)\omega_0+H_0]\dot{\varphi}+[(I_y-I_x)\omega_0+H_0]\omega_0\psi=M_{dz}+M_{cz} \tag{6.62c}$$

式中，M_{dx}, M_{dy}, M_{dz} 为三轴扰动力矩；M_{cx}, M_{cz} 为滚动和偏航通道外加控制力矩。

在小偏差的情况下，俯仰与滚动-偏航运动之间没有耦合作用。从式(6.62) 可以看出，俯仰控制显得比较简单，它是一个无阻尼的单自由度刚体的转动控制问题，本质上与三轮正交零动量系统的控制问题类同，俯仰控制力矩由偏置动量轮转速变化产生。

因此，偏置动量轮三轴姿态稳定控制系统中的主要问题是滚动-偏航耦合通道的控制问题。

6.6.2　俯仰运动控制

在介绍控制系统之前，首先结合具体航天器实例 —— 加拿大技术通信卫星 CTS —— 介绍

偏置动量轮三轴姿态稳定系统的结构，如图 6.29(a) 所示。在俯仰轴上装一个动量轮，其动量矩 $H = 20\ \text{kg}\cdot\text{m}^2/\text{s}$。卫星在同步轨道运行，俯仰姿态偏差通过俯仰通道控制系统来消除，主要是在飞轮偏置值附近改变动量矩 $\pm\Delta H_t$。另外装两对喷管，一对在俯仰轴，为动量轮卸载去饱和。另外一对喷管斜装，对滚动和偏航姿态偏差都进行控制。上述 CTS 卫星之所以采用这种系统是因为这种配置的最大优点是可以不用偏航敏感器，只用红外地平仪来测量俯仰和滚动姿态偏差即可。图 6.29(b) 所示是图 6.29(a) 所示的抽象模型图，它具有一般性，明确地显示了偏置动量轮三轴姿态稳定系统的执行机构和敏感器典型配置。

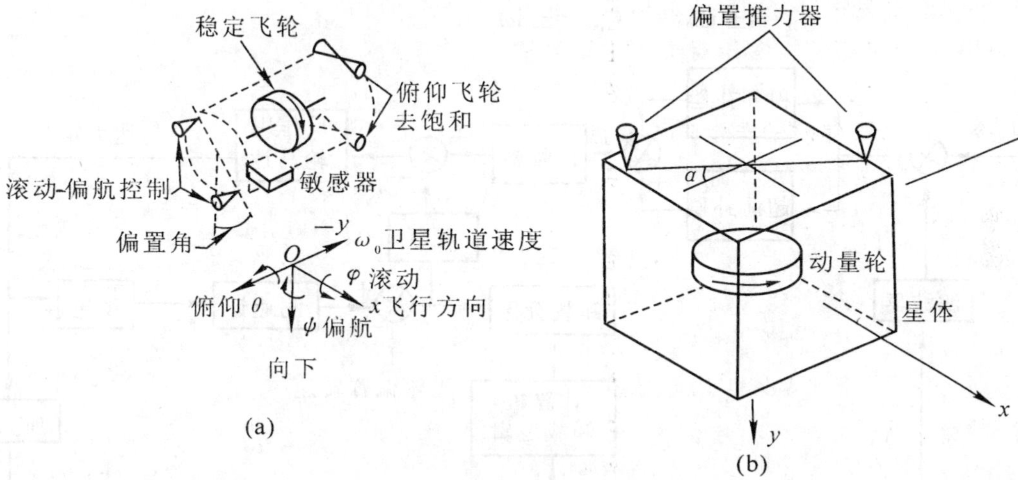

图 6.29　一个偏置动量轮控制系统

在所有偏置动量系统中，尽管储存动量矩的方式不同，俯仰控制的原理却是相同的。在飞轮偏置转速附近增加或减少飞轮转速实现连续的俯仰控制，它的控制回路与零动量系统的控制回路基本相同，不同之点是要给动量飞轮设置一个偏置转速，此转速的方向和控制动量的方向都沿俯仰轴的负方向。图 6.30 所示是一个典型的俯仰偏置动量轮姿态控制方框图。

其中地球敏感器提供俯仰姿态误差信号，积分补偿和超前补偿环节用于把俯仰误差控制到零，并保证具有良好的过渡过程响应和足够的阻尼。限幅器防止偏置动量轮转速超出设计范围，动量轮提供俯仰轴的精确控制，控制精度一般为 0.05° 或更小。图中也给出了卸载方式，卸载推力器的配置如图 6.29 所示。

6.6.3　滚动-偏航运动分析

偏置动量轮三轴姿态稳定系统滚动-偏航通道的动力学方程已推导出，如式(6.62a) 和 (6.62c) 所示。考虑到系统的偏置动量矩满足式(6.60)，即 $H_0 \gg \max(I_x\omega_0, I_y\omega_0, I_z\omega_0)$，所以动力学方程可以进一步简化为

$$I_x\ddot{\varphi} + H_0\omega_0\varphi + H_0\dot{\psi} = M_{dx} + M_{cx} \tag{6.63a}$$

$$I_z\ddot{\psi} + H_0\omega_0\psi - H_0\dot{\varphi} = M_{dz} + M_{cz} \tag{6.63b}$$

对上两式进行拉氏变换，即得滚动-偏航耦合通道的状态方程为

$$\begin{bmatrix} I_x s^2 + \omega_0 H_0 & H_0 s \\ -H_0 s & I_z s^2 + \omega_0 H_0 \end{bmatrix}\begin{bmatrix} \varphi(s) \\ \psi(s) \end{bmatrix} = \begin{bmatrix} M_{dx} & + M_{cx} \\ M_{dz} & + M_{cz} \end{bmatrix} \tag{6.64}$$

相应的系统特征方程为

$$D(s) = (I_x s^2 + \omega_0 H_0)(I_z s^2 + \omega_0 H_0) + H_0^2 s^2 = 0$$

或

$$D(s) = I_x I_z (s^2 + \omega_0^2)(s^2 + \omega_n^2) = 0$$

式中

$$\omega_n^2 \approx \frac{H_0^2}{I_x I_z}$$

显然系统的特征值为

$$s_{1,2} = \pm \mathrm{i}\omega_0 \qquad s_{3,4} = \pm \mathrm{i}\omega_n$$

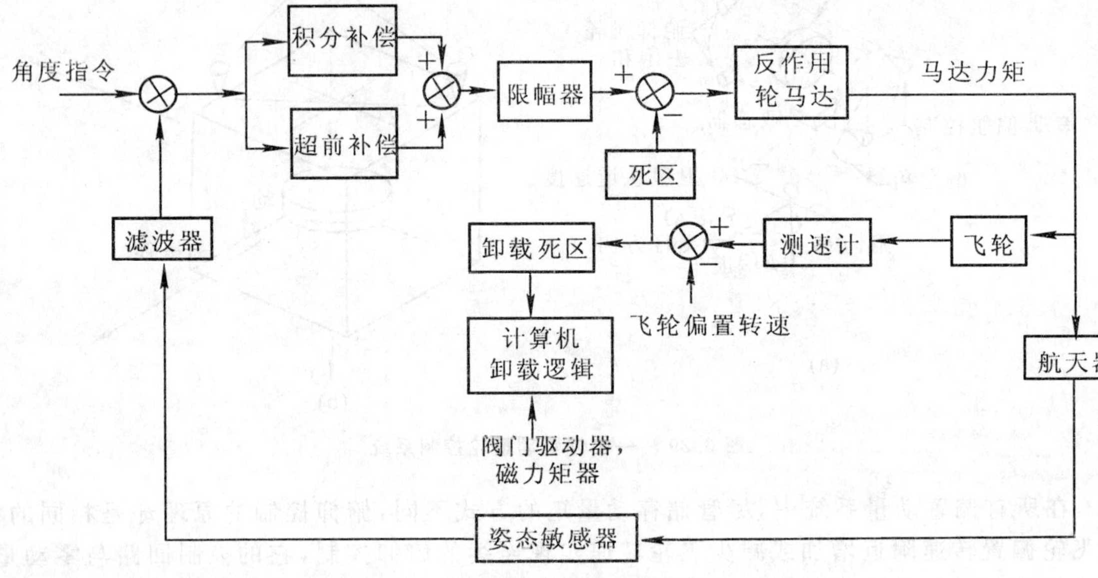

图 6.30 俯仰偏置动量轮姿态控制方框图

由此可以看出，偏置动量轮系统的滚动-偏航通道的自由运动包含着两种不同频率的运动。其中高频运动是由偏置动量轮动量矩产生的陀螺耦合效应，由偏置动量矩和星体惯量决定，称为章动运动；低频运动是由于轨道旋转引起的姿态耦合运动，这种现象称为通过轨道角速度使滚动和偏航相互耦合。后者的频率为轨道角速度 ω_0，前者的频率为 ω_n。一般航天器的惯量大于 200 kg · m^2，若 $H_0 = 20$kg · m^2/s，则章动频率 ω_n 可达0.1 rad/s，远远大于 ω_0。因此，章动运动是短周期运动，而姿态轨道耦合运动为长周期运动。它们可以分别进行分析。

根据式(6.63)，长周期运动方程为

$$\begin{cases} H_0\dot{\psi} + H_0\omega_0\varphi = M_{dz} + M_{cx} \\ -H_0\dot{\varphi} + H_0\omega_0\psi = M_{dz} + M_{cz} \end{cases} \tag{6.65}$$

而短周期运动的方程则为

$$
\begin{cases}
I_x\ddot{\varphi} + H_0\dot{\psi} = M_{dx} + M_{cx} \\
I_z\ddot{\psi} - H_0\dot{\varphi} = M_{dz} + M_{cz}
\end{cases}
\tag{6.66}
$$

由于偏置动量的存在，以上两种运动均不能衰减，无限振荡。在外界扰动力矩和偏置动量轮陀螺效应的综合作用下还会缓慢增大，如图 6.31 所示，因此要达到高精度的姿态稳定就必须有效地阻尼高频和低频振荡。可以通过引入章动阻尼装置使振荡衰减，但更有效的方法是进行主动控制。考虑到在滚动－偏航耦合通道中，仅有滚动姿态信息可测量并反馈，偏航姿态信息无法得到，因此偏航通道的姿态误差只能通过与滚动通道的耦合作用来消除。

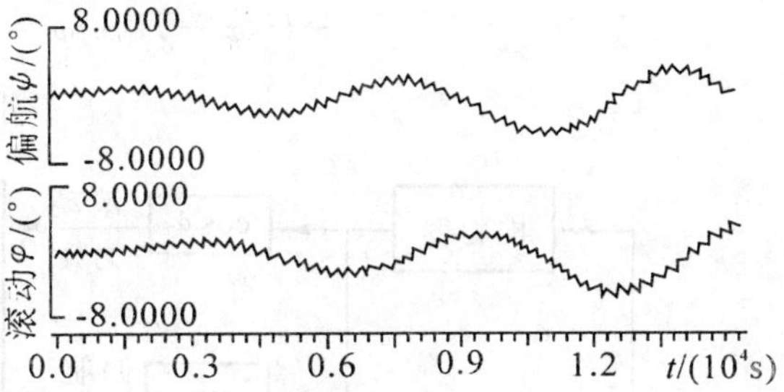

图 6.31　具有偏置动量轮的航天器滚动和偏航姿态过渡过程

滚动-偏航耦合通道的传递函数结构图见图 6.32。

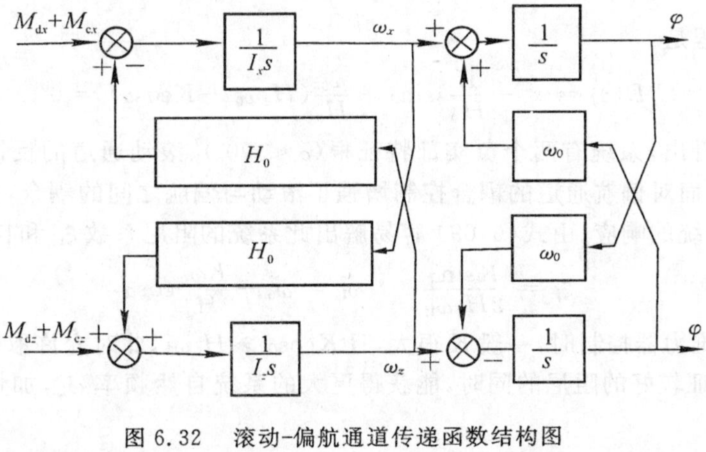

图 6.32　滚动-偏航通道传递函数结构图

6.6.4　滚动-偏航运动控制

滚动-偏航的控制是通过一对偏置安装的喷气推力器实现的，如图 6.29(b) 所示。推力器产生的力矩偏置角 α 是一个重要参数。它的正、负是这样定义的：当滚动控制力矩 M_{cx} 为正(负)，而偏航控制力矩 M_{cz} 为负(正)时，此偏置角为正值。因此，控制力矩是

$$
\begin{aligned}
M_{cx} &= M_c\cos\alpha \\
M_{cz} &= -M_c\sin\alpha
\end{aligned}
\tag{6.67}
$$

M_c 为推力器产生的总力矩，$\sin\alpha$，$\cos\alpha$ 表示该力矩在偏航与滚动通道的分配系数。相应的控制系统结构如图 6.33 所示。

首先，考虑长周期运动的控制。阻尼长周期运动也就是控制偏置动量矩与轨道法线一致，参见图 6.28。最简单的反馈控制规律是当滚动角为正(负)时，沿偏航轴的方向施加正(负)力矩，使偏置动量矩倒向轨道法线；同时在沿滚动轴的方向作用负(正)力矩，抑制偏航运动。由

于只有滚动角 φ 的测量信息，控制力矩 M_c 的反馈控制规律是 $M_c = K(\varphi_c - \varphi)$，根据式(6.65)，当滚动角期望值 $\varphi_c = 0$ 时，长周期运动的阻尼方程是

$$\begin{aligned} H_0\dot{\psi} + H_0\omega_0\varphi &= -K\varphi\cos\alpha + M_{dx} \\ -H_0\dot{\varphi} + H_0\omega_0\psi &= K\varphi\sin\alpha + M_{dz} \end{aligned} \tag{6.68}$$

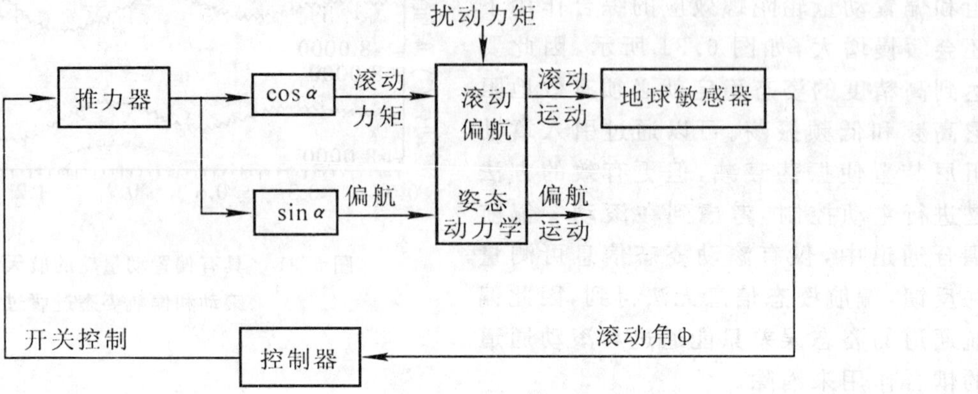

图 6.33　偏置动量系统滚动-偏航控制回路

此系统的特征方程是

$$D(s) = s^2 + \frac{K}{H_0}s\sin\alpha + \frac{\omega_0}{H_0}(H_0\omega_0 + K\cos\alpha) = 0 \tag{6.69}$$

由特征方程可以看出，系统有两个负实部特征根($\alpha < 90°$)。滚动通道的反馈作用使得长周期运动获得了阻尼，而对偏航通道的耦合控制增强了滚动与偏航之间的耦合，提高了系统的自然频率，也加快了系统的响应。由式(6.69)容易解出此系统的阻尼系数 ξ_L 和自然频率 ω_L 分别为

$$\xi_L = \frac{K\sin\alpha}{2H_0\omega_L} \qquad \omega_L^2 = \omega_0^2 + \frac{K\omega_0}{H_0}\cos\alpha \tag{6.70}$$

当使用喷气推力器控制时，一般 K 很大，且 $K\cos\alpha \gg H_0\omega_0$，此时允许取较小的控制力矩方向偏置角 α，在保证较好的阻尼的同时，能获得更大的系统自然频率 ω_L，加快滚动和偏航通道的响应。

当使用磁力矩控制时，一般 K 很小，此时应选择较大的控制力矩偏置角 α，首先保证系统具有较好的阻尼特性 ξ_L，再考虑使自然频率 ω_L 几倍于轨道频率 ω_0。

其次，分析短周期运动(章动)。由于 $\omega_n \gg \omega_0$，所以此时可以忽略轨道运动的耦合作用和扰动力矩，直接用星体角速度表示姿态运动，即 $\omega_x = \dot{\varphi}$，$\omega_z = \dot{\psi}$。根据式(6.66)和(6.67)得短周期运动动力学方程为

$$\begin{cases} I_x\dot{\omega}_x + H_0\omega_z = M_c\cos\alpha + M_{dx} \\ I_z\dot{\omega}_z - H_0\omega_x = -M_c\sin\alpha + M_{dz} \end{cases} \tag{6.71}$$

阻尼章动的目的就是消除星体的横向角速度 ω_x，ω_z。这时不必考虑动量矩方向，控制对象的传递函数为

$$\begin{bmatrix} \omega_x(s) \\ \omega_z(s) \end{bmatrix} = \frac{1}{I_xI_z(s^2 + \omega_n^2)} \begin{bmatrix} I_zs\cos\alpha + H_0\sin\alpha \\ H_0\cos\alpha - I_xs\sin\alpha \end{bmatrix} M_c(s) \tag{6.72}$$

式中，$\omega_n = \dfrac{H_0}{\sqrt{I_xI_z}}$ 为章动频率。为了阻尼章动必须引入角速度反馈，但系统的测量值为滚动

角，要用超前校正。令控制力矩为

$$M_c(s) = -K(\tau s+1)\varphi(s) = -\frac{K}{s}(\tau s+1)\omega_x(s) \tag{6.73}$$

将此控制器的传递函数代入方程式(6.72)，就得系统的开环传递函数，它包含有 3 个极点，即 $s=0$，$\pm i\omega_n$ 和两个零点，即 $s=\frac{1}{\tau}, -\frac{H_0}{I_z}\tan\alpha$。闭环的传递函数的特征方程式为

$$s(I_xI_zs^2+H_0)+K(I_xs\cos\alpha+H_0\sin\alpha)(\tau s+1)=0 \tag{6.74}$$

它的根与控制器增益 K 的关系可见根轨迹图 6.34。系统的两个零点起重要作用，一个是控制器引入的零点，它对阻尼章动起决定性作用，当 $\tau > \frac{1}{\omega_n}$ 时，此系统是无条件稳定的；另一个是由滚动动力学和力矩偏置决定的零点。上面已提及力矩方向的偏置能阻尼姿态的轨道耦合运动，对章动阻尼而言，这种偏置方式起到镇定系统的作用，这个零点应靠近位于原点上的极点，即控制力矩主要加在滚动轴上并适当地向偏航轴的负方向偏斜。但为了减少阻尼时间，这个偏置角应选大些，并且系统的增益 K 应取得较大，这对喷气控制来说是不难做到的。

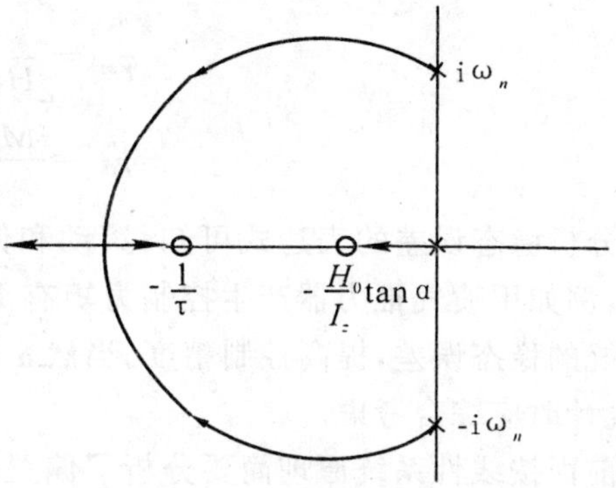

图 6.34　短周期运动根轨迹

最后，将上述两种长短周期阻尼作用综合起来，根据式(6.64)，(6.67) 和(6.73)，偏置动量轮三轴姿态稳定系统滚动-偏航控制系统的组成如图 6.35 所示。

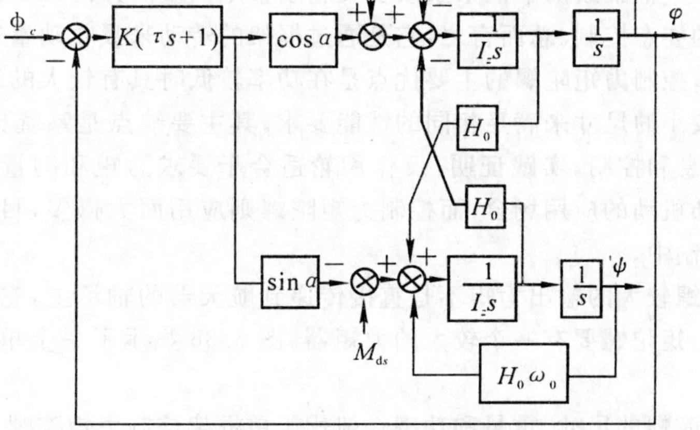

图 6.35　滚动-偏航控制系统

当 M_{dx} 和 M_{dz} 为太阳辐射分别作用在滚动和偏航轴上的扰动力矩时，可视作常值。此时式(6.63) 结合式(6.67) 和(6.73) 可写为

$$I_x\ddot{\varphi}+H_0\omega_0\varphi+H_0\dot{\psi}=-K(\tau s+1)\varphi\cos\alpha+M_{dx}$$
$$I_z\ddot{\psi}+H_0\omega_0\psi-H_0\dot{\varphi}=K(\tau s+1)\varphi\sin\alpha+M_{dz} \tag{6.75}$$

那么系统的稳态解满足

$$(H_0\omega_0+K\cos\alpha)\varphi_{ss}=M_{dx}$$
$$H_0\omega_0\psi_{ss}=K\varphi_{ss}\sin\alpha+M_{dz} \tag{6.76}$$

所以由常值扰动力矩 M_{dx}，M_{dz} 形成的偏置动量系统滚动和偏航通道的稳态误差就分别为

$$\varphi_{ss}=\frac{M_{dx}}{H_0\omega_0+K\cos\alpha} \tag{6.77}$$

$$\psi_{ss}=\frac{M_{dz}+K\varphi_{ss}\sin\alpha}{H_0\omega_0} \tag{6.78}$$

分析稳态误差的表达式可知，滚动和偏航通道的稳态误差与偏置动量成反比。而当 K 很大时，例如用喷气推力器产生控制力矩有 $K\cos\alpha \gg H_0\omega_0$，取较小的力矩偏量角有利于减小整个系统的稳态误差，提高控制精度。当然 α 也不是越小越好，其最小值受到系统阻尼大小的制约，设计时应综合考虑。

前面按线性系统原理简要分析了偏置动量轮姿态控制系统的主要特性，在系统中采用微分校正是必需的。但喷气推力器只能工作在脉冲状态，通常构造一种伪速率调制器实现上述要求。伪速率调制器的输出平均值与姿态角偏差和姿态角速度成正比，具有线性关系，从而解决了推力器的非线性问题。

6.7 控制力矩陀螺三轴姿态稳定系统

控制力矩陀螺三轴姿态稳定系统是另一类飞轮稳定控制系统。控制力矩陀螺以固定的转速旋转，同时可以由一个框架或两个框架来改变飞轮动量矩矢量的方向，从而改变航天器的动量矩，实现对航天器的姿态控制。总而言之，它是通过框架的转动来吸收动量矩的。

与反作用轮相比，控制力矩陀螺的主要优点是在功率较低时具有较大的线性力矩，并可用较少的重量、功耗和较小的尺寸来满足相同的性能要求。其主要缺点是系统比较复杂，且需要一台计算机来处理信息和控制。实践证明，反作用轮适合于要求力矩和动量矩储存能力比较小，而且不要进行复杂机动的应用场合，而控制力矩陀螺则应用面大得多，目前主要用在空间站等大型航天器的控制中。

由于控制力矩陀螺较大的输出力矩不是直接传递到航天器的轴承上，它必须通过力矩器的反作用，因此控制力矩陀螺要有一个较大的力矩器。图 6.36 显示了一个单框架控制力矩陀螺的外形。

双框架控制力矩陀螺的尺寸、重量和功率一般优于单框架控制力矩陀螺。但是也可以用成对的单框架陀螺来获得很好的系统响应，这样内框轴之间的耦合最小，性能可以改善。此时选择单框架或双框架控制力矩陀螺无明显差别。

图 6.37(a) 和(b) 分别显示了单框架控制力矩陀螺和双框架控制力矩陀螺在航天器三轴姿态稳定系统中的一种典型配置方案。在标称状态下，轮子的自旋轴与航天器的俯仰轴 Oy 重合，类似于偏置动量轮的配置，可以通过控制轮子转速来实现俯仰通道控制。但是不同于偏置

动量轮的是，无论是单框架还是双框架控制力矩陀螺都可以通过框架的转动实现对航天器滚动和偏航通道的控制，因此控制力矩陀螺较偏置动量轮能够获得更高精度的控制效果。

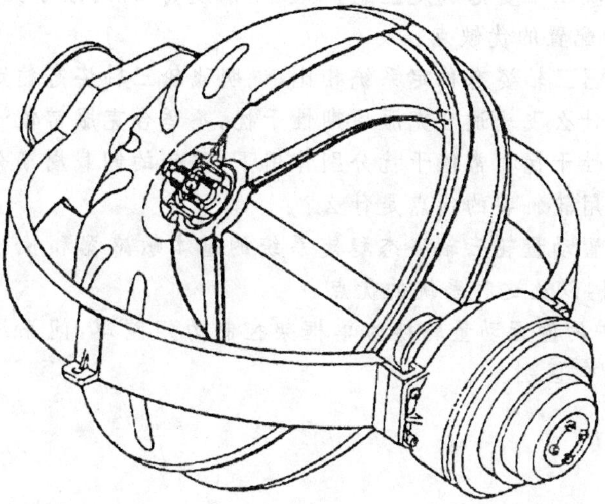

图 6.36　单框架控制力矩陀螺

目前采用的飞轮三轴控制有许多组合方案可供选择。这些方案各有千秋，很难说哪一种方案是占绝对优势的，只有针对具体给定条件才能认为某一个方案较好。在比较方案时，除了比

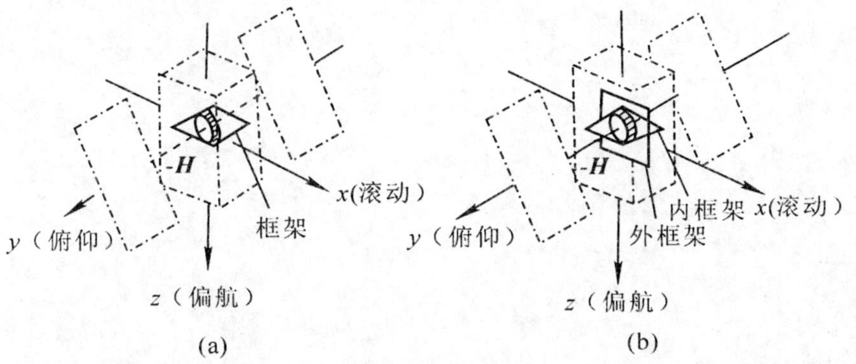

图 6.37　控制力矩陀螺的配置

较各系统性能和结构复杂程度以外，还必须考虑冗余度，这样才能得出较全面的结论。实际中也常常将若干种执行机构联合使用，组合成性能良好的主动控制系统。

思　考　题

6.1　给出一种典型的推力器三轴姿态稳定系统中的推力器配置方案，并分析为什么推力器一般工作在开关状态而不是线性状态。

6.2　当推力器具有图 6.7 所示推力输出特性时，航天器俯仰轴转动惯量为 I，试用相平面法分析稳定极限环的高度、宽度和周期。

6.3 在上题中若已知推力器的比推力为 I_{sp}，最小脉宽为 Δt，求航天器的理想平均工质消耗量。

6.4 若航天器实现三轴姿态稳定控制，要求冗余度为 1，问最小冗余结构需推力器多少个？如何配置？指出这种配置的优缺点。

6.5 与喷气推力器三轴姿态稳定系统相比，说明飞轮三轴姿态稳定系统有什么优缺点。

6.6 理论分析为什么飞轮适合克服周期性干扰，不适合克服常值干扰。

6.7 分析在周期性干扰和常值干扰分别作用下，飞轮的卸载周期分别如何。

6.8 零动量反作用轮斜装的优点是什么？

6.9 给出一种偏置动量轮三轴姿态稳定系统的基本敏感器和执行机构配置方案，并分别说明它们各自的作用，以及这种系统的优点。

6.10 若将上题中的偏置动量轮换为单框架控制力矩陀螺，问系统配置须如何改变？各自的作用与上题中的有何区别？

第七章

航天器姿态机动控制

姿态机动控制是研究航天器从一个初始姿态转变到另一个姿态的再定向过程。如果初始姿态未知,例如当航天器与运载工具分离时,航天器还处在未控状态;或者由于受到干扰影响,航天器姿态不能预先完全确定,那么特地把这种从一个未知姿态或者未控姿态机动到预定姿态的过程称为姿态捕获或对准。

姿态机动控制最典型的要算自旋卫星姿态机动,也就是说自旋轴进动。实现自旋轴进动最常用的方法是采用喷气和磁力。

7.1 自旋稳定卫星的喷气姿态机动

利用喷气对航天器姿态进行机动控制,若航天器为非自旋稳定,则机动控制与第六章所介绍的采用喷气姿态稳定系统基本相同,只要姿态基准指向按机动姿态要求进行改变。现在着重讨论自旋稳定卫星自旋轴机动,即利用装在卫星上的喷气推力器产生横向控制力矩,使卫星的动量矩矢量进动,调整卫星自旋轴在空间中的方向。

喷气推力器在自旋卫星上的固联安装方式如图 7.1(a) 所示。推力器的反作用推力方向与自旋轴平行且和自旋轴之间有尽量大的距离,以增大力臂,从而推力器产生的横向控制力矩与自旋轴始终垂直。自旋稳定卫星相当于一个自由陀螺,其自旋动量矩矢量在垂直力矩的作用下会沿着最短的路径向力矩方向发生进动,进动角速度正比于外力矩。此外,自旋轴还发生章动振荡,其振幅和频率取决于卫星参数和外力矩。

令喷气力矩为 $\boldsymbol{M}_c$,卫星的自旋转速为 $\boldsymbol{\omega}$,自旋动量矩为 $\boldsymbol{H}$。在初始时刻,卫星处于纯自旋状态。如喷气力矩很小,且配置章动阻尼器,则可以忽略章动。在卫星自旋到某相位角的前后 $\Delta T/2$ 时间内,推力器控制产生的动量矩增量 $\Delta\boldsymbol{H}$ 的数值等于

$$\Delta H = \int_{-\Delta T/2}^{\Delta T/2} M_c \cos\omega\, t \,\mathrm{d}t = M_c \Delta t \frac{\sin\left(\dfrac{\omega\Delta T}{2}\right)}{\dfrac{\omega\Delta T}{2}} \tag{7.1}$$

$\Delta\boldsymbol{H}$ 垂直于初始动量矩 $\boldsymbol{H}_0$。由于喷气时卫星在自旋,带动控制力矩 $\boldsymbol{M}_c$ 在空间中旋转,动量矩从初始状态 $\boldsymbol{H}_0$ 沿圆弧进动到 $\boldsymbol{H}_1$,见图 7.1(b)。特殊地,若喷气推力器随着卫星自旋一周而采用连续喷气,即 $\Delta T = 2\pi/\omega$,则由上式得 $\Delta\boldsymbol{H} = 0$。这表明若采用连续喷气,则其结果是自旋动量矩不发生改变,自旋卫星的姿态在理论上是固定不变的。实际上可能出现摆动,这样不能达到自旋轴进动的目的。

若推力器工作是脉冲式的,即 $\Delta T \to 0$,则动量矩的增量为

$$\Delta \boldsymbol{H} = \boldsymbol{M}_c \Delta T \tag{7.2}$$

动量矩沿直线从 $\boldsymbol{H}_0$ 跃变地进动到 $\boldsymbol{H}_1$。

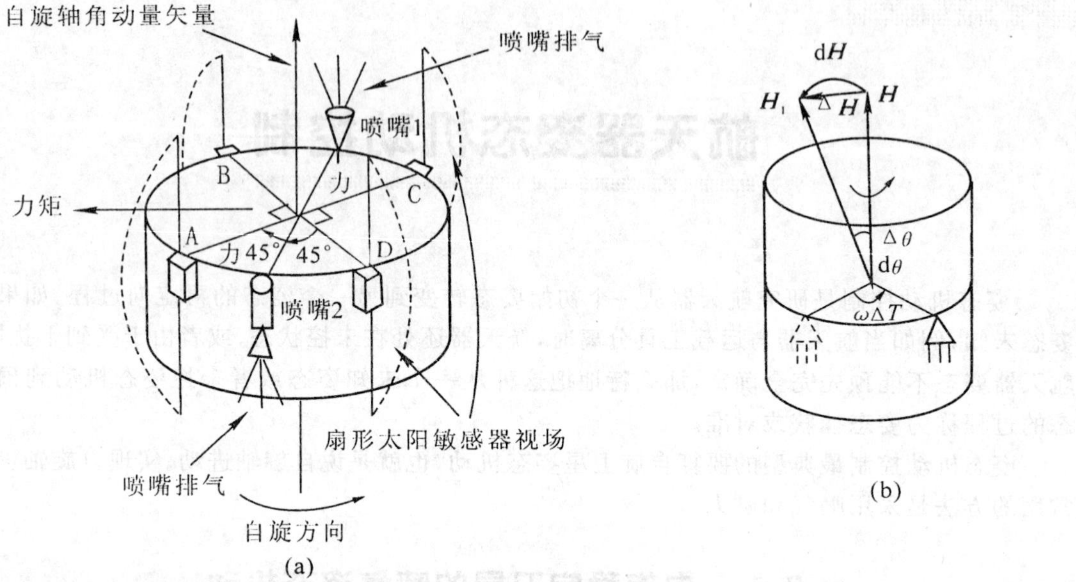

图 7.1　自旋卫星喷气机动

由此可以明白，要想将自旋卫星自旋轴机动到所要求的方向，星上推力器工作方式只能是断续的。通过适当地选择喷气推力器工作的相位角，可以决定控制力矩在空间中的方向；通过适当地选择喷气持续时间和喷气次数，可以决定控制冲量的大小。据此可以将航天器的自旋动量矩矢量机动到任意方向。

按照自旋卫星姿态机动过程中自旋轴在天球上描绘的轨迹，如由 OA_0 方向机动到 OA_F 方向，目前可主要分为两种：一种是大圆弧轨迹，另一种是等倾角线轨迹。假定喷气冲量很小，姿态机动过程中自旋轴与动量矩矢量基本一致，于是确定推力器喷气的相位就成为主要问题。

(1) 大圆弧轨迹：若要求自旋轴在天球上描绘的轨迹是大圆弧$\overline{A_0AA_F}$，那么自旋轴必须在同一平面内从初始方向 OA_0 机动到目标方向 OA_F，所以每次喷气产生的横向控制力矩必须在此平面内，即推力器喷气的相位相对于空间惯性坐标系是固定的。实际计算喷气相位的参考基准只能由星上的姿态敏感器给出，例如在自旋一周中太阳或地球敏感器扫过太阳或地球时输出的脉冲，因此推力器喷气的相位相对于本体坐标系是变化的。在以太阳为北极的天球上，如图 7.2 所示，太阳敏感器的视场穿过经度平面 OSA 的时刻为计算喷气相位的基准，控制力矩应在 OA_0A_F 平面内，那么这两个平面之间的夹角β即为推力器的喷气相位角。为了确定该喷气相位角，不仅需要自旋轴初始方向、目标方向和太阳方向的信息，还需自旋轴方向的实时信息，并且喷气相位不是固定的，与姿态方向有关，每次喷气前都须重新计算相位角。大圆弧轨迹的优点是自旋轴机动的路径最短，耗费的燃料最少。

(2) 等倾角线轨迹：为了便于工程实现，希望每次喷气的相位在本体坐标系中是固定的，即每次喷气与自旋同步。在以太阳为北极的天球图（见图 7.3）上，同步脉冲控制力矩 $\boldsymbol{M}_c$ 始终与自旋轴 OA 所在的经度面夹同等角度，机动过程中自旋轴在天球上描绘的轨迹与各经度线

夹同等角度 β，自旋轴沿等倾角线从初始方向 OA_0 机动到目标方向 OA_F。因此，这种机动方法产生的轨迹 $\overset{\frown}{A_0AA_F}$ 称为等倾角线轨迹。

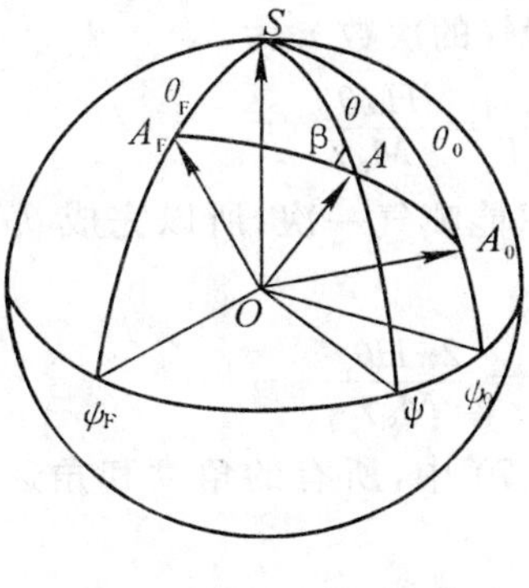

图 7.2　大圆弧机动轨迹

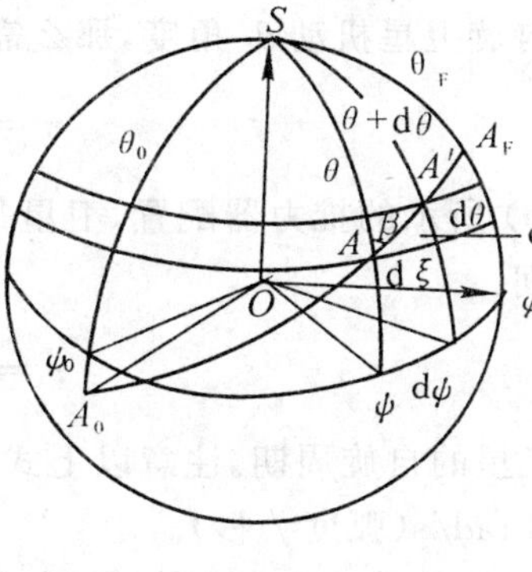

图 7.3　等倾角线机动轨迹

从工程实现的观点来看，等倾角线轨迹机动控制方法比大圆弧轨迹机动控制方法简单，容易实现。根据分析计算表明，在自旋轴机动范围比较小的情况下，大圆弧法与等倾角法所消耗燃料基本相等。另外在下列两种状态下，大圆弧法和等倾角法的轨迹是重合的：初始姿态 OA 和目标姿态 OB 都在赤道平面，此时等倾角为 $90°$；或者初始姿态 OA 和目标姿态 OB 都在子午面上，则等倾角为 $0°$。在实际工程中大都采用等倾角线轨迹机动方法。

自旋卫星机动的推力器喷气相位由上述两种方法可以确定，它决定了自旋轴的机动方向。但机动完成需要多少时间，则取决于推力器每次喷气的时间和产生的冲量。由式(7.1)和(7.2)可知，推力器工作的时间即喷气脉冲宽度应当尽可能短($\Delta T \to 0$)，因为越短效率越高，产生的侧向冲量就越小。但是推力器工作时间过短，会带来以下三方面的困难：

(1) 喷气时间越短，脉冲越窄，推力器在技术上越难实现；

(2) 喷气脉冲越窄，重复性越差；

(3) 喷气脉冲越窄，每次喷气产生的冲量越小，机动时间就越长。

因此，若定义推力器喷气时间 ΔT 和航天器自旋角速度 ω 的乘积为喷气角，那么工程中综合各方面的因素，在足够精确的前提下，一般取喷气角 γ 为 $40° \sim 50°$ 为宜。下面基于等倾角线轨迹机动方法，讨论自旋卫星机动所需要的喷气次数和机动时间。

设自旋卫星的动量矩大小为 H，自旋角速度为 ω，推力器喷气产生的力矩大小为 M_c，喷气角为 γ。根据动量矩定理

$$\frac{dH}{dt} = M_c \tag{7.3}$$

得

$$dH = M_c dt$$

这意味着在推力器喷气 dt 时间微元内，自旋卫星将产生 dH 的动量矩变化。由图 7.1(b) 所示容易知道，自旋轴(不考虑章动)将发生 $d\theta$ 角度的进动，即

$$dH = Hd\theta = M_c dt$$

所以

$$d\theta = \frac{M_c}{H}dt \tag{7.4}$$

考虑到推力器喷气角为 γ，即每次喷气时间为 $\Delta T = \dfrac{\gamma}{\omega}$，而非无限小的时间微元 dt，所以根据式

(7.4)，可以将每次喷气产生的自旋轴进动角度 $\Delta\theta$ 近似表示为

$$\Delta\theta = \frac{M_c}{H}\Delta T = \frac{M_c\gamma}{H\omega} \tag{7.5}$$

若要求自旋卫星机动 θ_c 角度，那么需要推力器喷气的次数 n 为

$$n = \frac{\theta_c}{\Delta\theta} = \frac{H\theta_c}{M_c\Delta T} = \frac{H\omega\theta_c}{M_c\gamma} \tag{7.6}$$

按照图 7.1(a) 所示的推力器配置，卫星每自旋一周只能喷气一次，所以完成 θ_c 角度的姿态机动就需要时间

$$t = nT = \frac{2\pi n}{\omega} = \frac{2\pi H\theta_c}{M_c\gamma} \tag{7.7}$$

式中，T 为卫星的自旋周期。注意以上式(7.4) ～ (7.7) 中，所有的角度和角速度的单位均为 rad(弧度) 和 rad/s(弧度 / 秒)。

现在举一个实例。已知自旋卫星动量矩 $H = 2\,000\ \mathrm{kg \cdot m^2/s}$，自旋速度 $\omega = 75\ \mathrm{r/min}$，喷气力矩 $M_c = 10\ \mathrm{N \cdot m}$，喷气角选为 $\gamma = 45^\circ$，要求自旋轴进动 $\theta_c = 60^\circ$。由式(7.6) 和(7.7) 可以分别计算出需要喷气 2 094 次，需要 1 675 s 才能完成机动。这样的分析计算结果与实验值相比误差仅在 3% 左右。表明喷气角在工程中确定为 $40^\circ \sim 50^\circ$ 的合理性和由式(7.4) 近似为式(7.5) 的可行性。

7.2 自旋稳定卫星磁线圈姿态机动

自旋稳定卫星进行姿态机动除了上节介绍的喷气机动以外，利用地磁场与星体的磁矩产生磁力矩，使自旋轴进动也是一个比较普遍采用的方法，因为它简单，不消耗工质，只需要少量电能，特别对小型地球卫星最合适。

地磁场分布在地球上空高达数万公里，在这个范围内运动的航天器都要受到地磁场的影响。

在一阶近似的意义下，地磁场可以用与地球自转轴偏离约 11.5° 的磁偶极子表示。观测表明，地磁场的来源是地球内核、地球表面和高层大气。地球内部熔岩的电流系被认为是产生地磁场的主要来源，占总磁场强度的约 90%。地球内部有长期不规则的缓慢运动与变化，会造成地磁场长期性的变化。这可以解释地球表面磁极的迁移现象。

地球表面不同位置上的铁磁性矿物质和金属是产生地磁场的第二个来源。由于这些铁磁性物质分布不均匀，使得地磁场出现一些偏离偶极子磁场的局部异常分布。

产生地磁场的第三个来源与高层大气和近地空间中带电粒子的运动有关。这些带电正负离子的运动会产生不同强度的磁场，这部分磁场会经常性地迅速发生变化，有时达每秒几十次。

卫星测量表明，地磁场被扭曲并限制在特定的空间范围内，如同一个带有极长的尾巴的大水滴，这部分空间称为磁层。太阳风的压力对地球向阳面的地磁场压缩，并使极区的磁力线向背阳方向弯曲，在地球的阴面形成长长的尾巴。在等离子流的方向垂直于磁层边界面(磁层顶)的位置上，等离子体对磁层的压缩最严重。在最简单的情况下，假设等离子体沿直线从太阳辐射出来，最大压缩点位于地心和太阳中心的连线上。在此连线之外趋向两极的部分，等离子体流相对于磁层顶的入射角小于 90°，它对地磁场磁力线的压缩也减弱。而在地球背向太阳的一面，太阳等离子体不再压缩磁力线，其切向应力使得地磁场磁层的磁力线伸展出去，形成闭合

的或开口的长尾巴，见图 7.4。

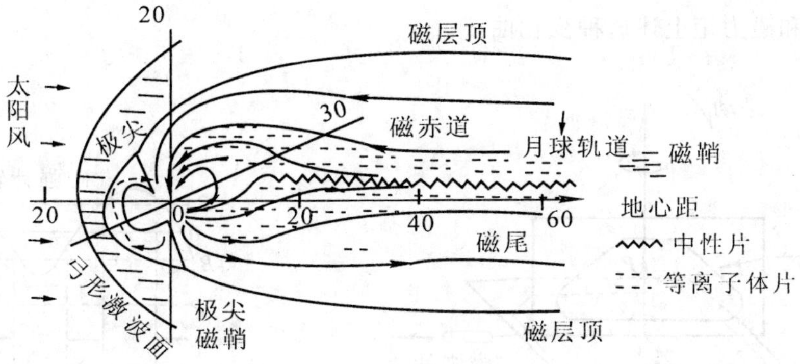

图 7.4　磁层结构示意图

许多卫星已经观测和记录到水滴形状的磁层边界，即磁层顶。基于这些观测值可以相当肯定地说，磁层相对于地球与太阳的连线近似对称，磁层顶距离地球最近的部分位于地球指向太阳的方向，即正午子午面上，它到地心的标称距离约为 10 倍地球半径。在晨昏子午面处，磁层顶的标称距离增大为 14 倍地球半径。在地球背向太阳的方向，即子夜子午面上，磁层顶伸展成为长长的尾巴，其长度至少为 30 倍地球半径。

航天器特别是地球卫星的运行都是在地磁场中，当航天器本身存在磁场时，两个磁场相互作用就产生了作用于航天器的磁力矩。若 $\boldsymbol{B}$ 表示地磁场向量，$\boldsymbol{P}$ 表示航天器的总磁矩向量，则航天器所受的磁力矩就为

$$\boldsymbol{M} = \boldsymbol{P} \times \boldsymbol{B} \tag{7.8}$$

为了说明式(7.8)中各向量之间关系，图 7.5 表示出了磁力矩 $\boldsymbol{M}$、磁矩 $\boldsymbol{P}$ 与地磁 $\boldsymbol{B}$。地磁场强度 $\boldsymbol{B}$ 在 Oxz 平面上的投影表示为 $\boldsymbol{B}_{xz}$，在 Oy 轴的投影为 $\boldsymbol{B}_y$，星体的磁矩 $\boldsymbol{P}_z$ 由线圈通过电流产生，见图 7.5。在 Oy 轴产生的磁力矩大小为

$$M_y = P_z B_{xz} \sin\alpha \tag{7.9}$$

此力矩方向也垂直于 Oxz 平面。

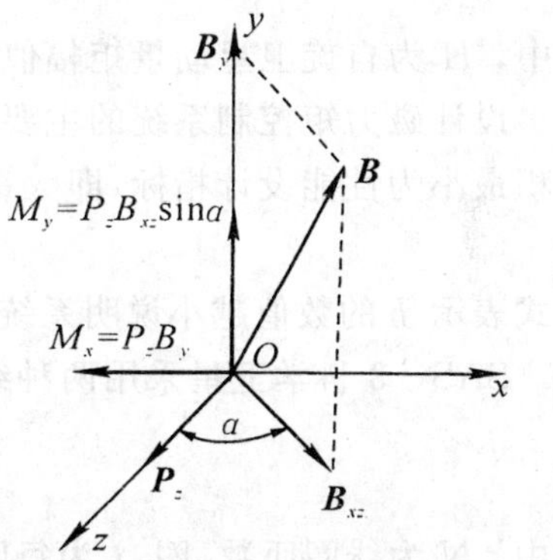

图 7.5　磁力矩与磁矩和磁场关系

由于 $\boldsymbol{P}_z$ 垂直于 $\boldsymbol{B}_y$，则在 Ox 轴产生的磁力矩大小为

$$M_x = P_z B_y \tag{7.10}$$

此力矩方向垂直于 $\boldsymbol{P}_z$ 和 $\boldsymbol{B}_y$。

根据上述原理，以实例 SAS－3 科学卫星说明。在自旋卫星的星体上安装二种平面线圈，结构如图 7.6 所示。第一种平面线圈安装在自旋卫星赤道面上，线圈平面垂直于自旋轴，它所产生的磁矩即平行于自旋轴。这种线圈用来实现自旋轴进动。第二种平面线圈安装在自旋轴平面内，它产生的磁矩垂直于自旋轴。这种线圈用来实现自旋速度控制。SAS－3 卫星轨道倾角为 2°，基本上是在赤道平面，即轨道基本上是处在地球赤道磁场，所以地磁场强度 $\boldsymbol{B}$ 可以近似认为垂直于轨道平面。卫星自旋轴在轨道平面上，现在自旋轴需要在轨道平面内进动。

根据式(7.8)计算磁力矩，当地磁场强度 $\boldsymbol{B}$ 很小时，同样的磁矩也不能产生磁力矩效果。为此，应用磁强计检测地磁场强度，并设定阈值 B_c，只当 $B \geqslant B_c$ 时，线圈才通电产生磁矩。图 7.7 表示磁矩和磁力矩上述这种变化曲线。

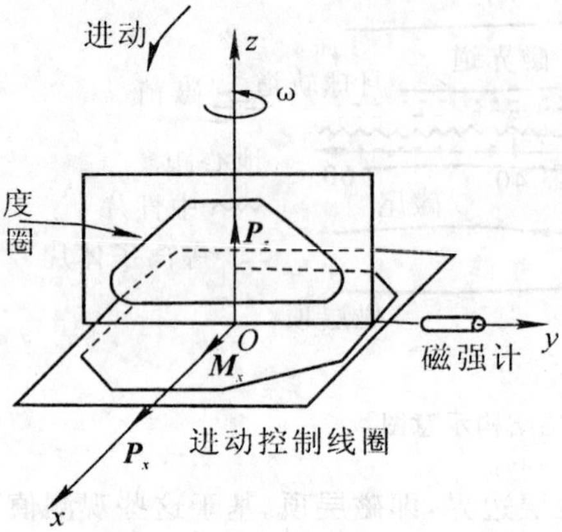

图 7.6　磁线圈在自旋卫星上的安装

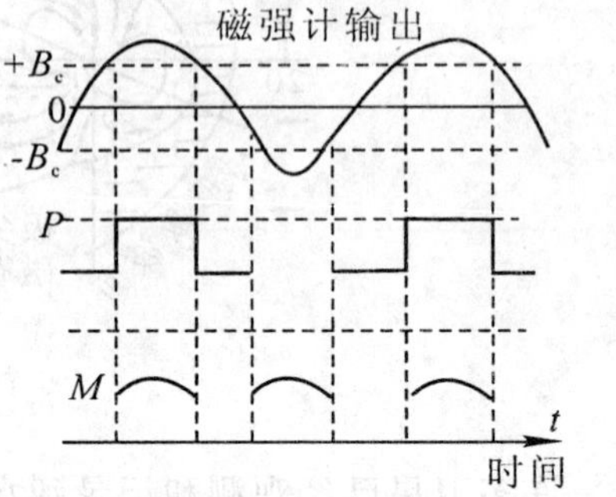

图 7.7　磁矩和磁力矩变化曲线

根据式(7.4)可以写出自旋轴进动速率

$$\frac{\mathrm{d}\theta}{\mathrm{d}t} = \frac{P_z B_y}{H} \tag{7.11}$$

式中，H 为自旋卫星动量矩幅值。

设计磁力矩控制系统的主要参数是 W 为功耗，m 为质量，t 为系统接通工作时间，令三者乘积最小为性能设计指标，即

$$J = Wmt \tag{7.12}$$

上式表示 J 的数值越小说明系统性能越好。

SAS—3 科学卫星采用两种线圈如图 7.6 所示。线圈产生磁矩可以表示为

$$P = \frac{NIS}{10} \tag{7.13}$$

式中，N 为线圈匝数，圈；I 为每圈电流，A(安培)；S 为线圈面积，cm^2(厘米^2)。

例如，若 $N = 397$ 圈，$I = 0.060\ 3$ A，$S = 697\ \mathrm{cm}^2$，则它的磁矩为 $P = 397 \times 697\mathrm{cm}^2 \times 0.060\ 3\ \mathrm{A}/10 = 0.167\ \mathrm{A \cdot m^2}$(安培·米^2)。

从前面的讨论可以看出，自旋卫星的喷气姿态机动和磁力矩姿态机动的根本差别在于产生控制力矩的方式不同。SAS—3 卫星的磁线圈系统十分典型，既包含了进动控制，又包含了自旋转速控制。当然，磁力矩控制还有许多其他形式，如采用三轴正交磁线圈由计算机控制产生空间任意方向的磁矩与地磁场相互作用进行控制等等。但基本原理都一致，就是式(7.8)和动量矩定理，所以这里不再一一详述。

需要指出的是，由于地球磁场存在各种不确定性的长期或短期变化，因此研究地磁场时不但要在一定时间内重新测定，以校正原来的数据，而且必须对局部的异常加以适当补充。但即使如此，仍不可能准确了解地球周围磁场的分布，所以磁力矩控制的精度一般较低，无论姿态稳定，还是姿态机动。

7.3 航天器的姿态捕获

7.3.1 姿态捕获的概念

姿态捕获是航天器由未知姿态到已知姿态的定向过程，是另一类典型的姿态机动。姿态捕获方式可分为三类：全自主、半自主和地面控制。

全自主捕获方式就是整个捕获过程完全由星上设备完成，从姿态信息获得、控制指令综合到执行机构工作。采用全自主姿态捕获方式的有西德天文卫星 AEROS，它由星上模拟式太阳敏感器和磁强计得到姿态信息，通过星上电子逻辑装置控制电磁铁使自旋轴指向太阳。热容量绘图卫星 HCMM 采用磁强计和安装在飞轮上的地平扫描仪来控制磁力矩使姿态对地球指向稳定。

半自主姿态捕获方式是由地面站和星上设备共同组成的。例如高能天文观察卫星 HEAO 首先利用模拟式太阳敏感器使自旋轴粗精度指向太阳，其精度在几度范围内。而地面站的计算机根据遥测传送下来的星跟踪器数据，通过相应软件精确确定卫星三轴姿态，并算出陀螺漂移的校正量，然后把这些信息送上卫星，最后通过控制喷气推力器使卫星姿态精确指向目标。

地面控制姿态捕获可以分为开环和闭环两种形式。闭环形式类似于星上全自主控制。这种闭环形式的地面控制是利用星上姿态敏感器，通过下行通道遥测传送到地面站，由地面站计算机把这些数据处理成为姿态控制有关的信息，然后通过上行通道遥控星上执行机构。星上和地面站共同组成一个闭环控制系统，并且以实时方式进行。这种系统的主要优点是灵活性大，可以使用地面站大容量计算机，并且具有连续快速提供各种指令的能力，而不增加星上质量和设备的复杂性。主要缺点是要求在执行任务时，上行和下行通道传送要连续可靠地工作，这就增加了对硬件和软件可靠性的要求；由于增加通信线路，也可能引起操作错误。加拿大 CTS 通信卫星采用 HP2100A 型微处理机，实现闭环形式的地面控制。

地面控制的开环形式是把星上敏感器数据传送到地面站，经过地面站计算机处理，并把结果显示出来，然后根据控制规律估算各种控制指令，经过分析和选择，最后通过遥控使星上执行机构动作。这种开环控制形式的时间延迟可以从 30 s 到几个小时，而闭环控制形式仅有几秒钟的延迟。开环形式控制的主要优点是地面站软件简单，可靠性高，因为各种控制指令都经过分析选择才发送到星上。目前采用开环形式进行姿态捕获比较多。

7.3.2 地球同步轨道卫星三轴姿态捕获

地球同步轨道卫星的姿态在过渡轨道（也称转移轨道）上往往是自旋稳定的，而在同步轨道上又转为三轴稳定。远地点发动机点火后，卫星进入漂移轨道，姿态控制的任务是将卫星从初期的自旋状态转向三轴姿态稳定，这一操作过程称为三轴姿态捕获。此外，在同步轨道运行的卫星，其三轴姿态指向有时失去稳定，为此必须重新进行姿态捕获。姿态捕获在实际卫星中是一个经常需要执行的控制模式。

三轴姿态捕获是大姿态角的机动过程，其根本任务是确定卫星本体坐标系在空间的方向，在工程实践中应确保捕获过程中卫星不失控。因此，星上装有 3 只速率陀螺，监视卫星三轴姿态的变化，也是控制三轴姿态转动的敏感器；同时利用外部基准 —— 太阳、地球作为三轴姿态定向的参考目标，配置有太阳敏感器和红外地平仪进行姿态测量。

地球同步轨道卫星的姿态捕获是在对自旋体的消旋和速率阻尼的基础上进行的，分为太阳捕获，地球捕获和偏航捕获 3 个阶段完成。这种姿态捕获机理是利用同步轨道卫星在特定时刻，地球 — 太阳 — 卫星 3 者成为直角几何关系。图 7.8 表示卫星本体及其坐标，太阳敏感器视场形成如图所示的 A，B 两条带，两条带状视场交于 Ox 轴。在卫星本体 Oz 轴位置安装红外地平仪。

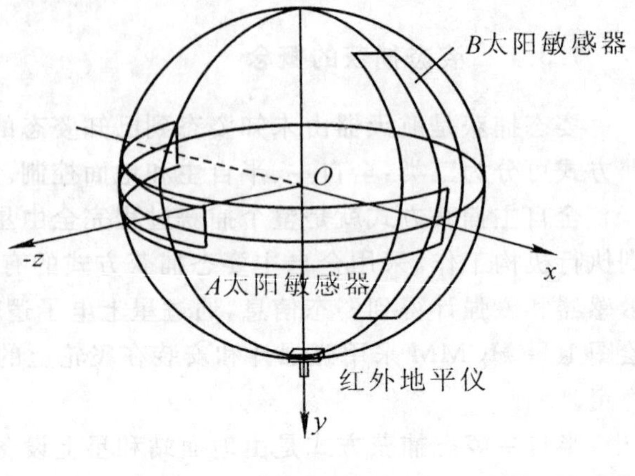

图 7.8 卫星本体坐标系和姿态捕获敏感器安装示意图

第一阶段为太阳捕获：此前卫星的姿态是任意的。将卫星消旋后，启动姿态捕获控制模式，通过速率控制回路使星体绕滚动轴 Ox 缓慢转动，一般旋转速率为 $\omega_x = (0.5° \sim 1°)/s$，并消除绕其他两轴的角速度。这时装在星体上的太阳敏感器所形成的两条带状视场也随之转动。这样大的旋转视场在空间总会搜索到太阳。当太阳进入 Oxz 平面时，绕 Ox 轴的控制系统立即对卫星消旋，把太阳保持在 Oxz 平面内。然后绕俯仰轴 Oy 的控制回路再使星体绕 Oy 轴以(0.5° ～ 1°)/s 的速度转动，使太阳沿 Oxz 平面进入 Oxy 平面，并将本体坐标系 Ox 轴的正向或反向指向太阳，完成太阳捕获。类似地，若太阳首先进入 Oxy 平面，则控制系统将太阳保持在 Oxy 平面内的同时，使星体绕 Oz 轴旋转，使太阳沿 Oxy 平面进入 Oxz 平面，从而捕获太阳。

总之，太阳捕获阶段是利用 Oxz 和 Oxy 平面内的两条太阳敏感器提供姿态测量信息，通过姿态控制系统的作用来完成的。一般 Ox 轴指向太阳的精度为 ±2°。

第二阶段为地球捕获：在这一过程中，本体坐标系 Ox 轴始终指向太阳，同时星体绕 Ox 轴以(0.5° ～ 1°)/s 的速度转动，并使安装在 Oy 轴的红外地平仪在空间扫描。当卫星运行到合适的位置，太阳 — 卫星 — 地球之间的连线夹角为 90° 时，捕获地球的条件得到满足，地球必然会进入俯仰轴上的红外地平仪视场。一旦红外地平仪扫到地球，立即通过滚动通道控制回路消除星体绕 Ox 轴的角速度，锁住卫星姿态，将地球保持在 Oxz 平面内，完成地球捕获。

捕获地球所需的时间主要取决于寻找地球 — 卫星 — 太阳 3 者成直角位置关系所需的时间，一般需要 2 ～ 5 h，视捕获太阳时太阳的所在位置而定。

第三阶段为偏航捕获：地球捕获后，红外地平仪就可以测出卫星滚动和俯仰姿态误差信息，然后把这些姿态误差信息送入姿态控制系统，从而把卫星姿态控制在红外地平仪的测量精度范围内。在此基础上再进一步把精确偏航姿态信息(例如采用精确数字式太阳敏感器来测量偏航姿态)输入到姿态控制系统，实现偏航捕获，最后达到三轴姿态捕获，使三轴姿态指向精度都接近姿态敏感器的精度。

7.3.3 重力梯度稳定卫星自主姿态捕获

在空间应用中有一类任务要求卫星天线指向地心，天线指向精度为几度，卫星要长寿命工作几年以上，姿态控制要简单可靠。根据上述要求，姿态控制采用重力梯度稳定比较合适。图 7.9 所示是一种重力梯度稳定卫星的结构形式。星体为哑铃形，一根长十几米的重力梯度杆连着一个质量为几公斤的涡流阻尼器用来阻尼卫星的天平动。发射前将重力梯度杆收卷在星体内部。重力梯度稳定的一个重要问题是姿态捕获，以获得航天器正确的对地指向姿态。

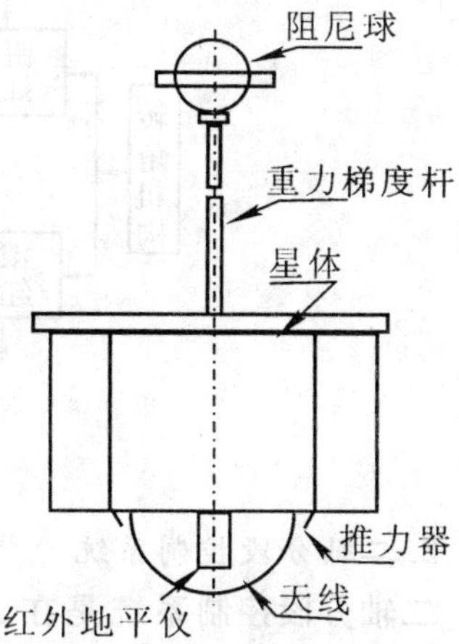

图 7.9　重力梯度稳定卫星外形结构

过去一般是通过地面站采用被动捕获，例如磁捕获，但是这种方法捕获时间长（十几天），同时要求有较多的地面站进行配合，这不太适应中国目前的情况。为此，提出一种简易的星上自主捕获方法，它是由红外地平仪、转角机构、控制电路、时钟和喷气推力器执行机构等部件组成。执行机构可选择两种安装结构，一种是在俯仰和滚动轴各装一对推力器，称为二轴控制系统；另一种是在俯仰、滚动和偏航三轴各装一对推力器，先控制偏航后控制滚动，俯仰一直进行控制，称此为二轴分段控制系统。分析计算表明：分段控制能够有效地消除姿态初始偏差，降低推力偏心的影响，只是多装一对推力器。如果姿态初始偏差和推力偏心能保证在正常状态下，二轴控制系统也同样可以达到姿态捕获的目的。

整个卫星姿态控制系统由自主姿态捕获和被动重力梯度稳定两部分组成，见图 7.10。前者从星箭分离起到建立重力梯度稳定为止，约十几分钟；后者是长期稳定姿态，可有几年寿命。下面较详细地介绍重力梯度稳定卫星自主姿态捕获控制系统的结构原理。

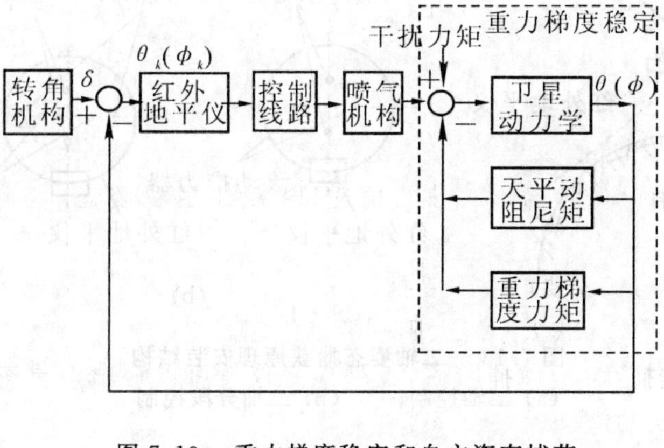

图 7.10　重力梯度稳定和自主姿态捕获

1. 二轴控制系统

二轴控制系统框图见图 7.11，而结构原理图如图 7.12(a) 所示。

两个红外地平仪安装在一个（或者分别装在两个）转角机构的活动板上。转角机构的固定板与卫星底部固联，因而当转角机构转动时红外地平仪对星体作相对转动，其夹角为 δ。在发射时 δ 置于某个起始位置，以适应火箭入轨的不同姿态，例如火箭成水平状态入轨，则 $\delta_0 = 90°$。这样当卫星与火箭分离后红外地平仪即可以对准地球进行姿态测量。俯仰通道的控制系统可以消除运载火箭传给卫星 Oy 轴的初始干扰 $\omega_y(0)$ 并实现卫星的程序转弯，滚动通道的控制系统消除沿卫星 Ox 轴的干扰以保证程序转弯能可靠完成。

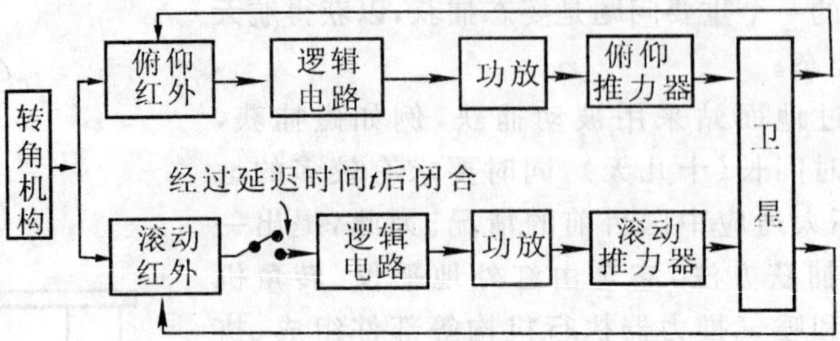

图 7.11　二轴姿态捕获原理图

2. 二轴分段控制系统

二轴分段控制系统是在二轴控制系统的基础上增加一对偏航推力器，它的布局如图 7.12(b) 所示。偏航(沿 Oz 轴)控制和滚动(沿 Ox 轴)控制合用一个通道，按照时间划分进行切换，因此测量和逻辑处理的硬件数目和二轴控制系统完全相同。在捕获的第一阶段，卫星仅作俯仰轴 Oy 和偏航轴 Oz 的控制，控制系统充分有效地消除了初始偏差 $\omega_y(0)$，$\omega_z(0)$，并建立起实现卫星程序转弯应有的转动角速率。在捕获的第二阶段，卫星仅作俯仰轴 Oy 和滚动轴 Ox 的控制，继而消除沿 Ox 轴的偏差并完成程序转弯，克服伸杆扰动，给重力梯度稳定提供良好的运动状态。

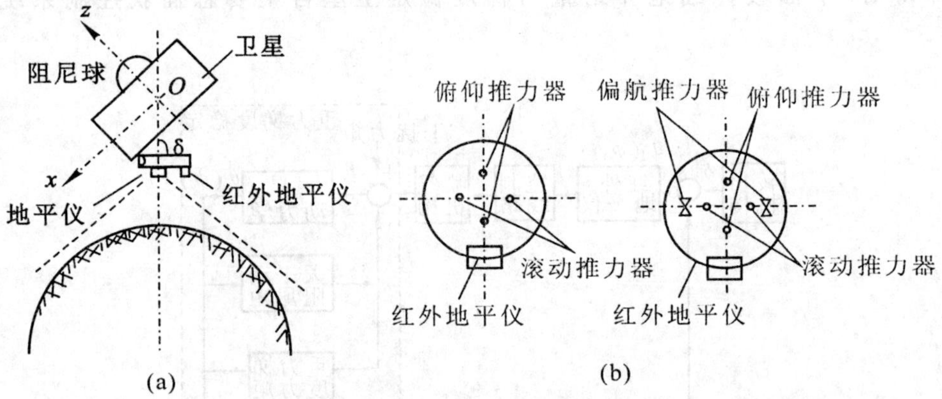

图 7.12　二轴姿态捕获原理安装结构

(a) 二轴控制；　(b) 二轴分段控制

由于二轴分段控制方案对卫星的三个轴在不同时刻都施加控制作用，克服了初始偏差和转弯过程中的干扰影响，因此对运载火箭和喷管推力偏心的要求可以大大放宽。

思　考　题

7.1　自旋稳定卫星喷气姿态机动的原理是什么？喷气角的选择为什么不能过小？

7.2 已知一自旋卫星动量矩 $H=2\ 500\ \mathrm{kg\cdot m^2/s}$，自旋速度 $\omega=60\ \mathrm{r/min}$，喷气力矩 $M_c=20\ \mathrm{N\cdot m}$，喷气角选为 $\gamma=45°$，要求自旋轴进动 $\theta_c=90°$。问每喷气一次自旋轴进动多少？总共需要喷气多少次和多长时间才能完成进动？

7.3 分析磁力矩控制系统与飞轮控制系统、推力器控制系统相比有何优缺点。

7.4 结合图 7.6 分析其中两个线圈的功能和实现各自功能的原理。

7.5 什么是姿态捕获？姿态捕获可分为几类？阐述各自的原理。

7.6 叙述地球同步轨道卫星三轴姿态捕获的过程，以及对敏感器和执行机构配置的要求。

7.7 叙述重力梯度稳定卫星自主姿态捕获的过程和对敏感器执行机构配置的要求。

第八章

航天器的导航与制导

自然界的天体一般都具有较大的质量，人类难以改变其运动轨道。航天器的质量比较小，人们可以干预其运动，使其轨道发生预期的变化。随着航天技术的发展，航天使命越来越复杂，这就要求航天器在运动过程中其轨道是可以控制而改变的，以满足给定的日益复杂的航天任务要求。

航天器轨道的变化也称为空间导航，包括轨道确定和轨道控制两个方面，由导航与制导系统完成。

导航与制导系统的功能是使航天器遵循正确的航线飞行，它有控制航天器轨道的能力。为实现这些功能，一般必须完成三项工作：

(1) 确定当时的航天器在轨道上的位置和速度；

(2) 计算未来的航天器轨道和着陆点，以及所需机动的初始条件；

(3) 控制推力和升力的使用以达到希望的新轨道和着陆点。

前两项工作一般称为导航或轨道确定，后一项工作一般称为制导。从广义上讲，轨道控制就是制导问题。本章就对以上两方面问题分别进行讨论。

8.1　航天器导航的概念与分类

航天器导航就是轨道确定。它回答以下问题："航天器在哪里？朝什么方向飞行？飞行速度是多少？"这些都属于航天器运动学的几何学性质问题，因此需要选定一个参考坐标系以及在这个坐标系中航天器等运动物体的定位方法。对地球卫星来说，如果求出在地心惯性坐标系中航天器的三维位置及 3 个速度分量，就可以很方便地转换成人们所熟悉的轨道六要素。

人类依赖天体、日、月、星辰作为导航的依据已有数千年历史。中国最早发明指南针，这是人类第一个导航工具，后来产生了罗盘，世界上第一个罗盘出现距今大约 700 年。罗盘出现后，随之而来的是六分仪，世界上出现第一只六分仪约在 400 年前。这种技术已经发展成为现在的空间六分仪，开始应用在航天器上。

航天器轨道确定基本上可分为两大类：自主和非自主。非自主测轨由地面站设备，例如雷达，对航天器进行跟踪测轨，并且在地面上进行数据处理，最后获得轨道位置信息。相反，若航天器的位置和速度等运动参数用星上测轨仪器（或称导航仪器）来确定，而该仪器的工作不依赖于位于地球或其他天体的导航和通信设备，那么轨道确定（空间导航）则是自主的。

过去，绝大部分航天器都采用非自主测轨。由于这种方法存在很大局限性，它要依赖地面站，而一个地面站跟踪卫星的时间是非常有限的。如果要连续跟踪卫星，则需要相当数量的地面站。例如要求地面站 100% 时间覆盖航天器，当轨道高度为 270 km 时，需要 56 个站；当高度为 800 km 时，也需要设 20 个站。而且这些站都要求理想分布，其中大多数站势必在国外或海上。由此可见，用增加地面站的办法来跟踪低轨道航天器 100% 的轨道时间是不经济的，甚至是不现实的。但若不能连续跟踪航天器，则测轨只能利用一段轨道数据处理技术，当设站不够多时，测轨精度很低。

自主导航存在两种方式：被动或主动。被动方式意味着与航天器以外的卫星或地面站没有任何合作，例如空间六分仪；而主动方式意味着与航天器以外的地面站或卫星（例如数据中继卫星）有配合，例如全球定位系统。另外还存在一个问题需要考虑，即航天器自主轨道确定与姿态确定是相互关联或者互相独立的。一般说来由于轨道比姿态变化缓慢的原因，希望轨道确定和姿态确定互相分开，特别在精度要求很高的场合。但是有许多敏感器，例如空间六分仪、陆标跟踪器、惯性测量部件、太阳和星敏感器等，既可以作轨道确定系统的敏感器，同样地也可作姿态确定系统的敏感器。根据这些敏感器所得到的信息，设计相应软件，经过计算机进行数据处理和计算，就可以得到有关轨道和姿态的数据。在这种情况下，姿态和轨道确定是相关联的。

空间自主导航系统按它的工作原理可分为五大类。

(1) 测量对于天体视线的角度来确定航天器的位置：这基本上是属于天文导航方法。在这种导航系统中，航天器首先测定它对地球表面的当地垂线，然后以此为基准分别测量 3 个彼此独立的已知星体的角度。根据这些测量数据就可推算出航天器的位置和姿态信息。

天文导航系统是以天空的星体作为导航台、星光作为导航信号的测角定位系统。星体离航天器很遥远，这时很小的测角误差就会产生很大的定位误差。为了精确定位，除了要求高精度测角外，还要有高精度的方向基准，而且设备的价格昂贵，系统的工作受气象条件限制。但是，由于星体离地面很远，系统工作区域广，可对在外层空间活动的航天器进行导航，而且当航天器在大气层之上时，导航就不再受气象条件限制。

(2) 测量地面目标基准来确定航天器的位置和姿态：这种系统要依靠地面控制点或陆标，而这些地面目标从空间是可以被识别出来的。地面控制点有很多形式，例如精确的光源、发射机、特征或地面上特定的地区。虽然不同的系统探测地面控制点的形式各不相同，但从被测量的参数总是可以得到航天器完整的位置和姿态的信息。

(3) 对已知信标测距：这类自主导航系统要依靠已知信标来测量航天器到 3 个或更多已知点的距离，然后用三角法解出所求航天器的位置。通过获取由已知信标发射的某种形式的导航信号来确定距离，这种导航信号中包括有关发射机的位置和信号开始发送的时间信息。然后接收机根据已知信号接收时间解出信号传播时间，若信号传播速度不变，则可以估算出距离。全球定位系统(GPS) 导航就属于这一类。

(4) 惯性导航方法：它主要由惯性测量装置、计算机和稳定平台（捷联式没有稳定平台）组成。通过陀螺和加速度计测量航天器相对于惯性空间的角速度和线加速度，并由计算机推算出航天器的位置、速度和姿态等信息。因此惯性导航系统也是航天器的自备式航位推算系统。

惯性导航系统具有抗干扰、抗辐射性（如电磁波和光波）强，不受外界影响，导航精度也较高的特点，自主性很强，适用范围广。但是它有积累误差，由于陀螺总存在漂移，导航精度会随着系统工作时间的增加而降低，因而此种方法难于满足长寿命航天器的导航任务。另外，当航天器在自由飞行时，惯性导航对加速度计灵敏度要求很高，大约须高于$(10^{-8} \sim 10^{-9})g$ 以上的灵敏度，还要求准确的重力场数据。因此惯性导航适用于航天器主动段。

(5) 组合导航方法：它是将以上多种导航方法结合起来形成组合系统，取长补短，提高了可靠性。组合导航系统能对来自各系统的原始导航数据进行适当处理，可提高精度。但若原始数据精度不高，即便如此也很难达到几十米，甚至几米的定位精度。多个系统合在一起，加上计算机，使整个系统庞大、复杂而又昂贵。

一种典型的组合导航系统是天文惯性导航，将惯性导航与天文导航相结合，能够对惯性导航系统进行及时校准，克服惯性导航的误差积累。

8.2 航天器的自主导航系统

基于上节介绍的自主导航原理的实际航天器导航系统有很多种，本节将首先着重介绍全球定位系统(GPS)和(天文)惯性导航两种自主导航系统。前者属于对已知信标测距类主动或自主导航系统，而后者属于被动式(组合)自主导航系统。

8.2.1 全球定位系统(GPS)

全球定位系统(GPS)是一个全球性的新型卫星导航系统，它可为各种运动物体即用户提供连续、实时的导航，同时给出用户的3个位置坐标、3个速度分量以及精密时间。作为全球定位系统用户的各种运动物体可以是航空飞行器、航海舰船，甚至地面运动的汽车和人。近年来，全球定位系统在航天器自主导航中的应用已受到了人们广泛的重视。

全球定位系统是以卫星作为导航台的无线电导航系统，由三部分组成。

(1) 导航卫星：是空间导航台，它接收和储存地面站制备的导航信号，再依次向用户发射。它接收来自地面站的控制指令并向地面站发射卫星的遥测数据。

卫星轨道是离地面约20 000 km的圆轨道，轨道面的倾角为63°，系统中共有三条升交点赤经相互相差120°的轨道。每条轨道上均匀分布8颗卫星，总共24颗卫星组成同时覆盖全球的卫星网，使得地球任何地方至少能同时看到6颗卫星，最多能同时看到11颗卫星，平均能同时看到9颗。图8.1所示是卫星轨道和24颗卫星环绕地球分布的示意图。目前每轨上有6颗卫星。

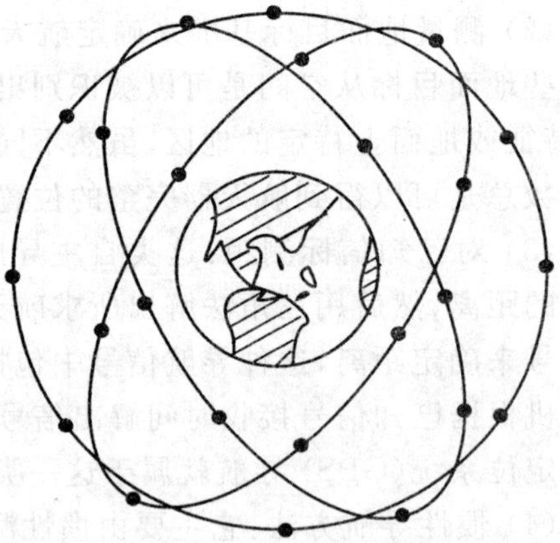
图8.1 24颗卫星分布示意图

卫星姿态采用三轴稳定方式，4个斜装惯性轮和喷气推力器执行机构构成三轴稳定系统，保证卫星上导航天线的辐射口始终对准地面，对准精度为1°。

卫星上工作频率为2 200～2 300 MHz的遥测发射机将卫星的各种遥测数据通过发射电波送至地面站组。卫星上的接收机接收地面注入站向卫星发送的频率为1 750～1 850 MHz的导航信息，它包括时钟校正参量、大气校正参量、卫星星历及全部24颗卫星的历书等。卫星上的存储器储存这些信息，存储器可储存长达26 h的信息。卫星接收机也接收来自地面站的控制指令。卫星上装有稳定度为10^{-13}的精密原子钟，各卫星的原子钟相互同步，并与地面站组的原子钟同步，建立起导航星系统的精密时系，称为

GPS时。向地面发送的星历就是以GPS时为基准，顺序发射的。精密的时系也是精密测距的基础。卫星导航发射机以双频，1 575.42 MHz及1 227.60 MHz发射导航信号，发射双频是为了校正电离层产生的附加延时。

目前，该系统已实现全球布网。由于卫星称为导航技术星，所以该系统又称为导航星系统。

(2) 地面站组：包括主控站、监测站、注入站等多种地面站和计算中心。地面站组收集来自卫星及与系统工作有关的信息源的数据，对数据进行处理计算，产生导航信号和控制信号，再由地面站发送给卫星。

主控站设有精密时钟，是GPS系统的时间基准，各监测站和各卫星的时钟都须与其同步。所谓同步即是使各时钟与主控站时钟的时钟信号同频同相，或测得各时钟与主控站时钟的钟差。主控站设有计算中心，根据各监测站送来的各种测量数据，编制各卫星星历、计算各卫星原子钟钟差、电离层、对流层校正参量等。主控站在处理数据完成并计算编制后，将数据送到注入站。

注入站当卫星通过其视界时，将其储存的导航信息注入卫星。注入站还负责监测注入卫星的导航信息是否正确。注入站每天向卫星注入一次新的导航数据。

(3) 用户设备：用于接收和处理导航信号，进行定位计算和导航。对于航天器而言，用户设备属于星载设备。GPS系统采用无源工作方式，这给航天器定位带来很大方便。

接收天线接收卫星发射的导航信号，从中提取卫星星历、距离及距离变化率、时钟校正参量、大气校正参量等，将这些数据及其他一些数据（例如用户的估计位置等）送至计算机，算出航天器在空间直角坐标系中的坐标，或将空间直角坐标转换成航天器所需的其他坐标。

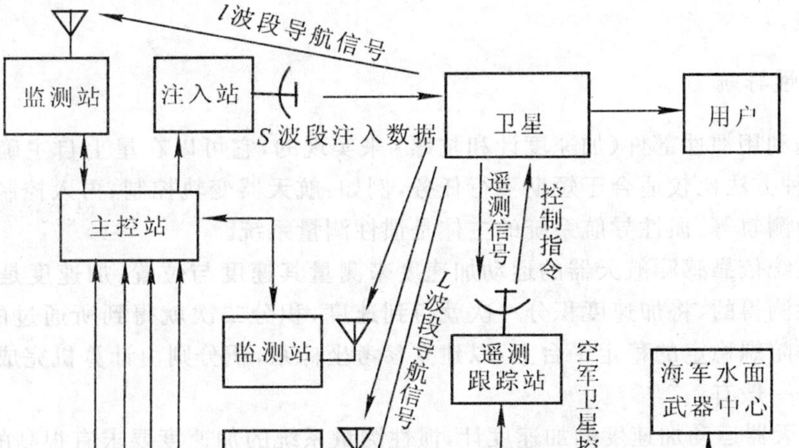

图 8.2 GPS系统组成方框图

GPS系统的组成结构如图8.2所示。GPS系统是一个庞大而又复杂的系统，它的主要特点是：

(1) 能够实现全球、全天候导航：能够提供连续、实时的三维空间坐标、三维速度和精密时间，而且具有良好的抗干扰性能；

(2) 具有高精度：三维空间定位精度优于 10 m，三维速度精度优于 0.03 m/s，时间精度为 20 ～ 30 ns。航天器每次定位需要 4 颗导航星；

(3) 生存能力强：这并不意味着每一颗导航星的抗攻击能力强，而是整个 GPS 系统有 24 颗星组成，只有摧毁半数以上的卫星才能使整个系统失效。

正是由于这些特点，使得 GPS 已成为当前航天器空间导航的引人关注的手段。

GPS 系统对航天器的导航定位误差来源于多方面的因素。最直观的因素就是作为定位基准的导航星本身不可避免地存在着位置误差。

其次是 GPS 系统的时钟误差。从理论上讲，GPS 系统中各导航星之间的时钟是完全同步的，但是不同的时钟不可能完全相同，即使是原子钟也不是绝对稳定的，总存在频率和时间的漂移，引起误差；另一方面，即使各导航星具有完全相同的时钟，由于各星的运动速度不同，它们的走时也不相同，这就是所谓的相对论效应。时钟误差直接导致测距误差。

第三，在 GPS 系统中，航天器可同时看到 6 颗以上的卫星，进行导航定位只要用 4 颗就可以了。这就存在各种不同选择方案，当以上几种误差一定时，航天器与 4 颗导航星的几何关系不同，产生的定位误差也不相同，这就是几何误差。所以航天器利用 GPS 系统进行导航时，应当选取相对位置最佳的 4 颗导航星，将几何误差限制到较小的数值，并在全球取得较均匀的定位精度。

此外，本书在第 2.5 节中介绍的各种非理想因素都会导致导航星星历误差，导航星信号的发射设备和航天器的接收设备还存在着设备误差。这些各种各样的因素综合构成了 GPS 系统的导航定位误差。

8.2.2 惯性导航

惯性导航是利用惯性部件(加速度计和陀螺) 来实现的，它可以在星上自主确定航天器的位置和速度。这种方法比较适合于短期飞行任务，例如：航天器变轨控制、再入控制和载人飞船轨道控制系统的测轨等。惯性导航系统的主体是惯性测量系统。

惯性测量系统依靠感测航天器的运动加速度来测量其速度与位置。加速度是由加速度计利用物体的惯性测得的，将加速度积分一次就得到速度，积分二次就得到所通过的距离。加速度计一般装在由陀螺稳定的稳定平台上，以建立参考坐标系，积分则由计算机完成。因此，属于惯性导航的设备一般有：

(1) 测量航天器运动加速度的加速度计，惯性测量系统的加速度要求有很高的精度；

(2) 将加速度计相对惯性坐标系保持在确定方位的稳定平台上，以消除航天器姿态对轨道的耦合影响；

(3) 进行数学运算所必需的解算装置。

此外，惯性系统也包括输出参数(速度、坐标等) 指示器、原始数据和参数起始值给定器、控制机构、电源和其他结构元件等。

用以测定非重力所产生的加速度的 3 个加速度计的测量轴必须分别与一适当选定的惯性坐标系的坐标轴重合，但是这就必须采取专门的措施使加速度计不断维持固定的取向。如果把加速度计与航天器固连，就不可能使加速度计保持固定取向，因为航天器的方向或姿态改变时会使加速度计的取向相应地改变。因此有必要把加速度计安装在一个由陀螺稳定的平衡环支承的平台上，这种平台即所谓的稳定平台或惯性平台。无论航天器的方向如何改变，它在惯性空间的取向始终保持固定不变。图 8.3 所示是在一理想情况下的简化稳定平台的示意图，其中航天器只限于在一平面（假设是 OXY 平面）内运动，同时它只能绕 OZ 轴转动。真实的稳定平台有 3 个转动轴，因为航天器可以作滚动、俯仰和偏航运动。但是，在这一简化的例子中，因为航天器被限制在一平面内运动，所以一个轴就足够了。

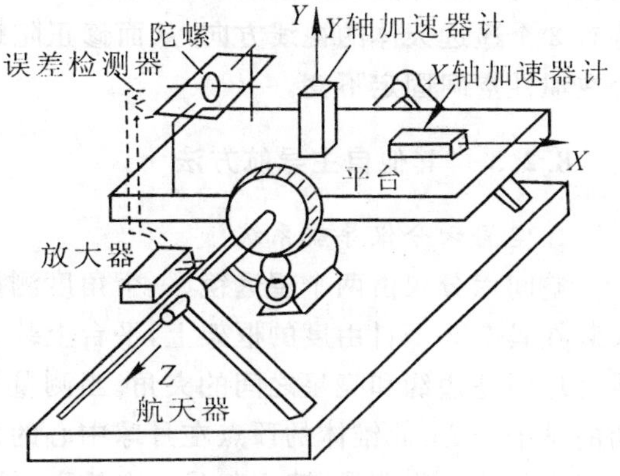

图 8.3 始终在同一平面内运动的航天器稳定平台

用于维持平台固定取向的主要敏感器是三自由度陀螺。陀螺转子的动量矩矢量在惯性空间保持恒定不变，即不但大小不变，而更主要的是方向不变。因此，不管航天器如何运动，陀螺的自转轴在惯性空间提供了一个不变的方向基准，能够迫使平台保持与这一不变的基准对准，从而使加速度计的测量轴保持与这个固定坐标系统正确地对准。下面借助于图 8.3 说明平台保持与陀螺的基准方向对准的方法。

假设平台相对于陀螺自转轴产生一角度误差的趋向。陀螺组合中装有一误差敏感元件，它发出一正比于平台偏差角的电信号，这误差信号经过放大后加到一与平台耦合的伺服电机上，从而促使平台回到与陀螺自转轴对准的位置。采用高增益放大器后，只要一极小的角度误差就能使电机启动，以便使加速度计取向的瞬时角偏差在校正过程中保持最小。

前面讨论稳定平台时，为了简化起见，只考虑航天器在一平面内的运动。显然，任何实际系统一定要能够在三维空间中导航。在这样的惯性系统中的稳定平台，一般具有至少 3 个平衡环，通过伺服系统使装有3个加速度计和3个二自由度陀螺（或2个三自由度陀螺）的内部稳定平台与航天器的角运动隔离，并保持一定的方位。平衡环的转角可由旋转变压器测得，给出航天器滚动角、俯仰角和偏航角信息。

除以上讨论的装有陀螺稳定平台的惯性系统外，近 30 多年来许多注意力集中于发展所谓的捷联式惯性测量系统。它是随着计算机技术的发展而出现的一种没有陀螺稳定平台的惯性测量系统。它的陀螺和加速度计直接装在航天器本体上，加速度是相对本体坐标系测量的。计算机根据陀螺的输出建立导航坐标系，加速度信息须进行坐标变换，变换到导航坐标系中，然后进行导航计算。在这个系统中，陀螺稳定平台的作用是由计算机来完成的，因此捷联式惯性测量系统又称做解析平台式惯性系统。

捷联式惯性系统与稳定平台式惯性系统相比，具有系统体积、重量、功耗、安装灵活性、可靠性及维修等方面的优点；但对陀螺和计算机的要求提高了，要求陀螺的动态范围宽，能承受苛刻的环境，要求计算机有很高的计算速度。但随着精密陀螺和微型电路的迅速发展，这些要求已逐步得到满足。当然，要实现满意的设计并不是没有问题的。

为了克服陀螺漂移这一惯性导航系统固有的缺陷，更准确地确定航天器的位置，天文惯性导航便应运而生。这是一种被动式组合自主导航系统，它由惯性测量系统和天文测量装置如望远镜等两部分组成。其中前者依然是主体，而后者起到对前者的校正作用。

由于航天器对遥远天体如恒星的视线可以认为是不随航天器的运动而变化的，所以陀螺惯性平台在无漂移时，其指向相对于天体视线应当固定不变；若一旦产生漂移，那么平台指向也就相对于天体视线发生变化。基于这一原理，航天器可以采用望远镜等天文观测装置同时获得对 3 个遥远天体的视线方向，从而修正陀螺惯性平台相对于这 3 个视线方向的漂移，保持平台在惯性空间固定不变。

8.2.3 其他自主导航方法

1. 空间六分仪导航系统

空间六分仪由两个望远镜、一个角度测量头、一个基准平台以及计算装置组成。角度测量头装在具有 3 个自由度的框架上，平台上装有一个平面镜、棱镜组合件和一个陀螺组件，它测量月球明亮边缘和亮星之间的夹角。当测量第一颗恒星与月球中心之间夹角时，航天器位于锥面的某个地方，此锥体的顶点在月球中心的位置上，而锥体轴在恒星方向上。对另一颗恒星和月球进行第二次测量，建立起另一个锥面。航天器位于两个锥面的两条相交线上，其中有一条是假的，可根据航天器飞行的物理特性来识别其真假。

航天器的姿态是通过测量两颗或两颗以上的恒星，与固定在六分仪基座上的基准反射镜之间的夹角来确定的。装在望远镜内的光源可以自动对准基准反射镜，因而可作为望远镜的基准。相对于基准反射镜的夹角确定了惯性空间的一个方向，另一个姿态方向是通过测量一个或几个恒星与棱镜组件之间夹角来确定的。棱镜组件则安装在基准反射镜上，与反射镜有一仰角。两次测量经过处理机处理后便得到精确的姿态信息。

这种空间六分仪由美国空军从 1973 年开始组织研制，从 1975 年到 1978 年完成工程模型硬件研制，在 1982 年通过航天飞机进行的飞行实验，20 世纪 80 年代后期正式提供使用。根据在航天飞机进行的飞行实验结果，空间六分仪可以同时提供轨道和姿态的测量结果。轨道位置精度为 240 m，速度精度为 0.03 m/s。这些精度与轨道高度有关，轨道高度越低，速度精度越高。三轴姿态精度为 1″(角度)。空间六分仪质量 25 kg，功耗 50 W，设计寿命 5 年。

2. MADAN 自主导航系统

该系统是根据测量相对于天体视线的角度来确定航天器的轨道和姿态。这个系统由 3 个星敏感器(包括 1 个备用)、1 个导航敏感器(测量行星敏感器，例如地球、月球等)以及计算装置组成，适用于近地轨道到 5 倍同步轨道高度的卫星，同时可以提供轨道三维位置和三轴姿态的信息。系统原理见图 8.4。

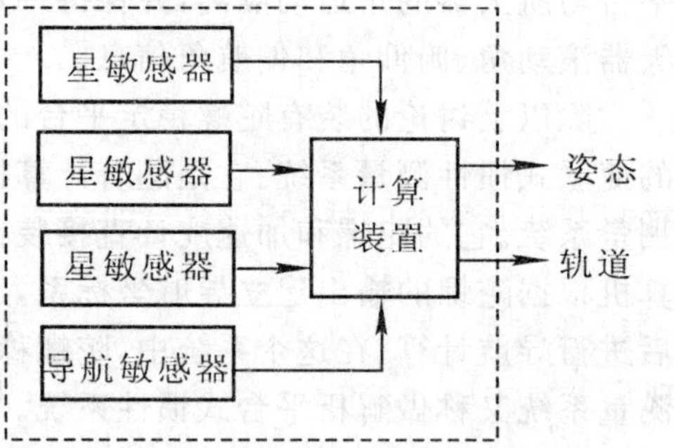

图 8.4 MADAN 自主导航系统

对低轨道卫星来说，位置精度为 0.9 ～ 1.8 km，对同步轨道到 5 倍距离同步轨道高度的卫星来说，位置精度为 9 ～ 18 km，速度精度为 0.4 ～ 0.13 m/s，姿态精度均为 2″ ～ 6″(角度)。

星敏感器采用最新研制的固态敏感器技术(电荷转移器 —CCD)。这个系统导航精度主要受到导航敏感器(例如红外地平仪)精度的限制。

该系统 1984 年已完成在实验室初样硬件研制，1986 年进行飞行实验，然后提供正式使用。

8.3 航天器的轨道机动与轨道保持

航天器的轨道控制，从广义上来说，是航天器制导问题，即对按一定导引规律运动的航天器进行控制，从而使航天器按预定轨道运动。简单地说，就是控制航天器质心运动的速度大小和方向，使航天器的轨道满足飞行任务的要求。控制航天器的速度一般采用下列控制力：反作用推力、气动力、太阳辐射压力、磁力和其他非重力源的力。

轨道控制范围很广，大致包括的内容有轨道机动、轨道保持、交会、对接、再入返回和落点控制等。从本节开始，将分别介绍这几类轨道控制的基本概念和原理。

8.3.1 轨道机动概念

航天器在控制系统作用下使其轨道发生有意的改变称为轨道机动，或者说轨道机动是指沿已知轨道运动的航天器改变为沿另一条要求的轨道运动。已知的轨道称为初轨道或停泊轨道，要求的轨道称为终轨道或预定轨道。轨道机动包括变轨控制和轨道校正两种形式，其控制系统的组成如图 8.5 所示。

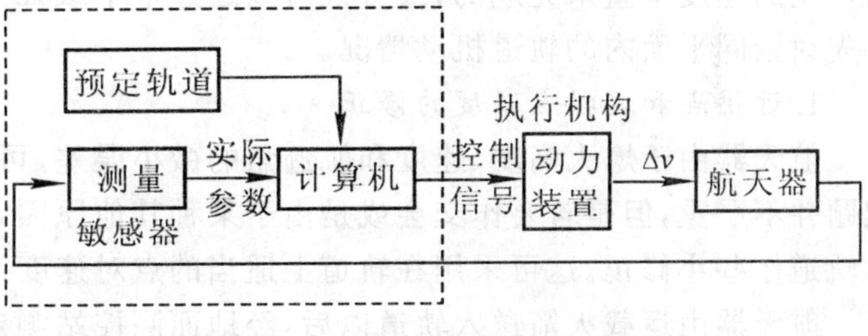

图 8.5 轨道机动控制系统的组成

动力装置提供轨道机动所需的推力，动力装置一般为具有多次点火启动能力的火箭发动机。测量装置用来测量航天器的实际运动参数。计算机的输入为航天器的实际运动参数和轨道机动要求。在计算机中由轨道机动要求计算出航天器在某一时刻运动参数的预期值，将同一时刻的运动参数的实际值与预期值进行比较后，求出此刻应提供的速度增量的大小和方向，据此形成航天器的姿态控制与动力装置的控制信号。姿态控制系统和动力装置按控制信号工作，控制航天器完成预定的轨道机动。

轨道机动方式一般有两种：一是无线电指令控制系统或称遥控系统，二是惯性控制系统。前者由星上和地面站共同组成，即图 8.5 所示虚线包围的部分安装在地面站，控制信号由地面站发出，航天器接收，姿态控制系统和动力装置按接收的信号工作。这一方式是与非自主导航相对应的，可以减少航天器上的设备，但降低了轨道机动的灵活性。后者通过惯性导航系统实现星上自主闭环控制，整个系统均在星上。

当采用火箭发动机作为轨道机动系统的动力装置时，由于火箭发动机能提供较大的推力，因而短时间工作即可使航天器获得所需的速度增量。因此在初步讨论轨道机动问题时，假设发动机按冲量方式工作，即在航天器位置不发生变化的情况下，使航天器的速度发生瞬时变化。这一假设可使问题得到简化，为更深入的研究提供必要的基础。

变轨控制分为轨道改变和轨道转移两种形式。当终轨道与初轨道相交（切）时，在交（切）点施加一次冲量即可使航天器由初轨道进入终轨道，这称为轨道改变；当终轨道与初轨道不相交（切）时，则至少要施加两次冲量才能使航天器由初轨道进入终轨道，这称为轨道转移。连结初轨道与终轨道的过渡轨道称为转移轨道。在变轨控制问题中，初轨道、转移轨道和终轨道可以是圆锥曲线中的任何一种轨道。

在发射航天器的过程中，由于存在各种干扰以及系统本身存在着误差，因而使航天器实际的轨道不可避免地偏离预定轨道。消除由于入轨条件偏差而产生的轨道偏差（基本轨道参数偏差），称为轨道校正，有时也称为轨道捕获。

在航天器入轨后，由地面站对航天器进行精确的轨道测量，求出实际轨道要素与预定轨道要素之差，由轨道机动算法确定出校正程序，包括火箭发动机的点火次数、工作时间、工作点在轨道上的位置等，然后由地面站发出相应指令，航天器上的控制系统接收并执行这些指令，对航天器施加推力冲量，改变其运动状态，完成轨道校正。

轨道校正的特点是轨道机动所需的速度增量不大，即初轨道与终轨道相差较小。

8.3.2 平面内的轨道机动

基于航天器轨道机动的瞬时假设，即航天器从一个轨道机动到另一个轨道是利用瞬时之间作用的速度增量来完成的，或者说可以通过单个或几个推力冲量来校正或改变轨道。据此，首先讨论同平面内的轨道机动情况。

1. 近拱点和远拱点高度的修正

航天器由于熄火高度、速度和航迹角的微小误差，可能达不到预想的精确轨道。通常这一问题并不严重，但是若要作交会或是由于某种其他原因，需要一个非常精确的轨道，这就需要对轨道作些小修正。这可采用在轨道上适当的点对速度作一次或者多次微小的改变来实现。

航天器由运载火箭送入轨道以后，经地面测控站测定，即可确定其基本轨道参数。假设测定结果是近拱点的高度及速度大小与预定运动参数有偏差 Δr_p 及 Δv_p，其结果使长半轴 a 产生偏差（设 e 符合要求）。现要求通过轨道机动，将近拱点或远拱点调到预定高度。

在第二章已经推导了对所有轨道均成立的能量关系式，即

$$\mathscr{E} = \frac{v^2}{2} - \frac{\mu}{r} = -\frac{\mu}{2a} \tag{8.1}$$

对式(8.1)两边求一次微分得

$$v\mathrm{d}v - \frac{\mu}{r^2}\mathrm{d}r = -\frac{\mu}{2a^2}\mathrm{d}a$$

由此可以解出

$$\mathrm{d}a = \frac{2a^2}{\mu}\left(v\mathrm{d}v + \frac{\mu}{r^2}\mathrm{d}r\right)$$

因此在小偏差情况下，由 Δv 和 Δr 引起的长半轴 a 的改变量 Δa 为

$$a \approx \frac{2a^2}{\mu}\left(v\Delta v + \frac{\mu}{r^2}\Delta r\right) \tag{8.2}$$

若基于轨道机动的瞬时假设，在轨道上某点速度 v 改变而保持 r 不变，则

$$\Delta a \approx \frac{2a^2}{\mu}v\Delta v \tag{8.3}$$

因为轨道长轴是 $2a$，所以轨道长度的改变是 $2\Delta a$。

假定在近拱点改变速度，那么由此造成的长轴改变量正好是远拱点高度的变化。同样，在远拱点速度改变 Δv，将导致近拱点高度的相同变化。将方程式(8.3)所表示的一般关系应用于在近拱点和远拱点加上微小而有限的速度改变 Δv 的特殊情况，得到远拱点和近拱点的高度变

化，即

$$
\begin{cases}
\Delta h_a = \dfrac{4a^2}{\mu}(v_p \Delta v_p) \\
\Delta h_p = \dfrac{4a^2}{\mu}(v_a \Delta v_a)
\end{cases}
\tag{8.4}
$$

例如，由近拱点参数的变化量 $\Delta r, \Delta v$，通过式(8.2) 计算得出实际轨道长半轴 $a = a_0 + \Delta a$。式中 a_0 为预定轨道的长半轴，由此可计算出远拱点的向径 r_a 及速度 v_a。现在可通过在远拱点改变速度来调整近拱点高度。已知近拱点高度误差 $\Delta r_p = -\Delta h_p$，为消除此偏差，在远拱点的速度增量可由式(8.4) 求出。令 $\Delta h_p = -\Delta r_p$，得

$$
\Delta v_a = -\frac{\mu}{4a^2 v_a}\Delta r_p \tag{8.5}
$$

按照同样的方法可以修正远拱点高度。

2. 共面两轨道的一般转移

在两个共面轨道间的转移是最常用的机动方法之一。

如图8.6所示，轨道A与轨道B在同一平面内相交，为了使航天器从轨道A转移到轨道B，即轨道改变，需要在两轨道的交点 Q_1 处加一个速度增量 Δv_1，并满足关系式 $\boldsymbol{v}_{B1} = \boldsymbol{v}_{A1} + \Delta \boldsymbol{v}_1$，其中 $\boldsymbol{v}_{A1}$ 与 $\boldsymbol{v}_{B1}$ 分别是轨道 A 与轨道 B 在点 Q_1 处所对应的航天器速度矢量。

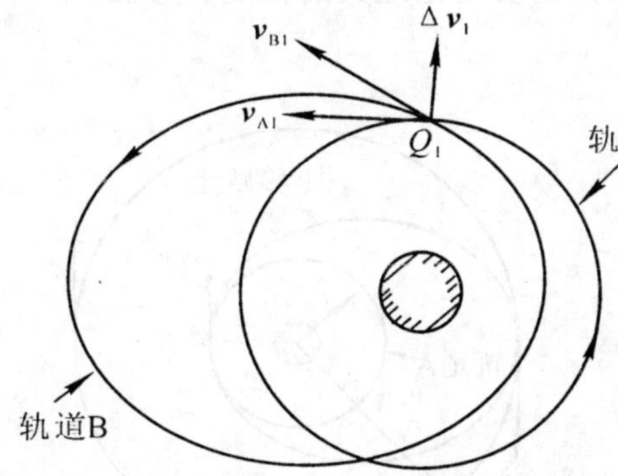

图 8.6　相交轨道的轨道改变

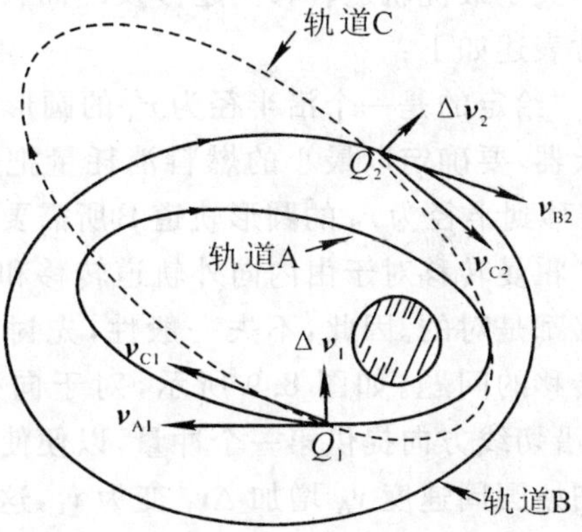

图 8.7　不相交轨道的轨道转移

要完成两个不相交轨道间的转移，通常需要有两个速度增量，如图 8.7 所示。航天器利用速度增量通过中间轨道C完成从轨道A到轨道B的转移。和前面一样，速度增量必须具有相应的大小和方向，使得合成的速度矢量对应于新轨道在给定点的应有值。和新、旧两轨道相切的转移轨道如图 8.8 所示，这里所加的速度增量与航天器的速度矢量平行。这种类型的转移往往代表一种燃料消耗量最小的轨道转移。

分析图 8.7 和图 8.8 容易知道，要实现两个不相交轨道间的转移，其转移轨道必须与初轨道和终轨道同时存在至少一个交点，即与它们分别相交或相切。特殊地，考虑初轨道和终轨道分别是半径为 r_1 和 r_2 的圆轨道，那么如果转移轨道要与两个圆轨道相接，则近拱点必须小于或等于内轨道的半径，而远拱点必须等于或大于外轨道的半径。用数学式来描述这些条件就是

$$
\begin{cases}
r_p = \dfrac{p}{1+e} \leqslant \min(r_1, r_2) \\
r_a = \dfrac{p}{1-e} \geqslant \max(r_1, r_2)
\end{cases}
\tag{8.6}
$$

式中，p 和 e 分别是转移轨道的参数和偏心率。只有同时满足以上两个条件，转移轨道才是可行的，其中等号成立时意味着转移轨道与内轨道或外轨道相切，这对应着两个圆轨道之间转移时的最少燃料消耗的转移轨道。下面重点讨论这一问题。

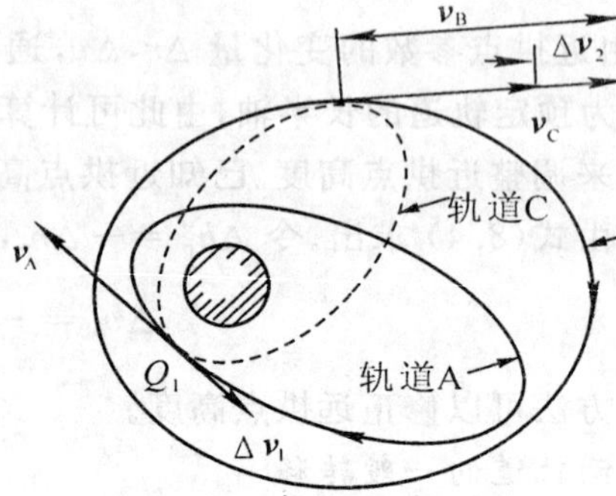

图 8.8　切线转移轨道

3. 霍曼(Hohmann)转移

在许多情况下，一个航天器的轨道机动可以由一系列的轨迹来实现。换句话说，航天器从一个轨道变为另一个轨道可以经过许多轨迹来达到。因此存在一个最优轨迹，这个最优轨迹的选择须以最少燃料消耗量为准则，有时还要求最合适的时间，可能是最短时间，也可能是给定的时间。

关于最优轨道转移问题涉及的面较广泛，因此这里只简要讨论经典的霍曼转移。这个问题通常表述如下：

"给定的是一个沿半径为 r_A 的圆形轨道 A 运行的航天器，要确定以最小的燃料消耗量把航天器从轨道 B 转移到半径为 r_B 的圆形轨道 B 所需要的速度增量"。

霍曼转移对于由内向外轨道转移和由外向内轨道转移都是对的。因此，不失一般性，先讨论由内向外轨道转移的问题。如图 8.9 所示，对于向外轨道转移来说，沿切线方向提供第一个冲量，以便使航天器的速度由初始圆周速度 $\boldsymbol{v}_A$ 增加 $\Delta\boldsymbol{v}_1$ 变为 $\boldsymbol{v}_1$，这样就可以使航天器进入远地点距离恰好等于终轨道半径的椭圆转移轨道。相应地，航天器在椭圆转移轨道远地点的速度即为 $\boldsymbol{v}_2$，然后在转移轨道远地点提供第二个切向冲量，使速度由 $\boldsymbol{v}_2$ 再增加 $\Delta\boldsymbol{v}_2$，变为 $\boldsymbol{v}_B$，使转移轨道圆化，完成整个转移过程。

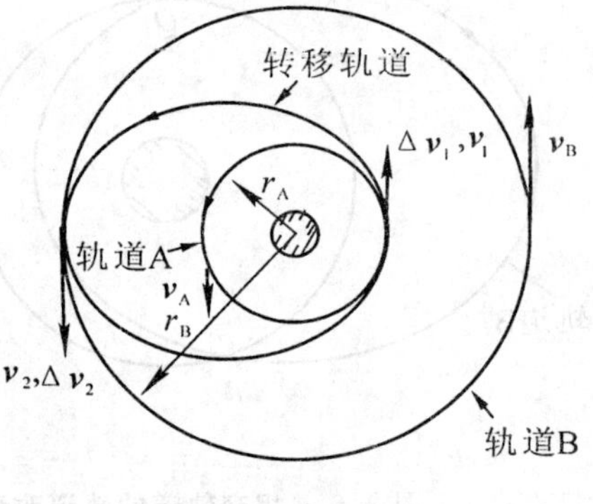

图 8.9　霍曼转移

显然 $v_A = |\boldsymbol{v}_A|$ 和 $v_B = |\boldsymbol{v}_B|$ 分别是航天器沿半径为 r_A 和 r_B 的圆轨道运行所需的速度大小。于是由式(2.47)得

$$
v_A = \sqrt{\frac{\mu}{r_A}} \qquad v_B = \sqrt{\frac{\mu}{r_B}} \tag{8.7}
$$

对于椭圆转移轨道而言，由圆锥曲线运动方程式(2.27)和(2.28)得

$$
r_A = \frac{h^2/\mu}{1+e} = \frac{p}{1+e} \qquad r_B = \frac{h^2/\mu}{1-e} = \frac{p}{1-e} \tag{8.8}
$$

式中

$$
h = r_A v_1 = r_B v_2 \tag{8.9}
$$

由此可以得出

$$\frac{r_B}{r_A}=\frac{1+e}{1-e} \tag{8.10}$$

因此，转移轨道的偏心率为

$$e=\frac{(r_B/r_A)-1}{1+(r_B/r_A)} \tag{8.11}$$

实际上，r_A 与 r_B 也分别是小圆轨道 A 和大圆轨道 B 的半径。

在远地点处，将式(8.9)代入式(8.8)中 r_A 的表达式，经化简得

$$e=\frac{r_A v_1^2}{\mu}-1 \tag{8.12}$$

联立式(8.11)和(8.12)就可以得到

$$v_1=\sqrt{\frac{\mu}{r_A}}\sqrt{\frac{2(r_B/r_A)}{1+(r_B/r_A)}} \tag{8.13}$$

上式提供了所要求的能够在远地点上达到外轨道的近地点速度。由于初始轨道 A 是半径为 r_A 的圆，初始速度是 $v_A=\sqrt{\mu/r_A}$，因此 Δv_1 就是

$$\Delta v_1=v_1-\sqrt{\frac{\mu}{r_A}}=\sqrt{\frac{\mu}{r_A}}\sqrt{\frac{2(r_B/r_A)}{1+(r_B/r_A)}}-\sqrt{\frac{\mu}{r_A}}$$

或

$$\Delta v_1=\left(\frac{\mu}{r_A}\right)^{1/2}\left[\left(\frac{2r_B}{r_A+r_B}\right)^{1/2}-1\right] \tag{8.14}$$

进一步，应用式(8.9)，即角动量守恒定理得椭圆转移轨道远地点的速度为

$$v_2=\frac{r_A}{r_B}\sqrt{\frac{\mu}{r_A}}\sqrt{\frac{2(r_B/r_A)}{1+(r_B/r_A)}} \tag{8.15}$$

由于最后速度应等于 $v_B=\sqrt{\mu/r_B}$，所以 Δv_2 的值是

$$\Delta v_2=\sqrt{\frac{\mu}{r_B}}-v_2=\left(\frac{\mu}{r_B}\right)^{1/2}\left[1-\left(\frac{2r_A}{r_A+r_B}\right)^{1/2}\right] \tag{8.16}$$

霍曼转移所需要的总速度增量为

$$\Delta v=\Delta v_1+\Delta v_2 \tag{8.17}$$

即

$$\Delta v=\left(\frac{\mu}{r_A}\right)^{1/2}\left[\left(\frac{2(r_B/r_A)}{1+(r_B/r_A)}\right)^{1/2}\left(1-\frac{r_A}{r_B}\right)-\left(\frac{r_A}{r_B}\right)^{1/2}-1\right] \tag{8.18}$$

向内轨道转移时，先用 Δv_2 在远地点减小初始圆周速度，然后在近地点上用 Δv_1 把速度减少到最终值，因此速度减少了两次。总之，向内转移的过程恰好与前述向外转移的过程相反。将以上得出的椭圆轨道称为霍曼(Hohmann)转移轨道。

霍曼转移的飞行时间显然正好是转移轨道周期的一半。因为由式(2.44)得 $T=2\pi\sqrt{a^3/\mu}$，$2a=r_A+r_B$ 为已知，所以霍曼转移的时间为

$$\mathrm{TOF}=\pi\sqrt{\frac{a^3}{\mu}} \tag{8.19}$$

从转移所需的 Δv 看，霍曼转移是最经济的，不过霍曼转移所需的时间比在这两个圆轨道之间的任何其他可能的转移轨道所需的时间都长。

8.3.3 平面外的轨道机动

到现在为止，仅限于处理同一平面内的轨道机动问题，因此回避了转移机动中轨道面旋转

情况的讨论。增加轨道面旋转的要求，就会显著地增加机动的复杂性。

1. 平面外的轨道改变

首先讨论不改变轨道形状或能量的轨道平面纯旋转问题，即平面外的轨道改变问题。这类机动可以通过两种方式来实现，即作为轨道角动量矢量的进动或作为速度矢量的直接旋转。

考虑图 8.10 所示的情况，图上两个轨道的倾角相差 Δi，轨道 A 上一个航天器要机动到轨道 B 上，这只有使轨道 A 绕节线旋转一个 Δi 才能实现。

如图 8.11 所示，轨道平面旋转可以当作角动量矢量经历一个 Δi 角的进动，需要的冲量与 Δh 有关。假设 Δi 很小，则

$$\Delta h = |\Delta \boldsymbol{h}| \approx |\boldsymbol{h}| \Delta i = h\Delta i \tag{8.20}$$

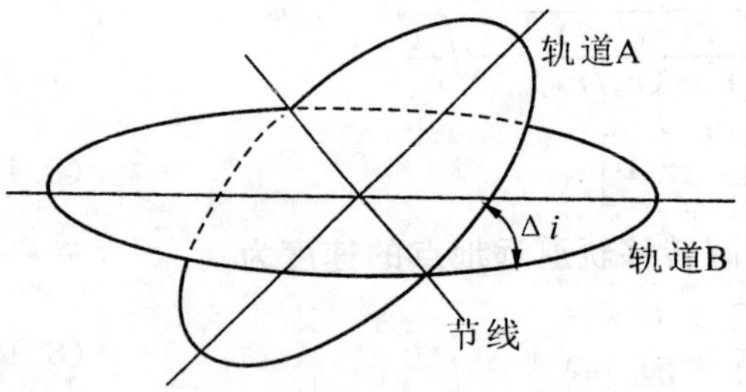

图 8.10　典型的轨道面旋转

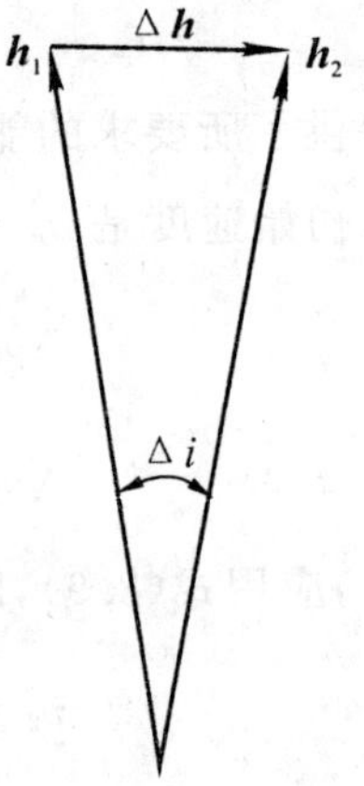

图 8.11　角动量矢量的进动

因为 $\dot{\boldsymbol{h}} = \boldsymbol{M}$，这里作用的外力矩大小 $\boldsymbol{M} = \boldsymbol{F}r$，其中 $\boldsymbol{F}$ 是推力，$r = |\boldsymbol{r}|$ 是节线处的轨道半径，故有

$$\Delta h \approx \dot{h}\Delta t = Fr\Delta t \tag{8.21}$$

式中，Δt 为推力作用时间。由上两式可得

$$h\Delta i = Fr\Delta t \tag{8.22}$$

实际上，$F\Delta t$ 恰好是单位质量航天器的速度增量 Δv，而 $h = rv_0$，v_0 为节线处航天器垂直于节线方向的速度分量。于是由式(8.22) 得

$$\Delta v = v_0 \Delta i \tag{8.23}$$

对于圆形轨道，$v_0 = v_{cs}$；对于椭圆轨道，轨道速度小的地方 Δv 也小。

式(8.23) 已经列出了另一种轨道改变的方法，就是用速度矢量在节线上旋转实现轨道改变，如图 8.12 所示。当 Δi 仍然很小时，需要的速度增量即为

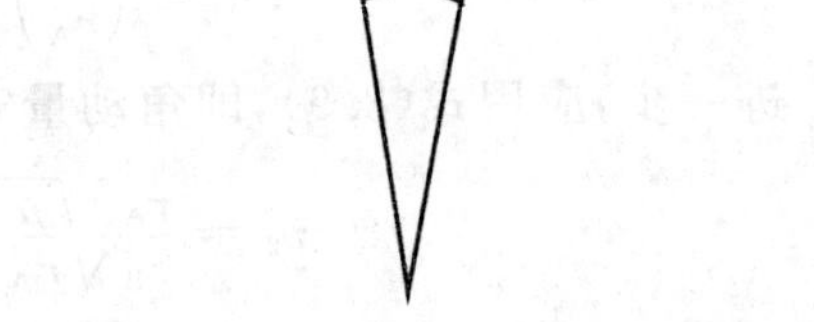

图 8.12　速度矢量在节线上旋转

$$\Delta \boldsymbol{v} = \boldsymbol{v}_2 - \boldsymbol{v}_1$$

$$\Delta v = |\Delta \boldsymbol{v}| = v\Delta i \quad v = |\boldsymbol{v}_1| = |\boldsymbol{v}_2| \tag{8.24}$$

当 Δi 较大时，Δv 需由余弦定律求出，即

$$\Delta v^2 = v_1^2 + v_2^2 - 2v_1 v_2 \cos\Delta i = 2v^2(1 - \cos\Delta i) \tag{8.25}$$

可见，如果用产生速度增量的办法来使航天器轨道平面作大角度的变化，则其代价是十分昂贵的。

2. 平面外的轨道转移

这里不研究一般的平面外轨道转移，只研究一种特殊情况，两个非共面圆轨道的转移问题，即发射地球静止轨道卫星的轨道转移问题，从中了解平面外轨道转移的基本原理和方法。

在发射静止轨道卫星时，若发射场处于北纬 φ 度，在发射段结束后，卫星进入第一个以 r_1 为半径的圆轨道 I（驻留轨道）运行，此圆轨道的倾角 i_1 就设其为 φ。轨道转移段要使卫星沿轨道 I 改变为沿轨道倾角等于零、地心距为 r_2 的赤道圆形静止轨道 II 运行。这就是平面外圆轨道转移问题。

对于平面内圆轨道转移问题，前面已经讨论，其最优转移轨道为 Hohmann 轨道，即与初、终轨道均相切的椭圆轨道。在这种情况下两次冲量的作用是改变轨道的半径，而且其所需速度增量为最小。当初轨道与终轨道不共面时，两次冲量的作用不仅要改变圆轨道半径，还要使轨道平面改变方向。为使改变轨道半径消耗能量为最小，仍须采用与初、终轨道均相切的轨道，但必须同时考虑改变轨道平面倾角消耗的能量亦为最小。

当初轨道 I 与终轨道 II（赤道面内的圆轨道）不共面时，两轨道面的交线在赤道面内，轨道转移应在节线上进行。若节线一端与初轨道 I 的交点为 1，另一端与终轨道 II 的交点为 2，那么容易理解，转移轨道的近拱点和远拱点应分别为赤道上空的 1 点和 2 点。

航天器平面外圆轨道的转移有两种方式。

第一种方式：第一步在点 1 处对航天器施加第一冲量，这一冲量一方面要使转移轨道处于终轨道 II 平面（即赤道平面）内，另一方面要使转移轨道的远拱点与终轨道 II 上的点 2 相切；第二步在点 2 处对航天器施加第二个冲量，使其由沿椭圆转移轨道运行变为沿终轨道 II 即静止轨道运行。显然第二步是平面内轨道改变问题。

第二种方式：第一步在点 1 处沿初轨道 I 的切线方向给航天器施加第一个冲量，使转移轨道的远拱点与终轨道 II 在点 2 相切，此时转移轨道处在初轨道平面内；第二步在点 2 处对航天器施加第二个冲量，一方面要使航天器由初轨道平面转移至终轨道平面，另一方面要使其由沿椭圆转移轨道运行变为沿静止轨道 II 运行。显然第一步是平面内轨道改变问题。

在以上两种平面外轨道转移方式中，第一种方式比第二种方式中轨道平面变化所需要的速度增量要大得多。因为在点 1 处的轨道半径较点 2 处要小得多，由式(2.46)可知，航天器在初轨道 I 上的速度也就远较轨道 II 上的速度大得多，所以速度矢量改变同一角度 φ，其所需的速度增量前者比后者大得多。这一点借助于式(8.25)和图 8.12 不难理解。

一般说来，航天器的变轨发动机是与航天器固连的，即推力方向相对于航天器本体坐标系是固定的。因此，在航天器发动机点火进行轨道面变化之前，必须进行姿态控制，使发动机的推力方向与飞行方向有一定倾角，使得轨道速度矢量与发动机给出的速度增量矢量的合成矢量恰好满足在目标轨道上运行的速度矢量要求。可见，航天器的轨道控制与姿态控制往往是紧密联系在一起的。

8.3.4 轨道保持

在航天器经过各种轨道机动以后，实现了按预定轨道飞行。由于地球扁率的影响、太阳和月球的干扰作用、太阳辐射压以及稀薄大气等的影响，航天器的轨道将在外界干扰的作用下逐渐偏离预定轨道。为了使预定轨道能够得到保持，经过一定时间以后，由地面测控站经过测量与计算，发出相应的控制指令，对轨道进行修正，这种修正称为轨道保持。轨道保持所采用的轨道修正方法与轨道校正是相同的，因此对修正与校正将不作严格区分，而且对轨道保持的方法也不再重复介绍。

目前航天器轨道保持主要有四种形式：① 使航天器相对地球的位置保持固定，如静止轨道卫星；② 太阳同步轨道保持；③ 相对于其他航天器保持固定位置，例如电子侦察卫星；④ 具有轨道扰动补偿器的航天器，这种航天器的扰动补偿器可以消除气动力和太阳光压对轨道参数的影响，所以又称为无阻力航天器。这也是一种自主轨道保持方式，这种轨道保持可使测轨精度提高，并延长轨道预报周期。

本书着重介绍地球静止轨道位置保持和太阳同步轨道保持。

1. 地球静止轨道位置保持

通信和广播卫星都要求相对于地球是静止的，这就是“地球静止卫星”。因为从通信飞行任务来说总是希望卫星连续可见，而从经济效果来说，这种卫星所要求的地面设备较简易。对理想静止卫星轨道的要求如下：

(1) 圆形轨道，偏心率 $e = 0$；

(2) 在地球赤道平面内，倾角 $i = 0$；

(3) 轨道高度 = 35 786 km（长半轴 $a = 42\ 164$ km），即轨道周期 = 地球自转周期（23 h 56 min4.1 s）。

静止卫星必须同时满足以上 3 个条件。当这些条件得到满足时，从地球上看卫星将是静止不动的；如果偏离了这些条件，则引起卫星与地球的相对运动。例如当倾角 $i \neq 0$ 时，卫星将绕赤道沿南北方向作“8”字形运动，“8”字形峰值即是倾角的大小；此外，由于卫星在轨道上运动时受到摄动，所以东西方向也将发生摆动。为了使卫星的位置变化限制在一定范围内，必须进行控制，这称为静止卫星位置保持。

对位置保持精度的要求取决于两个方面：一方面为了避免相邻卫星之间的通信干扰，要使各个对地静止卫星的间隔有一定限制；另一方面是根据天线指向精度要求，简化大量的地面接收天线，同时防止天线增益下降和覆盖区域的波动。对通信广播卫星位置保持精度的要求有时甚至比姿态指向精度更为重要。

位置保持的方式根据姿态和轨道测量、指令发送和同步控制等的形式，可以分为地面控制（非自主）和自主保持两种类型。

地面控制的位置保持系统是由地面遥测、跟踪、指令、数据处理和控制设备，以及星上相应的测量和控制设备组成。其中以地面设备为主体，由它来测量、处理卫星的姿态和轨道数据，确定全部指令参数如点火相位、时间和次数等，并向卫星发送执行指令。目前绝大多数通信卫星的位置保持采用地面控制方式，因为这样使星上设备简单可靠，使用时灵活性也强。

自主位置保持系统的整个测量控制回路都设置在星上。这种自主位置保持的优点是不需要地面遥测、跟踪和指令站以及控制和数据处理中心，这就免除了因星上指令接收系统受干扰和地面设备受破坏而影响工作，这对军用通信来说是很有价值的。自主位置保持已成为今后的发展方向。

2. 太阳同步轨道保持

轨道中特别有趣的，除了地球同步轨道以外，要算太阳同步轨道。它的定义是卫星轨道平面进动速度和地球对太阳的公转速度相等。由于地球有扁率，必然使其轨道平面旋转进动，这种旋转速度主要与轨道倾角和轨道高度有关，与轨道偏心率也有关。但是当偏心率很小时，基本上可以忽略，适当地选择轨道高度和倾角就可以到太阳同步轨道。

太阳同步轨道对地球观测卫星(照相和遥感)特别重要，因为它可以提供一个恒定太阳方位角，使卫星对地球进行良好观测。由于基本上可以保持太阳入射角没有多大变化，太阳帆板可以作成固定式的。太阳同步轨道除了靠发射卫星时，选择适当的轨道高度和倾角来保证以外，卫星在轨道运行，可以通过星上轨道保持系统控制轨道高度和倾角，例如美国的陆地卫星。

此外，导航卫星和测地卫星以其在轨道上的位置作为基准点，所以它们的轨道保持精度是非常重要的。

8.4　航天器的交会与对接控制

随着空间技术的发展，为空间站等航天器进行资源供应、人员替换、空间营救、检修、回收等将成为航天器的寻常任务。此外，为了军事目的，要对敌方空间侦察卫星、轨道武器进行拦截等。而航天器的交会与对接是实现这一切的基础。

交会是指两个或两个以上的航天器在轨道上按预定位置和时间相会，对接则是指两个航天器在轨道上相会后连成一个整体。需要交会的航天器不一定需要对接，如前述的轨道拦截等情况；但是需要对接的航天器则一定要首先实现交会，而且交会还必须达到对接所要求的精度。交会是对接的前提和基础。

从控制的观点来看，交会和对接属于航天器的轨道和姿态控制范畴。特别是对接，它涉及两个航天器同时要进行最多具有 12 个自由度的轨道和姿态自动控制问题，这不仅在理论上，而且在技术实现上都是相当复杂的。

一般在要进行交会对接的两个航天器中，往往一个是“主动的”，另一个是“被动的”。主动航天器在交会对接过程中完成轨道机动，即改变自己质心的运动，向被动航天器靠近；被动航天器不改变自己的质心运动，即运行轨道不变，仅完成绕质心的转动，使自己的对接装置能够始终对着主动航天器。这样能够有效地减轻主动航天器的控制任务。

交会对接通常可以分为 3 个主要阶段。

(1) 会合阶段：通过远程导引的轨道控制来实现两个航天器的会合，一般会合在几万米的相对距离之内。远程导引方法与航天器的轨道机动没有什么区别。

(2) 接近阶段：通过近程导引的轨道控制使两个航天器相对距离在 1 km 之内，相对速度在 1～1.5 m/s 以下。

有时也将以上两个阶段统称为导引段，或分别称为远程导引段或近程导引段。

(3) 停靠和对接阶段：要求两个航天器相对速度为零或者在相对一定距离之内停靠，停靠后进行对接。无碰撞的停靠将为对接创造良好的工作条件。

在停靠和对接阶段，两个航天器相互靠近的相对速度具有严格的限制极限。限制极限的上限是航天器的强度，若超过了将导致航天器撞毁；而下限则受对接装置可靠工作的制约，若达不到则对接不能可靠完成。

在停靠和对接阶段，两个航天器的姿态应当保证在所有的时间内，两者的对接组件轴在同一条直线上且相互对准，以保证对接组件接触后的正常工作。要实现这一点，就要求主动航天器在固定姿态的情况下(即没有任何转动)能够前进和后退,能够在任何方向侧移。因此必须在航天器上配置纵向和侧向运动所需的小发动机或推力器。这里对接阶段的执行机构采用冷气系统,例如氮气,因为氮气推力小,控制精度高且对航天器不产生污染。

从上述空间交会和对接各阶段的顺序和相对运动可以看出,会合阶段主要是轨道控制,也就是制导问题;接近阶段大部分仍然属于轨道控制,只是在短距离的制导中还要有比较粗的姿态控制;停靠和对接阶段同时要进行小距离轨道机动和精确姿态控制,还是交会对接中最关键的阶段。

图 8.13 表示了空间交会对接的控制程序。横坐标表示两个航天器的相对距离,纵坐标表示实现控制的相应方法。

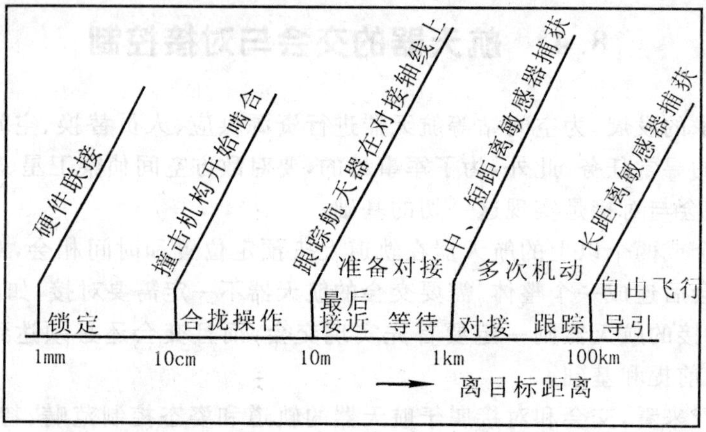

图 8.13　空间交会对接飞行程序

空间交会对接控制方式有 4 种。

(1) 手动操作:由航天员在轨道上亲自观察和操作,这是目前比较成熟的方法。但是,对航天员来说这是一项繁重的工作,这种方式仅适用于载人航天器;

(2) 遥控操作(非自主):由地面站通过遥测和遥控来实现,要求全球设站或有中继卫星协助;

(3) 自动控制:不依靠航天员,由星上设备和地面站相结合实现交会对接;

(4) 自主控制:不依靠地面站,完全由星上设备来实现,特别对不载人航天器最合适。

其中,自主交会对接由于敏感器和控制器(计算机)的作用,一般都反应迅速而准确。自主交会对接系统比较复杂,而且技术上难度较大。前苏联已经进行了多次实验,并且获得成功。随着今后计算机和空间机器人迅速的发展,自主交会对接是今后发展的方向。

自动和自主交会对接最关键的技术是测量方法和敏感器。由于交会对接各阶段测量范围和精度不同,需要采用多种测量方法和敏感器,很难用一种敏感器完成整个交会对接的测量任务。远距离一般采用交会雷达,近距离可用电视摄像和光学成像敏感器。

目前,两个航天器在确定的时间和空间实现交会,这个控制技术发展已比较成熟,应用也比较广泛,一般采用远程和近程制导来实现。为了避免星上设备过重或者技术过于复杂,过去远程制导由地面站控制,近程制导大部分由星上自主进行。目前,由于计算机和自主导航技术的不断发展,远程和近程制导全部都在星上自主完成,技术上也是完全可能的。

空间交会控制系统设计指标为燃料消耗量、交会花费时间和交会终点所达到的精度三方面。在系统设计中若需要满足某一个指标为主，而其他两个指标处在从属地位，一般应用系统工程方法，根据空间交会和对接的具体任务，全面论证这三方面指标的相互关系和主从关系。

8.5 航天器的再入返回控制

8.5.1 再入返回原理

航天器的发射是一个加速过程，即在运载火箭的推动下，航天器由静止到运动，由低速到高速，最后达到飞行的目的。而航天器的返回实际上是发射的逆过程，即要使高速飞行的航天器减速，最后降落在地面上。从理论上讲，航天器的返回，可以用与发射方向相反的火箭，沿着发射轨道和发射过程逆向地进行减速。这就需要相当大的动力装置和相当多的推进剂，而这些返回用的动力装置和推进剂在发射过程中又成为运载火箭的有效载荷。这样势必使发射航天器的起飞重量大大增加，所以这个方法很不经济，在工程实践中不采用它。

更好的办法是利用地球表面大气层的空气阻力来使航天器减速。这种办法确实是比前面的办法经济得多。它的减速过程是，首先利用一小段推力，使航天器离开原来的运行轨道，转入朝向大气层的轨道，此后不再使用火箭的动力来减速。由于航天器以一定速度在大气中飞行，必然受到大气的阻力作用，使航天器逐渐减速，最后降落到地面上。这样就可以节省大量的推进剂，并大大地减轻火箭装置的重量，使得航天器返回地面变得更加现实(见图 8.14)。

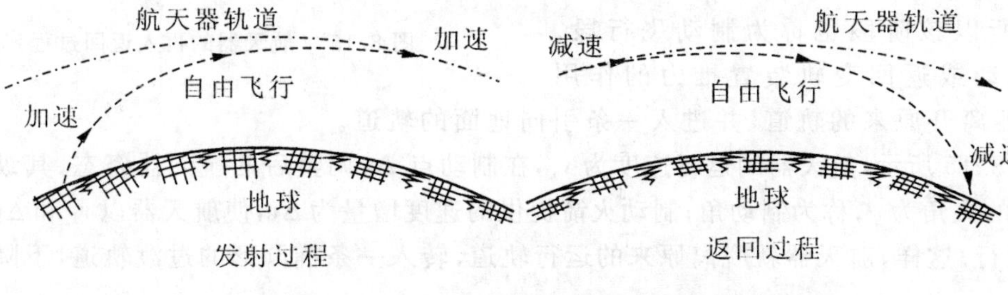

图 8.14　发射过程与返回过程的比较

虽然地球大气层的稠密部分只有几万米，但它在航天器上能产生相当大的阻力，足以使航天器减速。众所周知，在空气中运动的物体，所受的阻力 D 是与空气的密度 ρ、物体的截面积 S 以及速度 v 的平方成正比，即

$$D = \frac{1}{2}\rho v^2 C_D S \tag{2.59}$$

式中，C_D 是与物体外形等因素有关的比例常数，称为“阻力系数”。

航天器再入大气层时的速度很高，可达 7 km/s 以上，所以作用在航天器上的空气阻力很大，最大可达到它本身重量的几倍到十几倍。航天器也就以几倍甚至十几倍于重力加速度 g 的负加速度进行减速。航天器在空气阻力的作用下急剧减速，速度由刚进入大气层时的宇宙速度很快地降低到 15 km 高度以下的亚音速，即 200 m/s 左右，最后再进一步采取减速措施，如用降落伞，使航天器减速到安全着陆速度。

这种方法只须用一个能量不大的制动火箭，作用很短的一段时间，使航天器离开原来的运行轨道，转入朝向大气层的轨道，以后就不再使用火箭的动力来减速。这是目前工程上普遍使用的方法。当然，利用大气阻力使航天器减速也有不利的一面，这就是航天器要经受很高的气动加热，如果没有采取特殊的措施，航天器将烧毁。但是，只要付出相对少的防热层重量的代价，这个问题也就很容易得到解决了。

再入和返回控制大致有三项要求：① 落点精度；② 再入大气层的航天器表面受热限制；③ 如果是载人航天器须考虑人体安全，还要求减速度限制。

8.5.2 再入返回过程

航天器从绕地球旋转的轨道上再入大气层，返回地面，大致要经历离轨段、过渡段、再入段和着陆段等四个阶段，如图 8.15 所示。相应于这 4 个阶段，航天器质心运动的轨迹就分别称为离轨段轨道、过渡段轨道、再入段轨道和着陆段轨道，它们共同构成航天器的返回轨道。下面就针对各阶段分别进行介绍。

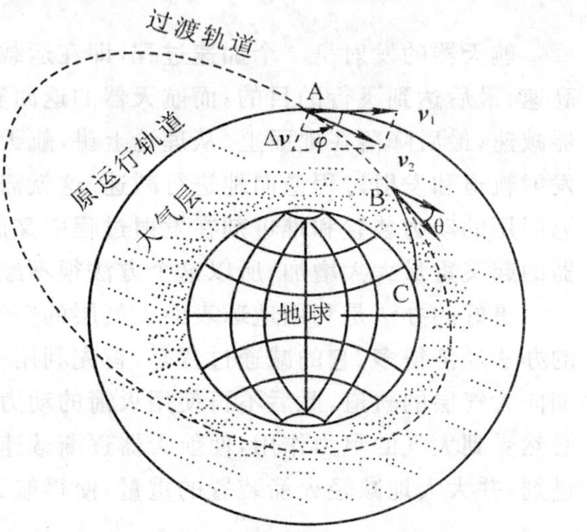

图 8.15 航天器的再入返回过程

1. 离轨段

该段从返回制动或返回变轨装置（通常是火箭发动机）开始工作起至其结束工作时止，所以该阶段也称为制动飞行段。在返回制动或返回变轨装置推力的作用下，航天器离开原来的轨道，并进入一条引向地面的轨道。

如图 8.15 所示，航天器的运行速度为 v_1，在制动点 A，调整后的航天器姿态，其纵轴与当地水平线的夹角为 φ，称为制动角；制动火箭提供的速度增量为 Δv，使航天器以 v_1 和 Δv 的合成速度 v_2 飞行。这样，航天器就脱离原来的运行轨道，转入一条椭圆形的过渡轨道，下降进入大气层。

2. 过渡段

该段是从返回制动或返回变轨装置工作结束到进入地球大气层之前的被动段。在这一阶段，航天器轨道不加以控制，沿过渡轨道自由下降。但有时为了保证航天器能够准确、准时地进入下一阶段再入段，往往要对轨道进行几次修正。

过渡段如图 8.15 所示的 AB 段所示。其中 B 点为过渡段的结束点，也是再入段的开始点，它是航天器是否开始进入大气层的一个人为划分点，称为再入点。实际上，由于地球大气密度随高度的分布是连续的，所以很难确切地说出 B 点的高度，也即人为认定的大气层边缘高度一定是多少。根据计算精度要求的不同，计算方法也有所不同。例如，在“阿波罗”飞船和航天飞机的设计中，取 122 km 高度为地球大气层的边缘，而其他航天器一般取 90～100 km 作为 B 点的高度。

3. 再入段

该段是航天器进入大气层后，在大气中运动的阶段。它从航天器在 B 点开始进入大气层起，至离地面 10 ～ 20 km 高度处止，也称为“大气层内飞行段”。在此段中，航天器要经受严重的气动加热、外压和大过载的考验，因此再入段轨道的研究是整个返回轨道研究中的重点。

如图 8.15 所示，再入起始点 B 在稠密大气层的边界，此边界的高度在 100 km 左右。再入时的速度方向与当地水平线的夹角为 θ，称为再入角，再入角的大小直接影响到航天器在大气层里所受的气动力加热、过载和返回时的航程。若再入角太小，则航天器可能只在稠密大气层的边缘掠过而进入不了大气层；若再入角过大，则航天器受到的空气阻力会很大，过载可能超过允许值，同时气动力加热也会过于严重。载人航天器允许的最大过载不超过 $10g$，因此再入角为 $1^\circ \sim 3^\circ$，返回航程很远，航天器从离轨到着陆，在 4 000 km 以上；不载人的航天器，再入角可放宽到 5° 左右，不超过 10°，此时最大过载达到 $10g$ 以上，返回航程缩短到 2 000 ～ 3 000 km。

用“再入走廊”反映航天器的再入轨道范围。“再入走廊”的大小可以由再入角的范围表示，上限对应于最小再入角，是航天器能进入大气层而不再回到空间的一条界线；下限对应于最大再入角，是航天器承受过载极限值或气动力加热极限值的界线；二者之差是所允许的再入角范围，即 $\theta_{\min} \leqslant \theta \leqslant \theta_{\max}$（见图 8.16）。

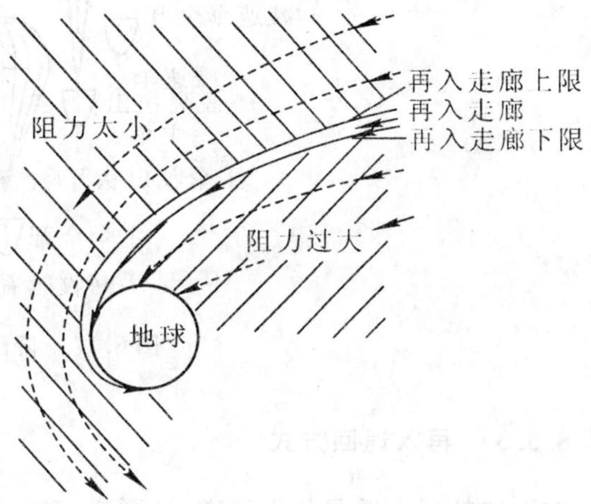

图 8.16　再入走廊

“再入走廊”也可用走廊宽度表示再入角的上、下限各相应于一条过渡轨道，假定在无大气层情况下，航天器沿上、下限椭圆形过渡轨道飞过近地点，上、下限两条轨道近地点高度之差称为走廊宽度。不同的航天器有不同的气动特性、不同的防热结构和不同的最大过载允许值，因而有不同的再入走廊宽度。但一般说来航天器的再入走廊都比较狭窄，所以要准确地把航天器导入走廊，必须在此之前控制和调整航天器的姿态。

4. 着陆段

当航天器下降到 20 km 以下的高度时，进一步采取减速措施，保证其安全着陆。这一阶段又称为“回收段”。

航天器着陆的方式，有垂直着陆和水平着陆两种。垂直着陆采用降落伞系统，从降落伞开始工作之点到航天器的软着陆点这段轨道称为降落伞着陆段。水平着陆的航天器具有足够的升力，能够连续下滑，并在跑道上着陆滑跑。在水平着陆情况下，从航天器到达着陆导引范围，并开始操纵活动的翼面控制升力和阻力分布机动飞行时起，到航天器到达着陆点这段轨道称为导引着陆段。

降落伞着陆段，一般都是在航天器接近平衡速度之后，继续减速到降落伞系统能可靠工作的速度和高度时开始的。航天器的平衡速度指航天器受到的气动阻力 $\boldsymbol{D}$ 等于它所受重力时的速度。图 8.17 显示了一个典型的降落伞着陆过程。我国目前已成功地回收了 15 颗返回式卫星，都是采用降落伞着陆的方式。

导引着陆段，一般是在航天器下降到一定高度，气动力的作用大到操纵活动翼面可以控制航天器的机动飞行和下滑状况时开始的。以后的飞行就与飞机进场着陆相类似了。目前世界上采用这种着陆方式的航天器还只有美国的航天飞机。

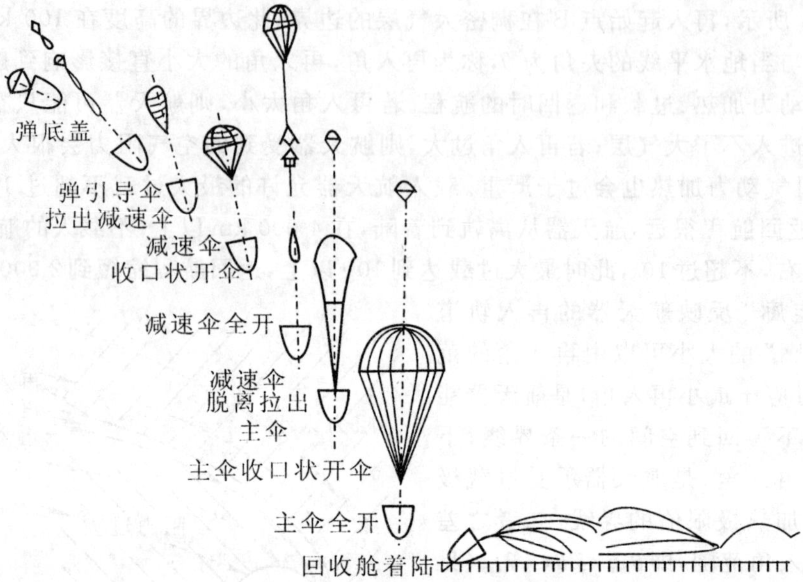

图 8.17　降落伞着陆过程

8.5.3　再入返回方式

航天器的再入返回分为弹道式、弹道-升力式、升力式 3 种方式。这是根据航天器在再入段的不同气动力特性来分类的。在大气层中，航天器所受空气动力分为沿速度反方向的阻力 **D** 和垂直于速度方向的升力 **Y** 两个分量。升力和阻力大小之比 Y/D 称为升阻比。一般升阻比在 0～0.1 范围内的航天器的再入返回为弹道式再入返回，升阻比在 0.1～0.5 之间的为弹道-升力式再入返回，而当升阻比大于 0.5 的则为升力式。

由于航天器以很高的速度再入大气层，要承受严重的气动加热和制动过载，因此航天器的气动外形、结构、返回轨道等都必须根据再入段的特性来设计。

1. 弹道式再入返回

采用弹道式再入返回方式的航天器升阻比为零或接近于零（$Y/D=0\sim0.1$），在空气中运动只产生阻力而不产生升力，或者只产生很有限的升力，但此升力是无法控制的，所以，航天器一旦脱离原来的运行轨道，就沿着预定的弹道无控制地返回地面。这与弹道式导弹的弹头运动相似，故称为弹道式。早期的返回式航天器多采用这种方式。例如前苏联的“东方号”、“上升号”载人飞船的再入舱是一个直径为 2.3 m 的圆球，在气流中不会产生任何升力。美国的“水星号”飞船是旋转体外形，保持零攻角，再入时也不会产生升力。

弹道式再入返回的优点在于，由于没有升力，所以航天器的气动外形很简单，通常采用钝头的轴对称旋转体外形，如圆球体、圆锥体等；航天器在大气层里经历的时间很短，因此气动力加热的总加热量相对地要小些，防热结构较简单；弹道式再入航天器是返回式航天器中最简单的一种，技术上易于实现。美、苏早期的返回式航天器无一例外地都属于此类。

其主要缺点在于，由于在大气层内的运动是无控的，再入返回过程中没有校正落点位置偏差的可能，因此要求回收区域很大；其次，由于弹道式再入返回的航天器减速很快，所以产生的热流密度峰值和过载峰值是各种方式中最大的，尽管航天器受到的总热量较小。减小热流密度峰值的方法就是将航天器迎气流面做成直径相当大的球面的一部分，如图 8.18 所示；减小过载峰值的主要办法就是严格控制再入角，这对于载人航天器尤为重要。

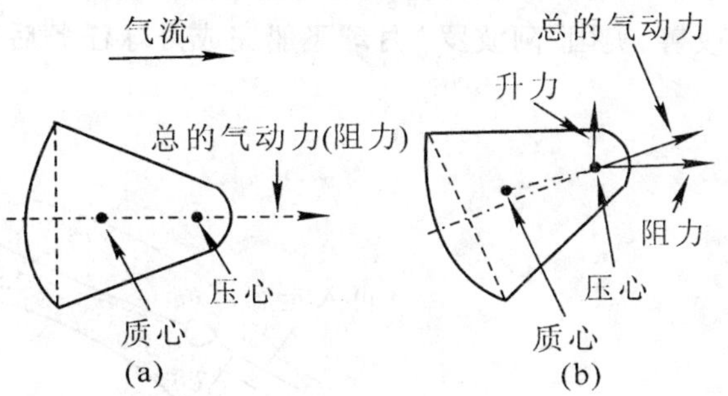

图 8.18　重心偏离对升力的影响

弹道式再入返回的航天器还可分为常阻力系数和变阻力系数两种。不过后者还只是一种设想，在工程上没有实现。当再入开始时，由于空气很稀薄，适当加大再入角，保证航天器不跳出大气层；当航天器继续进入大气层时，调节阻力系数来改善受热状况和过载。

2. 弹道-升力式再入返回

航天器再入时具有一定升力可以增大再入走廊的宽度，改善它的再入状况。在相同的再入条件下，增大升阻比还可以减小最大过载值和降低热流密度峰值。此外，具有升力的航天器，在再入段通过它的滚动控制可以改变升力的方向，从而能在一定程度上调整航天器在大气中运动的轨道，使航天器有一定的机动飞行能力，这样可以大大减小航天器的落点散布，有可能将航天器的着陆点控制在一定的区域之内。但是有升力的航天器通过大气层的时间和路程均比弹道式再入的要长，因此接受到的总热量也较大。总的说来，利用升力可以带来很多好处。

弹道-升力式再入返回的航天器是一种既保持弹道式航天器结构简单和防热易于处理的特点，又能适当地利用升力，在一定程度上克服弹道式再入返回缺点的航天器。在结构上，它将重心位置配置在偏离中心轴的一段很小的距离上。这样，航天器（除球状外形之外）在气流中能产生一定的攻角，称为配平攻角，相应地产生一定的升力（见图 8.18）。当然，这个升力是有限的，不超过阻力的一半。如果将航天器绕本身的中心轴转动一个角度 φ，则由配平角产生的升力可分解为垂直分量（向上力）和水平分量（侧向力）。在再入过程，以一定的逻辑程序控制滚动角 φ，改变升力的垂直和水平分量，可以控制航天器在大气中的运动轨道，从而在一定的范围内可以控制航天器的落点位置。这种在弹道式再入航天器的基础上，增加有限的可控制升力，叫做"半弹道式"或"弹道-升力式"再入航天器。美国在"双子星座"飞船上首次采用了半弹道式再入返回技术，使得航天器在大气中运动时产生配平攻角而获得一定升阻比。在这种情况下，飞船可以在纵向 1 200 km，横向 110 km 的长舌形范围内调整着陆点。前苏联的"联盟号"飞船也是采用的弹道-升力式再入返回技术。采用弹道-升力式再入返回方式的航天器的落点偏差较弹道式的要小，可以控制在几千米里以内。

还有一种跳跃式的再入返回轨道也属于弹道-升力式再入返回轨道，如图 8.19 所示。它由交替的弹道式飞行段和跳跃式飞行段构成。航天器在进入大气层一段时间后，调整升力，使航天器升起再次冲出大气层，作一段弹道式飞行，然后再进入大气层。也可以多次出入大气层，每进入一次大气层就利用大气进行一次减速。这种返回轨道的高度有较大起伏变化，故称做跳跃式轨道。对于进入大气层后虽不再跳出大气层，但靠升力使再入轨道高度有较大起伏变化的轨道，也称做跳跃式轨道。以接近第二宇宙速度再入大气层的航天器多采用跳跃式再入轨道，以减小再入过载和较大范围地调整落点。这是跳跃式再入轨道的两个最大优越性，使再入条件大为改善。美国"阿波罗"月球飞船完成月球任务后正是以跳跃式再入轨道返回地球的。

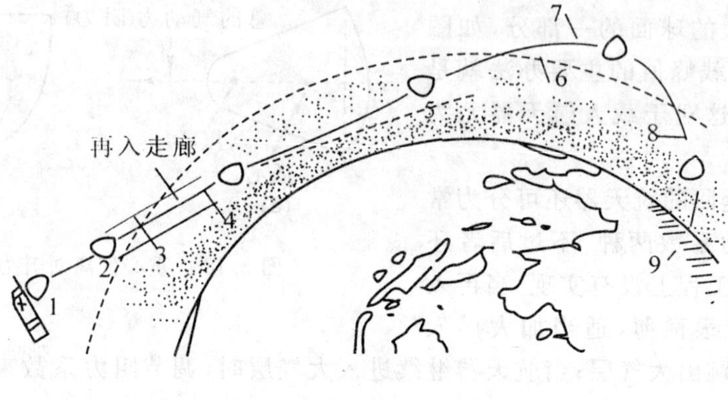

图 8.19　跳跃式再入示意图

1— 返回体与航天器的其他部分分离开；2— 返回体调整到再入姿态；
3— 再入（进入）走廊的边界；4— 第一次再入；5— 假定的第一次再入的再入轨道；
6— 假定的大气层上边界；7— 第一次再入后又跳出大气层；8— 第二次再入；
9— 着陆区

从外形上看，采用弹道-升力式再入返回的航天器基本上保持了弹道式航天器的外形结构简单的特点。这两种再入返回式航天器没有或只有很有限的升力，所以只能垂直降落。在接近地面之前，还需要有一套降落伞系统来统一减速，才能保证安全着陆。

3. 升力式再入返回

当要求航天器水平着陆时，必须给航天器足够大的升力，使再入轨道，特别是着陆段平缓到适合水平着陆的程度。航天器的升力增大，在再入段调整升力，可以增大调整轨道（机动飞行）的能力，平缓再入段和增大机动飞行的范围，使航天器水平着陆和着陆到指定的机场跑道上成为可能。

要求航天器水平着陆是为了回避垂直着陆的两大缺点，即往往造成航天器及其有效载荷损伤的着陆冲击过载和令人困扰的不易控制的落点散布。此外，要求航天器水平着陆的目的还在于实现无损的和定点的着陆，为航天器的多次重复使用创造条件。迄今没有一个水平着陆的再入式航天器不是多次重复使用的。

能够实现水平着陆的升力式航天器的升阻比一般都大于 1，也就是说航天器在再入段的升力大于阻力，这样大的升力不能再用偏离对称中心轴线配置质心的办法获得。因此升力式航天器不能再用旋转体，只能采用不对称的升力体。升力体又可分为带翼和不带翼两种，两种都能产生大于 1 的升阻比。但是不带翼的升力体升力全靠体形产生，会使体形复杂化和增大了尺寸和质量，因此对航天器而言一般不用。现有的和正在研制的升力式航天器，都是带翼的升力体，形状与飞机类似（详见第十章）。

升力式再入返回的航天器由于再入机动的灵活性和水平着陆的特点，避免了弹道式和弹道-升力式再入返回中存在的各种缺点，过载也较小。但同时也带来了许多新的问题。例如，升力式再入返回由于再入段比较平缓，再入段航程和经历的时间都比弹道式和弹道-升力式的长得多。虽然热流密度峰值和最大减速过载值都小，但总的加热热量大，加热时间长。此外这种航天器构形比弹道式的复杂得多，再加上多次重复使用的要求，使得这种航天器的控制问题、气动力问题、防热问题和结构问题变得十分复杂。解决这些问题要付出很大的代价。

总之，上述几种再入返回方式的主要区别在于利用升力的程度不同。利用升力，可以扩大再入走廊，降低过载以及增加机动飞行的能力，提高着陆精度。升阻比越大，这些优点也越明显。图 8.20 所示归纳了采用各种再入返回方式的航天器的分类。

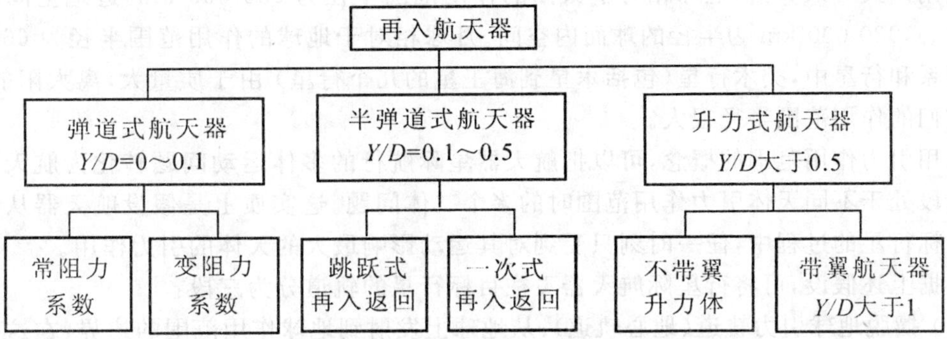

图 8.20　再入航天器的分类

8.6　星际飞行的导航与制导

星际飞行是行星际飞行和恒星际飞行的统称。当空间飞行器具有第二宇宙速度 11.2 km/s 时，可以脱离地球引力进入行星际飞行轨道；当具有第三宇宙速度 16.7 km/s 时，可以脱离太阳引力，进入恒星际飞行轨道。也有人把行星际飞行，包括围绕地球的飞行，称为航天，把恒星际飞行称为航宇。

根据目前科学技术水平，可以这样说，行星际飞行是可以实现的，而恒星际飞行还只是一个伟大理想。将来若有可能实现这个理想，首先必须大大增加飞行速度(接近光速)。那时将产生一系列新问题。例如，要用相对论力学的规律设计轨道，必须制造出新型超级燃料和火箭，此外还有一些人们现在无法想到的问题。本节主要介绍行星际飞行的导航与制导问题。

8.6.1　星际飞行的轨道

航天器在太阳系内航行称之行星际飞行。太阳是一颗恒星，太阳系是一个恒星系，它包含九大行星，即水星、金星、地球、火星、木星、土星、天王星、海王星及冥王星。行星还有自己的卫星，如月球是地球的卫星等。在火星和木星之间散布着许多小行星，它们的大小差别很大，直径从几十万米到几米。此外，太阳系内还到处散布着彗星，其中有些在太阳附近飞过。

前面讨论的卫星等航天器都是在地球附近围绕地球运动的，称之为近地空间航行。所谓近地空间是指地球引力的作用范围，在这个作用范围内的运动可以看作是在地球引力场内的运动，基本上是二体运动。在地球引力作用范围之外的行星际空间称为深空间，当航天器超出地球引力作用范围进行深空间航行时，航天器的运动要同时考虑太阳、地球和其他行星引力的作用，是多体运动，这是行星际飞行的一个特点。根据引力作用范围可以把行星际飞行简化为多个不同的二体摄动问题。

行星的作用范围半径可按下式计算，该式适用于任何两个一大一小的天体。求出小天体（如行星）相对于大天体（如太阳）的作用范围半径为

$$\rho = r\left(\frac{m}{M}\right)^{\frac{2}{5}} \tag{8.26}$$

式中，M，m 分别为大、小两个天体的质量；r 为两个天体中心间的距离。

利用该式可以算出，地球相对于太阳的作用范围半径为 930 000 km。近地空间即是以地球为中心，930 000 km 为半径的球面内空间。月球相对于地球的作用范围半径为 66 000 km。在太阳系和行星中，类木行星（包括木星到海王星的几个行星）由于质量大，离太阳的距离远，所以它们的作用范围半径很大。

应用引力作用范围的概念，可以把航天器星际航行的多体运动问题转化为航天器在不同飞行阶段处于不同天体引力作用范围时的多个二体问题。这实质上是假设航天器从地球出发飞往目标行星的过程中，任一时刻只受到对其运动影响最大的天体的引力作用。

根据上述假设，可将行星际航天器飞往目标行星的轨道分为三段：

(1) 摆脱地球引力轨道（地心轨道）：从地球上发射到地球作用范围的边界，在这一段轨道上，航天器处在地球引力的“影响球”范围内。

(2) 日心过渡轨道（日心轨道）：从地球作用范围边界到目标行星作用范围边界，在这一段轨道上，太阳为基本引力体。航天器的这一运动阶段也称为中途飞行阶段。

(3) 与目标行星相遇轨道（行星中心轨道）：这一段轨道在目标行星作用范围内，航天器只受目标行星引力的作用。

当然，实际上并不存在这样互不渗透的明显的引力作用边界。这是一种近似方法，但可以足够精确地估计出有关的运动参数，描述运动的情况。

行星际航天器的大部分飞行是在单个天体 —— 太阳的引力作用下进行的，只在整个飞行过程中的很短一段时间内，航天器的轨道才由它飞离和到达的行星决定。当航天器沿着日心轨道飞行时，其他行星对它的干扰可以忽略不计。因此行星际飞行轨道的设计主要是航天器在中途飞行阶段日心轨道的设计。

对行星际轨道的研究，除前述的“分段二体问题”这一基本简化外，还有以下的简化假设。

(1) 采用简化的行星轨道模型。由于太阳系具有九大行星，除天王星的轨道面与黄道面夹角较大(17°)外，其他行星基本上都运行在相同的平面上，都以相同的方向，由西往东运转，而且轨道偏心率都很小，所以假设：

(i) 所有的行星轨道都在黄道面上（轨道的共面性）；

(ii) 所有的行星轨道都是圆形的（轨道的近圆性）。

这样，行星际航天器的轨道变化均可当作平面内轨道机动问题来解决，十分简便。

(2) 由于行星际航行要求的能量大，飞行时间长，飞往目标行星要几个月到几年、十几年，飞往月球要几天。为了缩短航行时间，多采用大推力火箭发动机，故假设发动机按冲量方式工作。

行星际航天器飞行的轨道大致有 4 种，如图 8.21 所示。

(1) 霍曼(Hohmann) 轨道：也称为双切轨道，是将航天器从地球轨道上送到目标行星轨

道上去的能量最经济的日心轨道。

当目标行星的轨道位于地球公转轨道之外时，航天器的霍曼转移(或称过渡)轨道外切于地球轨道，内切于目标行星轨道，并以太阳中心为焦点，近日点在地球轨道上，远日点在目标行星轨道上。与此相反，当目标行星轨道位于地球公转轨道之内时，航天器在中途阶段的霍曼转移轨道于远日点内切于地球轨道，于近日点外切于目标行星轨道。

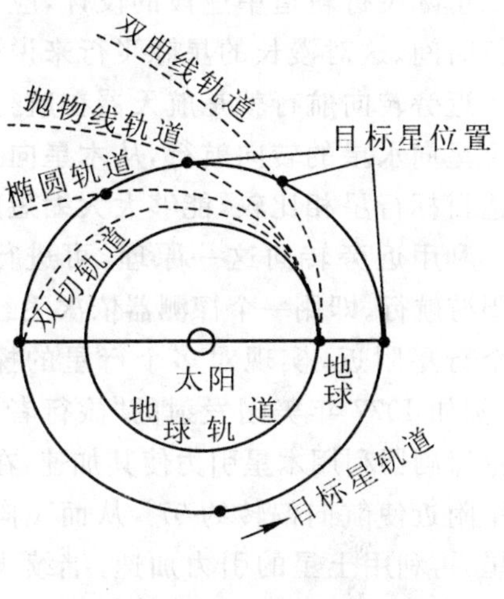

图 8.21　行星际飞行轨道

由于行星际飞行的中途阶段在整个飞行过程中占主导地位，因此沿霍曼轨道到达目标行星所需的时间可以用 1/2 霍曼轨道周期来估算，即

$$\mathrm{TOF}=\pi\sqrt{\frac{a^3}{\mu}} \tag{8.19}$$

但在这里 μ 取太阳引力常数，a 为椭圆轨道的半长轴。从图 8.21 所示可以看出，a 的取值为地球轨道半径与行星轨道半径之和的一半。至于由地球轨道进入霍曼轨道所需的速度可由式(8.13)求出，这里不再重复叙述。

(2) 一般椭圆轨道：轨道偏心率 e 为 $0<e<1$，与第一种轨道的区别在于它不是能量最经济的轨道；

(3) 抛物线轨道：$e=1$；

(4) 双曲线轨道：$e>1$。

上述 4 种轨道从地球到目标行星的飞行航线如图 8.21 所示。从图中得知，霍曼轨道飞行时间最长，其次为一般椭圆轨道，然后是抛物线轨道，双曲线轨道飞行时间最短。霍曼轨道不仅飞行时间长，而且要求较高的制导精度。目前行星际飞行大多采用双曲线轨道。

行星际飞行的航天器经过中途飞行阶段后到达目标行星的附近，此后相对于目标行星的运动不外乎 3 种方式：

(1) 临近飞行：航天器从目标行星附近飞过；

(2) 轨道飞行：航天器成为目标行星的卫星；

(3) 登陆飞行：航天器在目标行星上着陆。

目前世界上已发射的各种星际航天器都是以这 3 种方式来完成对行星的探测任务的。它们在目标行星附近的运行轨道与在地球周围的运行情况相似。

另外，为了便于修正轨道，节省燃料，在行星际飞行的初始段和终末段常常采用一种等待轨道，这是绕地球和目标行星的处于黄道面内的轨道。航天器先发射到绕地球的等待轨道上，然后等待适当的时间调整姿态后再点火修正轨道，进入中途轨道。接近目标星后，若要着陆，也要先在等待轨道上运行，再选择合适的时机在行星表面着陆。先把航天器发射到等待轨道，然后再进入行星际飞行，这种发射方式比直接从地面发射对制导精度的要求要低些。

若利用等待轨道，航天器需要返回地球时，则可以把暂时不用的燃料储存在等待轨道的轨道器上，供返回时使用，这样就能节省大量燃料，有时可省 90% 以上。但是轨道器和着陆器在等待轨道上的交会和对接的技术实现，将对制导系统提出较高的要求。

8.6.2　星际飞行的轨道设计原则

星际飞行轨道中途段的设计，应巧妙地利用行星引力场来加快星际飞行的速度，从而缩短飞行时间。这对漫长的星际飞行来说是一个很有实用价值的设计原则。

近旁转向航行就是航天器在航行中借助某个行星的引力来加速，以到达目标行星。例如，从金星向水星的转向航行，从木星向土星的转向航行等。这种航行轨道与前述的双切轨道直接到达目标行星相比较，能够大大缩短航行时间，特别适合于向遥远的外行星的航行。

利用近旁转向这一原理，可进行大周游航行。即用一个探测器依次飞经多个行星附近，实现对多个行星的探测。例如 1977 年美国发射的"旅行者"行星探测器利用木星引力使其加速，在木星附近使航向偏转约 97°，从而飞向土星，再利用土星的引力加速，继续飞向天王星和海王星，最后离开太阳系，飞向宇宙。图 8.22 表示"旅行者"的飞行轨道，这种利用行星引力场的"旅行者"飞行轨道属于双曲线型轨道。它到土星的时间大约只需要 3～4 年时间，而双切轨道则需要 6 年时间。

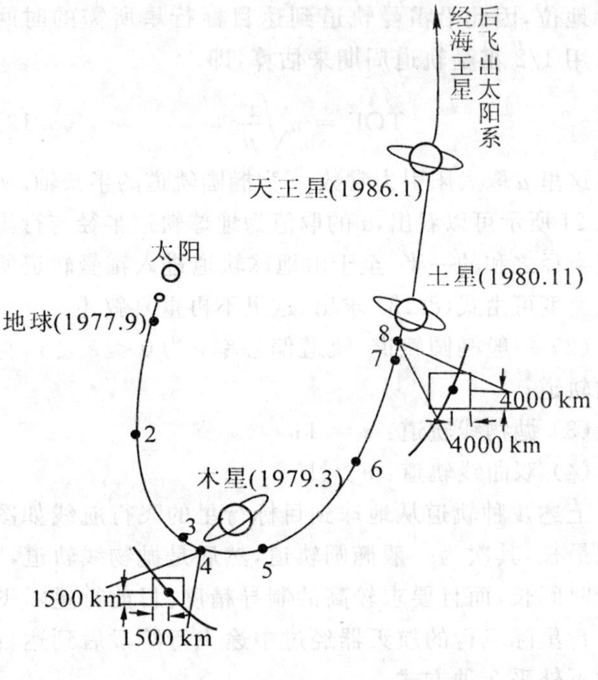

图 8.22　"旅行者"飞行轨道

行星际飞行另一条重要的设计原则是不管航天器是从地球表面直接发射的，还是从地球等待轨道飞向行星的，都希望利用地球绕太阳的公转速度。这个速度为 29.8 km/s，方向往东，这是一个十分重要的推力。正如在地面上发射地球卫星一样也希望朝东发射，以充分利用地球自转速度。

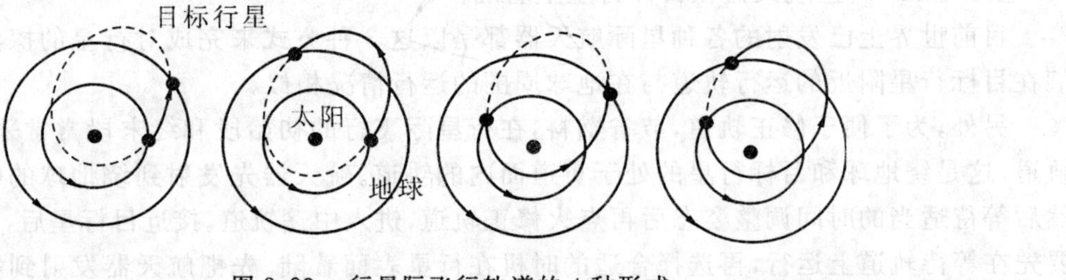

图 8.23　行星际飞行轨道的 4 种形式

在一般情况下，行星际飞行轨道（包括其假想的延长部分）与地球运行轨道和目标行星运行轨道都有两次相交。这就是说，给定方位的一条日心椭圆轨道，可以有 4 种不同轨道的飞行方式，见图 8.23。假如沿图上椭圆的相反方向飞行，就又可能出现另外 4 种飞行方式，但是实际上这是不行的，因为这些逆向飞行方式所需的发射能量太大。因此，所有行星际航天器都是顺着行星绕太阳运行的方向飞行的。

行星际飞行还有一条重要的设计原则是，确定恰当的星际飞行初始时间。航天器进入行星轨道之后，还不一定能和行星相遇。为了保证航天器到达目标行星轨道时，行星也恰在那里和它会合，航天器发射的时间必须选择在地球和目标行星处于某一特定的相对位置上。据此就可以确定航天器从地球向目标行星出发的时间。这种特定的初始相对位置或初始时间就称为发射窗口。发射窗口每隔一定时间才“打开”一次，如水星为 4 个月，火星为 2 年 2 个月，其他行星也须 1 年或 1 年多的时间，即经过一定的周期以后就重复出现初始相对位置一次。“旅行者”在一次飞行中要经过木星、土星、天王星，这也是有时间性的，大约要隔 45 年左右才有一次机会。这也就是“旅行者” 必须在 1977 年发射的道理。

如果适当提高飞往目标行星的初始速度，改变中途飞行阶段的日心椭圆轨道，则发射窗口就可有一个活动范围，这样可使发射时间有一个机动余地。同理，航天器到达目标行星后再返回地球，也存在一个返回初始相对位置或返回窗口。为了获得这样的相对位置，航天器往往需要在目标行星附近的等待轨道上渡过一段“等待时间”。例如航天器在火星附近的等待时间就长达 6 个月，才能按原定轨道返回地球。若不想等待，就必须改变原来的轨道。

8.6.3 星际飞行的导航

在行星际飞行中通常采用 3 种导航方法。

(1) 天文导航：在航天器上对选做基准的天体进行角度测量，据此确定航天器的位置和速度。由于轨道为三维坐标，必须测量 3 个角度才能确定。这 3 个角度将构成一个三角架形的定位点，其中两足(两颗行星或一颗行星和太阳）之间的距离是已知的，因而可以作为测量基线。图 8.24 表示典型的天文导航原理。

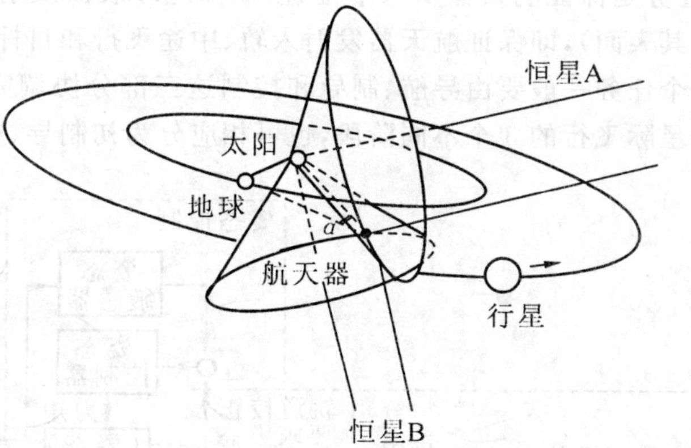

图 8.24　天文导航原理图

选择日心坐标系，以太阳为原点，在航天器上测量两颗恒星的半锥角，从而确定两个圆锥体。两圆锥有两条交线，其中一条即为航天器所处位置与太阳的连线，另一条为伪解，无物理意义。由于基线长度已知(图中所示地心到日心的距离)，若在航天器上再测量出第三个角度 α，然后根据基线长度和角 α 就可以算出航天器到太阳的距离或航天器到地心的距离，这样也就完全确定了航天器在空间的位置。

天文导航系统通常由星跟踪器、稳定平台、计算机和标准时钟等组成。天文导航精度高，自主能力强，不依赖地面，不受时间和距离的限制，对星际飞行来说又不受大气的影响。但由于星光微弱，测量、跟踪和信号处理比较复杂，此外被测天体张角很小，所以捕获目标较困难，测量时容易丢失目标。总之，天文导航对星际飞行是一种比较合适的方法。

天文导航精度受到下列因素的限制：若3个角度不是同时观测，则其中两个方位就必须按它们相隔的观测时间进行推算，由此将带来定位误差；星历表也有精度限制；行星边缘模糊度也会影响角度测量精度；此外，目前标准时钟的时间精度为纳秒级。综合上述情况，行星际飞行采用天文导航的精度在几百米量级。根据天文导航原理而研制的空间六分仪可成为航天器空间导航的专用仪器。

(2) 无线电导航：根据无线电波传播特性（直线性、匀速性和反射性）测量航天器相对于已知地理位置发射台的方向和位置。这种导航方法的精度较高，技术也较成熟，但自主性差，易受干扰。由于受无线电波传递时间延迟的限制，还不能完全满足星际飞行整个过程的要求。

(3) 惯性导航：根据牛顿第二定律，测量航天器的线加速度，从而计算出它的速度和位置。惯性导航只能适用于主动段，不适用于引力作用下的飞行轨道。惯性导航一般由加速度计、平台、陀螺和计算机等组成。由于陀螺存在漂移，所以惯性导航有累积误差。但惯性导航在主动段使用的时间不长，可以达到较高精度。

上述这些导航方法各有特点，在实际中经常组合起来使用。例如应用天文或无线电导航来校正陀螺漂移，从而有效地降低惯性导航的累积误差。组合原则是发挥各种导航方法的优点，互为补充，扩大使用范围，提高精度。在星际飞行中，往往需要同时采用几种不同的导航方法，才能满足轨道全过程的导航要求。

8.6.4 星际飞行的制导

星际飞行制导的任务是保证航天器从一个位置（例如地球表面发射场）飞到另一个预定目标（例如行星附近或其表面），即保证航天器发射入轨、中途飞行和目标相遇这3个飞行阶段要按预定程序进行。这个任务一般要由导航、制导和控制这三部分协调完成，有时也把这3个部分统称为制导。根据星际飞行的3个不同阶段，也可相应分为初制导、中制导和末制导。

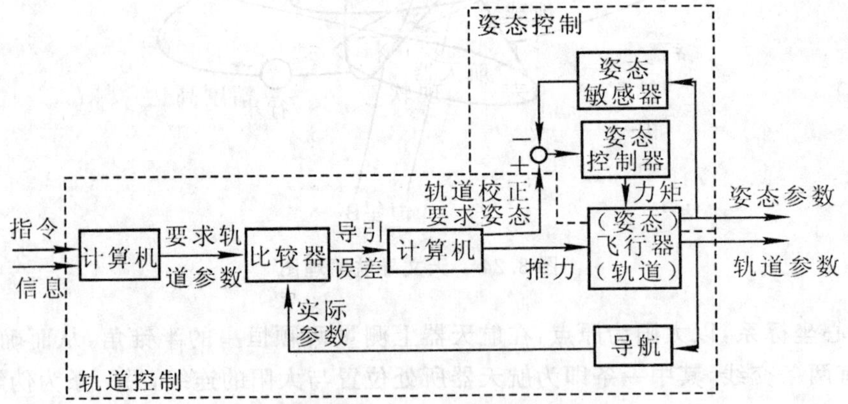

图8.25 星际飞行制导系统原理图

由导航、制导和控制三部分组成的星际飞行制导系统如图8.25所示。导航是通过各种测量途径和方法确定航天器空间的位置和速度；制导就是在导航测量的基础上，计算出航线与要求轨道之间的偏差，然后发出纠偏指令；控制就是把导引的指令转化为航天器运动，即控制航天器的速度和飞行方向，使之符合预定要求。为了控制飞行速度和方向，还需要控制航天器的姿态，即航天器轴线在空间的方位。由于推力器都固定安装在航天器上，若姿态不符合要求，推力方向就不对，也就无法控制航天器的速度和方向。

星际飞行所采用的制导方法和设备与地球轨道飞行采用的相比较，具有下列特点：

(1) 制导精度高：星际飞行轨道初始速度和方向稍有误差，到达终点时将产生很大偏差。例如到火星着陆的航天器在初制导结束时，若速度误差为 0.3 m/s，方向误差为 $1'$，则到火星的距离偏差将达 20 000 km，相当于 3 个火星的直径。真是失之毫厘，谬以千里。

(2) 导航技术难度大：特别是高精度导航更难。因为在广阔的太空中能够作为导航的基准非常少，在漫长的飞行中，即使是以光速传播的无线电波也有时间延迟，况且航天器还处在高速运动之中，所以如何精确确定其位置，的确是一个难题。

(3) 飞行距离远：无线电波传递时间延迟大，地面站难以遥控。例如无线电波从地球到土星往返一次需要 2.64 h，而到冥王星往返一次则需要 10.4 h，因此所有控制操作都需要在星上实现自主化。

(4) 要求控制系统功耗小，设备轻，可靠性高：这些对星际飞行显得更加迫切和重要。星际飞行器的姿态控制有两个目的：一是保证航天器进行轨道控制和确定时具有所需要的姿态，二是保证航天器进行空间探测以及与地面通信联络时具有所需要的姿态。姿态控制包括姿态机动和姿态稳定。姿态机动大多数采用小推力推力器来实现，姿态稳定可以采用自旋稳定、喷气三轴稳定和双自旋稳定等方式。星际飞行姿态稳定方式大多数采用自旋稳定和喷气三轴稳定。近几年来，由于双自旋稳定技术在长寿命高精度同步通信卫星上应用成功，从 1978 年以来，许多宇宙探测器也相继采用了双自旋稳定技术，例如“先驱者”—— 金星探测器(1978 年发射)、国际太阳极区探测器和“伽利略” 木星探测器等。

40 多年来人类除了对月球进行了详细探测(如阿波罗登月) 以外，对太阳系各行星都进行了不同程度的探测或着陆，先后发射了 100 多颗行星际探测器。其中技术水平最高的要算美国 1975 年发射的“海盗” 火星探测器和 1977 年发射的“旅行者” 行星探测器，以及 1981 年前苏联发射的金星探测器。

“海盗” 火星探测器在空间飞行了 8 亿多千米，历时 11 个月，通过推力器点火进行了 4 次轨道机动，20 次轨道校正，最后在火星表面实现软着陆，落点精度高达 50 km，并且实现了星上完全自主控制，整个着陆过程约 10 min。“海盗” 火星探测器的科学使命是探讨火星上是否存在生命，它在技术上充分体现了高度自动化技术的成就。前苏联开展的金星探测和美国的“海盗” 火星探测具有类似的技术水平。

“旅行者” 行星探测器首次实现木星、土星、天王星三星联访，中途进行 8 次轨道机动，最后要离开太阳系，带着“地球之音” 录音磁带飞向宇宙，见图 8.22。

随着 21 世纪国际永久性空间站建成后，人类可利用空间站作为转发基地，星际探测将更加频繁和有效。

思考题

8.1 什么是航天器的导航、制导与控制？

8.2 导航分为哪几类，基本原理是什么？

8.3 航天器轨道控制的概念包括哪些？

8.4 什么是霍曼转移，有什么特点？霍曼转移的周期如何确定？

8.5 平面外轨道转移有几种方式？比较各种方式的优劣。

8.6 航天器交会与对接的概念是什么？叙述航天器交会对接的过程。

8.7 航天器再入返回过程分为几个阶段？详细叙述其过程。

8.8 航天器再入返回的方式有几种？比较它们的异同。

8.9 由地球至木星的探测器，它所受到的引力范围如何划分？轨道如何选择？

8.10 什么是停泊轨道？其作用是什么？

8.11 星际飞行的轨道设计原则是什么？为什么？

第九章

载人飞船的控制技术

载人航天是现代科学技术发展的一个显著标志。

自1961年4月世界上第一艘载人飞船——“东方号”上天以来，已有40年的历史了。在此期间，世界各国为发展载人航天技术，投入了巨大的人力和物力，实施了一个又一个载人航天计划。发展载人航天技术，有着重要的经济、科学与军事上的需要。

目前，载人航天器有载人飞船、航天飞机和空间站等三类。从1961年起到现在，前苏联已经发射了“东方号”、“上升号”、“联盟号”3种载人飞船，7个“礼炮号”空间站和1个“和平号”空间站。与此同时，美国发射了“水星”、“双子星座”、“阿波罗”3种载人飞船和1个“天空实验室”空间站。目前，美国、俄罗斯、西欧、日本等还正在联合组建巨大的永久性载人航天器“国防空间站”。1999年11月至今，我国的“神舟号”试验飞船也已经两次发射成功。

1981年4月，美国发射成功可重复使用的航天飞机，继美国航天飞机之后，前苏联于1988年11月也发射了类似美国航天飞机的无人航天飞机“暴风雪号”。

本章简要介绍载人飞船的基本结构，以及导航、制导与控制的基本原理。

9.1 载人飞船的结构组成

载人飞船是一种载人的小型航天器，它的构造要比人造卫星的构造复杂得多。载人飞船除了具有类似人造卫星的结构系统、姿态控制等设备之外，为了保证航天员在飞行过程中正常的生活和工作，还有许多特殊的设施。如飞船的座舱要很好的密封，使座舱里保持足够的氧气、一定的压力和适当的温度，还要为航天员准备足够的水和食物。此外，飞船上还需要安装类似飞机驾驶员用的那种手控装置、各种飞行显示仪表以及航天员跟地面联络的通信设备等等。

载人飞船曾在人类遨游宇宙、突破载人航天方面起到了历史性的里程碑作用。后来前苏联用它为“礼炮号”空间站和“和平号”空间站接送航天员以及运送部分物资。未来载人飞船还将成为空间站和空间基地的轨道救生艇。

总之，航天器上载人将从根本上改变它的外形、结构特性设计和制作的方法，这是因为必须保障人在航天飞行条件下生活和工作所需的一切。

9.1.1 载人飞船的结构特点

载人飞船的结构采用分舱段布置的原则。从功能上分，可分为座舱和服务舱；从再入与否分，载人飞船是由再入舱（也称返回舱）和其他舱段组成。再入舱是需要再入大气层的飞船舱段，它具有再入时的防热结构。座舱是再入舱的核心部分，是航天员工作与生活的地方，也是飞船的指挥中心。有些飞船的整个再入舱就是座舱。座舱结构一般包括外部防热层与内部密封压力舱等结构部分。密封压力舱必须满足最小泄漏量的要求。

飞船的再入舱中安置那些最必要的设备，例如座椅、仪表、照明灯、通信设备和食物等。飞船的其他服务舱段安装不需要放在再入舱的各种系统、设备及容器，如返回发动机、燃料、电池和气瓶等，它们是不要求再入大气层的飞船舱段，因此在结构上要比再入舱简单。在完成特定的飞行任务后，这些舱段依次被抛掉，航天员乘座舱返回地面。因此，座舱是整个飞船的核心部分。

由于航天员的存在，就必须考虑他们的不同活动方式及其安全，所以载人飞船飞行目的的提出和实施完全建立在另一个基础上。载人飞船的特点主要表现在返回地球、乘员的生活及活动条件、飞行安全三方面。

1. 返回地球的特点

返回地球是每个载人飞船所必须完成的程序。在完成轨道飞行任务后，为完成返回地球的程序，必须对飞船实施制动使其进入返回轨道。对于远距离的飞行必须修正返回轨道，这就要求飞船具有改变轨道的动力装置及一系列其他系统，例如姿态控制和运动控制系统，它的执行机构系统、供电系统等。

载人飞船返回地球时必须有气动加热防护系统和着陆系统。一般返回和乘员的着陆由专门的舱段来完成——再入舱，也称为返回舱或着陆舱。它本身应具有达到稳定与控制所要求的气动特性的外形，并且在工作时应保证运动的稳定性、着陆足够的精确性以及乘员所能承受的过载。

飞船再入舱的外形很简单，都是无翼的大钝头体。例如，前苏联的“东方号”飞船，它的再入舱是球形；美国的“水星号”飞船，其再入舱形状为钟形。这种大钝头的无翼式再入舱外形结构简单，工程上易于实现。当飞船再入大气层时，距地面 40 km 左右的高空就急剧减速，造成的峰值减加速度为 8 g 左右。这样的减加速度，对经选拔和训练的航天员来说是可以承受的。假如飞船的再入舱不是大钝头，而像某些返回式卫星以小头向前再入大气层，则其再入峰值减加速度将达到 18 g，航天员就会死亡。所以，无翼式大钝头的再入舱外形，是早期载人飞船的理想外形。

2. 保证乘员生活及活动条件的特点

乘员的生活条件只能在宇宙空间的密封舱中得以保证，为此每个载人飞船均有自己的密封舱，其中的大气条件应能满足呼吸的需要并经常地更新。最好的大气压力及气体成分是相应于地球海平面处的自然大气压力及气体成分。在飞船“联盟号”、“联盟 T”和空间站“礼炮号”中均保持了这个条件，在“阿波罗”飞船中采用了降压的纯氧大气。

座舱的体积和尺寸应能使人在其中完成习惯的动作（例如全身的伸展）和相应的飞行任务。第一代飞船“东方号”、“水星”、“上升号”和“双子星座”由于有减轻质量的严格要求，所以它们的座舱很狭窄，而“联盟号”及“阿波罗”的座舱就宽大得多。在座舱中应能保持正常的温度条件，因此座舱也必须有温控系统。

人的生活与饮食、自然需要的排出、个人的卫生和睡眠紧密联系着，这就决定了在飞船上必须有足够的食物、水、卫生保障、不同物品的收集器、卫生设备，以及为睡眠用的一切设备。所有这些设备应考虑到它们是工作于一个封闭的体积中和失重的条件下。

与控制飞船有关的乘员活动以及完成手控飞船的动作将影响飞船的结构和飞船上的系统。

在座舱结构设计中，首先要考虑到航天员进出方便，还要有逃逸口。飞船在上升或返回过程中，如发生故障，需要应急弹射时，座舱门应该能够迅速打开；在轨道上或降落在海面上时，则要求座舱门严格密封。航天员除了可以由座舱门进出以外，有的飞船还有应急逃逸口，必要时航天员可由此爬出座舱。

控制载人飞船飞行要有乘员的工作位置。该位置应合理地安排并能观察到飞船外部的状况，获得飞船各系统工作信息，进行与地球及其他载人飞船的联系。因此，飞船的座舱应设有视野开阔的舷窗，航天员通过舷窗可观察发射前的准备活动，轨道飞行中交会对接情况，返回点火时的姿态控制与机动和再入着陆的地面情况等等。“水星9号”的航天员，在飞船自动控制系统失灵的紧急情况下，就是通过舷窗观察地平线，手控飞船姿态，点燃返回发动机，再入大气层获得了成功。

在飞行过程中，航天员将操作座舱内的大量船载设备单元进行工作，如生命保障系统的一些设备、乘员装备、手动机构和科学仪表等。座舱内柔和的光线和明亮的照度，使航天员可以清楚地分辨仪表的读数。座舱内除显示仪表外，还有航天员操作的计算机键盘和一些重要的开关与手柄。其中关键的按钮开关如“返回火箭点火”、“舱段分离”、“弹射”、“开伞”等开关必须用罩子盖起来，防止失误动作造成事故。飞船操作手柄和飞机上的方向舵脚蹬不同。由于飞船座舱空间有限，三轴运动都由一个侧臂操纵杆来完成。航天员只要转动手腕就能操纵飞船姿态，所以即使在再入返回过载很大时，航天员仍然能够操纵自如。

对于进行航天员交换的飞行，飞船必须具有刚性的对接机构以及密封的过渡通道，对接机构上应有密封盖和监视对接密封系统。如果考虑人出舱到开敞的宇宙空间的问题，则在飞船上应备有宇宙服及其相应的服务系统，而飞船本身应有闸门舱。飞船或空间站的任意舱段均可以做为闸门舱，出舱活动甚至可以直接从座舱进入宇宙空间，在此情况下应有减压和恢复大气压的系统以及通向宇宙空间的可开关舱口。

总之，随着飞行阶段的改变，各种不同的因素将作用于航天员。设计载人飞船的一个主要任务就是防止或降低这些因素对乘员的作用，也就是保证宇宙飞行的承受条件。

3. 飞行安全的特点

飞行安全在保证其高可靠性和制造载人飞船时具有重要的作用。任何一种航天器在其研制的开始就应给出顺利完成任务的概率或是完成飞行计划的可靠性，尔后要做出证实；而对于载人飞船还应补加上保证乘员安全的概率或是飞行安全度。这两个准则决定了相应的概率，而一般地，第一个给出在95% ~ 98%的水平上，第二个在99%以上。

所要求的安全度将影响飞船的外形、各个系统的性能、火箭飞船整个系统及飞行图。除保证可靠性以外，还要组织系统的职能备份，如自动工作状况辅以手动操作，引入专门故障时的乘员救生设备，装配备份仪表和机件等。

实际上，飞行安全的特点融于飞船设计的各个方面，这是载人航天器提出的尤为突出的要求和特点。

9.1.2 几种载人飞船的主要构造

目前，世界上已有的载人飞船均是由前苏联和美国研制、发射的。下面通过这些具体的例子来进一步说明载人飞船的构造特征。

1. 前苏联的载人飞船

至今，前苏联发展和研制的载人飞船有“东方号”、“上升号”、“联盟号”3种。为配合载人空间飞行，前苏联还研制了一次性的自动运输飞船——“进步号”。

(1)“东方号”载人飞船：该系列的载人飞行系统是前苏联的早期载人飞船，在1961～1963年间共发射6次。1961年4月，发射了“东方1号”载人飞船，成功地把航天员加加林送入了近地飞行轨道，飞行108 min后，安全着陆，完成了人类的第一次载人空间飞行。

“东方号”飞船是由再入舱及设备舱两部分组成(见图9.1)。这两部分由爆炸锁锁住的四根可系紧的钢带连结。整个飞船的质量约为4.73 t。

再入舱亦为航天员座舱，是一个直径为2.3 m的球体，上面覆盖有防热层，它的质量是2.4 t。航天员座舱有3个舱口和3个舷窗，舷窗用耐热玻璃保护。座舱内包含有一个航天员位置及其弹射座椅，仪表板及操纵手柄，此外还安装有生命保证系统，控制系统，通讯系统及着陆系统等。设备舱是一个周围装有许多球形容器的双锥结构。在设备舱内装有轨道飞行时所需要的系统和设备，如电源和压缩气瓶等。其中还装有制动火箭发动机，用来使飞船制动而脱离轨道。发动机工作完毕后，进行舱段分离，设备舱及其用过的制动火箭发动机在稠密大气中烧毁，而再入舱安全返回地面。

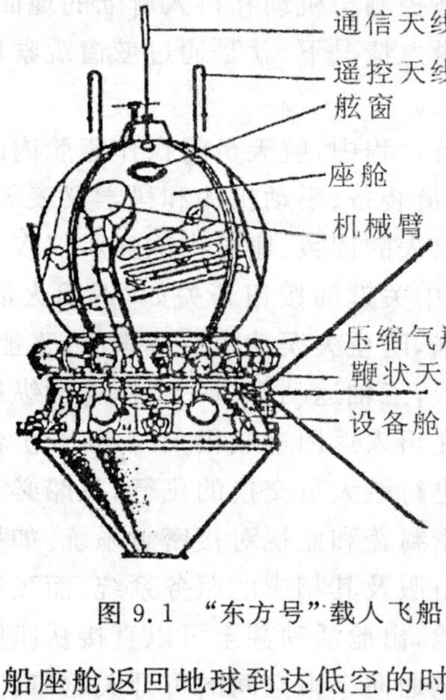

图9.1 “东方号”载人飞船

在发射过程中，整个飞船安装在运载火箭头部整流罩内，以防止发射环境对飞船的影响。当飞船座舱返回地球到达低空的时候，航天员乘坐弹射座椅离开飞船座舱，乘降落伞单独着陆。

(2)“上升号”载人飞船：“上升号”飞船基本上是“东方号”飞船的改型，其构造特征与“东方号”飞船类似。在座舱外增设了气密过渡舱或称闸门舱，以便进行舱外活动。由于航天员增至2到3人，从容积上考虑取消了座舱内的弹射座椅，而用普通座椅代替。此外，还增加了着陆火箭，用于着陆时进一步降低飞船速度。

在1964～1965年间，前苏联先后两次发射“上升号”载人飞船。在“上升号”飞行过程中，航天员曾走出座舱，活动了十分钟后返回座舱。

(3)“联盟号”载人飞船：在“上升号”飞船结束飞行后，前苏联的载人空间飞行停顿了两年。至1967年4月，前苏联开始发射“联盟号”飞船，至今已发射了数十艘。

“联盟号”飞船是苏联的第三代载人飞船，它已改型两次，分别称“联盟T”和“联盟TM”。“联盟号”系列飞船高7.48 m，最大直径约2.72 m，总质量为6.8 t，由球形轨道舱、钟形再入舱和圆柱形服务舱等三个舱段组成，如图9.2所示。

球形轨道舱是航天员在轨道上生活和工作的场所，它分工作和生活两个区域。轨道舱的前端有一个对接舱口，用于与空间站对接，航天员可以从这个舱口进入空间站；还有三个观测舷窗，内部有工作台和仪器设备，舱壁四周有许多扶手杆。航天员可从再入舱进入轨道舱，并可从轨道舱舱口到舱外去。舱口的门向里开，采用自动和手动两种方式。

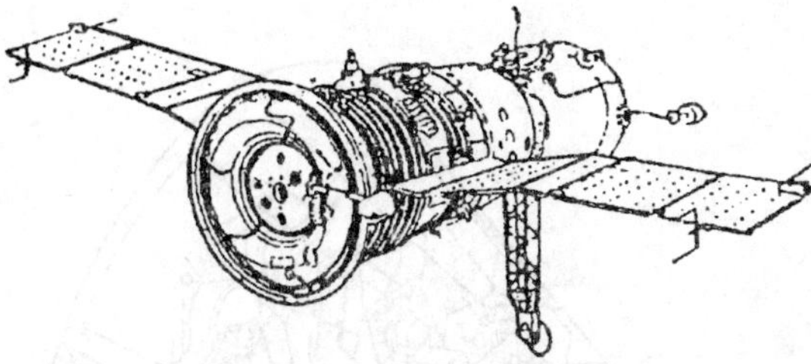

图 9.2 “联盟号”载人飞船

再入舱也是航天员座舱，是飞船惟一需要回收的部分，直径为 2.2 m，其外形为钟形，外部覆盖有防热层，再入时姿态可利用气动升力进行控制。有两上侧舷窗，舷窗有两层玻璃，中间是空的。舱体下侧有一潜望镜窗口，潜望镜可以看到前方和下方情况。再入舱与轨道舱对接处有一扇圆形的密封舱门，航天员可以在两舱之间来回活动。座舱里装有操纵飞船的设备和降落伞等。

服务舱主要是提供飞船机动飞行和再入时的动力，飞船轨道飞行时所需电源，另外还有飞船姿态控制系统以及为减轻再入重量不必安放在再入舱的设备。在服务舱外面安装有两个对称的大型太阳电池帆板，面积达 14 m^2，长度为 8.37 m。帆板在发射入轨前折叠在舱段壁上，入轨后再展开。

在发射过程中，整个飞船安放在运载火箭头部整流罩内，在整流罩的顶端装有救生塔系统。

2. 美国的载人飞船

美国的载人飞船有三种，分别是“水星”、“双子星座”和“阿波罗”飞船。

(1)“水星”载人飞船：“水星”飞船是美国的第一代载人飞船，从1961～1963年间进行了6次飞行。“水星”飞船呈钟形，最大直径 1.86 m，高 2.9 m，总质量为 1.6 t，只能乘坐一名航天员。

飞船的球面形底部外壳有烧蚀防热层，底部上面的锥形部分是座舱。座舱外表面有辐射防热结构，内部有一个载人密封压力舱。座舱内安装有环境控制系统，电源系统及其他有关系统和设备，此外还有必要的仪表显示及操纵装置。座舱上面的圆柱部分是回收舱，舱内主要包含有降落伞系统，外表面为金属铍。顶部截锥是天线舱，除天线外还装有稳定伞及红外地平仪。有两个供航天员出入的舱口，一个在飞船的侧面作进出用，另一个通过飞船座舱上面的圆柱体。座舱上还有一个大舷窗供航天员观察用。

在球面烧蚀层中心用三条金属带固定一个制动包，其中装有 3 个制动火箭与 3 个分离火箭。在发射时，救生塔系统通过夹紧环固定在飞船回收舱顶部，在正常飞行中飞船飞出大气层时就被抛掉。

(2)“双子星座”载人飞船：“双子星座”载人飞船是简单的“水星”飞船和复杂的“阿波罗”飞船之间的桥梁。在 1965 年和 1966 年中进行了 10 次载人飞行，作了多次轨道交会和对接试验，为“阿波罗”飞船载人登月飞行作了准备。飞船由座舱和设备舱组成，其形状像“水星”飞船，最大直径 3.05 m，高 5.74 m，总重量 3.3 ～ 3.8 t，可乘坐两名航天员，如图 9.3 所示。

飞船可以分为两个大部分，即再入段与过渡段，前者是需要再入回收的部分，后者只在轨道飞行时利用，再入前将它抛掉。

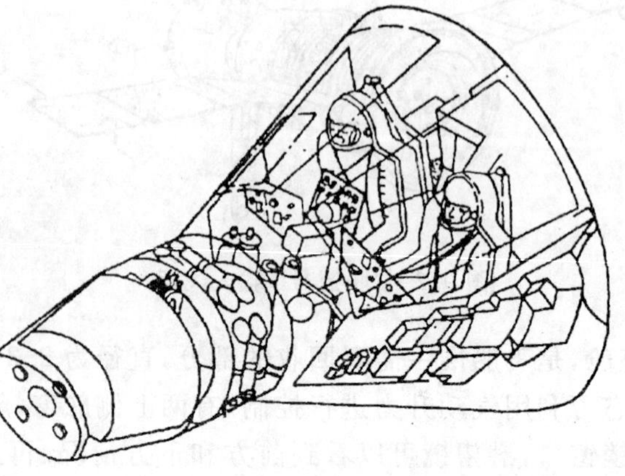

图 9.3　美国“双子星座”载人飞船

再入段又可分为 3 个舱。最前面的是交会回收舱，内装有交会雷达和降落伞系统等，在其前端有一块玻璃钢材料制的整流罩，上面有烧蚀材料层，作为交会雷达的热防护。整流罩在运载火箭的第二级发动机点火后45 s抛掉。中间的一段为再入控制舱，内装有再入姿态控制系统的设备，再以下就是载人的座舱，内乘坐两名航天员和装载有关的仪表设备。

过渡段又可分为制动舱与设备舱。制动舱用于飞船再入前的制动，它装有 4 个制动火箭及 6 个轨道姿态及机动系统的推力燃烧室。设备舱用于安装轨道飞行应用的各种仪器设备。从外部结构看，过渡段的两个舱实际上是一个整体，成为飞船的一个空间辐射器，能把座舱内的热量排散到宇宙空间中去，保证座舱内有适宜的温度。

(3)“阿波罗”载人飞船：“阿波罗”载人飞船是美国的第三代载人飞船，从 1968 年到 1972 年期间进行了 11 次载人飞行，其中 6 次登上月球。首次登月是在 1969 年 7 月 20 日实现的。当时，“阿波罗 — 11”把美国航天员阿姆斯特朗和奥尔德林送上月球。

除救生塔系统和飞船与运载火箭过渡舱外，“阿波罗”飞船主要由三部分组成，即指挥舱、服务舱及登月舱(见图 9.4)，总质量约为 45 t。

指挥舱是飞船的控制中心，也是整个飞行任务中三名航天员生活和工作的主要舱段，同时也是飞船中惟一要返回地面的部分。它的形状为一个圆锥体，高为 3.53 m，底部直径为 3.93 m，质量约 6 t。舱内装有环境控制系统、姿态控制系统和无线电通信报话等设备。舱的中央并排着指令长(相当于船长)、驾驶员和飞行工程师等三名航天员的座椅。飞船发射和返回地面的时候，三名航天员躺在椅子上，其余时间航天员可以离座活动。

在指挥舱的侧面有一个航天员出入的舱口，在其后部还有一个通往登月舱的连接隧道舱口。此外还有两个侧舷窗供航天员摄影和观察用，两个交会舷窗供交会机动与对接时进行观察与普通观察用。指挥舱是一个双壁结构，里层是铝蜂窝结构的压力舱，铝蜂窝外表面通过隔热层与不锈钢蜂窝结构相连结，不锈钢蜂窝结构外表面覆盖有烧蚀防热层。

服务舱是飞船的后勤供应部分，呈圆柱体形。它高约 7.6 m，直径为 3.93 m，质量约 24 ～ 29 t，连接在指挥舱后面。服务舱结构基本上是由 6 条化铣铝制梁分开的两个上下隔框组成，中央是一条通道，周围放置各种有关系统、设备及容器。服务舱还装有推力约 100 kN 的可多次启动的飞船主发动机，它一直到返回地球，再入大气层时才抛掉，在地球大气层中烧毁。服务舱的外壳装有电源系统及环境控制系统的辐射器以及反作用控制系统的火箭喷嘴等。

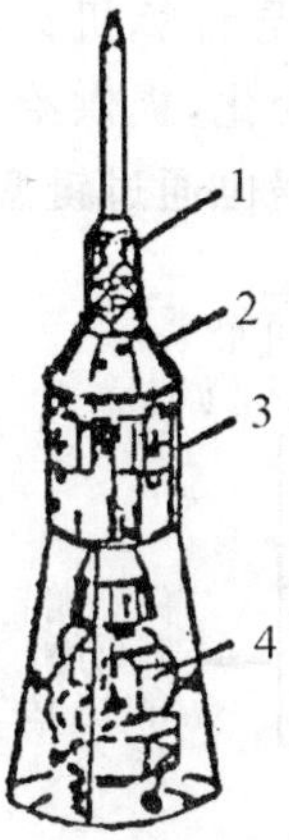

图 9.4 “阿波罗”飞船

1— 逃逸塔；2— 指挥舱；3— 服务舱；4— 登月舱

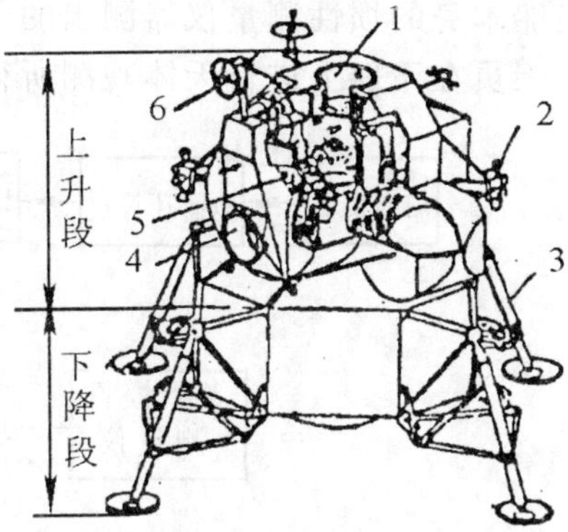

图 9.5 “阿波罗”飞船登月舱

1— 通道；2— 姿态喷管；3— 着陆架；4— 出入口；5— 窗口；6— 对接雷达

登月舱质量为 14 t，高 6 m 多，见图 9.5。登月舱由“下降段”和“上升段”组成。下降段里有下降发动机和四条着陆架，它能够把两名航天员送到月球上。上升段里有环境控制系统、通信和电源设备。在登月过程中，两名航天员在这里生活和工作，登月舱上升段就成为航天员的一个临时性探险基地。上升段里还有上升发动机，航天员在月面上完成任务后，上升发动机使他们飞离月面，送回在月球轨道上飞行的指挥舱。

登月舱是在空间和重力较小的月面进行工作的，它的结构设计考虑主要是发射时的加速度和在月球着陆时的冲击力，并不受空气动力方面的影响。此外，登月舱设计中的一个最大问题是重量控制，由于登月舱每增加 1 kg 质量都必须付出整个航天器与燃料质量的更惊人的代价。因此，特别注意保证结构和系统最少的重复性考虑。

9.2 载人飞船的制导与控制

飞船的制导与控制工作是由两个相互联系的分系统来完成的，这就是导航与制导系统和稳定与控制系统。这两个分系统感测出姿态和轨道变化诸参数，处理这些信息，并把它变为飞船推进装置的指令。

导航与制导系统的功能是使飞船遵循正确的航线飞行，它有控制飞船轨道的能力，也要求有引导救生的能力。

稳定和控制系统使航天员能在飞行的各个阶段或者手动地或者自动地操纵飞船，它的功能一般是进行飞船姿态的控制以及主推进装置点火方向或推力矢量的控制。该分系统的所有控制功能都是导航与制导系统的后援，它也可用作惯性基准的后备系统。

9.2.1　飞船的导航与制导系统

飞船的导航与制导工作一般可有三条不同的渠道，如图 9.6 所示。

第一，由地面雷达监视飞船，并将所测得的数据传给地面控制中心的实时计算机处理，计算机将飞船目前的位置与速度由通信系统通知飞船的导航与制导计算机；

第二，飞船本身的惯性测量仪器测出的飞船方向和速度的变化，提供给飞船计算机；

第三，航天员在飞船上进行天体观测所得的位置与速度数据也通过键盘输入飞船计算机。

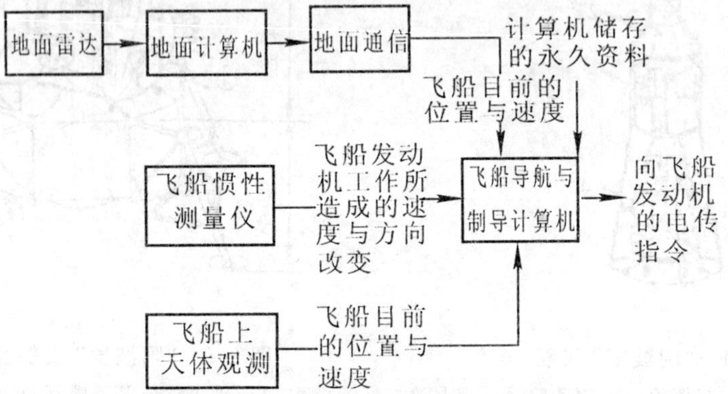

图 9.6　飞船导航与制导系统示意图

飞船计算机在收到这三条渠道的信息后，便与记忆系统储存的预定程序资料相比较，从而向飞船发动机发出校正航线的指令和数据。

飞船导航与制导系统一般包括 3 个子系统，即惯性系统，光学系统及计算机系统。3 个子系统的每一个在应急期间都应能独立操作，这样，其中一个发生故障将不损坏整个系统。

(1) 惯性测量系统：对于不同的飞船其惯性测量系统是不同的，但其基本惯性导航的原理是一致的。即把加速度计安装在由陀螺稳定的惯性平台上，无论飞船的运动方向和姿态如何改变，平台始终稳定保持在惯性空间中的取向，从而保证加速度计能够测量出飞船相对于惯性空间的三轴加速度，进而积分获得飞船的飞行速度和位置。本书第八章第 8.2 节对此已详细介绍，这里不再重复。

(2) 飞船的光学测量系统：该系统的具体形式也是多种多样的，其中以“阿波罗”飞船的光学测量系统最有代表性。这个系统主要由一个空间六分仪与一个扫描望远镜组成，并配以自动星跟踪器和光度计等。这是一个由航天员参与的光学测量系统或天文导航系统。

图 9.7 所示的空间六分仪是一个具有两条视线的窄视域 28 倍放大率的仪器。其中一条视线固定在飞船上，利用姿态控制系统的方位指令使飞船在空间转动以便瞄准陆标或水平线；另一条视线利用二轴手动控制器对准星体，这一运动的转轴平行于陆标视线。转轴传动装置能够用转动整个仪器头的方法来改变被测导航角所在的平面，耳轴传动装置通过倾斜耳轴反射镜来调整导航角。重叠视域中的两个图像，并将信号通过按下标记按钮送入计算机，航天员即可测得星体与陆标或水平线视线之间的角度。

沿着陆标视线到达的光在与来自星体视线的光组合到分光器之前被偏振，使得导航员可以通过一个目镜偏振器调节相对于星体强度的陆标背景亮度。在分光器内也包含一个滤光镜，它衰减进入陆标视线的大部分蓝光与绿光，这减少了一般从高空看到地球上的蓝色的“雾”，而又不明显降低月球陆标的特性。沿着星体视线的光是通过一个可动的反射镜、两个固定的反射镜及分光器直接进入的。

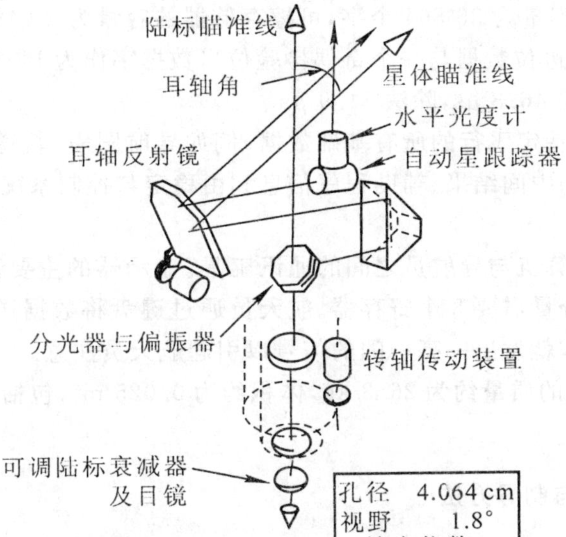

图 9.7 空间六分仪示意图

空间六分仪也使用与星跟踪器的敏感元件连用的耳轴反射镜，给转轴与耳轴驱动装置提供自动星跟踪的误差信号。

在“阿波罗”任务中，当飞船跨越月球与跨越地球飞行时，通过空间六分仪测量到星体的视线与地球或月球水平线或陆标视线之间的角度而获得导航数据；当飞船在地球轨道或月球轨道飞行时，可通过视线到陆标的光学测量来获得导航数据。地球和月球表面特征可能是“已知”的或者是未知的。已知的陆标为一可识别的特征，其坐标是已知的，并且已在表中列出。相比而言，未知的陆标是航天员在看得见的短时间内能够选择并进行光学跟踪的任一表面特征。

扫描望远镜具有宽视域，这对于光学测量系统对陆标等目标的识别与捕获是必不可少的。光学测量系统除供给计算机以导航数据以外，还给出惯性测量系统校准的基准数据。

(3) 载人飞船的计算机系统：它是整个导航与制导系统的心脏。在空间飞行中，为了使由敏感器获得的数据产生导航或制导信号，要求在作为指令进行显示与发送之前对这些数据进行处理而后在计算中应用，所有这一切都是在计算机中完成的。对于空间导航和制导而言，计算量和复杂性都很大，需要具有巨大存储能力的相当规模的数字计算机才能满足要求。因此，近年来在设计与制造航天用的小型计算机方面所取得的进展是令人鼓舞的。

载人飞行系统与其他飞行系统使用的计算机没有本质的区别，同样是由运算器、存储器、控制器、输入及输出装置等五大部分组成。但是人的存在使得置换有故障的关键部件成为可能，因而提高了整个系统的可靠性。以“阿波罗”飞船为例，它要求高标准的可靠性，因此采用完全重复性设计的计算机，并具有指示灯、指令自检能力以及输出合理性等提供检查故障与开关计算机的手段，加上计算机由许多可置换的组合件组成，这进一步给飞行中进行维修带来了方便。

“阿波罗”计算机要处理大量不同形式的飞船上的数据与控制函数，对计算机的一些特殊要求是：① 同时对几个问题进行优先实时解；② 与导航员进行两路有效通讯；③ 具有地面控制无线电通讯线路的能力；④ 具有离散与连续变量的多路信号交界面。存储部分的存取时间为 12 μs，其中固定存储器的容量为 36 864 个字，可擦存储器的容量为 2 048 个字。存储器中的每一个字都是 16 位(15 个二进位数据与一个奇偶检验位)，数据字作为 14 个二进位字存储。运算速度是，加法 23.4 μs，乘法 46.8 μs，除法 81.9 μs。

固定存储器存储一套特定飞行的所有基础数据，例如导航图表、轨道参数、程序和一些常数。可擦存储器存储计算的中间结果、辅助程序信息和由稳定与控制系统以及飞船的其他分系统所提供的可变数据。

显示器与键盘作为计算机与导航员之间的通讯工具。显示器的主要部分由 3 个寄存器组成，显示一个向量的 3 个分量需要 3 个寄存器。航天员通过键盘将数据送入计算机，当计算机要求得到航天员的反应时，就发出一亮一闪的信号以引起航天员注意。

“阿波罗”制导计算机的质量约为 26.3 kg，体积约为 0.025 m^3，包括显示器与键盘在内的功耗约为 100 W。

9.2.2 飞船的导航与制导方法

在载人飞船的空间飞行计划中，最终的飞行目的是通过一系列中间飞行逐步达到的。导航与制导系统的两个基本任务是保持对飞船位置与速度的精确了解，以及对过程中需要的改变提供控制指令。本节并不对解决导航与制导问题的现有方法作全面的评述，而只是介绍适用于飞船的一两种简明的方法。

1. 导航的计算方法

确定飞船位置与速度的工作通常指的是导航，很自然地分为两个部分 —— 惯性飞行与加速飞行。

飞船在惯性飞行延伸期间的方位预测同天文学家预测月球与行星位置的问题相类似。它是通过适当利用方便的物理量的测量来实现的。例如：① 已建立的参考点的距离、速度、仰角与方位角；② 已知天体视线间的角；③ 行星表观直径。当敏感器接近数据源时，导航测量会更精确，因此飞船上与地面上的仪器可起互相补充的作用。

长距离预测能力的提高受几个因素影响。首先是解运动方程的数学方法，除非采用精确的计算技术，否则数值误差就会传播，并使解很快恶化；其次，位置与速度的预测精度取决于我们对太阳系物理特性的知识；最后，也是最重要的一点，就是初始条件的精度。

为了确保精确的初始条件，就必须利用光学或雷达测量数据对飞船位置与速度的估值进行周期性地修正。例如，航天员可利用空间六分仪来测量星体在地球水平线上的表观仰角，测量星体和月球陆标方向所夹的角。测量时，飞船位置与速度的最佳估值存储于飞船上的计算机内。由于星体方向与陆标位置已经知道，因而就可计算出测量角的期望值。这一计算的期望值同实际测量值相比较，其差可用来修正飞船位置与速度的估值。利用按时分别测得的一批数据和对太阳系的精确数学描述即可得到足够精确的估值来修正机动飞行。

导航问题的数据处理方面是多年来广泛研究的课题，用天文学家的经典方法处理大量观察数据较为麻烦，而且也不太适合飞船计算机处理。R. E. 卡尔曼发明的最佳线性估计器的递归公式非常适用于空间导航问题，特别是利用飞船上计算机来处理飞船上仪器所获得的数据，更为有用。

对于加速机动时期的导航，系统通常包括能够测量沿相互正交而不旋转的3个轴的推力加速度的惯性仪器；然后，要求一个制导计算机实时地进行准确积分与重力计算。导航系统要求的基本计算功能表示在图9.8中。惯性稳定积分加速度计的输出与在反馈回路中作为惯性位置函数计算的重力加速度分量结合在一起算出惯性速度分量。当然，所达到的最终精确度受到惯性仪器精度、制导计算机速度与初始条件的限制。

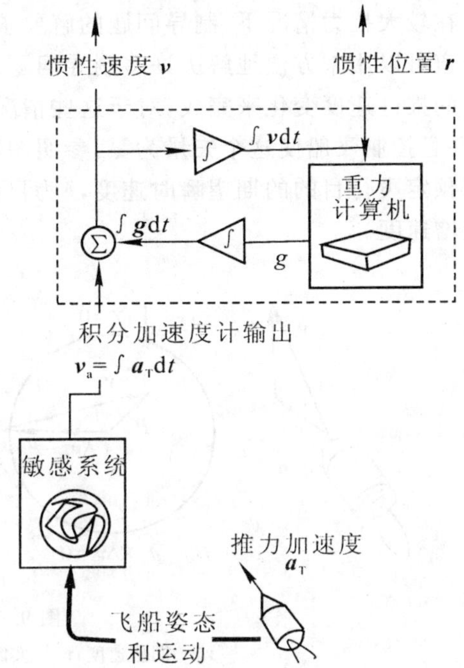

图9.8　加速飞行导航系统

重力计算可以通过一个简明的方法来完成。对于一个在重力场内运动的载人飞船，运动方程为

$$\begin{cases}\dfrac{d\boldsymbol{r}}{dt} = \boldsymbol{v} \\ \dfrac{d\boldsymbol{v}}{dt} = \boldsymbol{g} + \boldsymbol{a}_T\end{cases} \tag{9.1}$$

式中，$\boldsymbol{r}$ 和 $\boldsymbol{v}$ 是相对一个惯性参考系的位置与速度矢量。测得的飞船加速度矢量 $\boldsymbol{a}_T$ 被定义为由火箭推力与空气动力（若有的话）之和引起的加速度，并且如果飞船只在重力作用下运动则它将为零，$\boldsymbol{g}$ 是重力加速度矢量，$\boldsymbol{a}_T$ 与 $\boldsymbol{g}$ 的矢量和代表整个飞船的加速度。

利用一个简单的计算方法，位置与速度就可以通过一个一阶差分方程计算而求得，即

$$\begin{cases}\Delta\boldsymbol{v}_a(t_n) = \boldsymbol{v}_a(t_n) - \boldsymbol{v}_a(t_{n-1}) \\ \boldsymbol{r}(t_n) = \boldsymbol{r}(t_{n-1}) + \boldsymbol{v}(t_{n-1})\Delta t + \dfrac{1}{2}\boldsymbol{g}_{n-1}(\Delta t)^2 + \dfrac{1}{2}\Delta\boldsymbol{v}_a(t_n)\Delta t \\ \boldsymbol{v}(t_n) = \boldsymbol{v}(t_{n-1}) + \Delta\boldsymbol{v}_a(t_n) + \dfrac{1}{2}(\boldsymbol{g}_n + \boldsymbol{g}_{n-1})\Delta t\end{cases} \tag{9.2}$$

这里矢量 $\boldsymbol{v}_a$ 是非重力加速度的时间积分，非重力加速度的分量是3个相互正交积分加速度计的输出，重力加速度 $\boldsymbol{g}_n$ 是一个在时间 t_n 时位置的函数，式中只考虑一个简单的球形重力场。

由于速度是通过在一个时间步长区间内的平均有效重力来修正的，因此这个方法被称为平均重力加速度法。

应当指出，上述算法是建立在加速度计安装在带有平衡环的稳定平台上，无论飞船方向如何改变，它在惯性空间的取向始终保持稳定。对于捷联式惯性测量系统，不像平衡环系统提供的环境那样，与船体固连的惯性仪器受到实际的角速度影响，同时制导计算机的作用也扩大了，因为飞船的角方位也必须通过测得的角速度积分来确定。如果与船体固连的加速度计相对于本体坐标系的输出立刻被转换到惯性稳定参考坐标系，使得导航与制导问题能够像实际上采用稳定平台一样得到解决，这是更方便的。

2. 制导的方法

提供控制指令的工作通常称为制导，可自然地分为两种类型——较大的与较小的机动。

发射到中间轨道，转移到月球或行星轨道，轨道进入与着陆等都属于较大机动的例子。它们明显地不同于以中间过程速度修正为代表的较小轨道变化。在每一种情况下，制导问题总是一个受到诸如燃料消耗、飞船机动性及时间等条件限制的边值问题。

在较大推力情况下，制导问题的解要求在飞行中临界时间内执行相对复杂的计算，圆锥曲线轨道可以用来方便地解决许多制导问题。许多较大的轨道转移机动在概念上可以通过一个单一的推进速度变化来完成。对于这些情况，根据圆锥曲线轨道可确定一个瞬时的应增速度矢量，并且控制飞船使这个矢量为零。参照图 9.9，对应于目前飞船位置 $\boldsymbol{r}$ 的矢量 $\boldsymbol{v}_r$ 定义为满足一系列预定飞行目的的期望瞬时速度，$\boldsymbol{v}$ 为目前飞船的速度，那么，$\boldsymbol{v}_r$ 与 $\boldsymbol{v}$ 之间的速度差 $\Delta\boldsymbol{v}$ 就是瞬时应增速度。

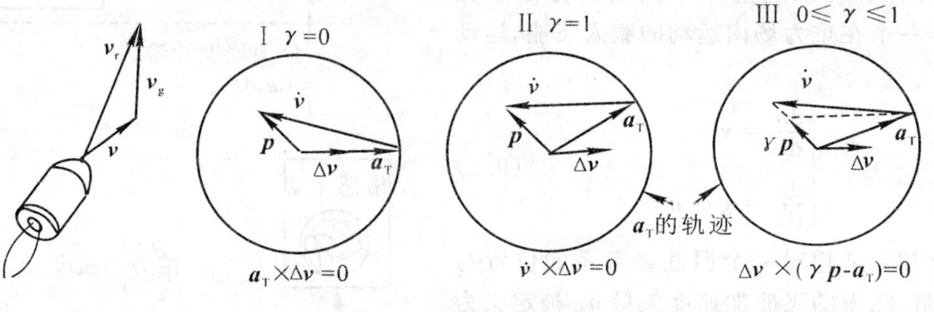

图 9.9　应增速度法

$\boldsymbol{v}_r$— 期望速度；$\boldsymbol{v}$ — 实际飞船速度；$\Delta\boldsymbol{v} = \boldsymbol{v}_r - \boldsymbol{v}$ 应增速度

$\boldsymbol{g}$— 当地重力加速度矢量；$\boldsymbol{a}_T$— 推力加速度矢量；$\Delta\dot{\boldsymbol{v}} = \dot{\boldsymbol{v}}_r - \boldsymbol{g} - \boldsymbol{a}_T \stackrel{\text{def}}{=} \boldsymbol{P} - \boldsymbol{a}_T$

两种简单的制导法则将保证 $\Delta\boldsymbol{v}$ 的所有 3 个分量同时趋于零。

(1) 可以将飞船定向，使推力加速度矢量 $\boldsymbol{a}_T$ 与 $\Delta\boldsymbol{v}$ 的方向对准；

(2) 因为能够导出一个对 $\Delta\boldsymbol{v}$ 的时间变化率（即 $\Delta\dot{\boldsymbol{v}}$）的方便表达式，所以可以定向 $\boldsymbol{a}_T$ 使得 $\dot{\boldsymbol{v}}$ 平行于 $\Delta\boldsymbol{v}$ 并且方向相反。假设 $\boldsymbol{a}_T$ 不是足够大，要对准 $\Delta\boldsymbol{v}$ 与 $\dot{\boldsymbol{v}}$ 似乎是不可能的，然而使用燃烧时间相对短的典型的化学火箭是不会遇到困难的。

这两种方法的组合导致一种高效率的控制法则。从经验上来选择标量混合参数 γ 使得机动时极大地节省燃料，对于特殊的飞行阶段一个常数值 γ 通常是足够的；然而，如果需要的话，可以允许它作为某些系统变量的函数而变化。

一个功能图表示在图 9.10 中，该图说明了对于控制目的所要求的误差信号的计算方法。位置、速度及重力矢量的计算如前面导航部分所述。飞行目的所要求的推进速度作为位置矢量的函数来确定，并用来计算应增速度 $\Delta\boldsymbol{v}$。利用前一个采样时间储存的值，由期望速度矢量的数值微分法和加速度计实际输出可求出加速度误差信号。当适当地改变比例时，系统输出是一个矢量速率指令，其大小正比实际加速度矢量与指令推力加速度矢量之间的差，而其方向确定了使这个误差为零所要求的飞船旋转方向。当应增速度 $\Delta\boldsymbol{v}$ 很小时，接近最后机动并终止矢量积控制，飞船保持一个不变的姿态而根据 $\Delta\boldsymbol{v}$ 矢量大小关闭发动机。

这种制导方法在下列飞行阶段用于控制“阿波罗”指令舱：① 进入跨越月球的轨道，即是从地球轨道转移到连接地球与月球的轨道的过程；② 从一个双曲线接近轨道转移到月球的圆轨道；③ 进入跨越地球的轨道或从月球轨道转移到一个连接地球的轨道。

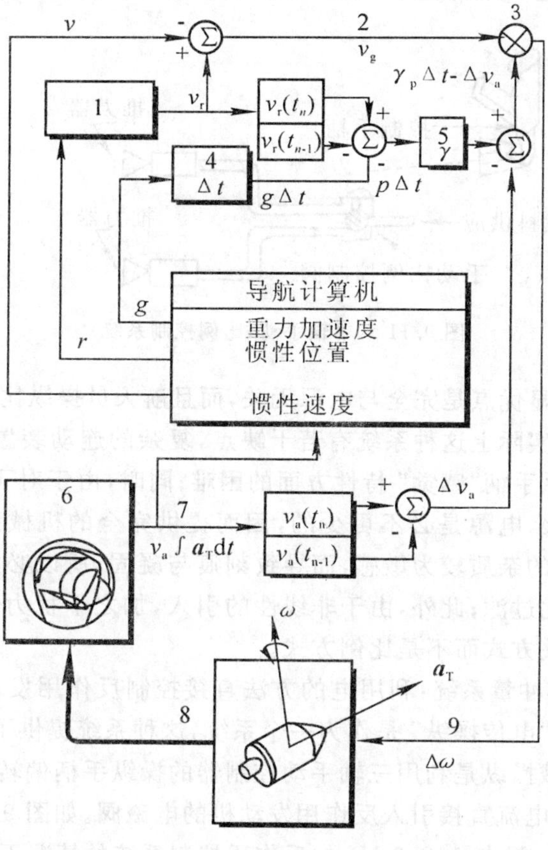

图 9.10 应增速度控制

1— 所需速度计算；2— 应增速度；3— 矢量积；4— 采样时间；5— 混合参数；
6— 敏感系统；7— 积分加速度计输出；8— 飞船运动；9— 旋转速率增量指令

9.2.3 飞船的稳定与控制

稳定与控制系统最基本的要求是在一定的飞行时间内提供飞船绕 3 个主轴的姿态控制。然而，由于载人飞船计划的飞行任务非常特殊，要建立一个适用于所有情况的一般要求与性能准则是不可能的。例如，对“水星”飞船最大的姿态机动速率高达 12°/s，以便提供高机动性及应急情况下的快速反应；“阿波罗”飞船最大的姿态机动速率低于“水星”飞船的 1/20，并且主要是为了满足导航对准之间的机动要求。“阿波罗”飞船具有很大的惯性，如采取“水星”飞船的速率，则反作用控制系统的燃料消耗将是巨大的。所以，必须详细研究每次飞行任务与飞船设计的特殊要求，然后提供相应的稳定与控制的措施。

1. 稳定与控制系统

已用于载人飞船姿态稳定与控制的系统主要有以下几种。

(1) 手动-比例系统：手动-比例系统由一个利用机械连动装置与节流阀相连接的三轴手动控制器组成。通过这些阀供给燃料以产生推力，因而航天器的角加速度本质上是与操纵手柄偏转角成比例的，如图 9.11 所示。这个系统已经用于轨道飞行任务的所有阶段，并且仅依靠单纯目视(无速率与姿态信息)为成功再入已经提供了足够的控制精度。

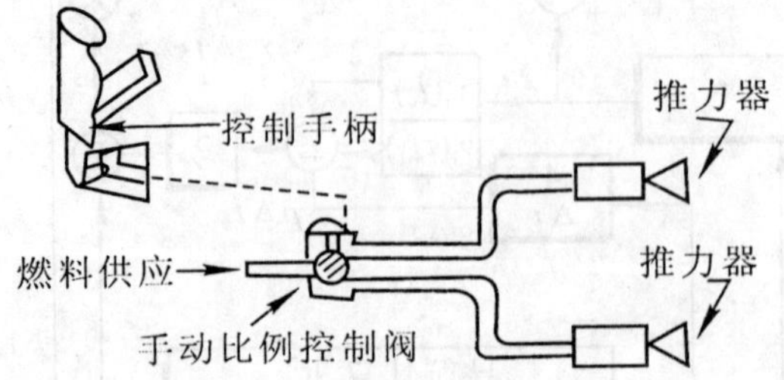

图 9.11 单轴手动-比例控制系统

手动-比例系统的明显优点是完全与电源无关,而且航天员操纵比例的控制力矩具有抵消连续的干扰力矩的能力。实际上这种系统有若干缺点,复杂的连动装置大大地增加了重量,并且引起在提供相应的操纵手柄“感觉”特性方面的困难;同时,由于对飞船上其他的系统,例如主发动机与制动火箭点火,电源是必不可少的,因而提供完全的机械系统并未得到实际的好处;加上各种阀对燃料中的杂质较为敏感,而导致刻痕与凝固,所以必须给阀引入一个重要的死区非线性特性以便简化过滤;此外,由于非线性的引入,加之干扰力矩迅速变化,使得手动-比例系统往往工作在开关方式而不是比例方式。

(2) 电传操纵与最小冲量系统:利用电的方法直接控制反作用发动机经常称之为应急控制。这里提出的专门术语“电传操纵”是作为一个系统,这种系统提供了操纵飞船的灵活方法。

这种系统正常的机械操纵是利用三轴手动控制器的操纵手柄偏转到某些角度来操纵微动开关,以便把飞船电源的电流直接引入反作用发动机的电磁阀。如图 9.12 所示,在具有两级推力(如“水星”飞船的 4.54 N 与 108.9 N)的反作用控制系统的情况下,譬如说,低推力可以在操纵手柄偏转到 30% 时工作,而高推力在操纵手柄偏转到 90% 时工作。利用手动控制器产生脉冲来获得速度增量,而不是与正常的手柄偏转角有关的连续加速度,从而可以实现一个准确程度的控制。

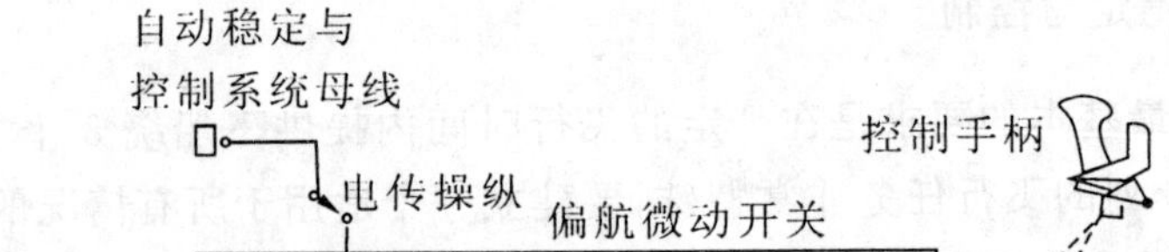

图 9.12 电传操纵控制

已经发现,航天员利用手动控制器能够产生的最小输入是 100 ms 量级。在飞船具有很高的转矩-惯量比和只有一级推力可以利用的情况下，这个最小输入可能产生的飞船角速率对于一些特殊的工作（如对接或导航瞄准）是过高的。在这种情况下，可以结合一种最小冲量的方法。在此方法中，一个电子脉冲发生器插入手动控制器与电磁阀之间的线路中。这样，手动控制器的操作引起一个电压脉冲，此脉冲的持续时间通常对应于推力器能够产生的最小冲量单位。当然，在提供所需要的准确控制时，对于这种附加装置的复杂性不可避免地要降低可靠性。因此，“阿波罗”指挥舱系统保留推力器的直接控制以便应急使用，同时增加一种最小冲量方式用于导航瞄准。

(3) 速率稳定与控制系统：如前面讨论的系统那样，虽然指令输入是通过手动控制器产生的，但是速率稳定与控制系统（或速率指令系统）可提供自动阻尼的能力，因此它属于半自动系统，如图 9.13 所示。

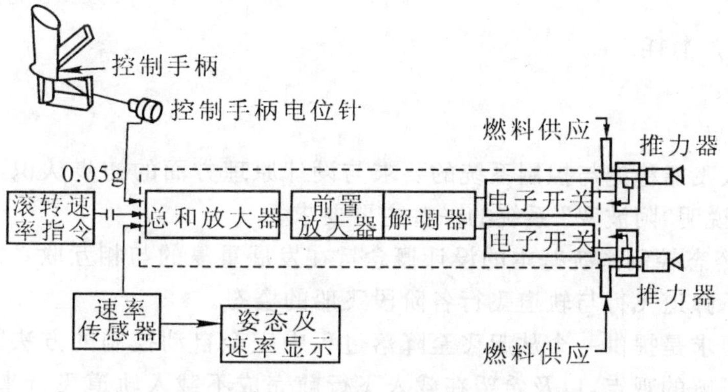

图 9.13　单轴速率稳定与控制方块图

装在飞船体轴上的角速率敏感器的输出与来自手动控制器的比例输出相加来操作一个控制反作用控制系统开关阀的开关放大器。这种速率指令系统的主要优点是具有自动限制机动速率的能力。当燃料消耗与角速率成比例时，对于像“阿波罗”这样很大惯性的飞船，必须限制机动速率小于 $1°/s$。若单纯使用手动系统就要求航天员不断集中注意力，以防止过大的机动速率和由此产生的高燃料消耗。

(4) 自动稳定与控制系统：姿态控制系统的两个基本操作功能是感测与致动。一般的主动姿态控制系统是由敏感器、中间控制线路和执行机构，经过飞船本体闭环而成的。一个自动稳定与控制系统最基本的方块图如图 9.14 所示。

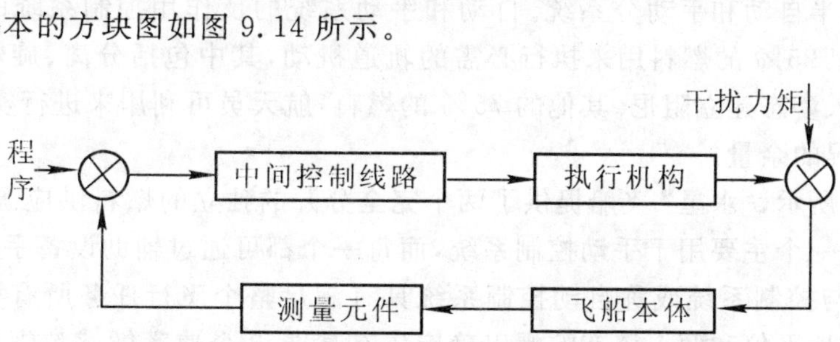

图 9.14　自动姿态控制系统示意图

敏感器的作用在于建立飞船所期望的参考系，并敏感飞船对参考系的偏差角（姿态角）及偏差角速率(姿态角速率)而给出姿态误差信号。中间控制线路包含计算机,按一定的控制规律把这个误差信号进行校正(使系统工作稳定)、变换(譬如变换成开关工作)和放大(推动执行机构),给出信号去控制执行机构的工作状态,产生适当的控制力矩,实现对飞船的姿态控制。

参考姿态可以由制导系统得到,也可以是在稳定与控制系统中自备的。显然,载人飞船的自动稳定与控制系统与本书前几章所介绍的航天器姿态控制系统是一致的,相平面法是分析系统特性的重要手段,这里不再重复叙述。

2. 稳定与控制系统设计

载人飞船稳定与控制系统设计的一般准则是:

(1) 最小重量;

(2) 最小功耗;

(3) 最少推进剂消耗;

(4) 最小体积;

(5) 高可靠性。

为了获得载人飞船稳定与控制系统的要求与设计原理方面的初步认识,首先讨论"水星"系统,然后简略地说明"阿波罗"系统的一些主要要求。

"水星"飞船姿态控制系统基本的设计概念旨在发展重复的与相互联系的系统,能够控制正常与应急情况下弹道飞行与轨道飞行各阶段飞船的姿态。

系统的基本要求是提供一个从起飞至降落过程中完全自动控制的方法。从缺少对人在飞船中操作能力的了解的观点,以及希望在载人飞行前完成不载人轨道飞行来检验在轨道环境中各系统的性能,在当时认为这种要求是必要的。航天员对飞船的控制也被认为是非常合乎需要的,并且通过提供半自动及手动系统来达到,同时要求显示飞船姿态与角速率。此外,在设计中应尽量考虑到一定的设计余量。

这些设计准则对"水星"飞船的性能要求与实际系统设计都产生了很大的影响。"水星"载人飞船稳定与控制系统的很重要的性能要求是制动点火时保持飞船姿态的精度,它对落点散布有直接的影响。姿态相对于轨道稳定的要求是基于地面跟踪时天线对准的需要,以及保持一个精确的参考姿态的需要。此外,燃料消耗和可靠性是另两方面的性能要求。

燃料消耗直接受内部与外部干扰以及航天员行动的影响。由前面的介绍知道稳定与控制系统分为自动、半自动和手动分系统。自动和手动系统的反作用控制系统的全部燃料量约为25 kg,估计近似25%的燃料用来执行必需的轨道机动,其中包括分离、旋转、轨道姿态保持、制动点火与再入姿态建立阻尼。其他的75%的燃料,航天员可利用来进行实验,以及作为没有预料的应急情况的余量。

如图9.15所示,"水星"飞船提供了两个完全分开的独立的燃料供应源。一个主要用于自动控制系统,另一个主要用于手动控制系统,而每一个都可通过辅助设备手动地操作。

自动稳定与控制系统或称自动控制系统具有满足整个飞行任务所有姿态控制要求的能力。它包括两个地平仪和两个姿态陀螺以确定姿态基准,3个速率敏感陀螺以及产生反作用控制推力开-关工作指令的控制逻辑线路。在俯仰与偏航轴上,4.54 N与108.9 N推力器分别提供$0.5°/s^2$与$12°/s^2$的角加速度;在滚动轴上,4.54 N与27.2 N推力器分别提供$0.5°/s^2$与$3°/s^2$的角加速度。

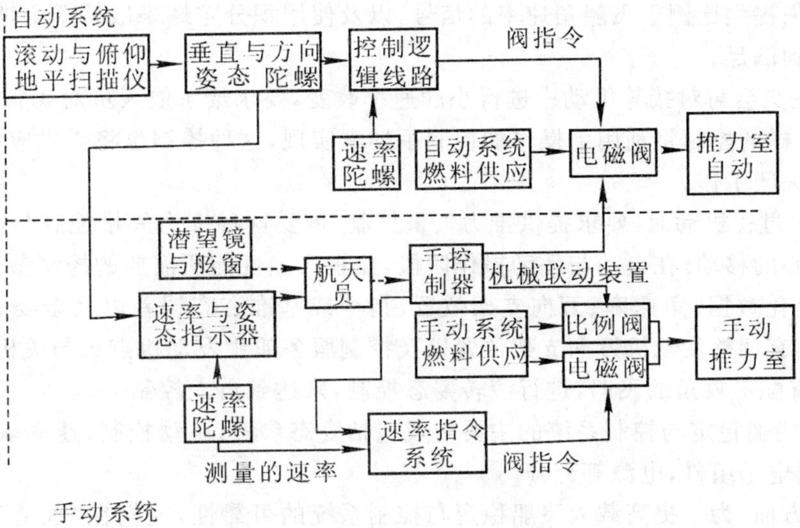

图 9.15 “水星”飞船姿态控制系统

手动控制系统包括三轴手动控制器，利用机械装置与节流阀相连接。通过这些阀门供给燃料，使得输出的推力本质上与手动控制器的偏转角成比例。俯仰与偏航控制具有的最大推力为108.9 N，滚动控制具有的最大推力为27.2 N。有几种姿态信息源对航天员是有用的，如通过潜望镜和舷窗，获得直接的但是有限的地球观察；此外，利用速率和姿态显示器，提供定量的显示。显示的姿态信息是由自动稳定与控制系统的姿态陀螺得出，而速率信号从一组速率陀螺获得。

这些速率陀螺也是速率稳定与控制系统的一部分。假使航天员选择该系统的话，这个半自动系统将提供比例于控制手柄偏转角的角速率，并且在没有速率指令的情况下提供围绕所有三轴的速率阻尼。像自动稳定与控制系统一样，速率稳定与控制系统是一个激励电磁控制阀的开-关系统，但是它使用的是手动系统供应源的燃料。

在自动稳定与控制系统出现故障的情况下，利用自动系统燃料供应源的另一个所谓“电传操纵”手动系统，对航天员也是有用的。由手动控制器联动装置开动的微动开关，激励自动燃料系统的低档与高档电磁阀。

在“水星”载人飞船计划实施以后，人们从实践中对飞船的稳定与控制系统概念得出了几点突出的新的一般性认识。

(1) 没有必要为维持姿态基准而保持姿态控制，航天员表明有能力在关机一段时间后，在所要求的精度内重建姿态基准。

(2) 不需要完全的程序自动系统，在空间飞行环境中，航天员能够可靠地工作。设计原理应该基于一个有效的手控系统，并且具有航天员可选择的自动方式，以便在必要时替换航天员或提高精确度。

(3) 对某些飞行任务或在某些飞行阶段，长时间可以不要求任何类型的姿态控制，可以利用控制系统完全关机(漂移飞行）节省大量燃料与能源。

下面简单地讨论“阿波罗”飞船稳定与控制系统的一般要求。

(1) 对“阿波罗”系统的基本要求是提供飞船关于3个主轴的姿态稳定与控制。通过使用速率陀螺组件来提供比例于飞船角速率的信号，以及使用积分陀螺来敏感3个轴的角位移，使得这个要求得到满足。

(2) 为了在交会与对接等机动中进行小的速率改变，要求给予航天员对3个主轴进行平移控制的能力。这样的控制将利用手操作的控制手柄来实现，这种控制也将提供应急时服务舱发动机的开动与关闭工作。

(3) 在中间过程机动时，要求提供推力矢量控制。需要这种推力矢量控制是因为随着燃料消耗引起了质心的移动。在自动与手动操作阶段，监视飞船性能所需要的控制参数将显示给航天员，把速率变化数据、角速率、万向支架位置、指令或基准姿态误差以及全姿态提供给航天员。航天员将具有调整发动机万向支架位置以及控制服务舱主发动机点火与关机的手段。

(4) 对具有配平攻角的飞船，进行滚转姿态控制，来达到再入控制。

“阿波罗”飞船稳定与控制系统的主要组成包括姿态参考；手动控制；速率敏感器；姿态与速率显示；控制电子组件；电源等部分。

在可靠性方面，为了提高载人飞船稳定与控制系统的可靠性，人们在“水星”，“双子星座”和“阿波罗”等各代载人飞船的航天实践中逐渐建立起了下列各项可靠性设计准则：

(1) 一旦自动系统失灵，航天员必须具有安全结束飞行的能力；

(2) 只要可能，部件就设计成“故障保险”；

(3) 非安全部件损坏产生的严重影响，必须能由航天员来消除；

(4) 只要可能，就采用重复技术。

这些准则在实际飞船的稳定和控制系统设计中产生了重大影响，并且在航天飞行过程中发挥了作用。

9.3 载人飞船的再入返回控制

航天飞行任务结束时，要求载人飞船将航天员安全地送回地球表面。大家知道，载人飞船是以相当高的速度绕地球飞行(大约等于第一宇宙速度)或以更高的速度(超过第一宇宙速率)接近地球。为了使飞船降落在地面上，必须减低它的飞行速度。

尽管载人飞船由于航天员的存在，其再入返回具有特殊的重要性，但是其再入返回的过程、方式和基本原理与卫星等其他航天器的再入返回是一致的，本书第八章第8.5节已详细叙述。不同的是载人飞船的再入返回对过载限制和可靠性的要求更加严格。

载人飞船再入过载要小于10 g，因此再入角要限制在1°～3°的范围内，这依赖于姿态稳定与控制系统的有效工作。例如，为了达到这一目的，“水星”载人飞船姿态控制系统再入返回过程中正常控制程序和性能要求可以概括如下：

(1) 阻尼飞船与运载火箭分离时产生的飞船姿态角速率；

(2) 提供一个180°偏航机动并达到一个零滚动与－34°俯仰的姿态。在这种姿态下，制动火箭被适当对准以便于制动，而雷达信标的发射不受到损害；

(3) 在制动火箭点火之前，保持姿态在±10°精度内；

(4) 在制动火箭点火时，保持姿态在±5°精度内；

(5) 达到一个俯仰1.5°的再入姿态，然后保持这个姿态直到经受到0.05 g负加速度时为止；

(6) 提供 10°/s 再入滚动速率以便减少落点散布，并且在再入时限制俯仰与偏航速率振荡于 2°/s。

图 9.16 所示表明对一个典型情况，落点散布与制动点火时飞船姿态之间的关系，并且指出要保持较低的落点散布，控制系统精度的重要性。

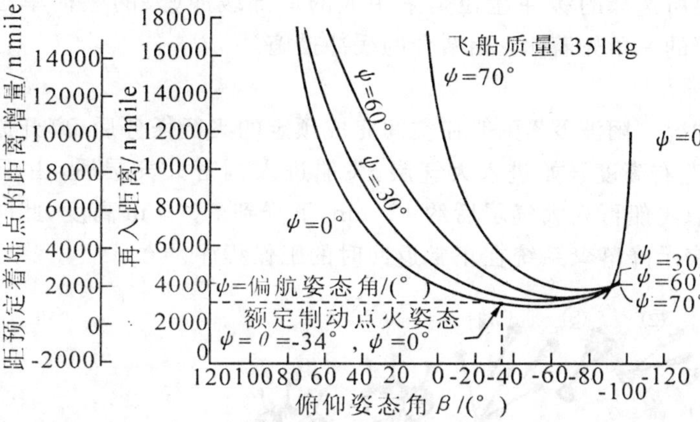

图 9.16　飞船制动点火姿态对着陆点的影响

显然，可靠地保持制动火箭点火时的飞船姿态精度对于飞船成功再入返回而言是至关重要的。为了保证在各种情况下均能实现这一点，提高可靠性，要求一旦载人飞船的自动姿态控制系统失效，航天员必须具有安全结束飞行的能力。这一要求由以下措施来保证：

(1) 通过舷窗与潜望镜的目视观察，提供制动点火的另外的姿态参考；

(2) 通过独立于自动系统的速率陀螺，提供控制制动点火时的速率信息；

(3) 通过一套完全备份的反作用控制系统，提供反作用控制力矩来抵消制动火箭产生的干扰与再入时的气动干扰，而且控制力矩应当具有较大的设计余量。

利用地球大气层的空气阻力减速，尚不能使飞船达到安全着陆的速度。因此，在飞船下降的最后阶段，还必须考虑一种专门的系统来达到此目的，这就是飞船着陆系统的任务。

着陆系统是飞船的主要系统之一，它关系到飞船及航天员是否能安全返回地面的问题。选择载人飞船的着陆系统，主要是取决于可靠性及航天员的安全性。由于正常及应急返回地球有许多可能的返回路线，因此也要求着陆系统具有使飞船在陆地和水上着陆的能力。此外，要求系统具有最小的质量和体积。

下面以“阿波罗”飞船为例，简要地介绍载人飞船的着陆系统。

1. 设计要求

“阿波罗”飞船着陆系统的设计原则是：用降落伞系统回收指挥舱(即再入舱)，在水面上降落；当发射台或发射中发生事故时，利用救生塔救生后进行回收；要求回收低升阻比钝头再入体，其质量约为 4.5 t，不要求重复使用飞船；此外，在主伞打开之前，指挥舱还要求再入后稳定。

2. 系统组成

“阿波罗”飞船着陆系统的组成包括有两具稳定伞(直径 5.03 m，锥角 25° 的带条伞，有 20

根长 10.21 m 的伞绳），三具引导伞（2.2 m 直径环槽伞），三具主伞（25.5 m 直径锥形环帆伞，68 根 37.74 m 的伞绳），三具主伞的着陆速度为 8.54 m/s，而二具主伞的着陆速度为 9.26 m/s。此外，还有伞系统的火工品、控制装置、标位装置及缓冲装置等。

根据初步气动力分析指出，指挥舱从再入直到 12 000 m 高度是稳定的。在这个高度以下，需要稳定伞来稳定指挥舱，并保证主伞系统的开伞姿态。"阿波罗"飞船着陆系统的主伞采用多伞系统。多伞系统具有优良的摆动稳定性，高度的可靠性，较低的重量和容积，容易获得多重保险。"阿波罗"飞船所选择的缓冲途径是采用人的局部缓冲（人的座椅单独缓冲）和飞船的"角"着陆（飞船底部的一角先着水）相结合的缓冲措施。

3. 着陆程序

（1）正常返回情况："阿波罗"飞船在空间完成预定的飞行任务后，离开原来的运动轨道飞向地面，在 110 km 左右高度开始进入大气层。飞船进入稠密大气层后，由于其本身的气动阻力，使飞船急剧减速。飞船再入大气层后约 12 min，下降到 7 000 m 高度，此时降落伞系统开始工作。图 9.17 所示表示降落伞系统在正常返回时的工作程序。

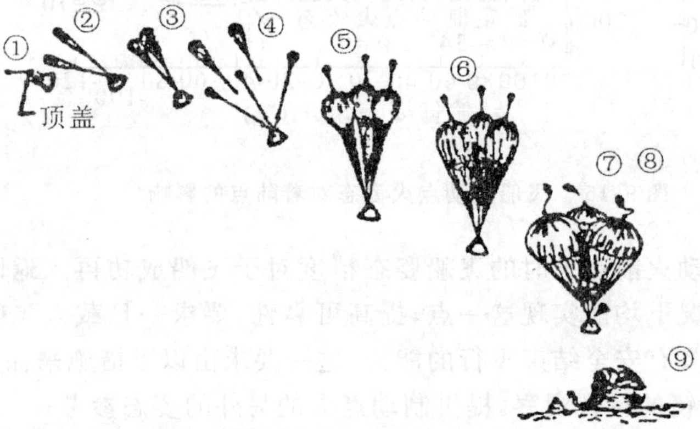

图 9.17 "阿波罗"飞船着陆系统正常返回程序

1— 抛掉顶盖；2— 减速伞收缩状开伞；3— 减速伞完全充满；
4— 减速伞脱离，展开引导伞；5— 主伞开始充气；6— 主伞收缩状开伞；
7— 打开 VHF 天线及闪光信标；8— 主伞完全充满；9— 主伞脱离

（2）应急返回情况："阿波罗"飞船在发射台上或飞行过程中如果发生应急情况，应该立即采取应急措施，使座舱内的航天员尽快地脱离危险区，并安全着陆。根据发生应急情况时的高度不同，采用的应急返回工作程序也有所不同。将飞船从发射台到入轨的主动段飞行过程分为 3 个阶段，即低空应急返回、低高空应急返回、高高空应急返回。低高空和高高空应急返回情况对于降落伞系统来说与正常返回情况相同，没有特殊的技术要求；而低空应急返回情况，特别是发射台零速度应急情况，由于开伞高度和速度都很低，构成了降落伞系统工作范围的下限，必须有一套应急措施。图 9.18 表示利用救生塔的低空应急返回工作程序。

此外，前苏联载人飞船的着陆系统与美国载人飞船的着陆系统类似，都是采用降落伞系统作为回收减速的手段。前苏联"东方号"飞船除采用降落伞回收外，航天员采用弹射座椅及人伞系统返回地面。"上升号"与"联盟号"飞船利用着陆火箭进行缓冲，而"联盟号"飞船在着陆之前先将防热层抛掉。我国"神舟号"试验飞船也利用了着陆火箭进行缓冲。

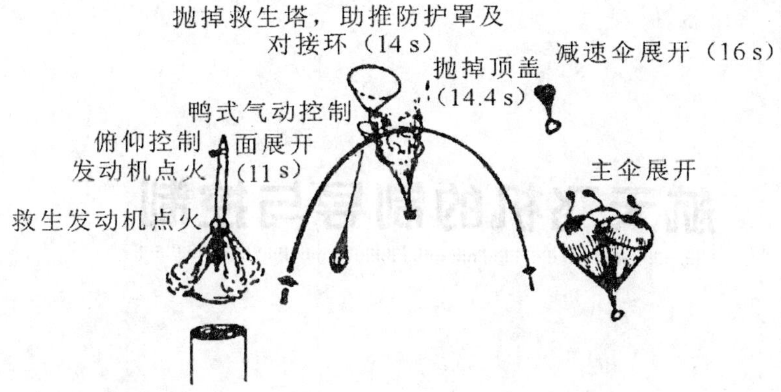

图 9.18 “阿波罗”飞船着陆系统应急返回程序(发射台至 9 144 m)

思　考　题

9.1　载人飞船在结构上较一般卫星有什么特点?

9.2　载人飞船导航与制导系统的基本结构是什么?

9.3　载人飞船稳定与控制系统有几类?各自的功能是什么?

9.4　载人飞船稳定与控制系统设计须遵循什么准则?

9.5　举例说明载人飞船再入返回控制的正常程序和应急程序。

第十章

航天飞机的制导与控制

航天飞机是一种有人驾驶的、主要部分可以重复使用的空间运输工具。它可以像火箭那样垂直起飞，像载人飞船那样在轨道上运动，像飞机那样滑翔，在地面上水平着陆。它把飞机-火箭-卫星三者的功能有机地结合起来，在航天史上这是继"阿波罗"登月成功后又一次划时代的技术突破，同时也标志着空间科学技术已经从研制阶段成功地走向广泛应用时代。

目前世界上航天飞机已经研制成功并投入运行的国家只有美国和前苏联，美国航天飞机与前苏联航天飞机基本上相似。美国航天器自以 1981 年首次发射成功至今已成功完成了 100 多次空间飞行任务。

航天飞机除了运载和部署卫星以外，还可以检修、回收卫星，或进行空间营救。后者在航天史上是一个突破，它的技术意义和经济效益是非常巨大的。如 1997 年 2 月，美国"发现号"航天飞机对"哈勃"太空望远镜的检修就是成功的一例。

在军事方面，航天飞机还可以执行载人近地轨道实时侦察、拦截卫星、战略轰炸等任务。在空间科学技术的应用方面也非常广泛，如发射空间实验室和建立永久性国际空间站等。

10.1　航天飞机的结构组成

目前，美国的整个航天飞机系统，是由一个轨道器、一个外储箱和两个固体火箭助推器所组成，通常所说的航天飞机就是指轨道器。航天飞机每飞行一次就要扔掉一个外储箱，而固体火箭助推器和轨道器仍能重复使用。轨道器可以重复使用 100 次，助推器可以重复使用 20 次。因此当前的航天飞机是一种部分可重复使用的第一代空间运输工具。

航天飞机系统整体外形结构如图 10.1 所示。轨道器驮在外储箱上，两台固体火箭助推器则平行地挂在外储箱的两侧。当航天飞机竖立在发射台上时，整个系统依靠助推器的尾裙支撑。整个系统全长 56.14 m，高 23.34 m，起飞总质量 2 000 t 多，海平面的起飞总推力为 31 400 kN。航天飞机系统的整体几何尺寸也如图 10.1 所示。下面分别针对航天飞机系统的三大部件：轨道器，外储箱和助推器进行介绍。

第一部件是轨道器，即航天飞机，它是整个系统的核心部分。轨道器是整个系统中惟一可以载人的、真正在地球轨道上飞行的部件，它很像一架大型的三角翼飞机。它的全长 37.24 m，起落架放下时高 17.27 m；三角形后掠机翼的最大翼展 23.97 m；不带有效载荷时质量 68 t，飞行结束后，携带有效载荷着陆的轨道器质量可达 87 t。它所经历的飞行过程及其环境比现代飞机要恶劣得多，它既要有适于在大气层中作高超音速、超音速、亚音速和水平着陆的气动外形，又要有承受再入大气层时高温气动加热的防热系统。因此，它是整个航天飞机系统中，设计最困难，结构最复杂，遇到的问题最多的部分。

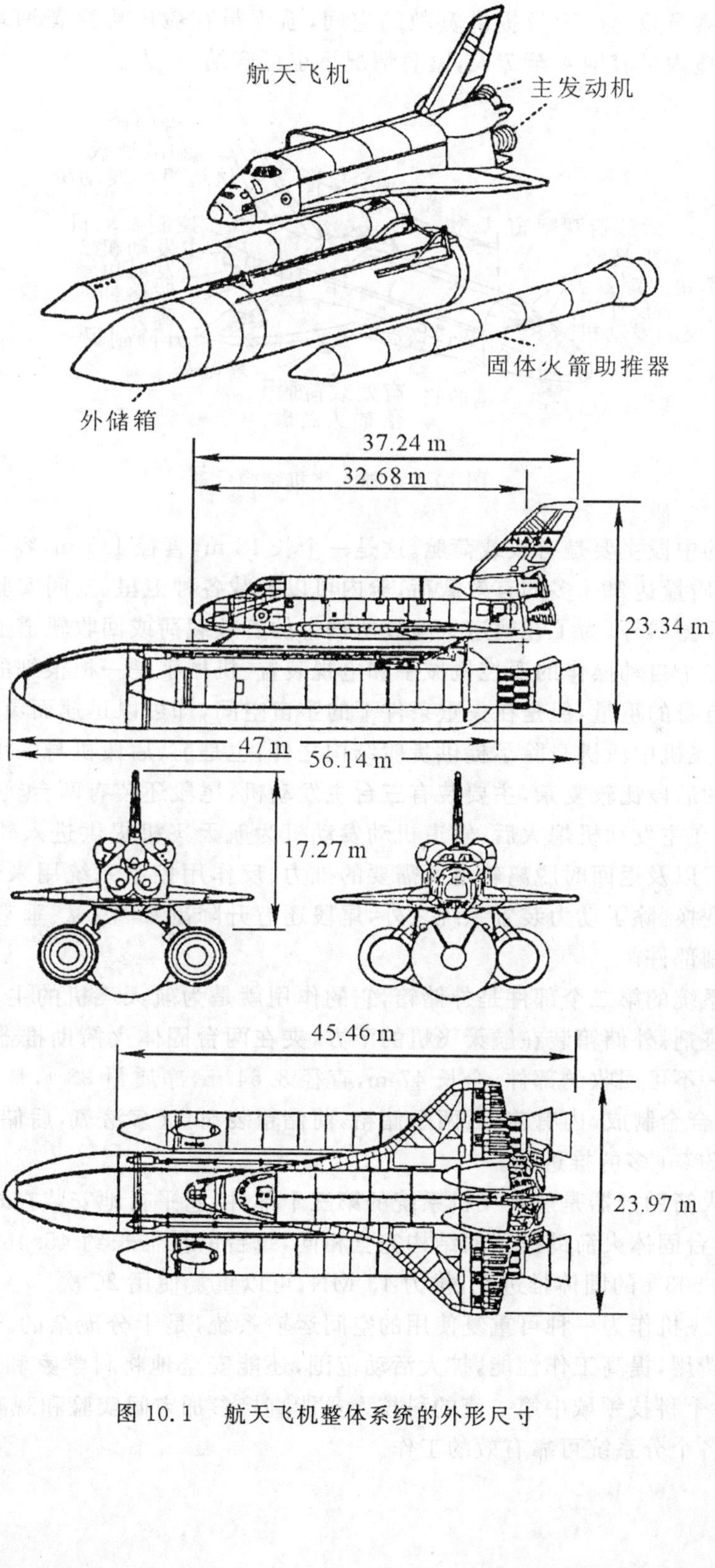

图 10.1　航天飞机整体系统的外形尺寸

轨道器由前、中、尾三段机身组成，如图 10.2 所示。前段结构可分为头锥和乘员舱两部分，头锥处于航天飞机的最前端，具有良好的气动外形和防热系统，前段的核心部分是处于正常气压下的乘员舱。这个乘员舱又可分为三层：最上层是驾驶台，有 4 个座位，中层是生活舱，下层是仪器设备舱。乘员舱为航天员提供宽敞的空间，航天员在舱内可穿普通地面服装工作和生活。一般情况下舱内可容纳 4 至 7 人，紧急情况下也可容纳 10 人。

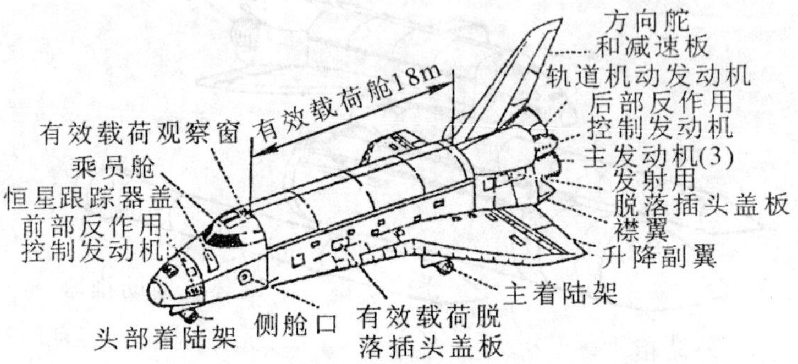

图 10.2　航天飞机结构示意

航天飞机的中段主要是有效载荷舱。这是一个长 18 m，直径 4.5 m，容积 300 m^3 的大型货舱，一次可携带质量达 29 t 多的有效载荷，舱内可以装载各种卫星、空间实验室、大型天文望远镜和各种深空探测器等。为了在轨道上施放所携带的有效载荷或回收轨道上运行的有效载荷，舱内设有一或二个自动操作的遥控机械手和电视装置。机械手是一根很细的长杆，在地面上它几乎不能承受自身的重量，但是在失重条件下的宇宙空间，却可以迅速而灵活地载卸 10 t 多的有效载荷。航天飞机中段机身除了提供货舱结构之外，也是前、后段机身的承载结构。

航天飞机的后段比较复杂，主要装有三台主发动机，尾段还装有两台轨道机动发动机和反作用控制系统。在主发动机熄火后，轨道机动发动机为航天飞机提供进入轨道、进行变轨机动和对接机动飞行以及返回时脱离轨道所需要的推力。反作用控制系统用来保持航天飞机的飞行稳定和姿态变换。除了动力装置系统之外，尾段还有升降副翼、襟翼、垂直尾翼、方向舵和减速板等气动控制部件。

航天飞机系统的第二个部件是外储箱，它的作用就是为航天飞机的主发动机储存入轨前所用的全部推进剂。外储箱装在航天飞机的下方，夹在两台固体火箭助推器的中间。它是航天飞机系统上惟一不可回收的部件。全长 47 m，直径 8.64 m，净质量 33 t，是一个十分庞大的尖头圆柱体，由铝合金制成。内有前、后两个储箱，前储箱装 600 t 多液氧，后储箱装 102 t 液氢，外储箱总共可装 700 t 多的推进剂。

两台固体火箭助推器是航天飞机系统的第三个部件，它平行地安装在外储箱的两侧，航天飞机的下方。两台固体火箭助推器的结构完全相同，每台助推器长约 45.46 m，直径 3.7 m，自重 83 t，可以装 503 t 的固体推进剂，推力 13 MN，可以重复使用 20 次。

显然，航天飞机作为一种可重复使用的空间运输系统，是十分庞杂的。它允诺大幅度地降低空间活动的费用，提高工作性能，扩大活动范围，还能安全地将科学家和工程技术人员送入轨道，从而使各个科技领域中第一流的科技人员能直接参加空间实验和观测 …… 这一切都有赖于航天飞机各个分系统可靠有效的工作。

下面讨论内容将以导航、制导和控制分系统为核心，还涉及与此有关的轨道机动发动机、主发动机、反作用控制系统、数据处理系统、显示和监控、通信和仪表，以及结构等分系统。

10.2 航天飞机的控制系统

航天飞机控制系统代表了迄今为止最复杂的一种航天器控制系统，它包括运载火箭、卫星和飞机3种不同的控制，而且要求这三者有机地结合。航天飞机的飞行包括发射上升、入轨、轨道运行、离轨和再入返回等阶段。控制系统要保证航天飞机在各种飞行状况下正常执行任务和安全可靠地运行。同时航天飞机又是载人航天器和多次重复使用的，因此，该控制系统的可靠性和安全性等方面的要求也都是极其严格的。

航天飞机控制系统包括轨道和姿态控制两个部分。轨道控制具体包括导航、制导和控制3种功能。导航是通过各种导航设备的测量和数据处理，从而确定航天飞机在空间的位置和速度矢量(6个变量)；制导就是在导航测量的基础上，计算出航线与要求轨道之间的偏差，然后发出纠偏指令；控制就是根据制导指令改变航天飞机的运动，即控制航天飞机的速度、飞行方向和所要求的姿态，使之按预定轨道飞行。姿态控制则保证航天飞机进行轨道控制时所需要的姿态，以及轨道器执行飞行任务和进行空间探测时所要求的姿态。

航天飞机控制系统除了完成上述各个阶段的导航、制导和控制任务以外，还可以使航天飞机与同轨道平面内最大相距560 km的目标相会合。航天飞机在会交、对接和脱开时都作为主动飞行器。航天飞机通过地面设备和其他辅助装置，可与被动稳定飞行目标会合，并能回收这个目标。

尽管航天飞机控制系统具有强大的控制功能和复杂的结构，但它的基本结构和原理与其他各种控制系统依然一致，可以由图4.1表示。轨道和姿态敏感器、轨道和姿态执行机构、计算机依然是构成航天飞机控制系统的3个基本单元。当然，这3个基本单元都具有各自的特殊性，以满足航天飞机控制系统功能的要求。

10.2.1 航天飞机系统的测量敏感器

为了确定航天飞机系统的轨道和姿态，航天飞机系统上采用了9种导航和姿态测量设备，总共40个敏感器，在很多场合下把这些轨道和姿态测量简称为导航。机上自主轨道确定往往需要精确的姿态信息，才能精确确定轨道。下面着重介绍航天飞机系统所用的几种敏感器。

1. 惯性测量单元

航天飞机采用三套惯性测量单元，以并行冗余方式装在一个整体结构里。为了保证惯性测量单元的测量精度和对它进行校准的精度，惯性测量单元与两个星跟踪器装在同一个导航基座上，位于航天飞机的前舱。每套惯性测量单元由四框架平台、电子设备、输入/输出装置和电源4个主要部分组成。平台框架的安装方位从内向外是方位轴、内滚动轴、俯仰轴、外滚动轴。第四个框架作为冗余，以保证大姿态运动时框架不少于3个自由度。每个平台内框装有两个三自由度挠性陀螺和两个相互垂直安装的加速度计。

惯性测量单元是一个矩形结构，每套体积0.028 3 m^3，质量25.63 kg。平台可以提供轨道器滚动、俯仰、偏航三轴姿态数据，姿态角速度测量范围可达35°/s，角加速度测量范围可达35°/s^2，加速度计每轴最大输入为6 g。惯性测量单元提供的三轴姿态精度优于0.26°，轨道确定精度在公里级。总之，惯性测量单元能够测量航天飞机全飞行过程的姿态和轨道信息。

2. 星跟踪器

星跟踪器与惯性测量单元在导航基座上的安装位置如图 10.2 所示。两台星跟踪器分别安装在航天飞机轨道器前舱的 Oz 轴和 Oy 轴上。这种星跟踪器利用电子扫描装置搜索视场，并捕获星目标。它由成像装置 —— 光电析像管、光电倍增管、光学系统、遮光罩和电子线路等 5 个主要部分组成。星跟踪器视场 $10° \times 10°$，通过计算机引导星跟踪器扫描全视场。测量角度精度为 $1'$，能跟踪亮度等级为 $+3$ 到 -7 等的星。星跟踪器用来精确测量轨道器在轨道段的姿态，同时也作为对惯性测量单元中陀螺漂移的校准装置。

3. 航天员光学瞄准具

它由准直仪、光学十字线、光束分离器和光源组成。当惯性测量单元偏差大于 0.5° 或星跟踪器不在视场内时，航天员可人工操作光学瞄准具对惯性测量单元进行校准，同时也可以用来检查发动机关机点的轨道器姿态。光学瞄准具可以安装在轨道器 Ox 轴线方向航天员前方观察窗上，也可安装在 Oz 轴后上方窗口上（见图 10.2）。观测器视角圆直径为 10°。

4. 速率陀螺

它作为航天飞机的姿态和速率测量的敏感器，共采用 10 个。其中 4 个斜装用在轨道器上升、离轨和再入着陆阶段，另外 6 个分别安装在两台固体助推火箭上，用于俯仰和偏航通道的测量。速率陀螺量程为 ±20°/s，精度为 ±0.4°/s，漂移率为 0.02°/h。

5. 气动参数测量系统

用来测量轨道器在离轨阶段与环境相对运动的信息。共有两组，分别装在轨道器左右两侧，每组含有测量环境温度和压力的两个敏感元件，共四套。这些相对运动参数可供离轨阶段轨道器进行软件处理时使用，可为航天员提供专门显示，在操纵轨道器时使用。

6. 微波扫描波束着陆系统

用来测量航天飞机在着陆前最后 20 km 距离的精确位置。它由机载设备和地面站组成，由地面站提供的系统同步周期为 200 ms。微波扫描着陆系统确定一次飞行轨迹位置的顺序是，从航天飞机发送距离询问信号作为程序开始，该信号被地面站接收，然后再由地面站发送距离的回答信号，地面站在一周期起始后 106 ms 发送方位数据，在一周期起始后 173 ms 发送仰角数据。航天飞机上共安装三套。

7. 雷达高度表

根据无线电波反射原理，直接测量航天飞机离地面的高度，而不要求地面辅助。该装置用在轨道器着陆阶段。测高的数据信息经适当变换后，送至专用显示器或者选通滤波器进行正确性检验或取平均；被选择的数据标以时间特征后，送到机上通用计算机的用户参数处理器。航天飞机上安装两套作为双重冗余系统。

8. 战术空中导航系统

该系统引用飞机的战术空中导航系统，用在轨道器离轨阶段。它采用军用 L 波段空中导航系统，从机上向地面提供斜距和磁定向信息。机上共装三套，安装在前电子设备舱内。每套由控制设备、多路转换器、上天线与下天线和接收变换器等 5 个部分组成。

9. 加速度计

在轨道器前电子设备舱装一套横向和法向加速度计，用来测量和控制航天飞机的过载。加速度计量程为 $\pm 1g$，精度为 $\pm 0.06g$。

总之，航天飞机上共配置以上 9 种敏感器 30 套，共 40 个。

10.2.2 航天飞机系统的执行机构

为了执行航天飞机上升、入轨、轨道运行，离轨和再入着陆等阶段的轨道和姿态控制，航天飞机有一个非常庞大而复杂的执行机构系统，用来产生控制力和控制力矩。下面简单介绍执行机构系统的五大部分。

1. 主发动机和外储箱

航天飞机的主发动机采用的是当今世界上最先进的高压补燃氢氧发动机。航天飞机的主发动机是一种可重复使用的、高性能、可调节推力的液体推进剂火箭发动机，它为航天飞机提供主要推力。每一架航天飞机上装有三台主发动机，发动机的结构完全一样，它们的配置位置如图 10.2 所示，位于轨道器的尾部。

三台主发动机每台长约 4.30 m，喷管出口直径为 2.35 m，每台发动机的海平面推力为 1 700 kN，真空推力 2 100 kN。为了使航天飞机的加速度不超过 3 g，发动机的推力可以在额定推力的 50% ～ 109% 的范围内调节。三台主发动机装在摇摆发动机架里，通过发动机的摇摆，可使航天飞机在飞行中稳定，并可以控制姿态或改变飞行方向。主发动机在加速飞行阶段为了控制飞行，可在俯仰方向摆动 ±10.5°，在偏航方向摆动 ±8.5°。

迄今为止，常规火箭发动机的燃烧时间只有几分钟，而且很少重新点火，而航天飞机主发动机的工作时间(总燃烧时间) 却可达 7.5 h。由于每次飞行，航天飞机的主发动机在发射时于地面点火，直到关机总共只工作 8 min 多，因此一台主发动机约可使用 55 次。在两次飞行之间，发动机只须进行必要的维护和修整。

为了严格监控三台主发动机的工作状态并调节其推力的大小和方向，每台主发动机都有一套可整体更换的发动机电子控制器，其中包括两台相同的互作备份的数字计算机。它能自动完成发动机起飞前的飞行准备检验，在轨道器上执行发动机测试、启动和关机等功能，能对发动机的温度和压力等性能参数进行监控，并以闭环方式对主发动机的推力、混合比(推进剂油门) 和推力方向(喷管摇摆框架) 进行调节。电子控制器保证了高度的可靠性和较长的工作寿命。主发动机的一些装置可以很容易地进行整体更换，以防止发生故障。

外储箱用来储存液氢液氧推进剂。它是航天飞机上最大的一个部件，也是迄今为止最大的推进剂储箱，长 47.1 m，直径 8.64 m，共装推进剂 700 t 多。外储箱在航天飞机主发动机关闭时，尚未达到轨道速度，即与航天飞机分离，然后沿着一条弹道再入路线坠毁并在海上安全散落。

航天飞机的三台主发动机和一个外储箱构成了主发动机系统，结构如图 10.3 所示。每台主发动机主要技术性能指标如下：

推　　力：1 700 kN(海平面)
　　　　　2 100 kN(真空)
推力调节范围：50% ～ 109% 额定推力
推力方向变化：±10.5°(俯仰方向)
　　　　　±8.5°(偏航方向)
比　　冲：363.2 s(海平面)
　　　　　455.2 s(真空)
推　进　剂：液氢(燃料)，液氧(氧化剂)

质　　　　量：2.869 t
燃 烧 时 间：480 s
飞 行 次 数：55次
起 动 次 数：100次
工 作 寿 命：7.5 h

2. 固体火箭助推器

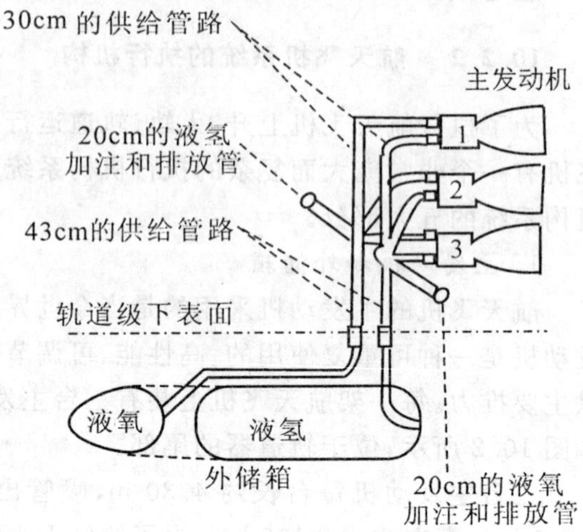

图 10.3　航天飞机主发动机系统

航天飞机主发动机及其外储箱推进系统，虽然具有强大的推力，但还不足以使整个航天飞机系统飞离发射台并升入空中，还必须借助辅助的推进装置并提供更多的推力，以便共同把航天飞机系统推向高空。航天飞机系统所采用的辅助推进装置，就是固体火箭助推器，其主要部件是固体火箭发动机。

航天飞机系统上配置了两台固体助推火箭，这是迄今为止世界上最大和最重的固体火箭发动机。这两台助推器的结构完全一样，是细长形圆柱体结构。每台助推器性能如下：

推　　　力：13 150 kN(海平面)
比　　　冲：253 s
摇摆舵偏转角：±8°(俯仰方向、偏航方向)
固体推进剂质量：503.6 t
总　质　量：586.6 t(起飞)，82.9 t(回收)
燃　烧　时　间：125 s
重复使用次数：20次

每台固体助推器均由固体火箭发动机、推力矢量控制系统、分离、回收、自爆安全、电子设备、推力终止、故障检测等分系统以及头锥、前段、尾裙、支撑等结构组成。固体火箭助推器的推力矢量控制系统，采用摆动喷管的方法来协助航天飞机控制推力的方向。推力矢量控制系统由液压作动筒和活动喷管组成，作动筒安装在尾裙和喷管之间，可使喷管在俯仰、偏航等方向上摆动±8°。

两台固体火箭助推器是与航天飞机主发动机几乎同时工作的，与主发动机平行燃烧，以提供最初的上升推力，两分钟后依靠分离系统与航天飞机及其外储箱在50 km高空同时分离。两台固体助推器是用装在前、后连接装置部分的固体火药分离火箭同外储箱分离的。每台固体火箭助推器各有8个分离火箭，前后各有4个。每个分离火箭的推力为97 kN，工作时间0.68 s。分离后的助推器还将靠惯性飞到67 km的高空，然后降落。当降到5.8 km的高度时，抛掉头部的整流罩，由回收系统开伞回收。

每台助推器装有一套回收系统，它由引导伞、助力伞和三顶主降落伞组成。此外还有无线电信标机、光学信标机等辅助设备，以便帮助回收人员寻找。固体火箭助推器采用水面溅落的方式着陆，回收后经检修便可重复使用。

3. 轨道机动系统

轨道机动系统的主要功用是为航天飞机提供入轨、轨道运行、变轨、交会和脱离轨道所需要的推力。轨道机动系统的两台液体火箭发动机安装在位于后机身两侧对称的两个外吊舱内。每个吊舱除了一台液体火箭发动机外还包括一个高压氦气瓶、增压储箱用的减压器和控制组件、一个燃料箱、一个氧化剂箱以及相应管路。航天飞机的左右两个外吊舱组成左右两个机动系统，如图 10.4 所示。每个系统可以携带 4 087 kg 的燃料和 6 743 kg 的氧化剂，在真空中产生 27 000 N 推力。采用四氧化二氮作氧化剂、一甲基肼作燃料的双组元可储存自燃（两种推进剂进入发动机后，互相接触就能立即自行点火）液体推进剂，这样就简化了多次起动的发动机系统，从而也提高了可靠性。

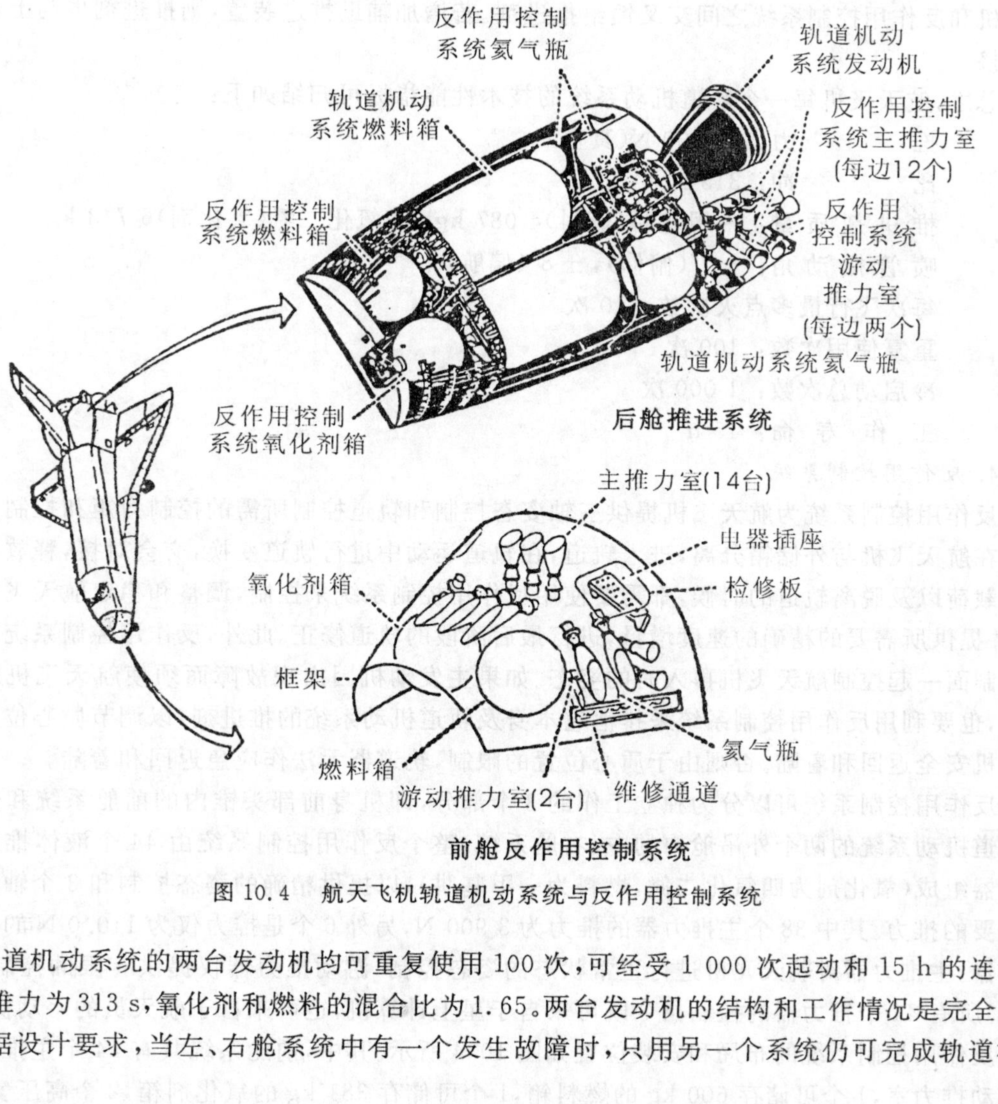

图 10.4　航天飞机轨道机动系统与反作用控制系统

轨道机动系统的两台发动机均可重复使用 100 次，可经受 1 000 次起动和 15 h 的连续点火，比推力为 313 s，氧化剂和燃料的混合比为 1.65。两台发动机的结构和工作情况是完全一样的，根据设计要求，当左、右舱系统中有一个发生故障时，只用另一个系统仍可完成轨道机动任务。

轨道机动系统采用推力矢量控制，发动机喷管装在两轴摆动框架上。控制推力矢量控制的指令由星上控制计算机发出。

左、右舱的轨道机动系统，可以为装有 29 t 有效载荷的航天飞机提供 305 m/s 的速度增量，可将航天飞机送入倾角为 28.5°，390 km 高度的圆轨道。航天飞机若要进入更高的轨道以完成所需要的各种任务，除了使用左、右舱轨道机动系统外，还可在航天飞机货舱内增设辅助推进装置，但要相应地减少有效载荷的质量。根据需要，轨道机动系统可增加一至三套辅助推进装置，每套装置可多携带 5 625 kg 的液体推进剂。轨道机动系统利用这些推进剂，可为航天飞机再提供 152.4 m/s 的速度增量。如用轨道机动基本系统并增加三套辅助推进装置，则可为航天飞机提供 762 m/s 的速度增量。三套辅助推进装置总质量（推进剂加结构）为 19.2 t，要达到倾角为 28.5°，1 052 km 高度的圆轨道，航天飞机仅能携带 9.3 t 的有效载荷。

轨道机动系统与航天飞机的另一个执行机构系统，即反作用控制系统的推进剂管路是互连的，可从轨道机动发动机储箱向反作用控制系统提供推进剂，也可在左、右两侧的轨道机动发动机和反作用控制系统之间交叉馈给推进剂。若增加辅助推进装置，则推进剂也与上述管路相连接。

总之，航天飞机每一个轨道机动系统的技术性能指标可归结如下：

推　　　力：27 000 N（真空）

比　　　冲：313 s

推进剂质量：一甲基肼（燃料）4 087 kg，四氧化二氮（氧化剂）6 743 kg

喷管摆动角：±7°（俯仰），±8°（偏航）

每次飞行最多点火次数：10 次

重复使用次数：100 次

冷启动总次数：1 000 次

工 作 寿 命：15 h

4. 反作用控制系统

反作用控制系统为航天飞机提供三轴姿态控制和轨道控制所需的控制力矩和控制力。

在航天飞机与外储箱分离，进入轨道，在轨道运动中进行轨道变换，交会对接，释放和回收有效载荷以及脱离轨道的时候，都需要使用反作用控制系统来控制，调整和稳定航天飞机的姿态，并提供所需要的精确的速度增量，进行最后阶段的轨道修正。此外，反作用控制系统还与气动控制面一起控制航天飞机再入时的姿态。如果主发动机因出现故障而须使航天飞机应急返回时，也要利用反作用控制系统来排泄它本身及轨道机动系统的推进剂，以调节质心位置使航天飞机安全返回和着陆。否则由于质心位置的限制，轨道器无法作应急返回和着陆。

反作用控制系统可以分为独立工作的 3 个部分，即机身前部头锥内的前舱系统和分别位于轨道机动系统的两个外吊舱内的左、右舱系统。整个反作用控制系统由 44 个液体推进剂的推力器组成（氧化剂为四氧化二氮，燃料为一甲基肼），以提供精确的姿态控制和 3 个轴向移动所需要的推力。其中 38 个主推力器的推力为 3 900 N，另外 6 个是推力仅为 110.0 N 的小游动推力器。主推力器对航天飞机进行正常状态的姿态控制，游动推力器仅提供有限的控制，进行微调。所有 44 个推力器的控制指令既可来自于星上计算机，也可来自于航天员的手动操作。

反作用控制系统的布局和安装位置如图 10.4 所示。其中，前舱系统共有 14 个主推力器，2 个游动推力室，1 个可储存 600 kg 的燃料箱，1 个可储存 381 kg 的氧化剂箱，2 个高压氦气瓶。尾部的左、右舱系统完全相同，各包括 3 个垂直向上，3 个垂直向下，2 个向后，4 个与航天飞机横轴平行向外的主推力器，每个舱还各有 2 个游动推力器，两个高压氦气瓶和两个总计可储存 990 kg 推进剂的含有采用正向挤压装置的储箱。每个主推力器设计要求可重复使用 100 次，并能经受 5 万次起动和 20 000 s 的连续点火。每个游动推力器设计要求亦可重复使用 100 次，并能经受 50 万次起动和 125 000 s 的连续点火。

另外，左、右舱之间相互连接，设有交叉供应管路，需要时可允许左、右舱之间交叉供应推进剂。而且轨道机动和反作用控制系统的推进剂供应系统之间也相互连接，因此反作用控制系统可从轨道机动系统的推进剂储箱中获得推进剂。

简而言之，反作用控制系统的推力器技术性能指标为：

每台真空推力：3 900 N(主推力器)；110.0 N(游动推力器)

稳 态 比 冲：285 s(主推力器)；272 s(游动推力器)

推进剂总质量：一甲基肼(燃料)，四氧化二氮(氧化剂) 共 2 960 kg

速 度 增 量：0.9 ～ 1.8 m/s

重复使用次数：100 次

启 动 次 数：5 万次(主推力器)；50 万次(游动推力器)

工 作 寿 命：5.5 h(主推力器)；34.7 h(游动推力器)

5. 气动力控制系统

轨道器的主要气动力控制装置是机翼尾部的升降副翼和垂直尾翼上的方向舵。升降副翼位于轨道器尾部两侧，升降副翼做成开裂式，分为内翼和外翼两片。此外，机身后部下面还有一对襟翼，如图 10.2 所示。每个升降副翼有效面积为 19.19 m^2，偏转角从 $-40°\sim+25°$。方向舵高8.23 m，根部翼弦长 6.70 m，有效面积为 9.08 m^2。方向舵用作方向控制时，从机身的纵对称面向左、右各可转动 22.8°；用作速度制动时，可沿纵剖面对称地裂开，两半各可向一侧偏转 87.2°，总的偏转角为 174.4°。

升降副翼用于俯仰和滚动姿态控制，方向舵用于偏航姿态控制。机身下面的一对襟翼也可提供一定程度的俯仰控制。当左右两侧的升降副翼向同一方向偏转同一角度时，两翼的升力是对称的，可以控制航天飞机的俯仰姿态，不会产生附加的滚动和偏航力矩。但当两侧升降副翼偏转角不同或偏转方向不同(差动偏转)时，航天飞机两侧将产生不对称升力，从而产生滚动力矩，同时也引起附加偏航力矩，这将造成交叉耦合。克服这种有害偏航力矩的方法之一是利用反作用力器，但要增加燃料消耗。航天飞机上采用了另一种方法，即将升降副翼开裂为内、外两翼，使两片外升降副翼作差动偏转，以提供滚动控制力矩，同时使两片内升降副翼作另一方向的偏转以提供偏航力矩，从而抵消外翼产生的有害偏航力矩。

垂直尾翼上的方向舵主要用作偏航控制。同理，方向舵偏转时也会产生附加的滚动力矩，引起航天飞机有害的滚转。这种交叉耦合力矩也要用反作用控制系统或其他控制面予以补偿。

以上 5 种执行机构系统就构成了航天飞机系统的全部控制手段，保证航天飞机系统在各个飞行阶段的正常运行。

10.2.3 航天飞机的星载控制计算机

星载控制计算机是航天飞机控制系统的核心。

航天飞机的星载控制计算机系统是一个十分复杂而可靠性又很高的系统，它的最突出的特点是同时采用了 5 台相同又各自独立的通用数字计算机，通过数字数据总线相互连成一个冗余计算机组。

在航天飞机的关键性飞行阶段，如上升、再入和着陆等，这 5 台通用数字计算机中的 4 台作为一个协调式冗余组来执行导航、制导和控制任务。即这 4 台通用数字机接收相同的输入数据，执行相同的计算并传送相同的输出命令，而且每一台计算机的计算都由其他 3 台计算机来检验。当只有一台计算机发生故障时，其余 3 台计算机进行冗余操作。若再有一台计算机发生故障，则其余两台计算机采用比较和自检技术来检测故障，同时使航天飞机终止继续执行任务，立刻返航。第 5 台通用计算机是独立的，用于系统管理或者备份。在非关键性飞行期间，例如在轨道运行阶段，除了一台计算机用于系统管理，一台用于导航、制导和控制任务外，其余 3 台计算机用于有效载荷的管理或作为备份机。采用这种多重配置结构的方法来满足电子系统在容错、任务划分和功能隔离等方面功能的要求，不仅简化了计算机的设计与研制，更重要的是能保证计算机系统具有故障操作／故障保险的工作性能，使得航天飞机具有极高的可靠性和排除故障的能力。

航天飞机星载控制计算机系统采用的这些计算机在工艺水平、计算速度、存储容量和可靠性等方面均代表目前计算机在空间实际应用的最高水平。例如航天飞机计算机系统所采用的中央处理机是 IBM公司 4PI系列的 AP—101 型计算机的改进型，与 20 世纪 60 年代初期“土星 V 号”运载火箭上的计算机相比，比后者运算速度提高了 160 倍，存储容量增加了 12 倍，指令系统扩大了 7 倍，而质量却减小一半，体积减小 3/4。其主要技术性能指标如下：

型　　式：通用，存储程序，并行，通用寄存器

字长(字)：数据，定点 16/32，浮点 32/64，指令 16/32

运算速度：48 万次 /s(定点)，32.5 万次 /s(浮点)

指 令 数：154 条

控制结构：微程序控制，高级语言，24 个通用寄存器，20 级中断结构

存 储 器：容量←1 310 720 位(40 960 字×32 位／字)，存取时间 0.375 μs

体　　积：0.025 m^3

质　　量：26.3 kg

功　　耗：350 W

航天飞机计算机系统的 5 台通用数字机，每台均由上述中央处理机(CPU)和输入／输出处理机两个相互独立的部分组成。中央处理机是数字机的核心计算部分，它进行与应用程序有关的所有计算。此外，中央处理机还执行中央控制、中断处理以及输入／输出处理机请求输入／输出的程序控制。输入／输出处理机，它执行和控制 CPU 的输入／输出操作，用于各数字机之间以及它们与航天飞机各分系统之间的双向数据传输，使中央处理机避免直接参与输入／输出数据的处理。这种分开的办法有利于计算机的设计和研制，同时简化了维护和更换工作。另外，中央处理机和输入／输出处理机共享一个公共的随机存取主存储器。

航天飞机的星载计算机系统采用分时串行数字数据总线，完成计算机之间以及计算机与其他各控制部件和各分系统之间的数据传输。输入／输出处理机共采用了 28 条串行数据总线，分成七组；5 台计算机之间连接(5 条)；海量存储器(2 条)；显示系统(4 条)；有效载荷操作(2 条)；与地面发射设备接口装置连接(2 条)；关键性飞行控制(8 条)；飞行仪器(5 条，每台计算机专用 1 条)。这些总线以每秒 100 万位的串行数据速率双向传输信息。这样，系统配置时就能灵活地适应不同的修改要求，并减轻设备质量，而且整个计算机系统能够进行高速并行处理。

中央处理机和输入／输出处理机都采用了微程序编程，这样就能高度灵活地构成一个综合的指令系统，因而能适应指令系统和系统结构特性方面所需的各种变化。另外，这种系统有

规则的设计方法还能缩短研制周期和维护时间，提高故障检测能力。

此外，航天飞机星载控制计算机的中央处理机(CPU)均具有定点和浮点两种运算能力，能灵活地实现专用微指令，所以CPU采用高级语言编程。这不仅减少了软件编程和修改的工作量，而且能提供更好的控制。

总之，由于航天飞机的计算机系统采用了先进的结构体系，多重的数据和指令格式，综合的指令系统和微程序设计，以及使用较高级的语言，从而保证了航天飞机计算机系统具有高性能、高可靠性和灵活性。特别是通过采用多重计算机系统冗余管理技术实现故障操作/故障保险，使系统性能和可靠性得到很大提高。航天飞机星载控制计算机系统自从1981年首次在轨成功运行以来，至今已成功完成100多次各项飞行任务，充分证明该系统设计是正确的，硬件和软件具有很高的可靠性。

在此还要指出的是，航天飞机的控制系统与载人飞船相似，一般也设有自动和航天员手动两种功能。综合以上所述，整个航天飞机控制系统具有以下控制硬件：

轨道测量和姿态敏感器	40个
通用计算机(包括海量存储器2个)	5台
驱动装置(控制指令与执行机构之间的接口装置)	14个
执行机构(包括主发动机、轨道机动发动机和反作用控制推力器等)	66个
轨道手动操纵器	2个
姿态手动操纵器	2个
显示设备和接口装置	4套
操纵台显示器	2套

10.3 航天飞机的飞行控制

航天飞机的控制是十分复杂的，它随着航天飞机飞行过程的不同而不同。

10.3.1 飞行过程与控制

航天飞机每次飞行所执行的任务是各不相同的，所携带的有效载荷也是多种多样的。但是，无论执行什么任务，携带哪些有效载荷，航天飞机的基本飞行过程都是相同的，可分为5个主要阶段，即上升段、入轨段、轨道段、离轨段和再入着陆段。相应的具体过程有发射前的准备和点火起飞、固体火箭助推器的分离和回收、外储箱的分离和坠毁、航天飞机进入轨道、轨道运行和作业、航天飞机离轨和再入返回以及着陆等飞行的全过程，参见图10.5。下面简述航天飞机系统5个基本飞行阶段的过程和控制。

1. 上升阶段

航天飞机的发射程序与一次使用的消耗性运载火箭十分相似。航天飞机起飞前24 h，全部系统将被垂直地装到发射台上，开始发射前的最后准备工作。这些工作包括给外储箱加注推进剂，自动检测航天飞机及其分系统和有效载荷的工作状态。检测的目的是确定全部系统和所有部件是否正常，预测发射和飞行可能出现的故障并加以排除。整个检测过程需要考虑的因素非常之多也十分复杂。航天飞机之所以采用与普通运载火箭相同的垂直发射方法，是为了尽快通过大气层，以减少航天飞机的气动加热时间。当发射前的最后准备工作结束时，计时系统就开始倒计时，一秒一秒地往下减，计时系统到达零点，即到发射时刻。

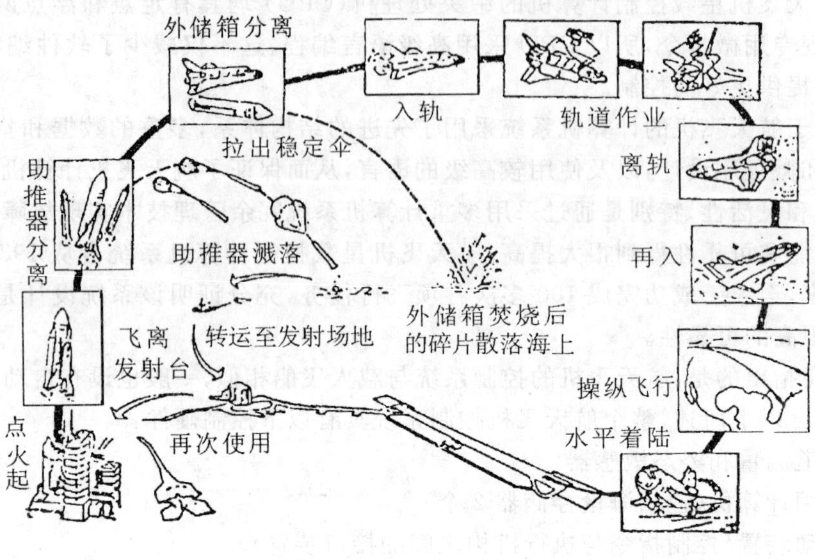

图 10.5　航天飞机系统飞行全过程示意

零秒时点燃三台主发动机，3～4 s后两台固体火箭助推器开始点火。先点燃主发动机的目的一方面是为了使推力达到预定水平，另一方面是为了稳定航天飞机姿态。由于三台主发动机的起飞总推力为 5 100 kN，真空总推力为 6 300 kN，小于整个航天飞机系统的总起飞质量 2 000 t，所以要借助于两台固体火箭助推器提供辅助推力，航天飞机才能离开发射台升空。由于每台固体火箭助推器的起飞推力为13 150 kN，因此航天飞机整个推进系统的起飞推力可达 31 400 kN，产生约 0.5 g 的初始加速度。

在航天飞机起飞阶段，如遇到应急情况，要使航天飞机紧急着陆时，两台固体火箭助推器和外储箱可立即予以炸离，航天飞机作必要的机动操纵，可像飞机一样滑翔返回并在发射场的跑道上降落。

在 125 s 左右，两台助推器燃料耗尽熄火。此时航天飞机轨道高度达 50 km 以上，速度约 1 500 m/s。利用爆炸螺栓和前、后各 4 个固体推进剂的分离火箭，使两台巨型固体火箭助推器与航天飞机和外储箱分离，每台分离发动机的推力为 97 kN。分离后，助推器仍具有约 1 500 m/s 的速度，按惯性继续升高。为避免助推器与航天飞机和外储箱发生碰撞，分离发动机都安装在助推器面向外储箱的一侧，以使助推器在分离发动机的反推力作用下距正在继续爬升的航天飞机越来越远。当助推器分离约 1 min 后，惯性飞行到 67 km 高空时，助推器在空气阻力作用下开始自由回落。由于两台助推器头部装有电子设备和捞救装置，在其与外储箱分离 6 min 后，便以 30 m/s 的速度浅落于离发射场 30 km 以外的海面，由舰只回收，维修后可供下次再用。助推器的整个回收过程如图 10.6 所示。

固体火箭助推器分离后，三台主发动机推动着航天飞机继续上升。在点火起飞约 8 min 之后，航天飞机达到约 110 km 的高空，速度已达 7.8 km/s，即将进入地球轨道。这时外储箱推进剂基本耗尽，停止输送推进剂，主发动机关机。经过 18 s 后，外储箱与轨道器分离。轨道器与外储箱分离后开始滑行，此时机上自动驾驶仪发出指令，使朝下喷管点火，产生 1.2 m/s 垂直速度增量，轨道器与外储箱之间距离加大，然后外储箱沿一条相隔较远的轨道以亚轨道速度沿弹道轨道陨落到大气层，并在大气层中焚毁，剩下的碎片坠落后在远离发射场约 150 km 的海面上，如图 10.5 所示。

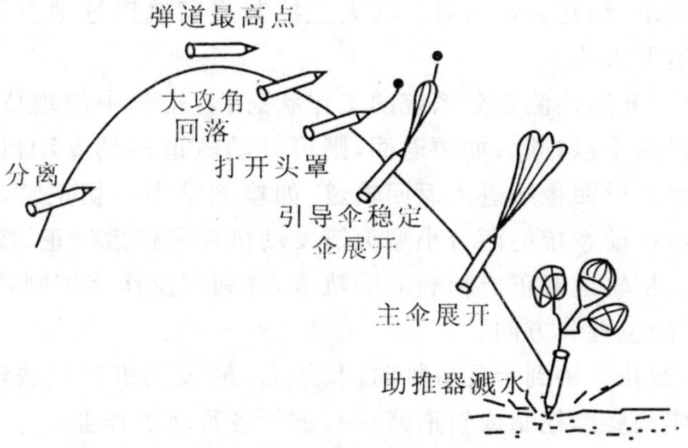

图 10.6　固体火箭助推器回收过程

总之，航天飞机在上升段开始时是三台主发动机和两台助推器一起工作的，后期只有三台主发动机工作，或者在三台主发动机中任意两台工作。航天飞机控制系统可以利用每台发动机和助推器尾喷管所具有的两轴摆动能力组合成滚动、俯仰、偏航三轴姿态控制。上升段滚动姿态控制如图 10.7 所示，上升段俯仰和偏航姿态控制如图 10.8 所示。从这两个图中可以看出，航天飞机控制系统在上升段的执行机构配置具有冗余度。

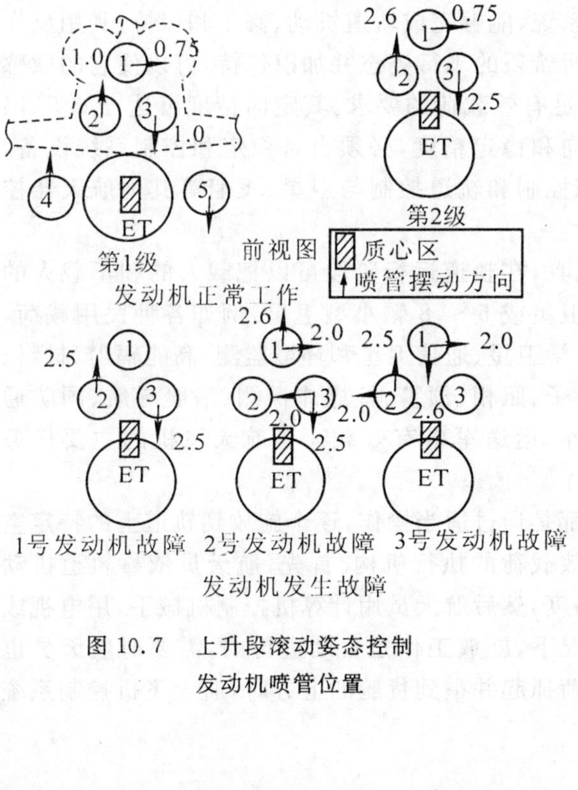

图 10.7　上升段滚动姿态控制发动机喷管位置

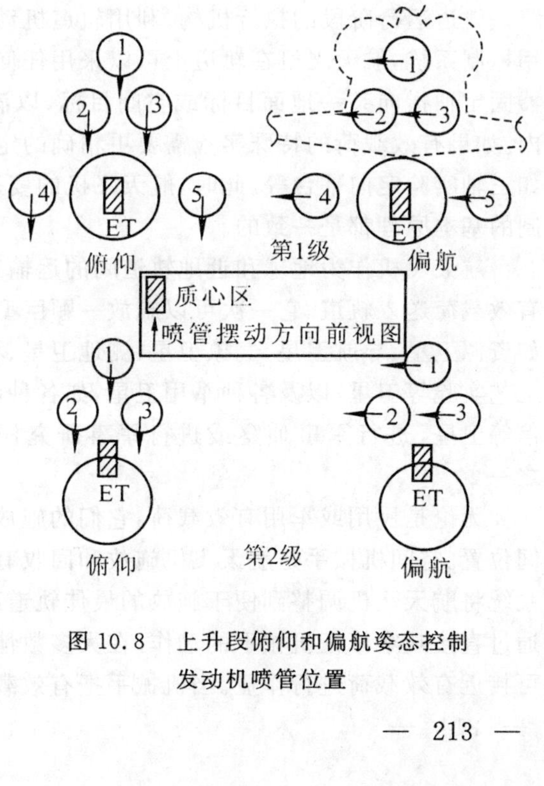

图 10.8　上升段俯仰和偏航姿态控制发动机喷管位置

2. 入轨阶段

在主发动机关机后，航天飞机已基本达到了入轨速度，少量不足需要依靠轨道机动发动机提供推力完成最后的入轨飞行。

主发动机关机后两分钟启动两台轨道机动发动机，人工控制提高轨道远地点和近地点高度。根据任务对轨道的要求，约几分钟后第二次人工控制提高轨道远地点和近地点的高度。经过上述轨道机动后，轨道器入轨。

航天飞机入轨后立即开始检测各分系统的工作状态，若检测中出现危及飞行计划的故障和不测事件，即可采取措施予以排除；如须返回，则可开动轨道机动发动机系统和反作用控制系统脱离地球轨道，按再入返回程序进入返回轨道。如检测结果一切正常，航天飞机就开始预定的工作。首先利用轨道机动系统的两台小型火箭发动机作末速度修正，按照飞行任务和发射时间要求进行轨道变换，把轨道修正成精确的圆轨道，并利用反作用控制系统将航天飞机的姿态调整到预定任务所需的位置和方向。

入轨阶段大约要花费几分钟到十几分钟时间。尔后，航天飞机就在选定的轨道上，日夜作无动力飞行（有时需要作些姿态控制或轨道修正），进行各种轨道作业。

3. 轨道运行阶段

航天飞机进入轨道以后，作无动力飞行。根据飞行任务的需要，可在 185 ～ 1 100 km 的高度上运行 7 ～ 30 d，速度为 7.68 km/s。航天飞机在轨道上能够完成各种作业，诸如施放和回收低轨道上的卫星；利用空间拖船或暂用末级向高轨道发射地球同步轨道卫星或深空探测器；打开货舱门暴露货舱内携带的各种科学设备，进行空间实验；携带空间实验室进行各种研究任务；竖起大型天文望远镜，在无大气干扰的环境中进行天体观测；在轨道上完成卫星的维修并重新进行施放等等。

在轨道运行过程中，航天飞机可按需要完成各项操纵飞行。轨道机动系统和反作用控制系统是轨道运行阶段的执行机构。利用轨道机动系统，能够完成轨道机动、修正和保持；利用反作用控制系统，航天飞机在轨道上可以采用任何所希望的飞行姿态并加以保持，可以使它的敏感器固定轴指向某一地面目标或空间目标，以满足有效载荷的要求。其定向精度可达 $\pm 0.5°$ 以内。如果有效载荷的特殊实验需要更精确的定向和稳定精度，必须自备稳定和控制系统设备，如三轴实验定向平台等。此时，航天飞机的姿态控制和轨道控制与卫星、飞船等其他航天器控制的基本原理都是一致的。

航天飞机作为地球和近地轨道间的运输工具，在轨道运行阶段可以把载人的和不载人的有效载荷送入轨道。它一次可以施放一颗巨型卫星或 5 ～ 8 颗小型卫星。例如各种民用载荷，如资源卫星、导航卫星、气象卫星、测地卫星、科学卫星、通信卫星和环境监测、高能辐射、材料、工艺实验等卫星，以及各种军用卫星，如各种电子、照相、预警、核爆炸探测、潜艇导航、国防通信等卫星，进行军事侦察或进行军事研究任务。运送军事有效载荷是航天飞机的主要任务之一。

无论是民用或军用有效载荷，它们的施放都是通过适当操作，逐个施放到轨道上的特定空间位置。空间机械手是航天飞机施放和回收有效载荷的执行机构。首先，航天员依靠轨道机动系统将航天飞机调整到便于施放的最佳轨道高度，然后航天员用计算机控制机械手，用电视或通过直接观察修正机械手的动作。在大多数情况下，施放工作是自动进行的，需要时航天员也可接近有效载荷进行作业。当机械手把有效载荷抓起并举到货舱的上方时，航天飞机控制系统最后修正其位置和速度。机械手使有效载荷与航天飞机达到安全距离之后，即可进行施放。

航天飞机最有意义的一项活动是能够在轨道上回收并检修卫星，尔后再重新施放到空间轨道。航天飞机在轨道平面内具有一定的机动飞行能力，它可以同失效的卫星交会并用机械手将其收回，然后由航天员在货舱内进行检修，拆换陈旧或失效的系统和部件，安装新的敏感器或实验件，补充卫星上的消耗物品，如给气瓶充气、加注燃料等。检修过的卫星经过测试后，再通过机械手将其施放到轨道上。整个回收、检修和再施放过程见图 10.9。图中所示是处于太阳同步轨道高度运行的一种组合式卫星，这种卫星的每个系统均采用标准化的积木式结构，维修和更换系统或部件比较方便。

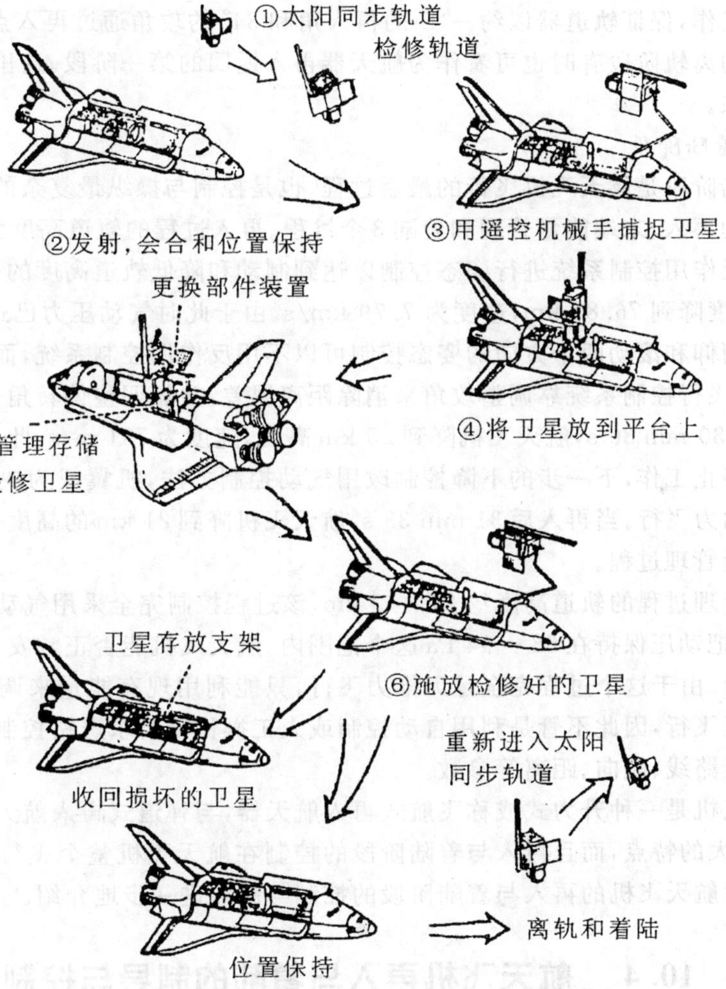

图 10.9　航天飞机在轨道上检修卫星

对于能收回的卫星，如果不能在航天飞机上修复，可带回地球检修，以期再次使用。对于航天飞机不能取回的大型卫星，只能在空间轨道上修理。这时，航天员可穿宇宙服离开航天飞机，在空间接近卫星，进行检修。1992 年和 1997 年航天飞机对“哈勃”太空望远镜的两次检修和升级就是著名的成功实例。目前，美国的航天飞机就正在承担着国际空间站的在轨组装和建设任务。

显然,航天器的交会控制技术是航天飞机在轨回收检修卫星和搭建空间站的关键。

4. 离轨阶段

在轨道器完成预定飞行任务后,准备离开轨道。首先由反作用控制系统对轨道器进行姿态调整和控制,一般是把轨道器掉转,让轨道机动发动机喷管朝向飞行前方,如图 10.5 所示。然后通过航天飞机星载控制计算机系统发出离轨指令,点燃轨道机动发动机,对轨道器实行制动减速。在离轨制动点火瞬间,反作用控制系统要确保轨道器处于精确的返回姿态。制动点火 10 min 后,轨道器已降到最有利于再入大气层的高度,此时约为 122 km,速度 7.9 km/s,通常称此点为再入点,由此航天飞机进入再入阶段。在制动点火的同时,反作用控制系统也与轨道机动系统一同工作,保证轨道器以约 -1° 的再入角和 34° 的攻角通过再入点进入大气层。

航天飞机的离轨阶段有时也可看作为航天器再入返回的第一阶段。这里为了便于介绍,把它单独分离出来。

5. 再入与着陆阶段

再入与着陆阶段是航天飞机飞行的最后过程,也是控制与操纵最复杂的过程。

这阶段分为再入、末端能量管理和着陆 3 个过程。再入过程的轨道高度为 122 ~ 21 km。再入开始时采用反作用控制系统进行姿态控制以达到制动和降低轨道高度的目的。当再入8 min 后,航天飞机高度降到 76.84 km,速度为 7.79 km/s。由于此时气动压力已达 1.02 Pa,所以对航天飞机进行俯仰和滚动两个方向的姿态控制可以不用反作用控制系统,而改用气动面控制。此时,航天飞机飞行控制系统靠调整攻角来消除距离误差,并靠调整偏转角来保持动压与速度的关系。再入后 30 min 30 s,航天飞机降到 25 km 高度,速度为 731 m/s。此后航天飞机反作用控制系统完全停止工作,下一步的下降控制改用气动控制方法,机翼成为决定性的操纵部件,从此开始了无动力飞行。当再入后 31 min 33 s,航天飞机降到 21 km 的高度,再入过程结束,开始转入末端能量管理过程。

末端能量管理过程的轨道高度约 21 ~ 3 km,该过程控制完全采用气动阻力方法。航天飞机调整其攻角,把动压保持在 68 ~ 14 Pa 这个范围内。航天飞机能否正常安全着陆完全取决于这一过程的飞行。由于这个过程完全是无推力飞行,只能利用现有能量来调整各种气动力,从而控制航天飞机飞行,因此不管是利用自动控制或人工操作都要求严格控制航天飞机的能量、高度、速度、飞行路线、航向、距离等参数。

由于航天飞机是一种升力式或称飞航式再入航天器,与弹道式再入航天器,如卫星和载人飞船,相比有很大的特点,而且再入与着陆阶段的控制在航天飞机整个飞行过程中最为复杂,所以有必要针对航天飞机的再入与着陆阶段的控制与制导进一步地介绍。

10.4 航天飞机再入与着陆的制导与控制

再入阶段的核心技术是对一个具有 100 t 质量的航天飞机巨大能量(动能和势能)如何处置的问题。再入阶段的制导和控制是确保航天飞机安全返回地面的一项关键技术。

根据再入要求,航天飞机再入阶段控制系统分为初期再入、末端能量管理和进场与着陆 3 个过程。整个再入阶段采用升力式再入方式,这与弹道式再入方式相比有其不同特点。以往再入返回地球的各种载人飞船和卫星都采用弹道式再入方式。弹道式再入由于具有气动力外形和防热结构简单等优点，且在工程上易于实现，所以迄今为止的所有可返回的卫星和飞船都利用这种方式返回地球。可是弹道式再入存在着返回过程中不具备机动飞行能力，只能用降落伞垂直着陆，需要广阔的回收区域或庞大的地面回收队伍，防热结构严重烧蚀不能重复使用等缺陷。而像航天飞机这种有翼升力式再入飞行器却具有许多优点，其主要特点是在再入过程中可以产生相当的升力，而且升力可控，再入大气层后能够像普通航空飞机一样在大气层里滑翔、盘旋、机动飞行数千公里的航程，可以在预定机场的跑道上使用着陆架水平着陆，从而可以多次重复使用。

1. 再入阶段控制系统的特点

航天飞机再入阶段的控制系统是迄今为止航天器所使用的最为复杂的再入返回技术。它具有如下特点：

(1) 飞行速度变化范围很大，马赫数 Ma 从 25 到 0.25，同时要求航天飞机的机动能力强，可以在几千公里范围内作机动飞行，最佳地选择再入路线和着陆场。

(2) 航天飞机能像普通飞机那样在机场跑道上水平着陆。

(3) 飞行控制系统要能适应纯空间的航天器工作方式，以及进场着陆时的纯气动的航空器工作方式。并且在这两种工作方式之间还要有适当平衡，即能适应过渡状态工作方式。

(4) 再入阶段气动减速将使航天员和设备受到过载作用，控制系统要保证减速过程任何时候过载不大于 1.5 g。

(5) 气动减速过程实质上是一个能量转移过程。除了设有防热措施以外，控制系统要使航天飞机不断滚动，保证机身侧面不受过度的气动加热。

(6) 地面的导航跟踪设备比较庞大。

2. 变结构再入控制系统

根据再入阶段的特点，飞行控制系统设计为变结构形式。再入阶段的轨道和姿态确定采用下列 7 种敏感器：惯性测量单元、空中战术导航系统、气动参数测量系统、微波扫描波束着陆系统、雷达高度表、速率陀螺、加速度表。执行机构采用反作用推力器和气动面操纵装置。气动面操纵装置包括左、右、内、外 4 个升降副翼、垂直尾翼方向舵（兼作速度制动）、机体襟翼和着落架（轮）。这些敏感器和执行机构在再入阶段的具体工作状态（启动，关闭时间）如表 10.1 所示。

从再入阶段开始，航天飞机飞行完全按空间条件实现纯喷气三轴姿态控制。随着航天飞机高度和其相对地球速度的下降，喷气执行机构逐步关闭，首先关闭滚动轴推力器，其次是俯仰轴，最后是偏航轴。相应地由气动面操纵装置逐步投入工作来代替推力器，同时依靠气动面操纵装置产生升阻力，使航天飞机滑翔。由于采用升阻力可控再入方式，所以航天飞机再入着陆阶段的机动范围较大。为了适应整个再入阶段的需要，飞行控制系统总共要进行 6 次控制结构的改变。

第一次控制结构改变是在动压 = 97.7 Pa 时，首次启动气动升降副翼和机体襟翼，从而实现反作用喷气与气动的混合控制。

第二次控制结构改变是在动压 = 488 Pa 时，此时，关闭滚动轴推力器，这是为了节省燃料，因为这时滚动控制可以由操纵升降副翼来实现。

第三次控制结构改变是在动压 = 977 Pa 时，此时，关闭俯仰推力器。从这时起直到航天飞机着陆，俯仰控制完全依靠气动控制升降副翼的偏转来实现。同时偏航轴控制系统接上横向加速度反馈来代替原来的偏航角反馈。

第四次控制结构的改变是在 $Ma=10$ 时，这时首次启动气动减速制动装置，从而改善横向控制效果。

第五次控制结构的改变是在 $Ma=3.5$ 时，此时启动垂直尾翼方向舵。

第六次控制结构的改变是在 $Ma=1$ 时，关闭偏航推力器。此后航天飞机进入亚音速飞行，已经完全过渡到气动控制 —— 也是末端能量管理。

表 10.1　航天飞机再入与着陆阶段敏感器和执行机构的工作状态

轨道和姿态敏感器	初期再入	末端能量管理	进场着陆
1. 惯性测量单位	→	→	→
2. 速率陀螺	→	→	→
3. 加速度计	→	→	→
4. 空中战术导航系统	→	→	→
5. 气动参数测量系统		$Ma = 3.5$ →	→
6. 微波扫描波束着陆系统			→
7. 雷达高度表			→
执行机构			
1. 俯仰轴推力器	→	$q = 20$ →	
2. 滚动轴推力器	$q = 10$ →		
3. 偏航轴推力器	→	$Ma = 1$ →	→
4. 升降副翼	$q = 2$ →	→	→
5. 机体襟翼	$q = 2$ →	→	→
6. 速度制动装置		$Ma = 10$ →	→
7. 舵		$Ma = 3.5$ →	→
8. 着落架(舱)			→

再入阶段控制系统与其他阶段一样都具有自动和手动两种功能。为了安全和慎重起见，飞行控制系统处在自动控制状态下，同时航天员手握操纵杆，随时作好手动控制的准备。

3. 再入与着陆阶段的飞行过程

现在通过图 10.10 ～ 图 10.12 所示来进一步了解航天飞机从再入到着陆的控制飞行过程。图 10.10 表示再入阶段飞行剖面。在图中 4 点表示开始再入，此时轨道高度为 122.0 km，速度为 7.9 km/s，距离着陆跑道为 8 153.2 km，这就是再入阶段初始状态。再入阶段制导任务使轨道高度下降到 25.0 km，速度 762 m/s，距离着陆跑道缩短到 96.4 km。然后进入第二阶段，即末端能量管理阶段，正如图中 5 点所示。末端能量管理阶段结束状态为轨道高度为 3.5 km，速度为 150 ± 6 m/s，正如图中 9 点所示。

航天飞机再入后约在 80 km 高度进入黑障区，该区一直延续到 54.8 km 高度，正如图中 6 点所示。在这个区域里无线电信号中断约 20 min，到图中 8 点的时候才恢复正常。这是因为再入大气时所产生的热量使空气分子离子化，在航天器周围形成一离子层，无线电信号不能穿透离子层的缘故。

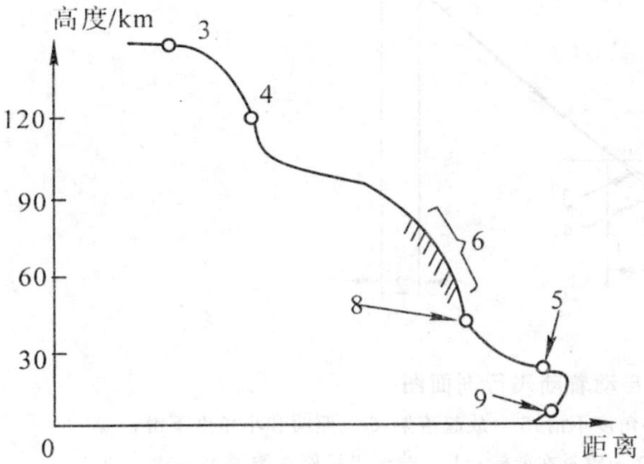

图 10.10　航天飞机再入阶段飞行剖面图

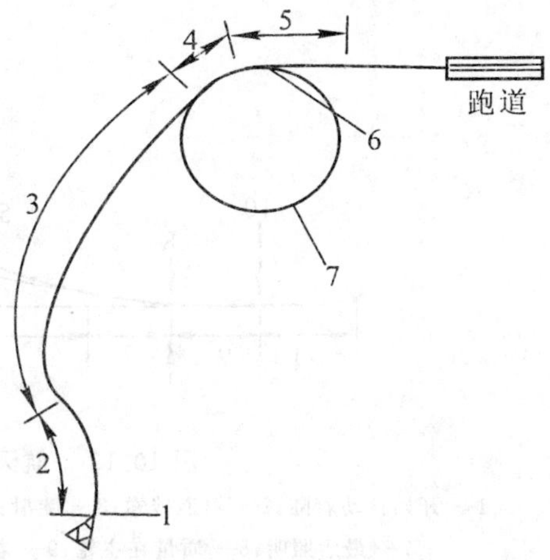

图 10.11　末端能量管理制导过程

1— 再入 / 末端能量管理界面；2—S 形转弯；3— 搜索；4— 航向校正；5— 末段；6— 跑道入口；7— 航向校正柱面

图 10.11 表示末端能量管理阶段的制导过程。图中 1 点表示航天飞机从再入阶段转入末端能量管理阶段。图中 2 点表示航天飞机在进行 S 形转弯，这是为了消耗航天飞机的动能，并利用制动器改变高能条件下的阻力、升阻比和飞行轨迹，这是会增加地面跟踪距离的。S 形转弯后开始在高度为 3.05 km 进行搜索，如图中 3 点所示。图中 4 点表示航向校正，5 点表示第二阶段末端。在进入着陆场前的两侧各有一个半径为 5.5 km 的航向柱面(图中 7 点所示)。图中 6 点表示跑道入口，它与航向柱面相切。在末端能量管理阶段搜索时，航天飞机一直转弯到与航向柱面相切，并继续校正到与跑道夹角为 ± 20° 为止。末端能量管理阶段结束前航天飞机离开航向柱面向下俯冲，并搜索下滑坡度，增加空速和侧倾角直到搜索到跑道中线为止。

航天飞机的着陆过程可以采用自动着陆系统，也可由航天员操纵。开始进入最后的进场着陆阶段前，航天飞机要精确地修正和选择着陆方向，攻角降到 10° 左右。然后在着陆跑道外 11 km 处，从 3 km 的高度下滑；降到 520 m 高度时，轨道器开始作拉平机动；降到 150 m 高度时，放下着落架，准确着陆。着陆跑道全长 4 570 m，宽 152 m。从再入点后大约 40 min 左右，航天飞机像飞机一样，在指定跑道上触地滑行，完成最后的着陆，着陆速度约为 340 ～ 360 km/h。至此，航天飞机的一次飞行任务就全部完成了，经 160 h 的检修和燃料加注，便可进入下一次使用。

图 10.12 表示自动着陆飞行剖面。从图中 1 点为自动着陆阶段的开始，经过轨道搜索，陡滑，然后放下起落架，最后航天飞机着地(图中由 9 点表示)。着陆首先是主轮着地，然后才是前轮着地，这是保证航天飞机质心的稳定。

航天飞机返回机场后，必须进行彻底而仔细地检修，这是航天飞机再次使用的关键。上述各项工作将占用整个维修工时160 h的2/3。剩下的1/3时间则在总装间把助推器、外储箱与轨道器组装成为一个整体的航天飞机系统，然后运到发射场，待命发射。两次发射间隔时间仅为14 d。

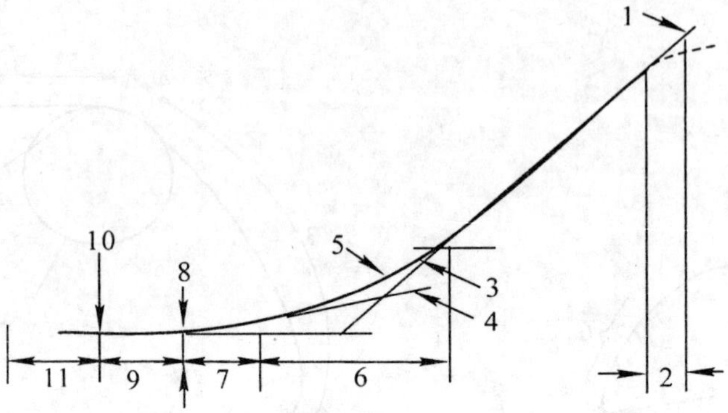

图 10.12　航天飞机自动着陆飞行剖面图

1— 开始自动着陆；2— 轨道搜索；3— 陡滑；4— 小角度下滑；5— 放起落架；6— 照明和小角度下滑；7— 最后照明；8— 质量在主轮；9— 着陆；10— 质量在前轮；11— 航天飞机停在跑道上

思　考　题

10.1　航天飞机基本结构组成是什么？哪些可以重复使用，哪些不能？

10.2　航天飞机控制系统中包括哪些敏感器，它们的功能分别是什么？

10.3　航天飞机姿态和轨道控制所利用的执行机构有哪些？各自功能如何？

10.4　航天飞机的星载计算机系统是如何在配置结构上提高可靠性的？

10.5　叙述航天飞机飞行的过程，并分析各阶段控制系统的主要任务。

10.6　叙述航天飞机在再入和着陆阶段中的制导与控制程序。

第十一章

空间站的控制技术

空间技术发展是异常迅速的，每个时期都可以找到一个典型代表的技术成就。为此，可以作这样一个概括：20 世纪 50 年代为卫星上天时代；60 年代为载人飞船（阿波罗）时代；70 年代为星际探测时代；80 年代为航天飞机时代；90 年代以来为空间站时代。永久性载人空间站是人类历史上最复杂、最巨大的航天工程，也可以说是当今空间技术进展的一个重要里程碑。利用永久性载人空间站可进行长期的科学研究和实验，从空间获取发展人类文明的三大支柱 —— 信息、材料和能源，为解决人类面临的能源、生态、环境和人口等问题开辟多种新途径，空间将成为人类频繁往来的新场所。对人类技术发展来说，世界未来属于空间和海洋，尤其是空间。

11.1　空间站的概念与组成

11.1.1　空间站技术发展的概况

1971 年 4 月，前苏联发射了世界上第一个空间站，取名“礼炮号”。“礼炮号”空间站由轨道工作舱、服务舱、对接过渡舱和太阳电池阵等几大部分组成，总质量约 18 t，长 12.5 m，最大直径 4 m。空间站上的航天员由“联盟号”飞船接送，空间站所需的补给物资由自动驾驶的“进步号”飞船运送。继前苏联发射“礼炮号”后两年，美国发射了一个比“礼炮号”大得多的“天空实验室”空间站。“天空实验室”由轨道工作舱、气闸舱、多用途对接舱、太空望远镜和太阳电池阵等组成，最大直径 6.7 m，包括“阿波罗”飞船在内，总质量 82 t，长 36 m。航天员由“阿波罗”飞船接送。

1983 年，欧洲联合研制的“空间实验室”小型空间站，随美国航天飞机进入近地轨道。“空间实验室”由轨道工作舱和 U 形货舱两大部分组成。轨道工作舱有长舱和短舱两种。长舱长 7.0 m，短舱长 4.0 m，直径均为 4.0 m。货盘长 3.0 m，宽 4.5 m。“空间实验室”装在美国航天飞机的货舱中，随航天飞机一起飞行和返回地面。“空间实验室”所需的水、电等由航天飞机提供。

1986 年 2 月，前苏联继“礼炮号”空间站系列之后，发射了一个规模更大的“和平号”空间站。“和平号”空间站共有 6 个对接口，与“礼炮号”空间站对接成庞大的复合体。

迄今为止，进入太空的空间站仅上述 4 种。然而，空间站事业方兴未艾，目前世界上美国、俄罗斯、加拿大、日本、欧洲等国正在联合建设更大规模的新型空间站 —— 国际空间站。

前苏联和美国所走的空间发展道路是不相同的。20世纪60年代,两国以月球为目标,美国以载人飞船“阿波罗”登月,而前苏联以无人月球自动站,展开了激烈的空间竞争。以后,美国以航天飞机为主发展可重复使用的空间运输系统,而前苏联则以建立载人空间站为首先发展目标,这两者都取得很好的成果。进入80年代以后,美国在发展航天飞机的基础上,积极准备发射永久性空间站,而前苏联则在发展空间站的基础上,积极研制并成功发射了航天飞机。

1984年1月,美国宇航局提出了发展永久性空间站“自由号”的建议。永久性空间站分两期实现,第一期永久性空间站上的6名航天员以及所需的补给物资由航天飞机运送。第二期工程准备容纳18名航天员。

在美国永久性空间站计划的促进下,前联邦德国和意大利提出了研制欧洲“哥伦布”空间站的建议。“哥伦布”空间站由3个压力舱、1个资源舱和2个太阳电池翼组成。它既能在轨道上独立工作,又能挂靠在美国的永久性空间站上。“哥伦布”空间站的航天员和必需的补给物资准备用法国未来的“使神号”小型航天飞机运送。与此同时,日本提出“太空试验舱”计划。“太空试验舱”由一个压力舱,一个后勤舱、货舱和机械手等组成。“太空试验舱”只能与美国永久性空间站对接在一起工作,经过改进以后,才能在轨道上单独飞行。

虽然从第一个空间站上天到今天还只有30年时间,然而就在这短暂的30年中,空间站技术的各个方面均得到了迅速的发展,而且越来越受到世界各航天大国的重视。

11.1.2 空间站系统的组成

空间站是在载人飞船基础上发展起来的,除了地面支持系统以外,主要是在空间设置的空间站系统。虽然迄今对空间站系统还没有为人们普遍能接受的简单明了的定义,但是人们能够明确的是,空间站系统是由空间飞行结构和地面支持系统两大部分组成的一个大系统,如图11.1所示。它们同时协调工作,完成各种飞行任务,包括商业任务,科学实验及其应用,以及空间技术开发等任务。

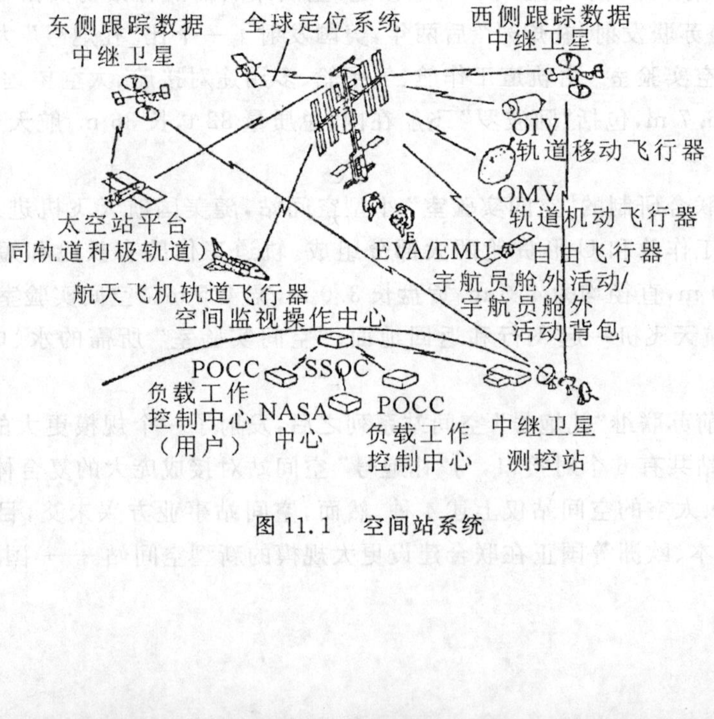

图11.1 空间站系统

空间站系统的空间飞行结构包括：

(1) 空间站基地：或称为轨道空间站，是空间站系统的核心部分。它为航天员提供生活区、实验室、公共设施、后勤、装配、停靠和服务等条件。航天员在其中的停留时间可以由几个星期到长达几年，大大扩大了轨道上的活动范围。在一般情况下，人们就将空间站基地直接简称为空间站。

(2) 空间平台：包括自由飞行器，主要为空间站系统提供微重力和净化的空间环境。许多空间任务如精确的天文观测和无污染材料加工等等，在空间站上会受到航天员生活和工作所造成的扰动和环境污染的影响。有些空间任务如通信等无须航天员参与，最好在脱离空间站的自由飞行的航天器上进行，这类航天器称为空间平台。空间平台可以在空间站附近飞行，也可以在极地轨道上飞行，前者叫同轨平台，后者称极轨平台。空间平台是脱离空间站独立存在的，经常无人，为空间站系统提供高质量的有效载荷环境。

(3) 轨道机动飞行器(OMV)：它是从空间站到空间平台或自由飞行器等之间的交通工具。它能把航天员带到离空间站几百公里远处，维修、更换、检测、回收自由飞行的卫星和空间平台。

(4) 轨道转移飞行器(OTV)：能够将大型的卫星和空间平台进一步送往深空轨道。

这些种类繁多的航天器能够飞向并接近空间站基地(简称空间站)，而空间站则成为这些航天器的工作、供给和服务基地，为它们提供消费品、备件、有效载荷和其他设备。此外，所有这些货物、航天员以及空间站、空间平台的全部构件均由航天飞机和飞船利用运载火箭运送到空间站，或直接运送到空间平台。所以运载火箭、飞船和航天飞机等天地运载工具也成为空间站系统不可缺少的组成部分。

总之，空间站系统空间飞行结构的基础是空间站(基地)、空间平台、轨道机动飞行器、轨道转移飞行器、飞船、航天飞机和运载火箭等。

空间站系统的地面支持系统是十分庞大复杂的，包括发射基地、测控中心、地面接收站等各种地面设施。空间站尽管具有很大的自主性，但是它从该系统获得地面控制和支持永远是必不可少的。特别是对于刚开始建立的初具规模的空间站来说，这种支持必然是十分广泛的。空间站本体要求地面支持，各种有效载荷、平台、轨道机动飞行器和轨道转移飞行器也需要地面支持。最初的地面支持包括结构展开、装配、驱动、检验和核对每一个空间站新部件，对空间站的飞行状态和系统进行监控并给予支援。空间站在其发展过程中，它将经历各种不同的构型，需要不同级别的地面控制和支持。

空间站既不同于一般的卫星，也不同于载人飞船和航天飞机等其他载人航天器。它是一种永久性的载人空间飞行器。所谓空间站的永久性，是指在长寿命的基础上通过在轨道上不断补给、维修、替换，使空间站的寿命能延长到不需要的时候为止。从载人飞船到永久性空间站是空间技术的一个飞跃。迄今为止，已经进入空间轨道的，最典型且技术水平最高的，是前苏联1986 年 2 月 20 日发射的“和平号”空间站和目前正在轨组建成的“国际空间站”。

空间站的构型有早期采用的舱段式、目前使用的复合式和将要采用的桁架挂舱式 3 种。“礼炮号”、“天空实验室”和“空间实验室”3 种空间站都属于舱段式构型。它们由各种不同形状和尺寸的多个舱段组成，入轨后自行展开，勿须航天员出舱组装。

“宇宙号”和“礼炮号”组成的轨道复合体，以及前苏联发射的“和平号”空间站均属于复合式构型，它们由多个舱段在空间交会对接后组成。复合式构型是舱段式构型发展的必然结果，复合式构型可以反复复合，最后组成庞大的空间站体系。复合式空间站通常由生活舱、工作舱、对接过渡舱、服务舱和太阳电池翼(帆板)等组成。生活舱是航天员生活的场所；工作舱又称轨道工作舱，用以进行科学实验和材料加工生产；对接过渡舱用来对接停靠飞船或航天飞机，它也是航天员在轨道上出舱的通道；服务舱里安装空间站的动力系统以及各种气源等，为整个空间站服务；太阳电池翼(帆板)为空间站提供电源。

美国计划的永久性空间站"自由号"和由此发展起来的国际空间站的构型与前两种不同，它的舱段挂靠在桁架结构上，称作桁架挂舱式构型。桁架挂舱式空间站，除上述各种舱段以外，还有连接各舱段的桁架、卫星修理车间和燃料库等。这种构型的优点是有很大的灵活性，可以根据任务的需要组成各种不同形状的空间站，减小轨道气动阻力，提高太阳能利用效率，并具有理想的动力学特性。但是，建造桁架挂舱式空间站需要有航天员在轨道上组装，难度很大。

下面简要地介绍"和平号"和"自由号"两种典型的永久性轨道空间站的具体结构。

1."和平号"空间站

1986 年 2 月，前苏联从提尤腊塔姆发射场用"质子号"火箭，把"和平号"空间站送上了高度为 345 ～ 386 km、倾角 51.6° 的近地轨道。"和平号"总质量 21 t，长 13.13 m，最大直径 4.2 m，压力舱容积 110 m^3，两块太阳电池帆板的翼展为 29.73 m，总面积 76 m^2，最大输出功率9 kW。

"和平号"空间站是一个多功能、多用途、多对接口的具有复合式构型的永久性轨道空间站。它由生活舱、工作舱、服务舱和对接舱四部分组成，图 11.2 表示了"和平号"空间站与"联盟TM"载人飞船和"进步号"货运飞船对接的情况。

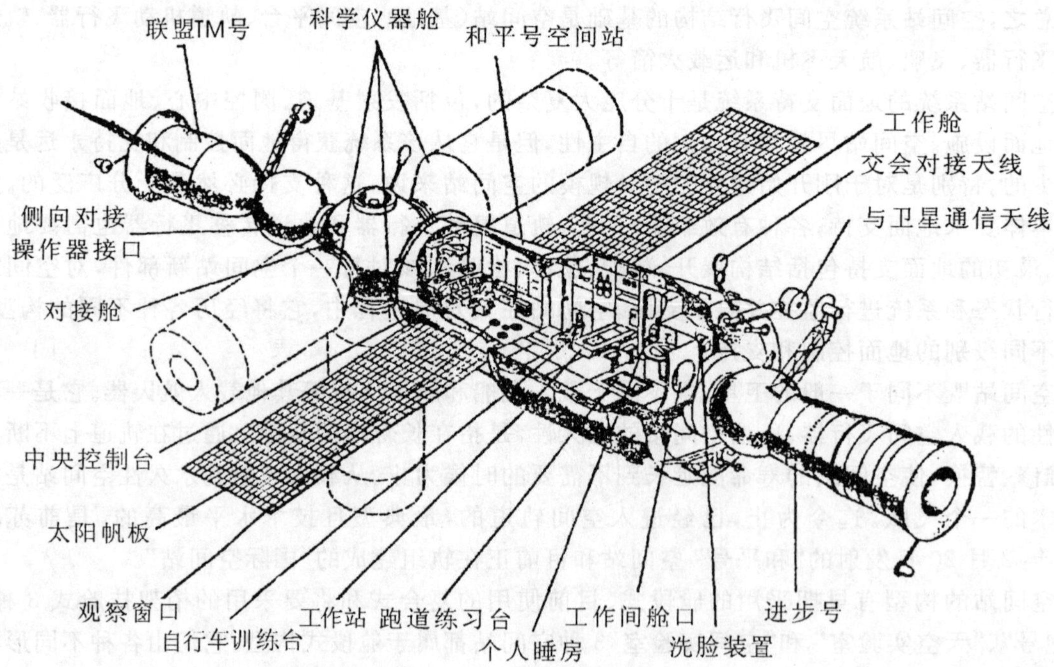

图 11.2 "和平号"空间站结构组成

对接舱位于空间站前部，也作为过渡舱。空间站共有 6 个对接口，其中 5 个在对接舱上，1 个在前端，4 个在四周。

生活舱前部与对接舱相连，后部与工作舱相接，舱内设有乘员室，每个乘员都有一个小房间，房内配有桌子、沙发椅、睡袋、舷窗和球形盥洗间各一个。舱内空气系常压、温度保持在 28℃ 左右。

工作舱与生活舱相连接，它包括指令和控制室。

最后部分是服务舱，舱内装有燃料箱和轨道与姿态控制发动机等装置，特别是两台安装在尾部的主发动机用于空间站的轨道机动。空间站第六个对接口就在服务舱的尾部。

“和平号”空间站的 6 个对接口通常前后轴向的 2 个对接口用来对接载人飞船和货运飞船，侧向的 4 个对接口用来接纳从地面发射上来的科学组合舱。这些组合舱和运货飞船一样，首先与过渡舱前端的轴向对接装置对接，然后再用机械臂把科学组合舱转移到侧向对接口上。

组合舱包括“量子 1 号”专业实验舱、“量子 2 号”公共支援舱、“晶体号”工艺实验舱、“光谱号”生物试验舱和医学试验舱（又称空间医学实验室）以及“自然号”实验舱。每个舱质量约 20 t，压力容积 76 m^3。完整的“和平号”复合式空间站全部建成后，见图 11.2，总压力容积 472 m^3，总质量约 110 t，总电能约 24 ～ 30 kW，乘员 2 ～ 6 人，生命保障系统采用半再生式，即冷凝水、洗涤水和部分氧气重复使用。

从“和平号”空间站的规模和条件看，至少可以同时接待 5 ～ 6 名航天员，由“联盟 TM 号”载人飞船承担航天员的接送，用“进步号”货运飞船保证空间站上的物质供应。将送人和运货分开，既增加了飞船的运货能力，又减少了航天员的飞行次数，是较好的办法。前苏联也曾经希望能用“暴风雪号”航天飞机为“和平号”空间站的人员轮换及后勤保障工作服务，但是，2001 年 3 月 23 日，“和平号”空间站因超期服役和俄罗斯目前无经济力量继续支撑其运行，已被引导坠毁了。

2.“自由号”空间站

80 年代初美国国家航空航天局研制成功航天飞机以后，就开始永久性载人空间站的概念研究。1984 年美国政府批准“自由号”永久性载人空间站的计划。这个计划现在已发展成为目前由美国、俄罗斯、欧洲空间局、加拿大和日本共同参加的国际合作计划，即目前正在建造和在轨组装的国际永久性载人空间站，简称为国际空间站。

国际空间站采用桁架式结构，难度很大，空间站的大部件由美国航天飞机多次发射入轨，然后由航天员在轨道上组装完成。整个工程分两期完成。图 11.3 表示了“自由号”空间站的结构组成，图 11.3(a) 表示第一期工程，图 11.3(b) 表示第二期工程。整个空间站的第一期工程需要 17 次航天飞机飞行，经过 3 ～ 4 年时间在空间组装才能建成。它包括桁架结构和 4 个压力舱（2 个实验舱，2 个生活舱），1 个后勤舱，1 个服务舱，以及抛物面天线和大面积可折叠太阳帆板和太阳能收集器，发电功率 75 kW。这些设备安装在一个矩形桁架上。建成后可以提供 6 名航天员工作和生活。扩展以后将有 10 个舱段，可以提供 15 ～ 18 名航天员居住。

在目前的国际空间站中，美国负责研制一个 4 人乘员舱、一个多用途实验舱、空间桁架结构、太阳能电站、推进系统和气闸舱等；俄罗斯提供服务舱、一个实验舱、太阳帆板、生命保障系统、能源平台、大型运载工具及空间站建造的关键技术和经验；欧洲空间局提供一个哥伦布对接轨道舱，加拿大提供一个移动遥控服务器和一个专用空间机械臂组成的移动服务中心，日本提供一个实验舱。总之，受到了世界许多航天大国的支持和参与。

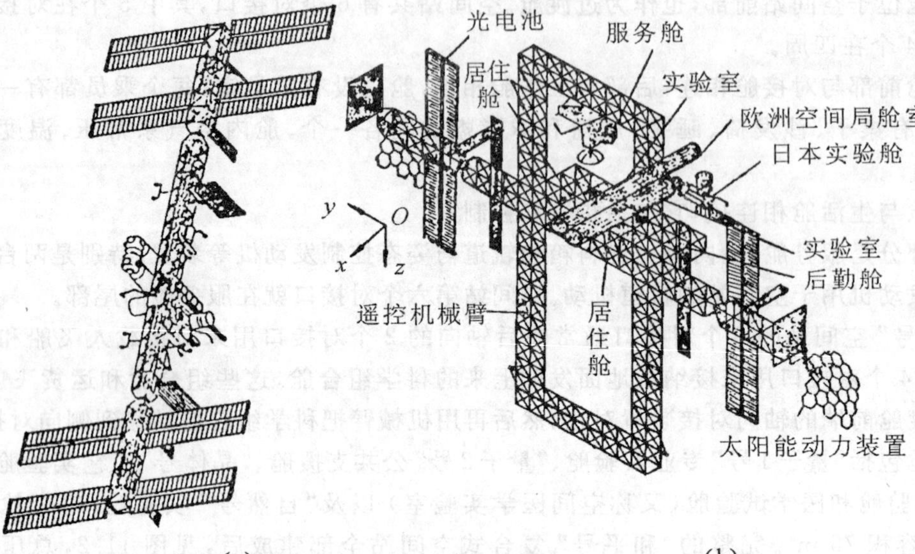

图 11.3 “自由号”永久性载人空间站结构组成

11.1.3 空间站的用途

在载人航天发展史上，对人类上天的意义、载人飞船的作用和空间站的用途的认识，似乎都是航天技术前进中的艰难的里程碑。然而，随着航天技术的发展和载人航天实践的不断深入，人们对此的认识也逐渐加深和拓宽。特别是空间站作为永久性的载人航天器能够在轨道上长期运行，其用途尤为广泛，大致可归纳为以下几个方面。

(1) 作空间轨道实验室：进行各种科学实验、材料试验和生命科学研究。

(2) 作空间生产工厂：生产高纯度晶体、半导体等新材料和药品。在空间站上能制造出地面重力环境中无法生产的新产品。在地面重力影响下，流体中密度不同的成分会产生沉淀和对流，阻碍精确的分离和充分的混合，无法制造出高纯度的材料、药品和无缺陷的晶体。在空间站微重力环境中，这些问题得以解决，而且产量大大提高。

(3) 作长期空间观测站：一方面观测宇宙天体，研究太阳系，银河系以及河外宇宙空间，研究各类星体；另一方面能够进行各种对地观测。早期空间站主要用来观天和测地。例如，美国的“天空实验室”和前苏联的“礼炮号”上都装有观测太阳的望远镜和对地观测的遥感设备。

(4) 作装配车间：在轨道上装配大型空间结构，在空间维修失效的航天器。

(5) 作空间转运站：发射高轨道卫星、月球探测器和行星际飞行器等。

(6) 作空间储藏库：存放卫星、备件、生活消耗品等，支持更大规模的空间系统，扩大空间活动的范围。

除此以外，空间站还有其重要的军事用途。例如，对地侦察、进行空间遥感实验、试验空间武器或作为空间的通信指挥哨所等等。当然，空间站的军事用途各国都是保密的，一般资料上均不公开。总之，包括空间站技术在内的载人航天技术的发展对电子、材料、机械、化工、推进系统、能源、冶金、遥感、计算机、自动化技术以及天体物理、航天医学和生物学的发展都有很大的促进作用。

11.2 空间站的导航、制导与控制

导航、制导与控制系统对于任何一种航天器都是作为一个有机整体存在的，对空间站更是如此。导航、制导与控制系统是空间站的一个重要的分系统，它要支持空间站最低限度的正常运行能力，其基本任务是姿态控制、轨道控制、交会对接、分离和空间交通管理等。当然，这些任务必须由空间站的导航、制导与控制系统同通信和地面支持系统协同工作才能完成。

11.2.1 空间站导航、制导与控制系统的功能与组成

1. 功能

空间站的导航、制导与控制系统是复杂而功能强大的。总的来讲，它负责确定、建立和控制空间站的轨道运动矢量和姿态。按功能来分，它可以分为 4 个分系统：导航与制导分系统；姿态稳定和控制分系统；信息处理和管理分系统；推进分系统。由于空间站导航、制导与控制系统功能多而复杂，甚至琐碎，无法在这里详细叙述，只能较为粗略地分别列举其基本功能。

(1) 导航与制导分系统：

(i) 空间站从空间运输系统（例如航天飞机）的入轨轨道爬升到空间站正常运动高度的轨道；

(ii) 维持空间运行的最佳轨道；

(iii) 制动，使轨道降低到与空间运输系统会合的轨道高度；

(iv) 确定空间站的运动状态矢量；

(v) 测定航天器与空间站接近和离开时的相对位置及相对速度；

(vi) 为空间站及其平台提供搜索、捕获、跟踪和瞄准目标航天器的引导信息；

(vii) 为空间站和航天器提供交会、接近、对接和分离的控制指令。

(2) 姿态稳定和控制分系统：

(i) 控制和稳定空间站和各舱段的姿态（一般取当地垂线和当地地平为参考方向）；

(ii) 有效阻尼危及结构和精确指向的结构振动，对付结构挠性和液体晃动；

(iii) 空间站初始运行阶段，在其结构特性不十分清楚的情况下，保证姿态正常稳定，但不要求精确指向；

(iv) 空间站的结构在几何、质量分布和转动惯量有重大改变时能自适应控制；

(v) 在空间站对接和分离时，姿态角速度要严格控制；

(vi) 提供空间机动飞行器（OMV，OTV 等）姿态的手控、遥控和自动控制；

(vii) 提供有效载荷的精确指向和相对参考坐标位置。

(3) 导航、制导与控制信息处理和管理分系统：

(i) 导航、制导与控制的软件和数据处理；

(ii) 导航、制导与控制系统的运行状态和部件性能的监测；

(iii) 导航、制导与控制系统故障自动诊断；

(iv) 导航、制导与控制系统冗余部件模块的自主重构；

(v) 灵活的人—机系统软件和接口；

(vi) 为导航、制导与控制系统可维修硬件提供安装、调试和标定软件；

(vii) 为空间交会、对接、分离和交通管理提供人工智能。

这里的导航、制导与控制信息处理和管理分系统可以是空间站信息处理和管理分系统中的一个子系统，或者作为信息处理和管理分布式计算机的一个子计算机存在，这就是导航、制导与控制计算机。

(4) 推进分系统：为了满足导航、制导与控制系统的不同要求，推进分系统除提供能满足导航、制导与轨道机动要求的高推力推进系统外，还应具有能满足精确姿态控制和轨道维持要求的低推力推进系统。

由于空间站在较低的地球轨道上运行，气动干扰力矩很大，因此轨道推进系统的设计应考虑在空间站补充给养周期(一般为 90 d) 内，提供足够的能力来补偿气动阻力所引起的空间站轨道衰减。此外还要为控制力矩陀螺所积累的可观动量矩提供主要卸载手段(磁力矩器和重力梯度倾斜机动作为辅助卸载手段)。

最后在推进系统的设计中应考虑这种情况，即空间站一般处于重力梯度相对稳定姿态，但其太阳电池帆板转动框架是独立定向的，因此不一定在所有时刻对空间站姿态保持绝对控制。为了维修和更换推进系统元部件，在短时间内可允许某个推进系统暂停工作，或者允许推力器或其他部件降低其冗余级别。但一般要求推进系统具有故障运行／故障安全这种冗余设计。

2. 对象的特点

空间站是一种特殊的航天器，对于导航、制导与控制系统而言，这是一个特殊的被控制对象，因此空间站的导航、制导与控制系统也必须充分考虑其特殊性。空间站作为被控制对象的特点在于：

(1) 空间站结构十分复杂，是由多舱段和桁架经过在轨组装而成。空间站任务综合且多变，采用模块结构，允许替换，具有多种有效载荷而且有相对运动。空间站的舱段、桁架和模块的个数也经常需要变化，仅空间站质心位置就可能发生很大变化。多体结构，质心大距离偏移是空间站控制重点需要解决的问题，还有就是这些结构变化对系统可控性的影响。

(2) 挠性结构是空间站控制的另一个特点。空间站结构跨度长达上百米，甚至几百米，各种蒙皮特别是太阳电池帆板轻且柔，挠性模态频率高度密集，而且很低(0.01 Hz左右)。

(3) 对接组装和空间站运动服务中心机械手运动、航天员活动等使空间站成为变构型、参数不确定的对象。航天器携带的大量燃料和生活用水使空间站成为变质量的对象。

(4) 空间站液体晃动、挠性振动和刚体运动是相互耦合的，而且姿态运动与轨道运动之间也是相互耦合的。

(5) 空间站处于低轨道运行，空间环境扰动(例如气动、重力梯度、太阳辐射等力矩)，使空间站选择构型成为极重要的问题。

3. 系统组成

空间站导航、制导和控制系统的硬件组成依然是测量敏感器、执行机构和计算机三大部分。这里简单提一下。

(1) 测量敏感器：指星敏感器，太阳敏感器，红外地平仪，陀螺稳定平台，线加速度计，测速陀螺，微波多普勒雷达，激光和光学成像敏感器等。

(2) 执行机构：包括推进系统、动量交换装置和其他执行机构。

推进系统：高推力推进系统采用目前技术上已成熟的单元肼吹下式推进系统；低推力推进系统采用电阻加热式推力器，推进剂是从环境控制和生命保障系统中提取的氢、氧或其他气体。

动量交换装置：采用双框架控制力矩陀螺；

其他执行机构：磁力矩器，重力梯度杆等。

(3) 计算部件：大容量计算机，微处理器，接口装置等。

11.2.2 空间站的姿态控制

空间站姿态控制分为姿态稳定和姿态机动两部分。姿态稳定又分为两种情况：第一种情况为对地球指向稳定，主要为与地面通信联系和有关的数据传递提供稳定姿态，这种对地指向精度要求为中等水平，一般指向精度在1°左右，稳定度在0.5°/s左右就能满足要求。第二种情况，姿态控制精度由有效载荷或者在空间站进行的有关实验提出，此种精度要求视有效载荷和实验研究的不同而不同。

就在空间站上进行科学实验和应用研究而言，各种研究项目对空间站的姿态精度和稳定度要求相差很大。例如，生命科学和材料加工工艺对指向精度几乎无要求，但对角加速度却可能有所限制；恒星空间研究常常要求惯性定向，而太阳研究则要求对太阳定向，两者相互矛盾，这就需要空间站系统的不同部分来满足这些要求；对于一些对姿态精度要求很高的任务，需要在空间站专门配置高精度平台，甚至非采用空间站系统中的空间平台或自由飞行器不可。

下面分别介绍世界上最典型的两个空间站姿态控制。关于有效载荷姿态控制，需要根据具体安装在空间站上的有效载荷特点和要求来进行专门研究与设计。

1.“自由号”空间站姿态控制

(1) 任务要求：空间站在轨通过多次组装而成，在这当中可能出现各种结构模式。姿态控制系统首先要满足所有这些模式是可控的；第二，考虑了挠性和多体结构因素的空间站姿态控制系统必须是稳定的；第三，空间站在运动服务中心（包括十几米长的机械臂）进行货物运输和空间站各个部件与舱段组装与对接时，控制系统要能正常工作。姿态控制系统技术指标要求如下：

(i) 姿态对地指向精度：

正常	±1°(每轴)
最大	±5° 相对当地垂线

(ii) 姿态速度稳定度：

正常	$\pm 5\times10^{-4}$(°)/s(每轴)
最大	$\pm 2\times10^{-2}$(°)/s(每轴)

(2) 扰动力矩：空间站在轨道所受到的扰动力矩分为外部环境和内部环境两种。外部最大扰动力矩为气动力矩、重力梯度力矩和太阳辐射压力矩等，这些扰动力矩与空间站结构特征尺寸有非常密切的关系。内部扰动力矩主要来自航天员在空间站内工作和生活所引起的扰动，以及运动服务中心在工作时所带来的扰动，特别是后者。对这些扰动力矩进行分析可以得出两点结论：

(i) 所有这些扰动力矩可分为两种性质：周期性和长期性。前者可以采用动量交换执行机构来补偿，后者必须采用喷气来消除。这一点与人造地球卫星性质是一样的。

(ii) 外界环境产生的力矩是很大的，若不加利用，将变成扰动力矩，则空间站燃料消耗将成为严重负担。为此，必须利用空间站构型的选择，在几种姿态下使重力梯度力矩或气动力矩对动量交换执行机构(例如控制力矩陀螺)的动量矩去饱和,并且尽量利用环境力矩使空间站姿态实现被动稳定。

(3) 姿态控制系统:根据上述分析,“自由号”空间站姿态控制系统选用控制力矩陀螺为主,喷气反作用推力器为辅的控制方案。利用重力梯度力矩有两种方式:第一种连续性,例如重力梯度稳定卫星;第二种周期性,利用重力梯度力矩为控制力矩陀螺卸载。“自由号”空间站采用第二种方式。空间站结构选形是最小惯量轴在俯仰轴,参见图 11.3(b),平时由控制力矩陀螺消除重力梯度扰动力矩;当控制力矩陀螺饱和时,即姿态偏差大于 $\pm 5°$ 时,主动姿态控制系统不起作用,此时重力梯度力矩就使空间站绕滚动轴旋转,也就是按重力梯度稳定原理,空间站最小惯量轴(俯仰轴)要指向地心,从而使控制力矩陀螺卸饱和。以此重复循环不断进行(运行 → 饱和 → 卸饱和 → 运行)。

应用喷气反作用系统一方面是作为控制力矩陀螺备用,另一个方面是作为姿态机动,在必要时也可作为对控制力矩陀螺卸载。姿态控制系统原理框图见图 11.4。

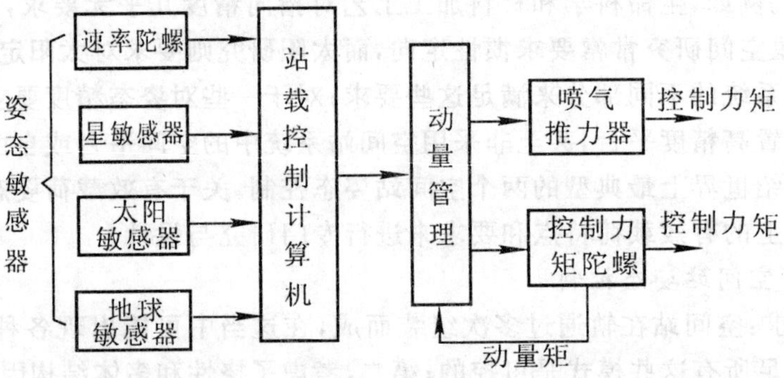

图 11.4 “自由号”空间站姿态控制系统

上述空间站姿态控制系统对控制力矩陀螺技术要求如下:

(i) 动量矩存储:球形包络状,初期半径 27 330 kg·m²/s,发展半径 45 660 kg·m²/s;

(ii) 输 出 力 矩:球形包络状,初期半径 554 N·m,发展半径 1 108 N·m;

(iii) 可　靠　性:在 180 d 内失效不多于 1 个控制力矩陀螺条件下,可靠性 0.999;

(iv) 寿　　　命:30 a;

(v) 质量和功能:要求尽量小,但不作具体限制。

根据系统可靠性、质量、功耗和经济成本等主要因素综合考虑,选用 6 个单框架控制力矩陀螺的组合(两个备用或一个备用)为最佳方案。双框架控制力矩陀螺只有在功耗这一项性能上优于单框架,为此“自由号”空间站姿态控制系统采用单框架控制力矩陀螺比较适宜。研究前苏联“和平号”空间站姿态控制系统也得出相同结论。根据目前技术水平,每个单框架控制力矩陀螺动量矩为 10 000 ~ 14 000 kg·m²/s,质量大约为 230 ~ 300 kg,整个控制力矩陀螺组(6 个组成)总共 1 380 ~ 1 800 kg,平均功耗在 500 ~ 600 W 之间。

空间站姿态控制系统所需要的姿态敏感器,除了卫星常用姿态敏感器,例如太阳敏感器、红外地平仪、星敏感器、速率陀螺等以外,还需要交会雷达、接近敏感器、光学成像敏感器、线加速度计、无线电敏感器等。

空间站姿态控制系统基本上都采用站上计算机,这种计算机采用容错技术,达到高可靠性。除此以外，还要求大容量、快速运算以适应空间站多体、挠性等各种各样控制模式的要求。由于当前计算技术和微处理器发展很快，空间站站载控制计算机有两种可能采用的方案。一种方案，多台并联中央集中控制计算机，例如美国航天飞机同时采用5台相同中央控制计算机；另一种方案，分布式多微处理器。这两种方案在一个复杂空间站系统可能都存在，或者以某一方案为主。这取决于具体条件和空间站控制需要达到什么程度的自主性而定。

2."和平号"空间站姿态控制

(1) 任务要求：

(i) 在轨道坐标系中保持空间站姿态长期稳定和对地指向，普通精度为$\pm 1.5°$，高精度为$\pm 15''$；

(ii) 具有在惯性坐标系中保持空间站姿态指向和稳定的能力；

(iii) 空间站上的每个观测设备都能对准所研究天体或目标并稳定；

(iv) 具有绕任一轴连续转动的速率控制能力；

(v) 姿态控制实现自动，但航天员在需要时可以介入。

(2) 姿态控制系统：图11.5表示"和平号"空间站姿态控制系统原理图。空间站姿态对地指向控制时，采用捷联式惯性敏感器，红外地平仪为这些惯性敏感器校正；当红外地平仪中断时，航天员可用手控参与校正。空间站姿态对惯性空间定向时，采用惯性敏感器，并由星敏感器来校正惯性敏感器的漂移。空间站进行姿态大机动时，控制规律是保证燃料最省的控制算法。

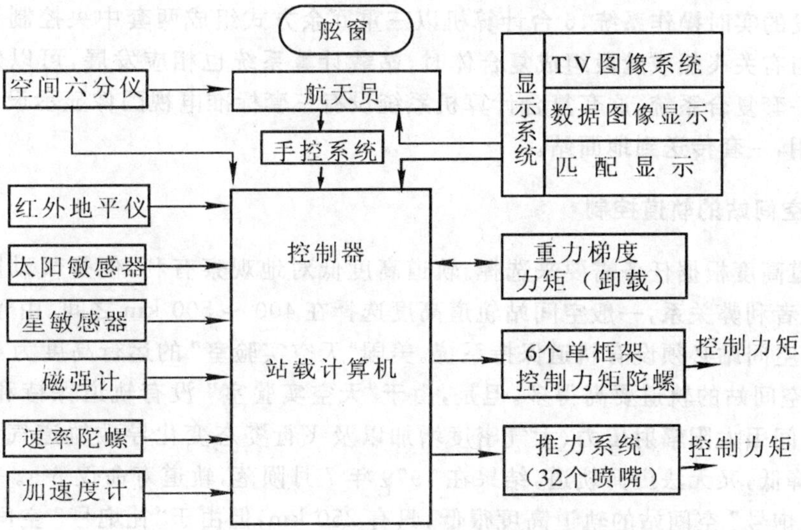

图11.5 "和平号"空间站姿态控制系统原理图

空间站姿态控制系统执行机构采用单框架控制力矩陀螺，以重力梯度力矩或喷气反作用力矩作为卸饱和手段。

"和平号"空间站控制系统可靠性由系统级和部件设备级来保证。系统级包括软、硬件在出现故障时具有保证系统正常工作的能力，例如站载计算机系统和硬件采用三重通道和线路，具有多数表决方式和信息恢复能力。部件设备级采用重复多套硬件装置，以便相互切换。"和平号"空间站控制系统飞行试验表明，庞大复杂的系统往往包含着潜在程序错误，这些错误在设计中就发生，但需要经过几个月运行才能暴露出来。为此，站载控制计算机系统设计的正确性是需要较长的实际运行和多次验证的。

(3) 姿态控制系统结构组成：

(i) 姿态敏感器："和平号"空间站采用的姿态敏感器有红外地平仪，太阳敏感器、星敏感器、磁强计、速率陀螺、太阳指示器。除此以外，还有空间六分仪。

(ii) 执行机构：主要有两种类型。

第一种，统一推进系统 —— 双组元推力器。总共有 32 个推力为 140 N 分为两组的姿态控制推力器，两个推力为 3 000 kg 的轨道控制推力器。

第二种，单框架控制力矩陀螺。总共 6 个磁悬浮控制力矩陀螺组成一个十二面体，这样动量变化包络近似为球状，经过计算论证认为是最佳结构组合方案。控制力矩陀螺技术指标如下：

动 量 矩：1 000 $kg \cdot m^2/s$

力　　矩：200 $N \cdot m$

进 动 角：不限

转子直径：0.4 m

质量(带电子线路)：165 kg(全套为 $6 \times 165 = 900$ kg)

功耗(每个)：90 W

(iii) 控制器 —— 站载计算机："和平号"空间站主体应用 6 台数字计算机，这些数字计算机具有完善开发的实时操作系统，6 台计算机以三重冗余方式组成两套中央控制计算机系统。当空间站主体与有关飞船或舱段组成复合体时，站载计算系统也相应发展，可以发展到 11 台计算机组成的一套复合系统。这套复合计算机系统设有三套标准电视图像显示设备，两套供空间站航天员使用，一套传送到地面站。

11.2.3　空间站的轨道控制

空间站轨道高度根据任务需要来选择。轨道高度低对地观察有利，但是气动阻力大，轨道衰减快。综合两者利弊关系，一般空间站轨道高度选择在 400 ～ 500 km 之间。由于空间站是永久性的，所以在空间站必须设有轨道保持系统。美国"天空实验室"的运行高度为 430 km，比前苏联"礼炮号"空间站的轨道要高得多。但是，由于"天空实验室"没有轨道保持和轨道机动能力，在它工作期间因太阳辐射压力、大气密度增加以及飞行姿态变化导致轨道气动阻力增大，轨道高度迅速降低，又无法提升轨道，结果在 1979 年 7 月陨落，轨道寿命仅 6 a。

前苏联"礼炮号"空间站的轨道高度很低，只有 250 km，但由于"礼炮号"空间站有轨道机动发动机，当轨道下降到危险高度时，开动轨道机动发动机即可使空间站爬升到安全高度上去。

空间站轨道保持系统一般设有推力器，可以由地面站遥控，或者航天员操作。轨道保持系统是间断工作的，根据轨道衰减程度来决定，大约几个月一次。轨道保持的机动发动机所消耗的燃料不断由地面通过货运飞船补充到空间站。轨道保持系统还有另一个用途，当空间站有效载荷对地观察或者空间实验有特殊要求时，轨道保持系统能使空间站轨道保持在一定范围内。

空间站系统中的极轨平台和轨道机动飞行器往往需要采用航天飞机来发射，从地面把航天器发射到 240 km 轨道，然后依靠推进系统变轨，这就是轨道升高；当航天器执行任务结束后，再回到航天飞机所在轨道，这就是轨道降低。

空间站是通过航天飞机或运载工具多次发射，然后把各次发射的构件在空间进行组装而成的。这里一个重要的轨道控制问题就是在空间要进行交会对接。组装后的空间站经常需要地面补给，以及空间站与各种空间平台之间联系，同样也需要交会对接。

无论是空间站系统的轨道保持，轨道机动，还是交会对接，它们的控制过程都依赖推进系统完成。目前空间站的推进系统主要采用化学推进器，或称热气推进器，除此以外，电推进器也是一种很有前途的轨道控制执行机构。它的最大特点在于，在达到同样轨道控制目的的情况下，电推进器消耗的推进剂质量要比化学推进器减少 1 ～ 2 个数量级。例如，空间站每年补偿大气阻力，若用普通推进剂，则须 7 ～ 8 t 燃料，用电推进器可下降到 200 ～ 400 kg。对极轨平台来说，化学推进系统每年消耗推进剂 50 ～ 60 kg，若采用电推进器，则下降到 2 ～ 4 kg。根据上述数据，空间站仅轨道阻力补偿这项，电推进器比化学推进器每年可减少推进剂约 7 t，其运费就可节省约 3 000 ～ 5 000 万美元，比推进器价钱高 5 ～ 10 倍。

当然，电推进器当前在航天器控制中尚未广泛使用，主要困难在于获得同样推力的情况下需要电能较多。尽管如此，仍然不能阻碍电推进器成为空间站系统以及其他航天器轨道控制和姿态控制的一种有效执行机构的发展趋势。

思 考 题

11.1 空间站系统由哪几部分组成？各自功能是什么？

11.2 空间站作为被控制对象有哪些特点？

11.3 空间站导航、制导与控制系统从功能上划分，可分为几部分？分别是什么？

11.4 空间站控制系统的执行机构有哪些？分析它们的作用。

11.5 以“和平号”空间站为例，阐述其姿态控制系统的基本结构。

11.6 分析空间站低轨运行对其控制系统的要求和影响。

参考文献

1 钱振业主编．航天技术概论．北京:宇航出版社,1991

2 文小平编．航天技术导论．长沙:国防科技大学出版社,1987

3 林来兴编著．空间控制技术．北京:宇航出版社,1992

4 (日)坂田俊文著．军事卫星．秦荣斌译．北京:军事科学出版社,1990

5 (美)BATE R R 等著．航天动力学基础．吴鹤鸣,李肇杰译．北京:北京航空航天大学出版社,1990

6 朱照宣,周起钊,殷金生编．理论力学．北京:北京大学出版社,1982

7 J. W. 科尼利斯等著．火箭推进与航天动力学．杨炳尉,冯振兴译．北京:宇航出版社,1986

8 (美)阿瑟·L·格林雪特著．飞行控制系统的分析与设计．长工译．北京:国防工业出版社,1978

9 陈芳允主编,贾乃华副主编．卫星测控手册．北京:科学出版社,1993

10 西北工业大学理论力学教研室编．理论力学．西安:陕西科学技术出版社,1983

11 黄圳珪,赵志建编著．大型航天器动力学与控制．长沙:国防科技大学出版社,1990

12 刘延桂著．航天器姿态动力学．北京:国防工业出版社,1995

13 王希季主编．航天器进入与返回技术．北京:宇航出版社,1991

14 钱骥主编．空间技术基础．北京:科学出版社,1986

15 章仁为编著．静止卫星的轨道和姿态控制．北京:科学出版社,1987

16 李思强编著．载人飞船工程学概论．北京:科学出版社,1985

17 丁子明,言中编．卫星导航与微波着陆．北京:国防工业出版社,1984

18 费奥克季斯托夫主编．宇宙飞行器．马宗诚、王状、褚桂柏译．北京:宇航出版社,1991

19 杨广耀编．航天飞机．北京:科学出版社,1984

20 过崇伟等编著．航空航天技术概论．北京:北京航空航天大学出版社,1992

21 "太空站"文集(一)．北京:航天工业部第五研究院出版,1986

22 (美)Chobotov Vladimir A 著．航天器的姿态动力学与控制．北京:航空工业出版社,1992

23 肖峰编．球面天文学与天体力学基础．长沙:国防科技大学出版社,1989

24 曾颖超主编．航天器飞行力学．西安:西北工业大学出版社,1993

25 任萱主编．人造地球卫星轨道力学．长沙:国防科技大学出版社,1988

26 周军．大型挠性空间结构的变结构自适应主动控制研究．西安:西北工业大学硕士学位论文,1990

27 周军,李季苏,牟小刚等．挠性卫星振动抑制的变结构主动控制方案及实验研究．科学通报．1996.3,41(5):475～478

28 黄圳珪编著．航天器姿态动力学．长沙:国防科技大学出版社,1997

29 章仁为编著．卫星轨道姿态动力学与控制．北京:北京航空航天大学出版社,1998

30 褚桂柏主编．空间飞行器设计．北京:航空工业出版社,1996

31 屠善澄主编．卫星姿态动力学与控制．北京:宇航出版社,1999

32 周军．挠性结构的变结构控制和实验研究．北京:中国空间技术研究第五０二所博士后研究报告．1995

33 周军,赵超,孙承启．复合空间站协同控制技术研究．北京:国家高技术航天领域空间站技术研究报告．2000